电子信息科学与工程类专业系列教材

信息论基础

于秀兰　陈前斌　王　永　编著

電子工業出版社
Publishing House of Electronics Industry
北京·BEIJING

内 容 简 介

本书重点介绍了香农信息论的基本原理及其应用。在保持一定理论深度的基础上，尽可能简化繁杂的公式、定理的证明，采用较多的例题和图示来展示基本概念和原理的应用。叙述上力求概念清楚、重点突出、深入浅出、通俗易懂；内容上力求科学性、先进性、系统性与实用性的统一。

本书共 8 章，内容包括：绪论、离散信源及其信息度量、离散信道及其信道容量、连续信源和连续信道、无失真信源编码、有噪信道编码、限失真信源编码和网络信息论初步。

本书可作为高等院校电子信息工程、通信工程等相关专业的本科生教材，也可作为相关领域的教学与科研人员和工程技术人员的参考用书。

图书在版编目（CIP）数据

信息论基础 / 于秀兰，陈前斌，王永编著. —北京：电子工业出版社，2017.4

ISBN 978-7-121-31289-2

I. ①信… II. ①于… ②陈… ③王… III. ①信息论 IV. ①TN911.2

中国版本图书馆 CIP 数据核字（2017）第 072309 号

策划编辑：竺南直
责任编辑：张　京
印　　刷：北京盛通商印快线网络科技有限公司
装　　订：北京盛通商印快线网络科技有限公司
出版发行：电子工业出版社
　　　　　北京市海淀区万寿路 173 信箱　　邮编：100036
开　　本：787×1092　1/16　印张：17.25　字数：441.6 千字
版　　次：2017 年 4 月第 1 版
印　　次：2022 年 7 月第 6 次印刷
定　　价：39.00 元

凡所购买电子工业出版社图书有缺损问题，请向购买书店调换。若书店售缺，请与本社发行部联系，联系及邮购电话：（010）88254888，88258888。

质量投诉请发邮件至 zlts@phei.com.cn，盗版侵权举报请发邮件至 dbqq@phei.com.cn。

本书咨询联系方式：davidzhu@phei.com.cn。

前　言

信息社会被广泛认为是继农业社会、工业社会之后的第三次伟大的科技革命与社会变革，信息论、控制论和系统论成为信息社会最基础的理论体系。信息论是 20 世纪 40 年代末期由美国数学家香农等人创立的，它是关于通信的数学理论，是一门高度概括的、应用广泛的综合性学科，经过几十年的发展，已经成为信息科学的重要基础理论。

香农信息论应用概率论、随机过程和数理统计等方法来研究信息的存储、传输和处理中的一般规律，揭示如何采用适当的编码提高信息系统的可靠性和有效性，为构造最佳通信系统提供了重要的理论依据。其主要内容包括三个基本概念（信源熵、信道容量和信息率失真函数）及其三个编码定理（无失真信源编码定理、有噪信道编码定理和限失真信源编码定理）。

本书针对通信工程、电子信息工程和信息工程等专业的教学需要，重点讲授香农信息论的基本原理及其应用，强调在信息传输系统这一工程应用背景下建立信息论的数学分析方法。全书共 8 章，主要内容如下。

第 1 章介绍香农信息论的概况，包括信息的概念、信息传输系统的组成、信息论的研究内容、形成和发展。

第 2 章介绍离散信源及其信息度量。首先介绍离散信源的分类和统计特性，然后讨论离散随机变量的信息度量，包括自信息和信息熵、联合自信息和联合熵、条件自信息和条件熵，进而讨论离散信源的 N次扩展信源、离散平稳信源和马尔可夫信源的信息度量，最后介绍离散信源的相关性和剩余度。

第 3 章介绍离散信道及其信道容量。首先介绍离散信道的分类和数学模型，然后定量地研究信道传输的平均互信息及其重要性质，并重点讨论几种典型单符号离散信道的信道容量，进而研究一般单符号离散信道的信道容量的计算方法，而后讨论多符号离散信道的信道容量，最后讨论信源和信道的匹配问题。

第 4 章介绍连续信源和连续信道。首先介绍连续信源的分类及其统计特性，进而讨论其信息度量，而后介绍连续信道的分类及其信道容量，并重点讨论表征 AWGN 信道容量的香农公式。

第 5 章论述无失真信源编码定理，并给出几种常见的无失真信源编码方法。

第 6 章论述有噪信道编码定理，并讨论几种常见的信道编码和译码的方法。

第 7 章论述限失真信源编码定理，并讨论信息率失真函数的定义、性质及其计算。

第 8 章介绍网络信息论的一些基本理论和新成果。

本书在叙述上力求概念清楚、体系完整、重点突出、通俗易懂；在内容上力求科学性、先进性、系统性与实用性的统一。读者在学习时应结合实际通信系统来理解信息论和编码理论，注重对物理概念的理解，培养分析和解决通信系统中实际问题的能力。

本书由于秀兰、陈前斌、王永编著，其中第 1 章、第 2 章、第 5 章和第 6 章由于秀兰编写；第 4 章和第 8 章由陈前斌编写；第 7 章由王永编写；第 3 章由于秀兰和王永共同编写；最后由于秀兰统稿。

本书在编写过程中得到了重庆邮电大学雷维嘉教授、蒋青教授、陈善学教授和唐伦教授等多位同行的帮助，在出版过程中得到了电子工业出版社的鼎力支持，在此一并表示诚挚的谢意。

由于作者水平有限，书中错误难免，敬请读者批评指正。

作 者

2017 年 1 月

目　录

第1章 绪 论

信息论是关于通信的数学理论，它研究信息的产生、度量、传输、获取、存储和处理等功能，是通信技术与概率论、随机过程和数理统计相结合而逐步发展起来的一门学科。信息论的奠基人是克劳德·艾尔伍德·香农（Claude Elwood Shannon，1916—2001）。1948年香农发表论文“通信的数学理论”（A Mathematical Theory of Communication），1949年又发表论文“噪声中的通信”（Communication in the Presence of Noise），这两篇论文成为信息论的奠基性著作。香农信息论的核心揭示了在通信系统中采用适当的编码能够实现高效率和高可靠性地传输信息，并通过三个编码定理（无失真信源编码定理、有噪信道编码定理和限失真信源编码定理）给出编码的理论极限，为构造最佳通信系统提供了重要的理论依据。

本章将介绍香农信息论的概况，包括信息的概念、信息传输系统的组成、信息论的研究内容、形成和发展。

1.1 信息的概念

1.1.1 什么是信息

当前科学技术的发展已使人类进入信息化时代，人们在各种生产、科学研究和社会活动中，无不涉及信息的交换和利用。迅速获取信息、正确处理信息、充分利用信息，就能促进科学技术和国民经济的飞跃发展。

那么，什么是信息呢？据说目前已有上百种信息的定义和说法。人们从不同的角度和侧面研究和定义信息，如“信息就是谈论的事情、新闻和知识”、“信息是事物之间的差异”、“信息就是观察或研究过程中获得的数据、新闻和知识”、“信息是物质与能量在时间与空间分布的不均匀性”、“信息是收信者事先不知道的东西”。可见，对信息的含义众说纷纭，目前尚没有一个关于信息的公认的确切定义。

下面只探讨通信中的信息概念。我国《辞海》对信息的解释是“信息是通信系统传输和处理的对象，泛指消息和信号的具体内容和意义，通常需要通过处理和分析来提取”。可见通信系统中的消息（message）、信号（signal）和信息（information）之间存在密切的关系。

通信是指发送端向接收端传递有信息的消息，通信的实质在于传输信息。最简单的通信系统模型包括信源、信道和信宿三部分，如图1.1所示。

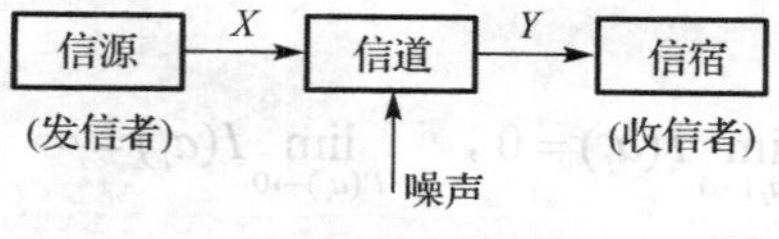

图1.1 最简单的通信系统模型

信源产生一系列有待传输的消息（或称为消息符号），并将消息转换为原始电信号。消息一般用语音、文字、图像、数据等能够被人们感觉器官所感知的形式表达出来。由于信源发出的消息符号具有随机性，因此通常用随机变量、随机矢量或随机过程来描述信源的统计特性。消息中包含信息，是信息的载体。同样的信息可用不同的消息形式来载荷。例如，球赛进展情况可用电视图像、广播语言、报纸文字等不同形式的消息来表述。

在通信系统中，消息的传送是通过信号来进行的，信号是消息的载荷者。信道是将载荷消息的物理信号从发送端传送到接收端的传输媒质，它可以是架空明线、电缆、光缆等有线信道，也可以是传输电磁波的自由空间（即无线信道）。信道在信号传输过程中总是伴随着噪声干扰。图 1.1 中的噪声是信道中的所有噪声及分散在通信系统中其他各处噪声的集中表示。由于噪声往往具有随机性，对传输信号的影响可用信道转移概率或信道转移概率密度来描述。

信宿是消息传送的对象，即接收消息的人或机器。

在各种通信系统中，消息传递过程的一个最基本、最普通却又不十分引人注意的特点是：在收到消息以前，收信者不知道消息的具体内容，即收信者对于发送消息的具体内容存在着“不确定性”。通过信道的传输，信宿收到消息后，如果信道中不存在噪声干扰，收信者知道了消息的具体内容，原先的“不确定性”就消除了；如果信道中存在噪声干扰，原先的“不确定性”则部分消除。因此，对于收信者来说，消息的传递过程是一个从不知到知的过程，或是从知之较少到知之较多的过程，或是从不确定到全部确定或部分确定的过程。所以，通信过程是一种消除或部分消除不确定性的过程。不确定性消除得越多，获得的信息就越多。可见，**信息是事物运动状态或存在方式的不确定性的描述**，这就是香农信息的定义。

从上面的分析可知，在通信系统中，形式上传输的是消息，但实质上传输的是信息。消息只是表达信息的工具、载荷信息的客体。**通信的结果是消除或部分消除不确定性从而获得信息。**

1.1.2 信息如何度量

信息是消息的内涵，只有消息中不确定的内容才构成信息，因此信息量与不确定性消除的程度有关。那么，不确定性（uncertainty）的大小如何度量呢？

由概率论的相关知识可知，事件的不确定程度可以用其出现的概率来描述。因此，消息中包含的信息量与消息发生的概率密切相关。**消息出现的概率越小，不确定性越大，消息中包含的信息量就越大。**假设 $P(a_i)$ 表示消息 a_i 发生的概率，$I(a_i)$ 表示消息 a_i 所含的信息量，则信息量 $I(a_i)$ 与消息发生概率 $P(a_i)$ 之间的关系应当反映如下规律。

① 消息中所含的信息量 $I(a_i)$ 是该消息出现概率 $P(a_i)$ 的函数，即

$$I(a_i) = f\left[P(a_i)\right] \tag{1.1.1}$$

② 该消息出现的概率 $P(a_i)$ 越小，所含的信息量 $I(a_i)$ 越大； 反之，$P(a_i)$ 越大，$I(a_i)$ 越小。特别地

$$\lim_{P(a_i)\to 1} I(a_i) = 0 , \quad \lim_{P(a_i)\to 0} I(a_i) = \infty \tag{1.1.2}$$

③ 若干个互相独立事件构成的消息，所含信息量等于各独立事件信息量之和，也就是说，信息具有相加性，即

$$I(a_1a_2a_3\cdots)=I(a_1)+I(a_2)+I(a_3)+\cdots \quad (1.1.3)$$

式中，

$$I(a_1a_2a_3\cdots)=f\left[P(a_1a_2a_3\cdots)\right]$$

$$P(a_1a_2a_3\cdots)=P(a_1)P(a_2)P(a_3)\cdots$$

不难看出，如果消息中所含的信息量 $I(a_i)$ 与消息出现概率 $P(a_i)$ 的关系式为

$$I(a_i)=\log_a\frac{1}{P(a_i)}=-\log_a P(a_i) \quad (1.1.4)$$

则可满足上述三项要求。将式（1.1.4）定义为消息 a_i 的**自信息**。当底数 $a=2$ 时，信息量的单位为“比特（bit）”。

自信息 $I(a_i)$ 通常代表两种含义：

① 信源输出消息前，消息 a_i 出现的不确定性；

② 信源输出消息 a_i 后提供的信息量。

下面来分析在图 1.1 所示的通信系统中如何进行信息的传输。假设信源只输出一个取值离散的消息符号，用一个离散随机变量 $\boldsymbol{X}$ 来表示。离散信源输出的消息符号集合为 $\{a_1,a_2,\cdots,a_r\}$，相应概率分别为 $P(a_1),P(a_2),\cdots,P(a_r)$，则该信源可以用**离散随机变量 $\boldsymbol{X}$ 的概率空间**来描述：

$$\begin{bmatrix}\boldsymbol{X}\\ \boldsymbol{P}(x)\end{bmatrix}=\begin{bmatrix}a_1 & a_2 & \cdots & a_r\\ P(a_1) & P(a_2) & \cdots & P(a_r)\end{bmatrix}$$

以离散信道为例，由于信道中存在随机噪声，信道的输入随机变量 $\boldsymbol{X}$ 和输出随机变量 $\boldsymbol{Y}$ 往往不是确定的关系，通常用**信道转移概率** $P(b_j\,|\,a_i)$ $(i=1,2,\cdots,r;\ j=1,2,\cdots,s)$ 来描述信道输入和输出的关系，如图 1.2 所示。

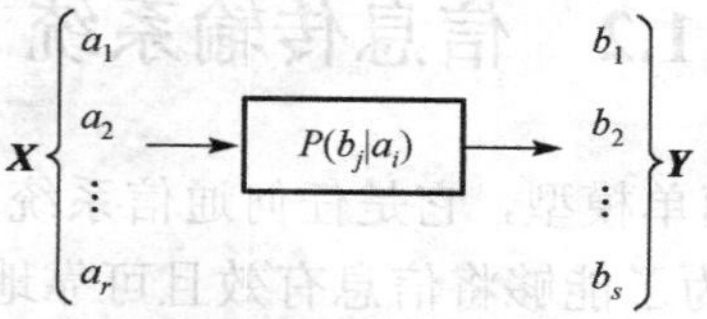

图 1.2 离散信道的传输特性

当信源输出的消息为 a_i 时，由于信道中存在噪声干扰，信宿收到的消息 b_j 可能与 a_i 相同，也可能与 a_i 有差异。条件概率 $P(a_i\,|\,b_j)$ 称为**后验概率**，它是信宿收到 b_j 后重新估计发送端 a_i 出现的概率。对应地，由于信源输出消息 a_i 的概率通常是预先知道的，概率 $P(a_i)$ 称为**先验概率**。

在没有收到 b_j 之前，信宿对发送的符号是否为 a_i 存在不确定性，即**先验不确定性**为 $I(a_i)$。由于信道的噪声干扰，信宿收到 b_j 后，仍然对信源发送的符号是否为 a_i 存在不确定性，该不确定性是后验概率的函数，称为**后验不确定性**。即

$$I(a_i | b_j) = \log_a \frac{1}{P(a_i | b_j)} \tag{1.1.5}$$

因此在收到消息 b_j 后，信宿获得的信息量就是不确定性的减少量，等于“先验不确定性和后验不确定性的差”。将“信宿在收到消息 b_j 后获得的关于信源输出符号为 a_i 的信息量”定义为**互信息**，即

$$I(a_i;b_j) = I(a_i) - I(a_i | b_j) = \log_a \frac{1}{P(a_i)} - \log_a \frac{1}{P(a_i | b_j)} \tag{1.1.6}$$

式中的 $I(a_i | b_j)$ 可以理解为信道传输损失的信息量。因此，信宿获得的信息量 $I(a_i;b_j)$ 就是信源提供的信息量 $I(a_i)$ 和信道传输损失的信息量 $I(a_i | b_j)$ 之差。

特殊地，如果条件概率 $P(a_i | b_j) = 1$，这时 $I(a_i | b_j) = 0$，则收到消息 b_j 就可确切地知道发送端输出的消息就是 a_i，此时尚存在的不确定性为零，即信道损失的信息量为零。因此信宿获得的信息量就是信源提供的信息量，即 $I(a_i;b_j) = I(a_i)$。一般地，$0 < P(a_i | b_j) < 1$，此时 $I(a_i | b_j) > 0$，即信道传输通常会造成信息损失。

可见，信息的度量有两种，一种是对消息符号本身所含信息量多少的度量，如信源符号包含的信息量，可用自信息来描述；另一种是对消息符号之间相互提供信息量多少的度量，如信宿收到消息后获得关于信源的信息量，可用互信息来描述，如表 1.1 所示。

表 1.1　自信息和互信息

信息度量的物理量	定义式	物理含义
自信息	$I(a_i) = \log_a \frac{1}{P(a_i)}$	① 信源输出消息前，消息 a_i 出现的不确定性； ② 信源输出消息 a_i 后提供的信息量
互信息	$I(a_i;b_j) = I(a_i) - I(a_i \| b_j)$ $= \log_a \frac{1}{P(a_i)} - \log_a \frac{1}{P(a_i \| b_j)}$	信宿在收到消息 b_j 后获得的关于信源输出符号为 a_i 的信息量。 ① 先验不确定性和后验不确定性的差，即不确定性的减少量； ② 信源提供的信息量和信道传输损失的信息量之差

1.2　信息传输系统

图 1.1 给出了通信系统的简单模型，它是任何通信系统的高度概括，信息从信源发出，通过信道传递，由信宿接收。为了能够将信息有效且可靠地从信源传到信宿，实际通信系统一般需要在发送端增加发送设备，对应地在接收端增加接收设备，如图 1.3 所示。

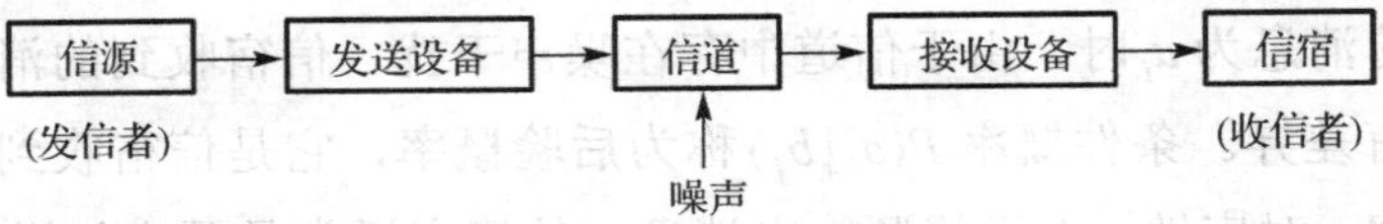

图 1.3　实际通信系统模型

发送设备的基本功能是将信源产生的原始电信号变换成适合在信道中传输的信号，通常包含 3 部分，即信源编码器、信道编码器和调制器。信源编码是在一定的准则下，对信源的输出进行变换，以提高信息传输的有效性；信道编码对信源编码器的输出进行变换，以提高信息传输的可靠性；而调制器则将信道编码器的输出变换成符合信道传输

要求（波形、带宽、频段等）的信号形式。对应地，接收设备包含解调器、信道译码器和信源译码器。

为了与实际通信系统中的信息处理过程相联系，下面从信息传输的角度给出信息传输系统的模型，如图 1.4 所示。调制和解调技术一般是"通信原理"重点讨论的内容，在本书中不专门讨论，而是将其与物理信道合并在一起，作为编码信道来处理。编码信道是指从编码器输出端到译码器输入端的部分，它是一种广义信道（或等效信道）。对应地，从等效的观点来看，通信系统中每一个环节的输出都可以视为等效信源的输出。另外，不是每个通信系统都含有信源编码、信道编码和调制这 3 部分，有的只有其中的一个或两个组成部分。

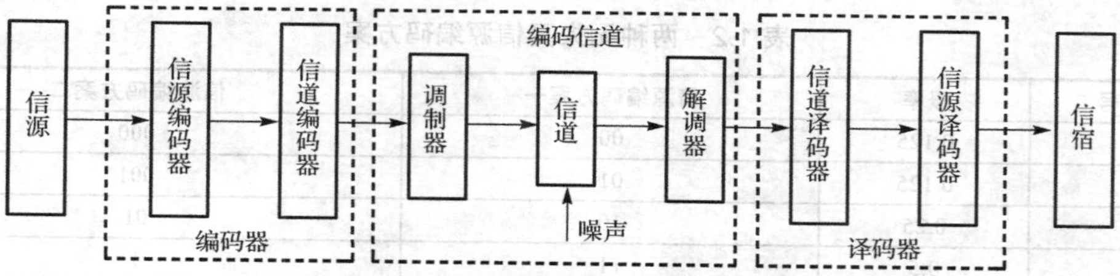

图 1.4　信息传输系统的模型

图 1.4 所示的系统模型包括以下几部分。

1. 信源

信源即发信者，就是信息的发源地，可以是人、机器或其他事物。信源的具体输出称为消息。如果消息用在离散时间发出的取值离散的符号来表示，此时信源就是离散信源，又称为数字信源；用取值连续的符号表示的信源就是连续信源。连续信源又分为两种：一种是在离散时间发出的取值连续符号的信源；另一种是在连续时间发出的取值连续符号的信源，通常称为波形信源或模拟信源。

2. 编码

通信的实质是信息的传输，信息论研究的主要问题是在通信系统设计中如何实现有效性和可靠性。编码通常包括信源编码和信道编码。信源编码又称为有效性编码，在不失真或允许一定失真的条件下，用尽可能少的码元来表示信源符号，以提高信息传输的有效性。信道编码又称为可靠性编码，在信息码元后面添加监督码元，以便在接收端发现或纠正错误，进而提高信息传输的可靠性。例如，老师讲课需要备课，对知识进行加工提炼，以提高信息传输效率；而为了让学生听得明白，有时有需要适当地重复，以提高信息传输的可靠性。

在实际通信系统设计中，信源编码和信道编码通常是分别独立考虑的，也就是说，进行信源编码时，只考虑信源的统计特性，假定信道无噪声；而进行信道编码时，只考虑信道的传输特性，假定信源输出为独立等概分布的。这样可以大大降低通信系统设计的复杂度，在实际通信系统设计中具有重要的指导意义。

（1）信源编码

信源编码针对信源的特性来讨论信息传输的有效性问题，通常分为无失真信源编码和限失真信源编码，相关内容将在第 5 章和第 7 章中讨论。信源编码器的主要作用有两个：其一是当信源为模拟信源时，信源编码器将模拟信号转换成数字信号，以实现模拟信号的数字化传输；其二是当信源为数字信源时，信源编码器用尽可能少的码元来表示信源符号。

下面以一个简单的无失真信源编码的例子来说明信源编码的方法和作用。假设一个离散信源的概率空间为

$$\begin{bmatrix} \boldsymbol{S} \\ \boldsymbol{P}(s) \end{bmatrix} = \begin{bmatrix} s_1 & s_2 & s_3 & s_4 \\ 0.125 & 0.125 & 0.25 & 0.5 \end{bmatrix}$$

信源编码是对信源符号按照一定规则进行变换，以码字来代替信源符号。为了比较不同信源编码方案对信息传输有效性的影响，采用了两种无失真信源编码方案，如表 1.2 所示。

表 1.2 两种无失真信源编码方案

信源符号	概率	信源编码方案一	信源编码方案二
s_1	0.125	00	000
s_2	0.125	01	001
s_3	0.25	10	01
s_4	0.5	11	1

如果信源每秒输出 10 000 个信源符号，则方案一的信源编码器每秒输出 20 000 个二进制码元，而方案二的信源编码器每秒输出 17 500 个二进制码元。假定信道无差错传输的最大能力为每秒传送 19 000 个二进制码元，则采用信源编码方案二的信息可以无失真地传送到接收端，而方案一则不行。可见，同样的信源输出和信道传输，仅仅因为采用不同方案的信源编码，信息传输系统的有效性则不同。

（2）信道编码

下面以简单的重复码为例来说明为什么通过信道编码可以降低误码率、提高信息传输的可靠性。假设信道的传输特性如图 1.5 所示，其中 p 表示信道的错误转移概率。

信道编码的基本思路是根据一定的规律在待发送的信息码元中加入监督码元，这样接收端就可以利用监督码元与信息码元的关系来检测或纠正错误，以使受损或出错的信息仍能在接收端恢复。

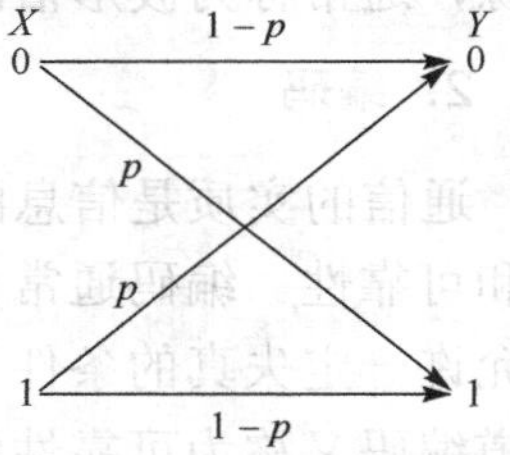

图 1.5 信道的传输特性

例如，采用（3，1）重复码，当信息码元为“0”（或“1”）时，则重复发送三个“0”（或三个“1”）。由于 3 位的二元码有 $2^3=8$ 种组合，除去 2 组许用码字（“000”和“111”）外，余下的 6 组 001、010、100、011、101、110 不允许使用，称为禁用码字。此时，如果传输中产生一位或两位错误，接收端将收到禁用码字，可以检测出传输有错。而且还可以根据“大数法则”来译码，即 3 位码字中如果有 2 个或 3 个“0”，则译为“0”；如果有 2 个或 3 个“1”，则译为“1”。所以，此时信道编码具有检出两位和两位以下错码的能力，或者具有纠正一位错码的能力。

假设 $p=0.01$，如果用作纠错码，则在信道译码器输出端不能纠正的错误概率为

$$P_E = P_3(2) + P_3(3) = C_3^2 \overline{p} p^2 + C_3^3 p^3 \approx 3\times10^{-4} \tag{1.2.1}$$

其中，$P_n(k)$ 表示在码长为 n 的码字中发生 k 个错码的概率。

可见，如果不进行信道编码，直接将“0”和“1”送入信道，则接收端的误码率为 $p=0.01$。而即使采用只能纠正这种码字中 1 位错码的简单重复码，也可以使错误概率从 0.01 下降到 3×10^{-4}。这表明信道编码具有较大的实用价值。

3．信道

信道是发送端与接收端之间传输信息的通道。在信息论中，研究信道的主要问题是信道最大传送信息的能力，即信道容量。

通常对信道的定义有两种理解：一种是指载荷消息的物理信号的传输媒质，称此种类型的信道为物理信道或狭义信道；另一种是将传输媒质和各种信号形式的转换、耦合等设备都归纳在一起的广义信道。

如果只关心编码和译码问题，可以定义编码信道来突出研究的重点，编码信道是一种广义信道。所谓编码信道是指编码器输出端到译码器输入端的部分。

4．译码

和编码相对应，译码包括信道译码和信源译码两部分。

信道译码的作用是对信道输出的已叠加了噪声的接收码字进行检错或纠错，最大可能正确地恢复出原始的信息码元序列。

信源译码的作用是从信道译码输出的信息码元序列译出原始的信源符号序列。

5．信宿

信宿即收信者，是信息传送的对象，即接收信息的人或机器。

1.3 信息论的研究内容

信息论的研究内容极其广泛，是当代信息科学的基本的和重要的理论基础。随着通信技术的发展，信息论的内涵和外延不断变化发展，通常对信息论的研究内容有基本信息论、一般信息论和广义信息论三种。

1.3.1 基本信息论的研究内容

基本信息论又称香农信息论，也称经典信息论。它在信息可以度量的基础上，主要围绕通信的有效性和可靠性而展开，其主要内容包括三个基本概念（信源熵、信道容量和信息率失真函数）及其三个编码定理（无失真信源编码定理、有噪信道编码定理和限失真信源编码定理）。

基本信息论回答通信中的下列问题：

① 信息如何度量？

② 在给定信道条件下，是否存在传输信息能力的极限值？带限高斯白噪声信道的传输信息能力是多少？

③ 能否最有效且无失真地表述待传输的信息？此时的有效性极限条件是什么？

④ 在允许一定失真的条件下，待传输的信息能否比无失真要求更有效？此时的极限条件是什么？

⑤ 在噪声背景下可靠通信的极限条件是什么？

香农信息论指出：信源输出的信息量用信源熵来度量，信宿收到的信息量用平均互信息量来度量；信道传输信息的极限能力用信道容量来度量，带限高斯白噪声信道的信道容量用香农公式来表示；无失真信源编码的理论极限值是信源熵（香农第一定理）；限失真信源编码的理论极限值是信息率失真函数（香农第三定理）；在噪声背景下可靠通信的极限条件是信息传输速率不大于信道容量（香农第二定理）。

1.3.2 一般信息论的研究内容

一般信息论也称为通信理论。它除了包括香农信息论，还包括噪声理论、统计检测与估计理论、调制理论、信号处理与信号设计等理论，后一部分内容主要是美国科学家维纳（N.Wiener）的微弱信号检测理论。

微弱信号检测理论又称为最佳接收理论，是为了确保信息传输的可靠性，研究如何从噪声和干扰中接收信号的理论。虽然维纳和香农等人都是运用概率和统计数学的方法来研究准确地或近似地再现消息的问题，以使消息传送和接收最优化，但他们之间有一个重要的区别。香农研究的对象是从信源到信宿之间的全过程，是收、发端联合最优化问题，其重点放在编码上。他指出，只要在传输前后对消息进行适当的编码和译码，就能保证在干扰存在的情况下，最佳地传送和准确或近似地再现消息。而维纳研究的重点在接收端。研究一个信号（消息）如果在传输过程中被某些因素（如噪声、非线性失真等）所干扰，在接收端怎样把它恢复、再现，从干扰中提取出来。在此基础上，创立了最佳线性滤波理论（维纳滤波器）、统计检测与估计理论、噪声理论等，从而形成了一般信息论的另一个分支。

1.3.3 广义信息论的研究内容

广义信息论也称为信息科学。信息科学以信息作为主要研究对象，利用信息的运动规律和信息的原理作为主要研究内容，它最初是从香农的信息论和维纳的微弱信号检测理论发展起来的，但它迅速渗透到通信、自动控制、电子学、光学与光电子学、计算机科学、材料科学等工程技术学科及管理学、心理学、语言学等人文学科，对这些学科的发展起着指导作用，而这些学科的发展又丰富了信息科学，将人类社会推向信息时代。

可见广义信息论不仅包括一般信息论的研究内容，还包括所有与信息有关的自然和社会领域。它从客观和主观两个方面全面研究信息的度量、获取、传输、存储、加工处理、利用及其功用等，理论上说是最全面的信息理论。但是由于主观因素过于复杂，很多问题本身及其解释尚无定论，或者受到人类知识水平的限制，目前还得不到合理的解释，因此广义信息论目前还处于正在发展的阶段。

本书主要介绍香农信息论。有关信号与噪声理论、调制理论及信号处理理论等内容在《通信原理》、《信号检测与估计》和《数字信号处理》等相关书籍中阐述，不是本书所关心的内容。

1.4 香农信息论的形成和发展

在信息论形成和发展的过程中，香农所起的作用是关键的，但与当时的技术发展背景和前人的工作密不可分。这里列举信息论发展历史上的几个重要里程碑。

1924 年，奈奎斯特（H. Nyquist）开始分析电报信号传输中脉冲速率与信道带宽的关系。这一结果稍后又在 1928 年的论文中得到发展，建立了限带信号的采样定理。

1928 年，哈特莱（R. V. L. Hartley）发表的论文“信息的传输”中首先提出消息是代码或符号，而不是信息内容本身，使信息与消息区分开来，并提出用消息可能数目的对数来度量消息中所含有的信息量，为信息论的创立提供了思路。他研究接收机在估计接收脉冲幅度时只能分辨有限数目的脉冲幅度，假设这一数目是 M，则 N 个脉冲所可能组成的不同序列的总数是 M^N，Hartley 就把信息量 H 定义为 $H = N\log M$ 。这样，通过信道传输的信息量就与信道带宽和传输总时间的积成正比。其不足之处在于分析方法采用的是确定性信号的分析方法。信息量的定义未考虑概率统计和随机过程的概念，但该思想对香农信息的定义有很大的启发作用。

1936 年，兰登（V. D. Landon）发表了他第一篇有关噪声的论文。与此同时，抗干扰的通信方法先后出现，1936 年阿姆斯特朗（E. H. Armstrong）提出频率调制，指出在传输过程中增加带宽可以增强抑制干扰的能力；1939 年达德莱（H. Dudley）发明声码器；1939 年瑞弗（H. Reeve）提出了具有强抗干扰能力的脉冲编码调制。

20 世纪 40 年代以前，对信息研究工作的主要不足在于将信息传输视为确定性的过程。20 世纪 40 年代，控制论的奠基人 N.Wiener、美国的统计学家 E.Fisher 及 C.E.Shannon 几乎同时提出了对信息的一种度量，其贡献在于通过概率统计和随机过程来研究通信系统，从而给信息的研究带来质的飞跃。

1948 年，香农在贝尔系统技术杂志上发表论文“通信的数学原理”。1949 年，他又发表论文“噪声中的通信”，由此奠定了现代信息论的基础。在这两篇论文中，香农创造性地利用概率测度和数理统计的方法系统地讨论了通信中的基本问题，给出了通信系统的模型，提出了信息熵的数学表达式，并解决了信道容量、信源统计特性、信源编码和信道编码等一系列基本问题。1961 年，香农又发表论文“双向通信信道（Two-Way Communication Channels）”，将信息论应用到连接两个点的互相存在干扰的双向通信信道，从而开创了多用户理论（网络信息论）的研究。在 1948 年以后的十余年中，香农对信息论的发展做出了巨大的贡献。在 1973 年出版的信息论经典论文集中，香农是总数 49 篇论文中 12 篇论文的作者。迄今，信息论的主要概念几乎都是香农首先提出的，香农三个编码定理不但给出了某些性能的理论极限，而且实际上也是对香农所给基本概念的重大价值的证明。由于香农的这一系列贡献，**香农被认为是信息论的创始人。**

香农在 1948 年的论文中提出了无失真信源编码定理，也给出了简单的编码方法（香农编码）。1952 年费诺（Fano）提出了一种费诺码；同年，霍夫曼（Huffman）首先构造了霍夫曼编码方法，并证明了它是一种最佳码。

从 1948 年到 20 世纪 60 年代这一时期称为 Shannon 信息论的确立期，其主要特点是对 Shannon 理论的研究和证明，主要问题包括对信息量、Shannon 熵的来源、意义和作用的讨论；关于通信基本问题的讨论；信源和信道编码的模型、本质与意义的讨论；信源和信道编码定理及其证明；信源和信道编码的实现与应用等问题。这一时期完成的主要标志是对以上问题实现了严格的数学描述和论证。从 1948 年开始，信息论的出现引起了一些有名的数学家如柯尔莫哥洛夫、范恩斯坦、沃尔夫维兹等人的兴趣，他们对香农已经得到的数学结论做了进一步的严格证明和推广，使这一结论具有更为坚实的数学基础。

20 世纪 60 年代，信道编码理论得到较大进展，成为信息论的一个重要分支。人们发现，利用群、环、域及线性子空间理论可将码赋予一定的代数结构，这种结构可使通信信号具有纠错与检错的能力。尤其是分组码技术得到较快发展，并提出可实现的译码方法。卷积码也取得重大突破，提出了序列译码和维特比译码方法。

自 20 世纪 70 到 80 年代，信息论的研究范围日益扩大，这一时期发展的主要内容在“率失真理论”与“网络信息论”两方面。

率失真理论实际上是一种允许失真的信源编码理论，是信源编码的核心问题，成为频带压缩、数据压缩的理论基础。1971 年伯格尔（T.Berger）的专著“信息率失真理论”的出版是该理论成熟的标志，但数据压缩技术的大量应用是在 20 世纪 90 年代。由于多媒体技术的需要，在综合无失真数据压缩技术、限失真数据压缩技术及信号处理技术的基础上，形成了实用的数据压缩技术，它在不太影响人的视觉和听觉效果的条件下，大大压缩了通信和存储中的数据量。目前多媒体技术的信息处理技术已经实现了标准化，如 JPEG 和 MPEG 就是静态和动态图像数据压缩的技术标准。

网络信息论的最早思路由 Shannon 提出，成为 20 世纪 70、80 年代信息论研究的一个主流课题，其主要内容包括对各种不同类型的多用户信源和信道模型的讨论、许多相关的编码定理的证明，这些理论是与当时的微波通信和卫星通信模型密切相关的。近年来，这一领域研究活跃，发表了大量的论文，使得网络信息论日趋完善。

随着 21 世纪的来临，信息和信息处理的理论和技术问题大量涌现。目前可以看到的问题有网络技术、量子领域、生物技术中的信息处理问题等，其中有的问题已经起步，有的问题则刚刚起步，这正是信息论今后发展的新起点。

习　题

1.1 如何理解消息、信号和信息之间的关系？

1.2 如何理解信息量和不确定性之间的关系？

1.3 如何理解信源输出的信息量、信道传输过程中损失的信息量和信宿收到的信息量？

1.4 某事件 X 发生之前知道它有 3 种可能的试验结果 a_1, a_2, a_3，如果出现概率分别为 $P(a_1)=0.5, P(a_2)=0.25, P(a_3)=0.25$。

（1）计算出现 a_1 的不确定性；

（2）计算出现 a_3 时提供的信息量。

1.5 掷两粒骰子，当其向上的面的小圆点数之和是 2 时，该消息所包含的信息量是多少？当小圆点数之和是 5 时，该消息所包含的信息量是多少？

1.6 已知离散信源 $\boldsymbol{X}$ 的概率空间为 $\begin{bmatrix}\boldsymbol{X}\\ \boldsymbol{P}(x)\end{bmatrix}=\begin{bmatrix}a_1 & a_2\\ 0.4 & 0.6\end{bmatrix}$，信道的转移概率矩阵

$$\boldsymbol{P}=\begin{bmatrix}P(b_1\mid a_1) & P(b_2\mid a_1)\\ P(b_1\mid a_2) & P(b_2\mid a_2)\end{bmatrix}=\begin{bmatrix}0.9 & 0.1\\ 0.2 & 0.8\end{bmatrix}$$

求联合概率 $P(xy)$、信宿接收信号的概率 $P(y)$、信源符号的后验概率 $P(x\mid y)$。

1.7 设有一离散无记忆信源，其概率空间为 $\begin{bmatrix} \boldsymbol{X} \\ \boldsymbol{P}(x) \end{bmatrix} = \begin{bmatrix} a_1 & a_2 \\ 0.6 & 0.4 \end{bmatrix}$，它们通过干扰信道，信道输出端的接收符号集为 $\boldsymbol{Y} = [b_1, b_2]$，信道转移概率如图 1.6 所示。

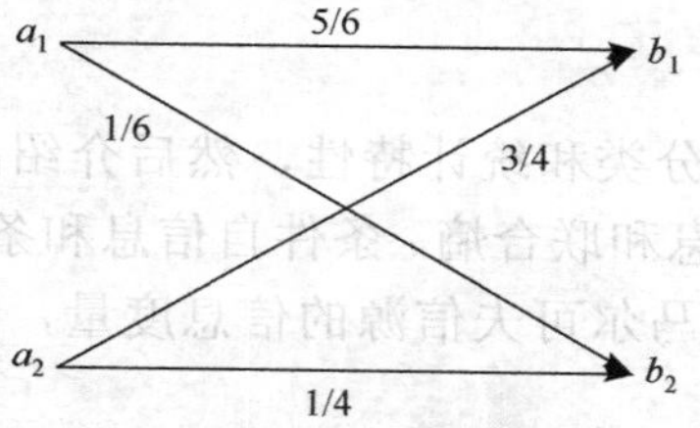

图 1.6 信道转移概率

（1）计算联合概率 $P(a_ib_j)$；

（2）计算信宿接收信号的概率 $P(b_j)$；

（3）计算信源符号的后验概率 $P(a_i | b_j)$；

（4）计算自信息 $I(a_1)$ 和互信息 $I(a_1;b_1)$。

1.8 假设二进制对称信道的错误转移概率 $p = 0.1$，采用（5，1）重复码，根据大数法则进行译码，计算译码输出端不能纠正的错误概率。

第 2 章　离散信源及其信息度量

本章首先介绍离散信源的分类和统计特性，然后介绍离散随机变量的信息度量，包括自信息和信息熵、联合自信息和联合熵、条件自信息和条件熵，进而讨论离散信源的 N 次扩展信源、离散平稳信源和马尔可夫信源的信息度量，最后介绍离散信源的相关性和剩余度。

本章符号约定：大写字母表示集合，小写字母表示集合中的事件。例如离散信源输出的单符号用随机变量 X 表示，随机事件为 x，即 $x \in X = \{a_1, a_2, \cdots, a_q\}$， $x = \alpha_i$ 的概率表示为 $P(x)$ 或 $P(a_i)$。离散信源输出的多符号序列用随机矢量 $(X_1\ X_2 \cdots X_L)$ 表示，其中每个分量 $X_l (l = 1, 2, \cdots, L)$ 取值于同一集合 $\{a_1, a_2, \cdots, a_q\}$。如果每 N 个符号分为一组，则用 N 维离散随机矢量 $\boldsymbol{X} = (X_1\ X_2 \cdots X_N)$ 来描述，对应的序列 $\alpha_i = (x_1 x_2 \cdots x_N)$，序列中的分量 $x_l = a_k$，其中，k 表示符号集中的序号，$k = 1, 2, \cdots, q$；l 表示随机矢量中某分量的序号，$l = 1, 2, \cdots, N$；i 表示序列的序号，$i = 1, 2, \cdots, q^N$。

2.1　离散信源的分类

信源就是信息的源头，信源的具体输出是消息。在离散时间发出取值离散符号的信源称为离散信源。离散信源按照不同的方法有不同的分类。

① 按照离散信源输出的是一个消息符号还是消息符号序列，可分为单符号离散信源和多符号离散信源。单符号离散信源只输出一个取值离散的符号，只涉及一个随机事件，可用一个离散随机变量来描述。如果信源输出为离散符号序列，则称为多符号离散信源，可用离散随机矢量来描述。

②按输出符号之间的依赖关系分类，多符号离散信源可分为无记忆信源和有记忆信源。离散无记忆信源是指信源输出的符号之间是相互独立的。在通常情况下，实际信源往往是有记忆信源，即离散信源输出的符号序列中的符号之间有依赖关系，可以用联合概率分布或条件概率分布来描述这种关联性。表述有记忆信源比无记忆信源要困难得多。

③ 按照信源输出的符号序列的统计特性是否随时间变化，多符号离散信源可分为平稳信源和非平稳信源。如果信源输出的符号序列的统计特性不随时间变化，则称为平稳信源，否则为非平稳信源。

一个实际信源的描述往往相当复杂，如在汉字组成的中文序列中，前后字和词的出现是有关联的，在其他自然语言，如英文中前后字母的出现也是彼此依存的，即为有记忆信源。要找到精确的数学模型来描述上述信源是很困难的，实际中常用一些可以处理的数学模型去逼近实际信源。常见的处理方法有两种：其一是对信源输出的符号序列进行分组，每 N 个符号一组，只考虑组内各符号之间的关联性，而假定组与组之间是统计独立的，即本章将介绍的离散信源的 N 次扩展信源；其二是只考虑到信源发出的消息符号与前面有限个符号的依赖关系，不考虑与更前面发出符号的依赖关系，即用有限记忆源去近似实际信源。本章将介绍的马尔可夫信源就是一种有限记忆长度的信源。一般说来，马尔可夫信源属于非平稳信源，但是齐次遍历的马尔可夫信源达到稳态后，可等效为离散平稳信源。

如上所述，按照信源输出的消息符号之间的关系，离散信源的分类如图 2.1 所示。

- 离散信源
  - 单符号离散信源
  - 多符号离散信源
    - 无记忆离散信源
    - 有记忆离散信源
      - 离散信源的N次扩展信源
      - 马尔可夫信源

图 2.1　离散信源的分类

2.2　离散信源的统计特性

如果信源输出的消息符号为时间离散、取值有限或可数的随机序列，此时信源就是离散信源。由于接收者（信宿）事先不知道信源的具体输出，因此可以用随机变量、随机矢量来描述离散信源的统计特性。

2.2.1　单符号离散信源的统计特性

这是最简单、最基本的一类信源，信源只输出一个取值离散的消息符号，称为单符号离散信源，可以用一个离散随机变量来表示。

假设离散信源输出的消息符号集合为 $\{a_1,a_2,\cdots,a_q\}$，相应符号的概率分别为 $P(a_1),P(a_2),\cdots,P(a_q)$，则该信源可以用**离散随机变量 *X* 的概率空间**来描述。

$$\begin{bmatrix} X \\ P(x) \end{bmatrix}=\begin{bmatrix} a_1 & a_2 & \cdots & a_q \\ P(a_1) & P(a_2) & \cdots & P(a_q) \end{bmatrix} \tag{2.2.1}$$

且满足

$$0 \leqslant P(a_i) \leqslant 1, \quad \sum_{i=1}^{q} P(a_i)=1$$

例如，对于离散的单符号二进制等概率信源，概率空间为

$$\begin{bmatrix} X \\ P(x) \end{bmatrix}=\begin{bmatrix} a_1 & a_2 \\ 0.5 & 0.5 \end{bmatrix}$$

2.2.2　多符号离散信源的统计特性

实际信源发出的消息符号往往不止一个符号，而是由多个符号组成的离散随机序列，可用离散随机变量序列（或随机矢量）来描述信源发出的消息，此时的信源称为多符号离散信源。

简便起见，先考虑信源输出两个符号的情况，可以用两个随机变量 X_1X_2 来表示。设两个随机变量的二维联合概率为 $P(x_1x_2)$，x_1 和 x_2 取值于同一集合 $\{a_1,a_2,\cdots,a_q\}$，则二维联合集 X_1X_2 的概率空间为

$$\begin{bmatrix} X_1X_2 \\ P(x_1x_2) \end{bmatrix} = \begin{bmatrix} (a_1a_1) & (a_1a_2) & \cdots & (a_1a_q) & \cdots\cdots (a_qa_1) & (a_qa_2) & \cdots & (a_qa_q) \\ P(a_1a_1) & P(a_1a_2) & \cdots & P(a_1a_q) & \cdots\cdots P(a_qa_1) & P(a_qa_2) & \cdots & P(a_qa_q) \end{bmatrix}$$

其中，$P(x_1x_2)$ 有如下关系式：

① $$P(x_1x_2) \geqslant 0, \quad x_1,x_2 \in (a_1,a_2,\cdots,a_q) \tag{2.2.2}$$

② $$\sum\sum P(x_1x_2) = 1 \tag{2.2.3}$$

类似地，如果信源输出长度为 L 的符号序列，可用 L 维离散随机矢量 $\boldsymbol{X}=(X_1\ X_2\cdots X_L)$ 来描述，其中每个分量 $X_l(l=1,2,\cdots,L)$ 都是随机变量，它们都取值于同一集合 $\{a_1,a_2,\cdots,a_q\}$，则该信源的统计特性可以表示为

$$\begin{bmatrix} X_1X_2\cdots X_L \\ P(x_1x_2\cdots x_L) \end{bmatrix} = \begin{bmatrix} \alpha_1 & \alpha_2 & \cdots & \alpha_{q^L} \\ P(\alpha_1) & P(\alpha_2) & \cdots & P(\alpha_{q^L}) \end{bmatrix} \tag{2.2.4}$$

其中，$P(\alpha_i)\ (i=1,2,\cdots,q^L)$ 表示序列 α_i 的概率，其中 $\alpha_i=(x_1x_2\cdots x_L)$，每个分量 $x_l \in (a_1,a_2,\cdots a_q), l=1,2,\cdots,L$。

如果各个分量 $X_l(l=1,2,\cdots,L)$ 之间统计独立，则称为**离散无记忆信源**。此时，L 维离散随机矢量的联合概率为

$$P(x_1x_2\cdots x_L) = P(x_1)P(x_2)\cdots P(x_L) \tag{2.2.5}$$

2.3 离散随机变量的信息度量

2.3.1 自信息和信息熵

1. 自信息

事件发生的概率越小，猜测它发生的难易程度就越大，不确定性就越大，事件发生以后所提供的信息量就越大。而事件发生的概率越大，猜测它发生的难易程度就越小，不确定性就越小。如果消息发生的概率为 1（必然事件），则此消息所提供信息量为零。

定义 2.1 随机事件的自信息定义为该事件发生概率的对数的负值。设集合 $\boldsymbol{X}$ 中的事件 $x=a_i$ 发生概率为 $P(a_i)$，则它的自信息定义为

$$I(a_i) = \log_a \frac{1}{P(a_i)} = -\log_a P(a_i) \tag{2.3.1}$$

简记为
$$I(x) = -\log_a P(x)$$

$I(a_i)$ 代表如下两种物理含义。

① 在事件 a_i 发生以前，$I(a_i)$ 表示事件 a_i 发生的不确定性。因为概率小的事件不易发

生，预料它是否发生比较困难，因此包含较大的不确定性。而必然事件发生概率为 1，所以不确定性为零。

② 在事件 a_i 发生以后，$I(a_i)$ 表示事件 a_i 所提供的信息量。在无噪声干扰信道中，事件 a_i 发生后，能正确无误地传输给收信者，所以 $I(a_i)$ 可代表信宿接收到消息 a_i 后所获得的信息量，也是为了消除信宿对事件 a_i 是否发生不确定性所需要的信息量。

自信息的单位与所用对数的底有关。

① 当对数以 2 为底时，单位是“比特”（bit，binary unit 的缩写）；

② 当对数以 e 为底时，单位是“奈特”（nat，nature unit 的缩写）；

③ 当对数以 10 为底时，单位是“哈特”（hart，hartley 的缩写）。

④ 当对数以 r 为底 $(r>1)$ 时，单位是“r 进制单位”。即

$$I(a_i)=-\log_r P(a_i)\quad（r\text{ 进制单位}）\tag{2.3.2}$$

通常采用“比特”作为信息量的实用单位。在本书中，非特殊指明，信息的单位均采用比特，即一般采用以 2 为底的对数。**为了书写简洁，对数底数 2 通常省略不写。**

常见信息量单位之间的转换关系为

$$1\text{nat}=\log_2 \text{e bit}=1.443\text{bit}$$

$$1\text{hart}=\log_2 10\text{bit}=3.32\text{bit}$$

$$1\text{bit}=0.693\text{nat}=0.301\text{hart}$$

【例 2.1】 假设有这样一种彩票，中奖概率为 0.0001，不中奖概率为 0.9999。现有一个人买了一注彩票。试计算：

（1）事件“彩票中奖”的不确定性；

（2）事件“彩票不中奖”的不确定性；

（3）事件“彩票中奖”和事件“彩票不中奖”相比较，哪个提供的信息量较大？

解：（1）设 a_1 表示事件“彩票中奖”，因为概率 $P(a_1)$=0.0001，所以

$$I(a_1)=-\log P(a_1)=-\log 0.0001=13.2877\ （\text{bit}）$$

（2）设 a_2 表示事件“彩票不中奖”，因为概率 $P(a_2)$=0.9999，所以

$$I(a_2)=-\log P(a_2)=-\log 0.9999=0.0001\ （\text{bit}）$$

（3）因为 $I(a_1)>I(a_2)$，所以事件“彩票中奖”提供的信息量较大。

可见，事件发生的概率越小，提供的信息量越大，这和人们在日常生活中的直观感觉是一致的。

【例 2.2】 对于 2^n 进制的数字序列，假设每一符号的出现相互独立且概率相等，求任一符号的自信息。

解：根据题意，$P(a_i)=1/2^n$，所以

$$I(a_i)=-\log P(a_i)=-\log(1/2^n)=n\ （\text{bit}）$$

特殊地，对于独立等概分布的二进制符号序列，每一符号的自信息为 1bit。

2．信息熵

自信息是指某一信源发出某一消息所含有的信息量。如果发出的消息不同，所含有的

信息量也不同。所以，自信息 $I(a_i)$ 是一个随机变量，不能用它作为整个信源的信息度量。一般的离散信源，即便是单符号离散信源，也具有有限种取值的可能，因此，信源输出的信息量应该是上述具体单个消息所产生的自信息的统计平均值，显然它与信源本身的概率特性有关。

定义 2.2 设信源的概率空间为

$$\begin{bmatrix} X \\ P(x) \end{bmatrix} = \begin{bmatrix} a_1 & a_2 & \cdots & a_q \\ P(a_1) & P(a_2) & \cdots & P(a_q) \end{bmatrix}$$

则自信息的数学期望定义为信源的**平均自信息**，即

$$H(X) = E[I(a_i)] = -\sum_{i=1}^{q} P(a_i)\log P(a_i) \quad \text{（比特/符号）} \tag{2.3.3}$$

简记为

$$H(X) = -\sum_{x\in X} P(x)\log P(x)$$

式中，$E[\,]$ 表示统计平均，即数学期望。信息论创始人香农（Shannon）将 $H(X)$ 定义为**单符号离散信源的信息熵**，它表示信源输出的一个符号所含的平均信息量，也称为香农熵或无条件熵。

信息熵 $H(X)$ 是定量描述信源的一个重要物理量，是一个从概率统计角度来描述信源不确定性的客观物理量，是从信源整体角度反映信源的不确定性度量。熵这个名词是香农从统计物理学中借用过来的，在统计物理学中，热熵是描述分子运动混乱程度的一个物理量，是一个确定的数值。香农将它引入通信中，用它来描述信源平均不确定性，这在概念上有相似之处。但在热力学中，已知任何孤立系统的演化，热熵只会增加不会减少。然而在通信中，信息熵只会减少不会增加，所以也有人将信息熵称为负热熵。

如上所述，对于某特定的信源，信息熵 $H(X)$ 是信源的概率空间的一种特殊函数，与信源的符号数及符号的概率分布有关，又称为熵函数。如果把概率分布 $P(a_i), i=1,2,\cdots,q$，记为 $p_1, p_2, \cdots, p_q$，则熵函数又可以写成概率矢量 $\boldsymbol{p}=(p_1, p_2, \cdots, p_q)$ 的函数形式，记为

$$H(X) = H(p_1, p_2, \cdots, p_q) = H(\boldsymbol{p}) \tag{2.3.4}$$

因为概率空间的完备性，即 $\sum_{i=1}^{q} p_i = 1$，所以 $H(\boldsymbol{p})$ 是 $(q-1)$ 元函数。当 $q=2$ 时，因 $p_1 + p_2 = 1$，所以将两个符号的熵函数写成 $H(p_1)$ 或 $H(p_2)$。

信息熵的单位由自信息的单位来决定，即取决于对数的底。一般选用以 2 为底时，信息熵写成 $H(X)$ 的形式。如果选取以 r 为底的对数，那么信息熵写成 $H_r(X)$ 形式，即

$$H_r(X) = \sum_{i=1}^{q} P(a_i)\log_r P(a_i) \qquad \text{（}r\text{ 进制单位/符号）} \tag{2.3.5}$$

信息熵 $H_r(X)$ 与 $H(X)$ 之间的关系是

$$H_r(X) = \frac{H(X)}{\log r} \tag{2.3.6}$$

和自信息相似，信息熵 $H(X)$ 有两种物理含义：

① 信源输出前，信源的信息熵表示信源的平均不确定度。

② 信源输出后，信源的信息熵表示信源输出一个离散消息符号所提供的平均信息量。如果信道无噪声干扰，信宿获得的平均信息量就等于信源的平均信息量，即信息熵。需要注意的是，若信道中存在噪声，信宿获得的平均信息量就不再是信息熵，而是 3.3 节介绍的平均互信息。

下面通过具体实例来说明信息熵的含义。

【例 2.3】 已知某信源的概率空间为 $\begin{bmatrix} X \\ P(x) \end{bmatrix} = \begin{bmatrix} a_1 & a_2 & a_3 & a_4 & a_5 \\ \frac{1}{16} & \frac{1}{16} & \frac{1}{8} & \frac{1}{4} & \frac{1}{2} \end{bmatrix}$，计算：

（1）信源 X 中事件 a_3 和 a_4 分别含有的自信息；

（2）信息熵 $H(X)$。

解：（1）事件 a_3 和 a_4 分别含有的自信息为

$$I(a_3) = \log 8 = 3(\text{bit})$$

$$I(a_4) = \log 4 = 2(\text{bit})$$

（2）信息熵为

$$H(X) = H\left(\frac{1}{16}, \frac{1}{16}, \frac{1}{8}, \frac{1}{4}, \frac{1}{2}\right) = 1.875 \text{（比特/符号）}$$

【例 2.4】 已知二进制通信系统的信源空间为

$$\begin{bmatrix} X \\ P(x) \end{bmatrix} = \begin{bmatrix} 0 & 1 \\ p & 1-p \end{bmatrix}$$

求该信源的熵。

解：由式（2.3.3），有

$$H(X) = H(p, 1-p) = -p\log p - (1-p)\log(1-p) \text{（比特/符号）}$$

图 2.2 给出了二进制熵函数 $H(p)$ 与 p 的关系曲线。显然，当 $p=0$ 或 $p=1$ 时，$H(X)=0$；当 $p=0.5$ 时，$H(X)=1$（比特/符号）。可见，若信源 X 发符号“0”（或“1”）是确定事件，则信源 X 不提供任何信息量。若信源 X 以相同概率发符号“0”和“1”，则信源 X 每发一个符号提供的平均信息量达到最大值。

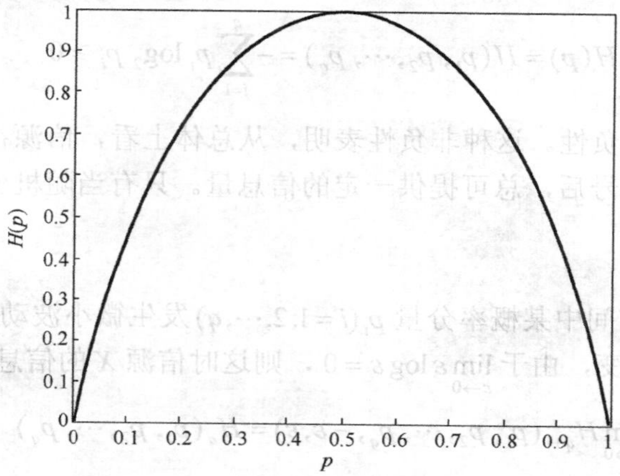

图 2.2　二进制熵函数曲线

3．信息熵的性质

熵函数 $H(\boldsymbol{p})$ 具有以下性质。

① 对称性。

当变量 $p_1, p_2, \cdots, p_q$ 的顺序任意互换时，熵函数的值不变，即

$$H(p_1, p_2, \cdots, p_q) = H(p_2, p_3, \cdots, p_q, p_1) = \cdots = H(p_q, p_1, \cdots, p_{q-1}) \tag{2.3.7}$$

这就是熵函数的对称性。熵函数的对称性表明，信息熵只与随机变量的概率空间的总体结构有关，与各概率分量和各信源符号的对应关系，乃至各消息符号本身无关。例如，有下面三个不同随机变量的信源空间分别为

$$\begin{bmatrix} X \\ P(x) \end{bmatrix} = \begin{bmatrix} a_1 & a_2 & a_3 \\ \frac{1}{3} & \frac{1}{6} & \frac{1}{2} \end{bmatrix}, \quad \begin{bmatrix} Y \\ P(y) \end{bmatrix} = \begin{bmatrix} b_1 & b_2 & b_3 \\ \frac{1}{6} & \frac{1}{2} & \frac{1}{3} \end{bmatrix}, \quad \begin{bmatrix} Z \\ P(z) \end{bmatrix} = \begin{bmatrix} c_1 & c_2 & c_3 \\ \frac{1}{3} & \frac{1}{2} & \frac{1}{6} \end{bmatrix}$$

三者的信息熵相等，即有

$$H\left(\frac{1}{3}, \frac{1}{6}, \frac{1}{2}\right) = H\left(\frac{1}{6}, \frac{1}{2}, \frac{1}{3}\right) = H\left(\frac{1}{3}, \frac{1}{2}, \frac{1}{6}\right) = 1.459 \text{（比特/信源符号）}$$

② 确定性。

若信源 X 概率空间中任一概率分量 $p_i = 1$ 时，$p_i \log p_i = 0$；而其余概率分量 $p_j = 0 (j \neq i)$，由于 $\lim\limits_{p_j \to 0} p_j \log p_j = 0$，则这时信源 X 的信息熵一定等于零，即

$$H(1,0) = H(1,0,0) = H(1,0,0,0) = \cdots = H(1,0,\cdots,0) = 0 \tag{2.3.8}$$

这就是熵函数的确定性。熵函数的确定性表明，当信源任一符号以概率 1 必然出现时，其他符号均不可能出现，这个信源就是一个确知信源。在发符号前，不存在确定性；在发符号后不提供任何信息量。

③ 非负性。

信源空间中随机变量 X 的所有取值的概率分布总是满足

$$0 \leqslant p_i \leqslant 1 \quad (i = 1, 2, \cdots, q)$$

当取对数的底大于 1 时，$\log p_i < 0$，而 $-p_i \log_2 p_i > 0 \ (i = 1, 2, \cdots, q)$，则

$$H(\boldsymbol{p}) = H(p_1, p_2, \cdots, p_q) = -\sum_{i=1}^{q} p_i \log_2 p_i \geqslant 0 \tag{2.3.9}$$

这就是熵函数的非负性。这种非负性表明，从总体上看，信源在发符号以前总存在一定的不确定性；在发符号后，总可提供一定的信息量。只有当随机变量是一确定量时，熵才等于零。

④ 扩展性。

若信源 X 的概率空间中某概率分量 $p_i (i = 1, 2, \cdots, q)$ 发生微小波动 $-\varepsilon (\varepsilon > 0)$，又要求其他分量 $p_j (j \neq i)$ 均保持不变，由于 $\lim\limits_{\varepsilon \to 0} \varepsilon \log \varepsilon = 0$，则这时信源 X 的信息熵维持不变。即

$$\lim_{\varepsilon \to 0} H_{q+1}(p_1, p_2, \cdots, p_q, -\varepsilon, \varepsilon) = H_q(p_1, p_2, \cdots, p_q) \tag{2.3.10}$$

这就是熵函数的扩展性。这种扩展性表明，虽然小概率事件自信息大，但它在信息熵

中占很小的比重，对熵的影响很小，可以忽略，以致总的信息熵保持不变。

⑤ 递增性。

$$
\begin{aligned}
&H_{n+m-1}(p_1, p_2, \cdots, p_{n-1}, q_1, q_2, \cdots, q_m) \\
&= H_n(p_1, p_2, p_2, \cdots, p_{n-1}, p_n) + p_n H_m\left(\frac{q_1}{p_n}, \frac{q_2}{p_n}, \cdots, \frac{q_m}{p_n}\right)
\end{aligned}
\tag{2.3.11}
$$

式中，$\sum_{i=1}^{n} p_i = 1, \sum_{j=1}^{m} q_j = p_n$。

此性质说明：若原信源 X（n 个符号的概率分布 $p_1, p_2, \cdots, p_n$）中有一个符号元素划分（或分割）成 m 个符号元素，而这 m 个符号元素的概率之和等于原来元素的概率，则新信源的熵增加。这是由于划分而产生的不确定性而导致熵的增加，其增加量为

$$
p_n H_m\left(\frac{q_1}{p_n}, \frac{q_2}{p_n}, \cdots, \frac{q_m}{p_n}\right)
$$

⑥ 上凸性。

熵函数 $H(\boldsymbol{p})$ 是概率矢量 $\boldsymbol{p} = (p_1, p_2, \cdots, p_q)$ 的严格∩形凸函数（或称上凸函数）。即对任意概率矢量 $\boldsymbol{p}_1 = (p_1, p_2, \cdots, p_q)$ 和 $\boldsymbol{p}_2 = (p_1', p_2', \cdots, p_q')$ 及任意 $0 < \theta < 1$，都有

$$
H[\theta \boldsymbol{p}_1 + (1-\theta)\boldsymbol{p}_2] > \theta H(\boldsymbol{p}_1) + (1-\theta) H(\boldsymbol{p}_2) \tag{2.3.12}
$$

正因为熵函数具有上凸性，熵函数具有极值，所以熵函数的最大值存在。

⑦ 极值性。

定理 2.1（离散信源的最大熵定理） 对于有限离散随机变量集合，当集合中的事件等概率发生时，熵达到最大值。

$$
H(p_1, p_2, \cdots, p_q) \leqslant H\left(\frac{1}{q}, \frac{1}{q}, \cdots, \frac{1}{q}\right) = \log q \tag{2.3.13}
$$

此性质说明：等概率分布信源的平均不确定度最大，这是一个很重要的结论。该性质可利用詹森不等式证明得到，请参见附录 A。

2.3.2 联合自信息和联合熵

1. 联合自信息

二维联合集 XY 的概率空间表示为

$$
\begin{bmatrix} XY \\ P(xy) \end{bmatrix} = \begin{bmatrix} a_1b_1 & \cdots & a_1b_s & a_2b_1 & \cdots & a_2b_s & \cdots & a_rb_1 & \cdots & a_rb_s \\ P(a_1b_1) & \cdots & P(a_1b_s) & P(a_2b_1) & \cdots & P(a_2b_s) & \cdots & P(a_rb_1) & \cdots & P(a_rb_s) \end{bmatrix}
$$

式中，$0 \leqslant P(a_ib_j) \leqslant 1, \sum_{i=1}^{r}\sum_{j=1}^{s} P(a_ib_j) = 1$。

定义 2.3 联合自信息是二维联合集 XY 上元素 a_ib_j 的联合概率 $P(a_ib_j)$ 对数的负值，用 $I(a_ib_j)$ 表示，即

$$I(a_ib_j) = -\log P(a_ib_j) \tag{2.3.14}$$

简记为

$$I(xy) = -\log P(xy)$$

和自信息类似，联合自信息 $I(a_ib_j)$ 的物理含义有两种：

① 两个事件 a_i 和 b_j 都发生的不确定性；

② 两个事件 a_i 和 b_j 都发生后提供的信息量。

当 X 和 Y 相互独立时，$P(a_ib_j) = P(a_i)P(b_j)$，代入式（2.3.14）得

$$I(a_ib_j) = -\log P(a_ib_j) = -\log P(a_i) - \log P(b_j) = I(a_i) + I(b_j) \tag{2.3.15}$$

式（2.3.15）说明两个随机事件相互独立时，联合自信息等于这两个随机事件各自独立发生提供的信息量之和。

2．联合熵

定义 2.4 联合熵（又称为共熵）定义为联合离散符号集 XY 上的每个元素对 a_ib_j 的联合自信息的数学期望，用 $H(XY)$ 或 $H(X,Y)$ 表示，其定义式为

$$H(XY) = E[I(a_ib_j)] = \sum_{i=1}^{r}\sum_{j=1}^{s} P(a_ib_j)I(a_ib_j) = -\sum_{i=1}^{r}\sum_{j=1}^{s} P(a_ib_j)\log P(a_ib_j) \tag{2.3.16}$$

简记为

$$H(XY) = -\sum_{x\in X}\sum_{y\in Y} P(xy)\log P(xy)$$

联合熵 $H(XY)$ 的物理含义表示联合离散符号集 XY 上的每个元素对平均提供的信息量或平均不确定性，单位为比特/符号对。

需要注意的是，两个随机变量 X 和 Y 既可以表示两个单符号离散信源的输出，也可以表示一个离散信源输出两个符号，还可以表示信道输入和信道输出。

【例 2.5】 已知某离散信源可以用二维随机矢量 $\boldsymbol{X} = X_1X_2$ 的概率空间来描述，其中 X_1 和 X_2 的取值集合均为 $[a_1, a_2]$。概率空间为

$$\begin{bmatrix} X_1X_2 \\ P(x_1x_2) \end{bmatrix} = \begin{bmatrix} a_1a_1 & a_1a_2 & a_2a_1 & a_2a_2 \\ 0.5 & 0.25 & 0.25 & 0 \end{bmatrix}$$

试计算：

（1）信源输出 a_2a_1 提供的信息量；

（2）联合熵 $H(X_1X_2)$。

解：（1）因为 $P(a_2a_1) = 0.25$，所以 $I(a_2a_1) = 2\text{bit}$。

（2）$H(X_1X_2) = H(0.5, 0.25, 0.25, 0) = 1.5$（比特/符号对）。

【例 2.6】 有两个同时出现的单符号离散信源，第一个信源 X 输出 a_1, a_2 两个可能符号之一，第二个信源 Y 输出 b_1, b_2, b_3 三个可能符号之一。已知第一个信源符号出现的概率 $P(a_1) = P(a_2) = \dfrac{1}{2}$，条件概率 $P(b_j \mid a_i)$ 如表 2.1 所示。试计算：

（1）信息熵 $H(X)$ 和 $H(Y)$；

（2）联合熵 $H(XY)$。

表 2.1　条件概率 $P(b_j \mid a_i)$

x \ y	b_1	b_2	b_3
a_1	1/2	1/2	0
a_2	1/2	1/4	1/4

解：（1）$H(X)=H\left(\frac{1}{2},\frac{1}{2}\right)=1$（比特/符号）。

已知概率 $P(a_i)$ 和条件概率 $P(b_j \mid a_i)$ 容易得到联合概率 $P(a_ib_j)$，如表 2.2 所示。

表 2.2　联合概率 $P(a_ib_j)$

x \ y	b_1	b_2	b_3
a_1	1/4	1/4	0
a_2	1/4	1/8	1/8

可得 $P(b_1)=\frac{1}{2}$，$P(b_2)=\frac{3}{8}$，$P(b_3)=\frac{1}{8}$。

所以 $H(Y)=H\left(\frac{1}{2},\frac{3}{8},\frac{1}{8}\right)=1.4056$（比特/符号）。

（2）$H(XY)=H\left(\frac{1}{4},\frac{1}{4},0,\frac{1}{4},\frac{1}{8},\frac{1}{8}\right)=2.25$（比特/符号对）。

关于两个随机变量的联合自信息和联合熵的概念可以方便地推广到 N 个随机变量的情况。如 N=3 时，三维联合集 XYZ 上元素 $a_ib_jc_k$ 的联合概率 $P(a_ib_jc_k)$ 对数的负值，用 $I(a_ib_jc_k)$ 表示为

$$I(a_ib_jc_k)=-\log P(a_ib_jc_k) \tag{2.3.17}$$

对应的熵为

$$\begin{aligned} H(XYZ)=E[I(a_ib_jc_k)]&=\sum_{a_i\in X}\sum_{b_j\in Y}\sum_{c_k\in Z}P(a_ib_jc_k)I(a_ib_jc_k) \\ &=-\sum_{a_i\in X}\sum_{b_j\in Y}\sum_{c_k\in Z}P(a_ib_jc_k)\log P(a_ib_jc_k) \end{aligned} \tag{2.3.18}$$

容易理解，对于 N 个随机变量组成的随机序列（或随机矢量）$\boldsymbol{X}=(X_1X_2\cdots X_N)$ 的熵（简称为序列熵）为

$$H(X_1X_2\cdots X_N)=\sum_{x_1\in X_1}\sum_{x_2\in X_2}\cdots\sum_{x_N\in X_N}P(x_1x_2\cdots x_N)I(x_1x_2\cdots x_N) \tag{2.3.19}$$

式（2.3.16）和式（2.3.18）可以看作式（2.3.19）的特例，序列长度 N 分别为 2 和 3。序列熵的物理含义为每序列平均提供的信息量，单位可记为“比特/序列”。

2.3.3　条件自信息和条件熵

1. 条件自信息

定义 2.5　条件自信息定义为条件概率对数的负值。设在已知 a_i 条件下，发生 b_j 的条

件概率为$P(b_j|a_i)$，那么它的**条件自信息**$I(b_j|a_i)$定义为

$$I(b_j|a_i)=-\log P(b_j|a_i) \tag{2.3.20}$$

条件自信息$I(b_j|a_i)$的物理含义有两种：

① 在特定条件（a_i已知）下，随机事件b_j发生所提供的信息量；

② 在a_i已知条件下，仍对随机事件b_j存在的不确定性。

同样，b_j已知时发生a_i的条件自信息为

$$I(a_i|b_j)=-\log P(a_i|b_j) \tag{2.3.21}$$

特殊地，当a_i表示信道输入、b_j表示信道输出时，$I(a_i|b_j)$表示收到消息b_j后仍对信源是否输出a_i尚存在的不确定性。

容易证明，自信息、条件自信息和联合自信息之间的关系为

$$\begin{aligned}I(a_ib_j)&=-\log_2 P(a_i)P(b_j|a_i)=I(a_i)+I(b_j|a_i)\\&=-\log_2 P(b_j)P(a_i|b_j)=I(b_j)+I(a_i|b_j)\end{aligned} \tag{2.3.22}$$

和自信息一样，联合自信息和条件自信息也满足非负性和单调递减性，同时，它们也都是随机变量，其值随着变量a_i、b_j的变化而变化。

2．条件熵

假设有如下两个离散随机变量集合X和Y的概率空间为

$$\begin{bmatrix}X\\P(x)\end{bmatrix}=\begin{bmatrix}a_1 & a_2 & \cdots & a_r\\P(a_1) & P(a_2) & \cdots & P(a_r)\end{bmatrix},\quad \begin{bmatrix}Y\\P(y)\end{bmatrix}=\begin{bmatrix}b_1 & b_2 & \cdots & b_s\\P(b_1) & P(b_2) & \cdots & P(b_s)\end{bmatrix}$$

其中条件概率矩阵

$$[P(y|x)]=\begin{bmatrix}P(b_1|a_1) & P(b_2|a_1) & \cdots & P(b_s|a_1)\\P(b_1|a_2) & P(b_2|a_2) & \cdots & P(b_s|a_2)\\\vdots & \vdots & & \vdots\\P(b_1|a_r) & P(b_2|a_r) & \cdots & P(b_s|a_r)\end{bmatrix} \tag{2.3.23}$$

满足$\sum_{i=1}^{r}P(a_i)=1,\ \sum_{j=1}^{s}P(b_j)=1,\ \sum_{j=1}^{s}P(b_j|a_i)=1$。

（1）事件和集合的条件熵

定义 2.6 在已知a_i条件下，Y的条件熵$H(Y|a_i)$定义为

$$H(Y|a_i)=E\left[I(b_j|a_i)\right]=-\sum_{j=1}^{s}P(b_j|a_i)\log P(b_j|a_i) \tag{2.3.24}$$

式（2.3.24）是仅知某一个a_i时Y的条件熵，它随着a_i的变化而变化，仍然是一个随机变量。

（2）集合和集合的条件熵

定义 2.7 在已知随机变量X的条件下，随机变量Y的条件熵$H(Y|X)$定义为

$$H(Y|X)=\sum_{i=1}^{r}P(a_i)H(Y|a_i)=-\sum_{i=1}^{r}\sum_{j=1}^{s}P(a_i)P(b_j|a_i)\log P(b_j|a_i)$$

$$=-\sum_{i=1}^{r}\sum_{j=1}^{s}P(a_ib_j)\log P(b_j|a_i) \tag{2.3.25}$$

可见，$H(Y|X)$ 是对 $H(Y|a_i)$ 在 X 的概率空间中的数学期望；也可以看作对条件自信息 $I(a_i|b_j)$ 在 X 和 Y 的联合概率空间中的数学期望。

相应地，在给定 Y 的条件下，X 的条件熵 $H(X|Y)$ 定义为

$$H(X|Y)=\sum_{j=1}^{s}P(b_j)H(X|b_j) \tag{2.3.26}$$

类似于条件自信息，$H(X|Y)$ 的物理含义如下：

① 在 Y 已知条件下，符号 X 提供的平均信息量；

② 在 Y 已知条件下，仍然对 X 存在的平均不确定性。

和联合熵中的两个随机变量相似，随机变量 X 和 Y 既可以表示两个单符号离散信源的输出，也可以表示一个离散信源输出两个符号，还可以表示信道输入和信道输出。

特殊地，当 X 表示信道输入、Y 表示信道输出时，条件熵 $H(X|Y)$ 表示信宿在收到 Y 后信源 X 仍然存在的不确定度。通常称 $H(X|Y)$ 为信道疑义度，也称为损失熵。

【例 2.7】 有一个二进制信源 X 发出符号集{0，1}，$P(a_1=0)=\frac{2}{3}$，经过离散无记忆信道传输，信道输出用 Y 表示。由于信道中存在噪声，信道转移概率矩阵为

$$\boldsymbol{P}=\begin{bmatrix}\frac{1}{3} & \frac{1}{3} & \frac{1}{6} & \frac{1}{6}\\ \frac{1}{6} & \frac{1}{6} & \frac{1}{3} & \frac{1}{3}\end{bmatrix}$$

计算 $H(Y|a_1)$、$H(Y|a_2)$、$H(Y|X)$。

解：

$$H(Y|a_1)=H\left(\frac{1}{3},\frac{1}{3},\frac{1}{6},\frac{1}{6}\right)$$

$$H(Y|a_2)=H\left(\frac{1}{6},\frac{1}{6},\frac{1}{3},\frac{1}{3}\right)$$

由式（2.3.25），可得

$$H(Y|X)=P(a_1)H(Y|a_1)+P(a_2)H(Y|a_2)$$

$$=H\left(\frac{1}{6},\frac{1}{6},\frac{1}{3},\frac{1}{3}\right)=1.9183\text{（比特/符号）}$$

【例 2.8】 某离散信源输出两个符号 X_1X_2，已知第一个符号 X_1 的概率分布为 $P(x_1=0)=\frac{1}{2}$，$P(x_1=1)=\frac{1}{3}$，$P(x_1=2)=\frac{1}{6}$。假定第二个符号与第一个符号之间的条件概率 $P(x_2|x_1)$ 如表 2.3 所示。

表 2.3 条件概率 $P(x_2 | x_1)$

x_1 \ x_2	0	1	2
0	1/2	1/2	0
1	3/4	1/8	1/8
2	0	1/4	3/4

计算条件熵 $H(X_2 | X_1)$。

解：$H(X_2 | X_1) = \frac{1}{2}H\left(\frac{1}{2},\frac{1}{2},0\right) + \frac{1}{3}H\left(\frac{3}{4},\frac{1}{8},\frac{1}{8}\right) + \frac{1}{6}H\left(0,\frac{1}{4},\frac{3}{4}\right) = 0.994$（比特/符号）

2.3.4 各类熵之间的关系

1. 熵函数的可加性

设有两个随机变量 X 和 Y，它们的概率空间分别为

$$\begin{bmatrix} X \\ P(x) \end{bmatrix} = \begin{bmatrix} a_1 & a_2 & \cdots & a_r \\ P(a_1) & P(a_2) & \cdots & P(a_r) \end{bmatrix}, \begin{bmatrix} Y \\ P(y) \end{bmatrix} = \begin{bmatrix} b_1 & b_2 & \cdots & b_s \\ P(b_1) & P(b_2) & \cdots & P(b_s) \end{bmatrix} \tag{2.3.27}$$

式中，$\sum_{i=1}^{r} P(a_i) = 1$，$\sum_{j=1}^{s} P(b_j) = 1$。

则有

$$\begin{aligned} H(XY) &= \sum_{i=1}^{r}\sum_{j=1}^{s} P(a_i b_j) I(a_i b_j) = -\sum_{i=1}^{r}\sum_{j=1}^{s} P(a_i b_j) \log P(a_i b_j) \\ &= -\sum_{i=1}^{r}\sum_{j=1}^{s} P(a_i b_j) \log[P(a_i)P(b_j | a_i)] \\ &= -\sum_{i=1}^{r}[\sum_{j=1}^{s} P(a_i b_j)] \log P(a_i) - \sum_{i=1}^{r}\sum_{j=1}^{s} P(a_i b_j) P(b_j | a_i)] \\ &= -\sum_{i=1}^{r} P(a_i) \log P(a_i) + H(Y | X) \\ &= H(X) + H(Y | X) \end{aligned} \tag{2.3.28}$$

式中，$P(a_i) = \sum_{j=1}^{s} P(a_i b_j)$，$P(a_i b_j) = P(a_i) P(b_j | a_i)$。

同理有

$$H(XY) = H(Y) + H(X | Y) \tag{2.3.29}$$

可见，两个随机变量 X 和 Y 的联合熵等于随机变量 X 的信息熵加上在 X 已知条件下的条件熵 $H(Y | X)$。

对于两个统计独立随机变量 X 和 Y，其联合熵等于 X 和 Y 各自熵之和，即

$$H(XY) = H(X) + H(Y) \tag{2.3.30}$$

式（2.3.29）可以方便地推广到 N 个随机变量的情况，即

$$H(X_1X_2\cdots X_N)=H(X_1)+H(X_2|X_1)+\cdots+H(X_N|X_1X_2\cdots X_{N-1})$$
$$=\sum_{i=1}^{N}H(X_i|X_1X_2\cdots X_{i-1}) \tag{2.3.31}$$

式（2.3.31）称为**熵函数的链规则**。

如果各个分量 $X_l(l=1,2,\cdots,N)$ 之间统计独立，则有

$$H(X_1X_2\cdots X_N)=H(X_1)+H(X_2)+\cdots+H(X_N) \tag{2.3.32}$$

2．条件熵不大于无条件熵

$$H(X|Y)\leqslant H(X) \tag{2.3.33}$$

此性质表明，已知 Y 时 X 的不确定性应小于或等于对于 Y 一无所知时 X 的不确定性。这是因为已知 Y 后，如果 X 和 Y 有关联性，从 Y 得到了一些关于 X 的信息，从而使 X 的不确定性降低；如果 X 和 Y 相互独立，则 $H(X|Y)=H(X)$。该性质可利用詹森不等式证明得到，请参见附录 A。

同理有

$$H(Y|X)\leqslant H(Y) \tag{2.3.34}$$

【例 2.9】 设随机变量 X 和 Y 的联合概率分布如表 2.4 所示。

表 2.4　随机变量 *X* 和 *Y* 的联合概率分布

X \ Y	$b_1=0$	$b_2=1$
$a_1=0$	1/9	1/2
$a_2=1$	1/6	2/9

已知随机变量 $Z=X+Y$，试计算：

（1）$P(z)$，$P(xz)$，$P(yz)$，$P(xyz)$；

（2）$H(X)$，$H(Y)$，$H(Z)$；

（3）$H(XY)$，$H(XZ)$，$H(YZ)$，$H(XYZ)$；

（4）$H(X|Y)$，$H(Y|X)$，$H(X|Z)$；

（5）$H(Z|XY)$，$H(X|YZ)$，$H(Y|XZ)$。

解：（1）由已知条件可得到 XY 和 Z 的关系及其概率分布如表 2.5 所示。

表 2.5　随机变量 *XY* 和 *Z* 的关系及其概率分布

XY	P(xy)	Z = X + Y
00	1/9	0
01	1/2	1
10	1/6	1
11	2/9	2

所以 Z 的概率 $P(z)$ 如表 2.6 所示。

联合概率 $P(xz), P(yz), P(xyz)$ 分别如表 2.7、表 2.8 和表 2.9 所示。

表 2.6　随机变量 Z 的概率

Z	0	1	2
$P(z)$	1/9	2/3	2/9

表 2.7　联合概率 $P(xz)$

X \ Z	$c_1=0$	$c_2=1$	$c_3=2$
$a_1=0$	1/9	1/2	0
$a_2=1$	0	1/6	2/9

表 2.8　联合概率 $P(yz)$

Y \ Z	$c_1=0$	$c_2=1$	$c_3=2$
$b_1=0$	1/9	1/6	0
$b_2=1$	0	1/2	2/9

表 2.9　联合概率 $P(xyz)$

XY \ Z	$c_1=0$	$c_2=1$	$c_3=2$
xy=00	1/9	0	0
xy=01	0	1/2	0
xy=10	0	1/6	0
xy=11	0	0	2/9

（2）
$$H(X)=H\left(\frac{11}{18},\frac{7}{18}\right)=0.9641\text{（比特/符号）}$$

$$H(Y)=H\left(\frac{5}{18},\frac{13}{18}\right)=0.8524\text{（比特/符号）}$$

$$H(Z)=H\left(\frac{1}{9},\frac{2}{3},\frac{2}{9}\right)=1.2244\text{（比特/符号）}$$

（3）
$$H(XY)=H\left(\frac{1}{9},\frac{1}{2},\frac{1}{6},\frac{2}{9}\right)=1.7652\text{（比特/两个符号）}$$

$$H(XZ)=H\left(\frac{1}{9},\frac{1}{2},\frac{1}{6},\frac{2}{9},0,0\right)=1.7652\text{（比特/两个符号）}$$

$$H(YZ)=H\left(\frac{1}{9},\frac{1}{2},\frac{1}{6},\frac{2}{9},0,0\right)=1.7652\text{（比特/两个符号）}$$

$$H(XYZ)=H\left(\frac{1}{9},\frac{1}{2},\frac{1}{6},\frac{2}{9},0,0,0,0,0,0,0,0\right)=1.7652\text{（比特/三个符号）}$$

（4）
$$H(X|Y)=H(XY)-H(Y)=0.9128\text{（比特/符号）}$$

$$H(Y|X)=H(XY)-H(X)=0.8011\text{（比特/符号）}$$

$$H(X|Z)=H(XZ)-H(Z)=0.5408\text{（比特/符号）}$$

（5）
$$H(Z|XY)=H(XYZ)-H(XY)=0$$

$$H(X|YZ)=H(XYZ)-H(YZ)=0$$

$$H(Y \mid XZ)=H(XYZ)-H(XZ)=0$$

由例 2.9 可知，当随机变量 $Z=X+Y$ 时，$H(Z \mid XY)=0$。可以这样理解：当 X 和 Y 已知时，Z 是确知的，所以不确定性为 0。

2.4　离散信源的 *N* 次扩展信源

前面指出，单符号离散信源虽然只输出一个取值离散的消息符号，但是它具有多种取值的可能，可用一个离散随机变量 X 来表示，此时信源熵（即每个信源符号平均提供的信息量）为 $H(X)$。

实际上信源的输出往往是符号序列。例如一部长篇小说，它既有记忆又非平稳，为了研究方便，通常认为它是平稳的。可以把信源输出的序列看成是一组一组发出的，而且组和组之间相互独立，此时的离散信源可以等效为一个新的信源。新信源每次输出长度为 N 的一组符号，用 N 维离散随机矢量 $\boldsymbol{X}=(X_1\ X_2 \cdots X_N)$ 来描述，其中每个分量 $X_l(l=1,2,\cdots,N)$ 都是随机变量，它们都取值于同一集合 $\{a_1,a_2,\cdots,a_q\}$，则由这个随机矢量 $\boldsymbol{X}$ 表示的新信源称为**离散信源的 *N* 次扩展信源**，一般标记为 X^N。对应地，长度为 N 的一组符号称为**扩展信源符号**。

例如，通信系统中的 QPSK 根据两个二进制符号 00，01，10，11 与相位的对应关系进行相位调制，可以看作由两个二进制符号构成的符号序列。特殊地，离散无记忆信源可以看作 N=1 时的 N 次扩展信源。如果信源输出符号长度趋于无穷，且符号之间有关联，则可以看作是 $N \to \infty$ 的 N 次扩展信源。

2.4.1　离散信源的 *N* 次扩展信源的熵

前面已经介绍，由 L 个随机变量组成的随机矢量 $\boldsymbol{X}=(X_1X_2 \cdots X_L)$ 的熵为

$$H(X_1X_2\cdots X_L)=H(X_1)+H(X_2 \mid X_1)+\cdots+H(X_L \mid X_1X_2\cdots X_{L-1}) \tag{2.4.1}$$

N 次扩展信源的熵定义为每个扩展信源符号平均包含的信息量，简称为**序列熵**，单位为“比特/扩展信源符号”，或者“比特/序列”。这里以简单的二次扩展信源为例来分析 N 次扩展信源的熵。

假设离散信源输出 6 个符号 $X_1X_2X_3X_4X_5X_6$，每两个符号为一组，而且组和组之间相互独立，即 X_1X_2、X_3X_4 和 X_5X_6 之间相互独立，则

$$\begin{aligned}&H(X_1X_2X_3X_4X_5X_6)\\&=H(X_1X_2)+H(X_3X_4 \mid X_1X_2)+H(X_5X_6 \mid X_1X_2X_3X_4)\\&=H(X_1X_2)+H(X_3X_4)+H(X_5X_6)\end{aligned}$$

如果 X_1X_2、X_3X_4 和 X_5X_6 的联合概率分布相同，则该二次扩展信源的熵为 $H(X_1X_2)$，单位为“比特/扩展信源符号”。

容易理解，如果一个离散信源输出的消息每 N 个符号为一组，用 $X_1X_2\cdots X_N$ 表示，而且组和组之间统计独立，则该 N 次扩展信源的熵为 $H(X_1X_2\cdots X_N)$。

平均符号熵定义为每个信源符号平均提供的信息量，单位为“比特/信源符号”。由于一个序列由 N 个信源符号构成，所以平均符号熵为

$$H_N(\boldsymbol{X})=\frac{1}{N}H(X_1X_2\cdots X_N) \tag{2.4.2}$$

例如，二次扩展信源的熵为 $H(X_1X_2)$，对应的平均符号熵为 $\dfrac{H(X_1X_2)}{2}$。

当信源符号序列长度 $N\to\infty$ 时，此时的平均符号熵称为**离散信源的极限熵**，定义为

$$\lim_{N\to\infty}H_N(\boldsymbol{X})=\lim_{N\to\infty}\frac{H(X_1X_2\cdots X_N)}{N} \tag{2.4.3}$$

2.4.2 离散无记忆信源的 N 次扩展信源的熵

离散无记忆信源的 N 次扩展信源的各个分量相互独立。由式（2.4.1）可知，此时 N 次扩展信源的熵为

$$H\left(X^N\right)=H(X_1X_2\cdots X_N)=H(X_1)+H(X_2)+\cdots+H(X_N) \tag{2.4.4}$$

如果离散无记忆信源是平稳的，则随机矢量 $\boldsymbol{X}=(X_1X_2\cdots X_N)$ 中的各分量 $X_l, l=1,2,\cdots,N$ 的概率分布相同，即

$$P(x_1)=P(x_2)=\cdots=P(x_N) \tag{2.4.5}$$

则

$$H(X_1)=H(X_2)=\cdots=H(X_N) \tag{2.4.6}$$

因此，离散无记忆平稳信源 X 的 N 次扩展信源的熵等于单符号离散信源 X 的熵的 N 倍，即

$$H(X^N)=NH(X) \tag{2.4.7}$$

此时，平均符号熵就是单符号离散信源的平均符号熵 $H(X)$，即

$$H_N(\boldsymbol{X})=H(X) \tag{2.4.8}$$

值得注意的是，扩展信源的熵（或序列熵）的单位为“比特/扩展信源符号”（或“比特/序列”），平均符号熵的单位为“比特/信源符号”，关注到单位蕴含的物理含义有助于对上述结论的理解。

【例 2.10】 某离散信源的单符号概率空间为

$$\begin{bmatrix}X\\P(x)\end{bmatrix}=\begin{bmatrix}a_1 & a_2 & a_3\\ \frac{1}{2} & \frac{1}{4} & \frac{1}{4}\end{bmatrix}$$

（1）假设该离散信源为无记忆信源，计算二次扩展信源的熵。

（2）假设每两个信源符号组成一个序列，序列与序列之间相互独立，序列中第 2 个符号与第 1 个符号之间的条件概率 $P(x_2\mid x_1)$ 如表 2.10 所示，试计算该二次扩展信源的熵和平均符号熵。

解：（1）因为单符号信源熵为

$$H(X)=H\left(\frac{1}{2},\frac{1}{4},\frac{1}{4}\right)=1.5\ （比特/符号）$$

根据式（2.4.7），该离散无记忆信源的二次扩展信源的熵为

$$H(\boldsymbol{X})=2H(X)=3\ \text{（比特/扩展信源符号）}$$

表 2.10　条件概率 $P(x_2\,|\,x_1)$

x_1 \ x_2	a_1	a_2	a_3
a_1	1	0	0
a_2	0	1/2	1/2
a_3	0	1/2	1/2

（2）该二次扩展信源的熵为

$$H\left(X_1X_2\right)=H\left(\frac{1}{2},0,0,0,\frac{1}{8},\frac{1}{8},0,\frac{1}{8},\frac{1}{8}\right)=2\ \text{（比特/序列）}$$

对应的平均符号熵为

$$H_2(\boldsymbol{X})=\frac{1}{2}H\left(X_1X_2\right)=1\ \text{（比特/符号）}$$

可见，无记忆信源的熵大于有记忆信源的熵。引入了关联性，信源熵将减少。

2.5 离散平稳信源

为了分析方便，实际信源通常近似为离散平稳信源。为了深入研究离散平稳信源，本节首先给出离散平稳信源的数学定义，然后讨论其信息度量。

2.5.1 离散平稳信源的数学定义

离散信源输出长度为 L 的随机变量序列 $\boldsymbol{X}=X_1X_2\cdots X_L$，其中 l 时刻输出的符号用随机变量 $X_l(l=1,2,\cdots,L)$ 表示。通常认为在每个时刻 X_l 都取自相同的信源符号集 $\{a_1,a_2,\cdots,a_q\}$，即 $x_l\in X_l=\{a_1,a_2,\cdots,a_q\}$，$l=1,2,\cdots,L$。

如果对于任意的 L，随机变量序列 $\boldsymbol{X}=X_1X_2\cdots X_L$ 的概率分布 $P(x_1x_2\cdots x_L)$ 与时间起点无关，即当 $t=i$，$t=j$（i,j 为任意整数，且 $i\neq j$）时有

$$P(x_i)=P(x_j)$$
$$P(x_ix_{i+1})=P(x_jx_{j+1})$$
$$\vdots$$
$$P(x_ix_{i+1}\cdots x_{i+L-1})=P(x_jx_{j+1}\cdots x_{j+L-1})\tag{2.5.1}$$

则该信源称为**离散平稳信源**。

由于联合概率与条件概率有以下关系：

$$P(x_ix_{i+1})=P(x_i)P(x_{i+1}\,|\,x_i)$$
$$P(x_ix_{i+1}x_{i+2})=P(x_i)P(x_{i+1}\,|\,x_i)P(x_{i+2}\,|\,x_ix_{i+1})$$
$$\vdots$$

$$P(x_i x_{i+1} \cdots x_{i+L-1}) = P(x_i)P(x_{i+1} | x_i) \cdots P(x_{i+L-1} | x_i x_{i+1} \cdots x_{i+L-2}) \tag{2.5.2}$$

因此，对于任意给定的长度L，如果满足

$$P(x_i) = P(x_j) = P(x_1)$$
$$P(x_{i+1} | x_i) = P(x_{j+1} | x_j) = P(x_2 | x_1)$$
$$P(x_{i+2} | x_i x_{i+1}) = P(x_{j+2} | x_j x_{j+1}) = P(x_3 | x_1 x_2)$$
$$\vdots$$
$$P(x_{i+L-1} | x_i x_{i+1} \cdots x_{i+L-2}) = P(x_{j+L-1} | x_j x_{j+1} \cdots x_{j+L-2}) = P(x_L | x_1 x_2 \cdots x_{L-1}) \tag{2.5.3}$$

则该离散信源为离散平稳信源。所以，对于平稳信源来说，其条件概率也与时间起点无关。

如果离散平稳信源某时刻发出什么符号只与前面发出的m个符号有关联，而与更早些时刻发出的符号无关联，则该信源称为**（m+1）维离散平稳信源**。也就是说，（m+1）维离散平稳信源在满足平稳的条件下，还满足

$$P\left(x_{i+m} | x_1 \cdots x_{i+m-1}\right) = P\left(x_{i+m} | x_i \cdots x_{i+m-1}\right) \tag{2.5.4}$$

一般地，实际信源输出的随机序列的统计特性比较复杂，分析起来也比较困难。为了便于分析，通常假设信源输出的是平稳的随机序列，而且限定记忆长度。

根据离散平稳信源的定义，容易理解下面的两个重要结论。

（1）对于离散无记忆信源，如果$P(x_i) = P(x_j)$，则对于任意的L，随机变量序列$\boldsymbol{X} = X_1 X_2 \cdots X_L$的概率分布$P(x_1 x_2 \cdots x_L)$都与时间起点无关，即为离散平稳信源。此时信源为**一维离散平稳信源**。

（2）对于最具代表性的**二维离散平稳信源**，需要满足以下条件：

① 信源发出的符号只与前一个符号有关。即

$$P(x_{i+L} | x_1 \cdots x_{i+L-1}) = P(x_{i+L} | x_{i+L-1}) \tag{2.5.5}$$

② 平稳。即

$$P(x_i) = P(x_1) \tag{2.5.6}$$

$$P\left(x_{i+1} | x_i\right) = P\left(x_2 | x_1\right) \tag{2.5.7}$$

下面将通过一个例题来理解二维平稳信源的两个条件。

【例 2.11】 设有离散信源X，取值于集$A = \{a_1, a_2, a_3\}$，假设信源输出的符号只与前一个符号有关，其条件概率$P(x_{l+1} | x_l)$ $(l = 1, 2, \cdots)$具有时间推移的不变性，如表 2.11 所示。已知起始概率为$P(x_1 = a_1) = \dfrac{1}{2}, P(x_1 = a_2) = \dfrac{1}{4}, P(x_1 = a_3) = \dfrac{1}{4}$，试问该信源是否为二维离散平稳信源？

表 2.11 条件概率 $P(x_{l+1} | x_l)$

x_l \ x_{l+1}	a_1	a_2	a_3
a_1	1/2	1/2	0
a_2	3/4	1/8	1/8
a_3	0	1/4	3/4

解：当 $l=1$ 时，条件概率 $P(x_{l+1}\mid x_l)=P(x_2\mid x_1)$。根据起始概率 $P(x_1)$，可得联合概率 $P(x_1x_2)=P(x_1)P(x_2\mid x_1)$ 如表 2.12 所示。

表 2.12　联合概率 $P(x_1x_2)$

x_1 \ x_2	a_1	a_2	a_3
a_1	1/4	1/4	0
a_2	3/16	1/32	1/32
a_3	0	1/16	3/16

所以有

$$P(x_2=a_1)=\frac{7}{16}, P(x_2=a_2)=\frac{11}{32}, P(x_2=a_3)=\frac{7}{32}$$

和初始概率相比，可知该信源不是平稳信源，当然也不是二维离散平稳信源。

2.5.2　有限维离散平稳信源的条件熵

离散平稳信源的条件熵在后面的分析中经常用到。为了便于理解，首先从简单的二维离散平稳信源入手，然后介绍一般的有限维离散平稳信源的条件熵。

1．二维离散平稳信源

由离散平稳信源的定义，可以证明二维离散平稳信源的条件熵满足

$$\lim_{N\to\infty} H(X_N\mid X_1X_2\cdots X_{N-1})=H(X_2\mid X_1) \tag{2.5.8}$$

特殊地，

$$H(X_3\mid X_2X_1)=H(X_3\mid X_2)=H(X_2\mid X_1) \tag{2.5.9}$$

简单起见，下面只证明式（2.5.9）。

证明：$$H(X_3\mid X_2X_1)=-\sum_{x_1\in X}\sum_{x_2\in X}\sum_{x_3\in X}P(x_1x_2)P(x_3\mid x_1x_2)\log P(x_3\mid x_1x_2)$$

$$=-\sum_{x_1\in X}\sum_{x_2\in X}\sum_{x_3\in X}P(x_1x_2x_3)\log P(x_3\mid x_1x_2)$$

因为平稳，而且发出的符号只与前一个符号有关，则

$$P(x_3\mid x_1x_2)=P(x_3\mid x_2)=P(x_2\mid x_1)$$

又因为 $\sum_{x_3\in X}P(x_1x_2x_3)=P(x_1x_2)$，所以

$$H(X_3\mid X_2X_1)=-\sum_{x_1\in X}\sum_{x_2\in X}P(x_1x_2)\log P(x_2\mid x_1)=H(X_2\mid X_1)$$

[证毕]

2．$(m+1)$维离散平稳信源

根据$(m+1)$维离散平稳信源的定义，可以证明条件熵满足

$$\lim_{N\to\infty} H(X_N|X_1X_2\cdots X_{N-1}) = H(X_{m+1}|X_1X_2\cdots X_m) \tag{2.5.10}$$

【例 2.12】 设有二维离散平稳信源 X，单符号信源的概率空间为

$$\begin{bmatrix} X \\ P(x) \end{bmatrix} = \begin{bmatrix} a_1 & a_2 & a_3 \\ \frac{1}{2} & \frac{1}{3} & \frac{1}{6} \end{bmatrix}$$

假设发出的符号只与前一个符号有关，其条件概率 $P(x_{l+1}|x_l)$ 如表 2.13 所示。

表 2.13 条件概率 $P(x_{l+1}|x_l)$

x_l \ x_{l+1}	a_1	a_2	a_3
a_1	1/2	1/2	0
a_2	3/4	1/8	1/8
a_3	0	1/4	3/4

试计算：

（1）条件熵 $H(X_2|X_1)$ 和 $H(X_4|X_3)$；

（2）条件熵 $H(X_3|X_2X_1)$。

解：

（1）$H(X_2|X_1) = \frac{1}{2}H\left(\frac{1}{2},\frac{1}{2},0\right) + \frac{1}{3}H\left(\frac{3}{4},\frac{1}{8},\frac{1}{8}\right) + \frac{1}{6}H\left(0,\frac{1}{4},\frac{3}{4}\right) = 0.994$（比特/符号）

$H(X_4|X_3) = H(X_2|X_1) = 0.994$（比特/符号）

（2）因为平稳，而且发出的符号只与前一个符号有关，由式（2.5.9）可得

$$H(X_3|X_1X_2) = H(X_3|X_2) = H(X_2|X_1)$$

则

$$H(X_3|X_1X_2) = 0.994 \text{（比特/符号）}$$

2.5.3 二维离散平稳信源的平均符号熵

如前所述，如果离散平稳信源某时刻发出什么符号只与前面相邻的一个符号有关，而与更早些时刻发出的符号无关，则该信源称为**二维离散平稳信源**。该离散平稳信源的记忆长度虽为有限值 2，但符号之间的依赖关系是延伸到无穷的，如何分析得出该离散平稳信源每符号平均提供的信息量呢？

如果对该信源输出的符号序列进行分组，每 N 个符号一组，并假定组与组之间是统计独立的，即 2.4 节介绍的 N 次扩展信源，这与实际情况并不相符，由此得到的信源熵仅是近似值，与实际熵有一定的差距。但是随着每组序列长度 N 的增加，这种差距会越来越小，因为分组处理忽略掉的离散平稳信源的关联性只是"前一组末尾上的一个符号和后一组开头的一个符号之间的关联性"。可以理解，当 $N\to\infty$ 时，N 次扩展信源的平均符号熵（即极限熵）就是离散平稳信源的实际熵，即平均每个信源符号提供的信息量。

【例 2.12（续）】 对例 2.12 中的二维离散平稳信源输出的符号序列分组，每 N 个符号一组。并且忽略组与组之间的关联性，即假定组与组之间是统计独立的。当 N=1, 2,100, ∞ 时，计算 N 次扩展信源的平均符号熵。

解：（1）当 N=1 时，N 次扩展信源的平均符号熵（即单符号信源熵）为

$$H(X)=H\left(\frac{1}{2},\frac{1}{3},\frac{1}{6}\right)=1.452 \text{（比特/符号）}$$

（2）当 N=2 时，N 次扩展信源的平均符号熵为

$$H_2(\boldsymbol{X})=\frac{H(X_1X_2)}{2}=\frac{H(X_1)+H(X_2\mid X_1)}{2}=1.223 \text{（比特/符号）}$$

（3）当 N=100 时，N 次扩展信源的平均符号熵为

$$H(X_1X_2\cdots X_{100})=H(X_1)+H(X_2\mid X_1)+H(X_3\mid X_1X_2)+\cdots+H(X_{100}\mid X_1X_2\cdots X_{99})$$

因为平稳，而且发出的符号只与前一个符号有关，所以

$$H(X_3\mid X_1X_2)=H(X_3\mid X_2)=H(X_2\mid X_1)$$

$$\vdots$$

$$H(X_{100}\mid X_1X_2\cdots X_{99})=H(X_{100}\mid X_{99})=H(X_2\mid X_1)$$

所以 N 次扩展信源的平均符号熵为

$$H_{100}(\boldsymbol{X})=\frac{H(X_1X_2\cdots X_{100})}{100}=\frac{H(X_1)+99H(X_2\mid X_1)}{100}=0.999 \text{（比特/符号）}$$

（4）假设符号序列长度 $N\to\infty$，则 N 次扩展信源的平均符号熵（二维离散平稳信源的极限熵）为

$$\lim_{N\to\infty}H_N(\boldsymbol{X})=\lim_{N\to\infty}\frac{H(X_1X_2\cdots X_N)}{N}=\lim_{N\to\infty}\frac{H(X_1)+(N-1)H(X_2\mid X_1)}{N}$$

$$=H(X_2\mid X_1)=0.994 \text{（比特/符号）}$$

由上例容易验证以下结论。

① 二维离散平稳信源的极限熵为

$$H_\infty=H(X_2\mid X_1) \tag{2.5.11}$$

② 条件熵和平均符号熵之间的关系为

$$H(X_2\mid X_1)\leqslant H_2(\boldsymbol{X})\leqslant H(X) \tag{2.5.12}$$

③ 随着 N 的增加，N 次扩展信源的平均符号熵 $H_N(\boldsymbol{X})$ 是非递增的。

2.5.4 离散平稳信源的极限熵

如前所述，一般离散平稳信源的符号之间的依赖关系是延伸到无穷的。前面通过分析得出了最简单、最具代表性的二维平稳信源的极限熵 $H_\infty=H(X_2\mid X_1)$，而一般的离散平稳信源的极限熵如何计算呢？对离散平稳信源的性质进行分析，就可以找到答案。

对于离散平稳信源，当 $H(X)<\infty$ 时，具有以下几个性质：

① 条件熵 $H(X_N|X_1X_2\cdots X_{N-1})$ 随 N 的增加是非递增的；

② N 给定时，平均符号熵≥条件熵，即

$$H_N(\boldsymbol{X})\geqslant H(X_N|X_1X_2\cdots X_{N-1}) \tag{2.5.13}$$

③ 平均符号熵 $H_N(\boldsymbol{X})$ 随 N 的增加是非递增的；

④ 离散平稳信源的极限熵为

$$H_\infty = \lim_{N\to\infty} H_N(\boldsymbol{X}) = \lim_{N\to\infty} H(X_N | X_1 X_2 \cdots X_{N-1}) \tag{2.5.14}$$

性质①表明在信源输出序列中符号之间前后依赖关系越长，前面若干个符号发生后，其后发生什么符号的平均不确定性就越弱。也就是说，条件较多的熵必小于或等于条件较少的熵，而条件熵必小于或等于无条件熵。例如

$$H(X) \geqslant H(X_2|X_1) \geqslant H(X_3|X_1 X_2) \geqslant H(X_4|X_1 X_2 X_3) \tag{2.5.15}$$

性质②表明“只考虑组内 N 个符号之间关联性的 N 次扩展信源的平均符号熵”大于或等于“关联性延伸到无穷的平稳信源的条件熵”。也就是说，关联性越强，熵越小。例如

$$\frac{H(X_1 X_2)}{2} \geqslant H(X_2|X_1), \quad \frac{H(X_1 X_2 X_3)}{3} \geqslant H(X_3|X_1 X_2) \tag{2.5.16}$$

性质③表明 N 次扩展信源的序列长度 N 越大，平均符号熵越小。例如

$$H(X) \geqslant \frac{H(X_1 X_2)}{2} \geqslant \frac{H(X_1 X_2 X_3)}{3} \geqslant \frac{H(X_1 X_2 X_3 X_4)}{4} \tag{2.5.17}$$

又因为 $H_N(\boldsymbol{X}) \geqslant 0$，即有

$$0 \leqslant H_N(\boldsymbol{X}) \leqslant H_{N-1}(\boldsymbol{X}) \leqslant H_{N-2}(\boldsymbol{X}) \leqslant \cdots \leqslant H(X) < \infty \tag{2.5.18}$$

因此当记忆长度 N 足够大（$N\to\infty$）时，N 维离散平稳有记忆信源 $\boldsymbol{X} = X_1 X_2 \cdots X_{N-1} X_N$ 的平均符号熵 $H_N(\boldsymbol{X})$ 的极限值，即极限熵 H_∞ 是存在的，且为处于零和 $H(X)$ 之间的某一有限值。

性质④表明，对于离散平稳信源，当考虑依赖关系为无限长时，平均符号熵和条件熵都非递增地一致趋于平稳信源的信息熵（极限熵），所以可以用条件熵或平均符号熵来近似描述平稳信源，即

$$\lim_{N\to\infty} \frac{H(X_1 X_2 \cdots X_N)}{N} = \lim_{N\to\infty} H(X_N | X_1 X_2 \cdots X_{N-1})$$

性质①～④主要讨论了离散平稳信源的平均符号熵和条件熵，结论可以这样理解：两者随着 N 的增加都是单调非增的；当 N 给定时，前者不小于后者；当 $N\to\infty$ 时，两者相等，就是极限熵 H_∞。

下面对离散平稳信源的 4 个性质予以证明。

性质①的证明：类似于式（2.3.33）“条件熵不大于无条件熵”的证明，同理证得“条件较多的熵不大于减少一些条件的熵”，即

$$H(X_3|X_1 X_2) \leqslant H(X_3|X_2) \tag{2.5.19}$$

因为信源是平稳的，所以有

$$H(X_3|X_2) = H(X_2|X_1)$$

故得

$$H(X_3|X_1 X_2) \leqslant H(X_2|X_1) \leqslant H(X_1) \tag{2.5.20}$$

同理可得，平稳信源有

$$H(X_N|X_1\cdots X_{N-1})\leqslant H(X_{N-1}|X_1\cdots X_{N-2})\leqslant H(X_{N-2}|X_1\cdots X_{N-3})$$
$$\vdots$$
$$\leqslant H(X_3|X_1X_2)\leqslant H(X_2|X_1)\leqslant H(X_1) \tag{2.5.21}$$

[证毕]

性质②的证明：根据平均符号熵的定义及熵的链规则，可得

$$NH_N(\boldsymbol{X})=H(X_1X_2\cdots X_N)=H(X_1)+H(X_2|X_1)+\cdots+H(X_N|X_1X_2\cdots X_{N-1}) \quad (2..5.22)$$

运用性质 1，得

$$\begin{aligned}NH_N(\boldsymbol{X})&\geqslant H(X_N|X_1X_2\cdots X_{N-1})+\cdots+H(X_N|X_1X_2\cdots X_{N-1})\\&=NH(X_N|X_1X_2\cdots X_{N-1})\end{aligned} \tag{2.5.23}$$

[证毕]

性质③的证明：根据平均符号熵的定义，有

$$\begin{aligned}NH_N(\boldsymbol{X})&=H(X_1X_2\cdots X_{N-1}X_N)=H(X_N|X_1X_2\cdots X_{N-1})+H(X_1X_2\cdots X_{N-1})\\&=H(X_N|X_1X_2\cdots X_{N-1})+(N-1)H_{N-1}(\boldsymbol{X})\end{aligned} \tag{2.5.24}$$

利用性质②得

$$NH_N(\boldsymbol{X})\leqslant H_N(\boldsymbol{X})+(N-1)H_{N-1}(\boldsymbol{X})$$

所以

$$H_N(\boldsymbol{X})\leqslant H_{N-1}(\boldsymbol{X}) \tag{2.5.25}$$

[证毕]

性质④的证明：一方面，由性质②，令 $N\to\infty$，有

$$\lim_{N\to\infty}H_N(\boldsymbol{X})\geqslant\lim_{N\to\infty}H(X_N|X_1\cdots X_{N-1}) \tag{2.5.26}$$

另一方面，根据平均符号熵的定义及熵的链规则，有

$$\begin{aligned}H_{N+k}(\boldsymbol{X})&=\frac{1}{N+k}H(X_1X_2\cdots X_N\cdots X_{N+k})\\&=\frac{1}{N+k}[H(X_1X_2\cdots X_{N-1})+H(X_N|X_1X_2\cdots X_{N-1})\\&\quad+H(X_{N+1}|X_1X_2\cdots X_N)+\cdots+H(X_{N+k}|X_1X_2\cdots X_{N+k-1})]\end{aligned} \tag{2.5.27}$$

根据条件熵的非递增性和平稳性，有

$$\begin{aligned}H_{N+k}(\boldsymbol{X})&\leqslant\frac{1}{N+k}[H(X_1\cdots X_{N-1})+H(X_N|X_1X_2\cdots X_{N-1})+H(X_N|X_1X_2\cdots X_{N-1})+\cdots+\\&\quad H(X_N|X_1X_2\cdots X_{N-1})]\\&=\frac{1}{N+k}H(X_1\cdots X_{N-1})+\frac{k+1}{N+k}H(X_N|X_1\cdots X_{N-1})\end{aligned}$$

当 k 取值足够大时（$k\to\infty$），固定 N，而 $H(X_1\cdots X_{N-1})$ 和 $H(X_N|X_1\cdots X_{N-1})$ 为定值，所以前一项因为 $\frac{1}{N+k}\to 0$ 可以忽略。而后一项因为 $\frac{k+1}{N+k}\to 1$，所以得

$$\lim_{k\to\infty}H_{N+k}(\boldsymbol{X})\leqslant H(X_N|X_1\cdots X_{N-1}) \tag{2.5.28}$$

再令 $N \to \infty$，因极限存在

$$\lim_{N\to\infty} H_N(\boldsymbol{X}) = H_\infty$$

所以得

$$\lim_{N\to\infty} H_N(\boldsymbol{X}) \leqslant \lim_{N\to\infty} H(X_N | X_1 \cdots X_{N-1}) \tag{2.5.29}$$

最后，由式（2.5.26）和式（2.5.29），必有

$$H_\infty = \lim_{N\to\infty} H_N(\boldsymbol{X}) = \lim_{N\to\infty} H(X_N | X_1 \cdots X_{N-1}) \tag{2.5.30}$$

[证毕]

由离散平稳信源的性质④和式(2.5.10)，得到有限维离散平稳信源的极限熵计算式如下。

① 二维平稳信源的极限熵为

$$H_\infty = H\left(X_2 \mid X_1\right) \tag{2.5.31}$$

这和例 2.12 得到的式（2.5.11）是一致的。

②$(m+1)$维离散平稳信源的极限熵为

$$H_\infty = H\left(X_{m+1} \mid X_1 X_2 \cdots X_m\right) \tag{2.5.32}$$

简记为 H_{m+1}。

容易理解，二维离散平稳信源的极限熵为 H_2，且 $H_2 = H_3 = H_4 = \cdots = H_\infty$。

2.5.5 计算极限熵的处理方法

式（2.5.30）表明，对于记忆长度 N 足够长（$N \to \infty$）的离散平稳有记忆信源 $\boldsymbol{X}$，每个信源符号提供的平均信息量就是极限熵 H_∞，等于条件熵 $H(X_N | X_1 \cdots X_{N-1})$。要求解条件熵 $H(X_N | X_1 \cdots X_{N-1})$ 在 $N \to \infty$ 时的极限值，就相当于要测定离散平稳有记忆信源 $\boldsymbol{X}$ 的无穷多维条件概率和联合概率分布。这在实际计算中是相当困难的。

对于一般离散平稳信源，N 取值不太大时就能得出非常接近 H_∞ 的 $H_N(\boldsymbol{X})$ 或 $H(X_N | X_1 \cdots X_{N-1})$，因此实际中计算极限熵有两种处理方式。

① 将该信源近似为离散信源的 N 次扩展信源，即计算有限 N 时的平均符号熵：

$$H_\infty \approx \frac{H(X_1 X_2 \cdots X_N)}{N} \tag{2.5.33}$$

② 将该信源近似为离散信源的 N 维离散平稳信源，即计算有限 N 时的条件熵：

$$H_\infty \approx H(X_N | X_1 X_2 \cdots X_{N-1}) \tag{2.5.34}$$

需要强调指出的是，N 维离散平稳信源和离散信源的 N 次扩展信源，其所含符号的依赖关系不同，对相应关系的数学描述不同，平均符号熵的计算公式也不同。

① N 次扩展信源发出的符号序列，每 N 个符号构成一组，组与组之间是相互统计独立的，因此符号之间的相互依赖关系仅限于组内的 N 个符号，一般用这 N 个符号的联合概率来描述符号间的依赖关系，平均每个符号所提供的信息量为 $H(X_1 X_2 \cdots X_N)/N$。

② N 维离散平稳信源的记忆长度虽为有限值，但符号之间的依赖关系是延伸到无穷的，通常用条件概率来描述这种依赖关系，平均每个符号所提供的信息量为 $H(X_N \mid X_1 X_2 \cdots X_{N-1})$。

2.6 马尔可夫信源

前面已对离散平稳信源进行了讨论，本节主要讨论非平稳离散信源中的一类特殊信源——马尔可夫信源。马尔可夫信源是一种用有限状态的马尔可夫链来描述的离散信源。马尔可夫链（简称马氏链）是一种时间离散、状态离散的无后效的随机过程。无后效性表示马氏链将来所处的状态只与现在时刻所处的状态有关，与以前时刻所处的状态无关。

下面将以 m 阶马尔可夫信源为例，分析得出马尔可夫信源等效为离散平稳信源的条件，并讨论马尔可夫信源极限熵的计算。

2.6.1 m 阶马尔可夫信源的描述

实际中信源发出的消息符号往往只与前面若干个（如 m 个）符号有较强的依赖关系，而与更前面发出的符号依赖关系较弱，为此可限制随机序列的记忆长度为（m+1），该有限记忆长度信源就称为 **m 阶马尔可夫信源**。

假定信源输出的随机符号序列为 $x_1,x_2,\cdots,x_{l-1},x_l,\cdots$，则 m 阶马尔可夫信源可用条件概率表示

$$P\left(x_l \mid x_1x_2\cdots x_{l-1}\right)=P\left(x_l \mid x_{l-m}x_{l-m+1}\cdots x_{l-1}\right) \tag{2.6.1}$$

即信源在 l 时刻发出的符号只与前面 m 个符号有关联。将 l 时刻以前出现的 m 个符号组成的序列定义为马尔可夫信源在 l 时刻的**状态**，记为

$$s_l=(x_{l-m}x_{l-m+1}\cdots x_{l-1}),\quad x_{l-m},x_{l-m+1},\cdots,x_{l-1}\in X=\left\{a_1,a_2,\cdots,a_q\right\} \tag{2.6.2}$$

信源在 l 时刻出现符号 a_k 的概率与此时所处的状态 s_l 有关，用**符号条件概率**表示为

$$P(x_l=a_k \mid x_{l-m}x_{l-m+1}\cdots x_{l-1})=P(x_l=a_k \mid s_l=E_i) \tag{2.6.3}$$

式中，$s_l\in E=\{E_1,E_2,\cdots E_{q^m}\}$，$i=1,2,\cdots,q^m$；$k=1,2,\cdots,q$。

在 l 时刻信源符号 a_k 出现后，信源所处的状态 s_l 将发生变化，转入一个新的状态 s_{l+1}，可用一步状态转移概率（简称为**状态转移概率**）来表示：

$$P(s_{l+1}=E_j \mid s_l=E_i) \tag{2.6.4}$$

式（2.6.4）所示的一步状态转移概率可以简记为 $P_{ij}(l)$。

如果状态转移概率与时刻 l 无关，即状态转移概率具有时间推移的不变性，则称该马尔可夫信源是**时齐的**或**齐次的**。即满足

$$P\left(s_{l+1}=E_j \mid s_l=E_i\right)=P(E_j \mid E_i)=P_{ij} \tag{2.6.5}$$

而且 $\sum\limits_{E_j\in E}P(E_j \mid E_i)=1$，其中 $i,j=1,2,\cdots,q^m$。

需要指出的是，平稳信源的概率分布特性具有时间推移不变性，而齐次马尔可夫链只要求转移概率具有推移不变性。例 2.11 中的信源为齐次马尔可夫信源，但它不是平稳的。

为了表达的简明，可将齐次马尔可夫信源的状态转移概率写成矩阵的形式，得到状态转移概率矩阵

$$\boldsymbol{P}=[P(E_j\mid E_i)]=[P_{ij}]=\begin{bmatrix} P_{11} & P_{12} & \cdots & P_{1q^m} \\ P_{21} & P_{22} & \cdots & P_{2q^m} \\ \vdots & \vdots & \vdots & \vdots \\ P_{q^m1} & P_{q^m2} & \cdots & P_{q^mq^m} \end{bmatrix} \tag{2.6.6}$$

这是一个方阵，矩阵的行数和列数都等于状态数 q^m，矩阵第 i 行第 j 列的元素表示转移概率 $P(E_j\mid E_i)$。而且每个元素非负，每行元素之和为 1。

类似地，可将符号条件概率表示为矩阵 $[P(a_k\mid E_i)]$，矩阵的行数等于状态数 q^m，列数等于符号数 q，矩阵第 i 行第 k 列的元素表示条件概率 $P(a_k\mid E_i)$。

一般说来，m 阶马尔可夫信源的符号条件概率矩阵和状态转移矩阵的每行非零元素相同。这是因为信源状态 $E_i=(x_1x_2\cdots x_m)$ 时，再发下一个符号 x_{m+1}，则信源从状态 E_i 转移到 E_j，即 $E_j=(x_2x_3\cdots x_{m+1})$。而 $x_{m+1}\in X=(a_1,a_2,\cdots,a_q)$，所以

$$P(x_{m+1}\mid x_1x_2\cdots x_m)=P(x_{m+1}\mid E_i)=P(a_k\mid E_i)=P(E_j\mid E_i) \tag{2.6.7}$$

$$(k=1,2,\cdots,q;i,j=1,2,\cdots,q^m)$$

【例 2.13】 有一个二阶齐次马尔可夫链 $X=\{0,1\}$，状态变量 $E_i=\{00,01,10,11\}$，信源在 E_i 状态下输出符号 a_k 的条件概率 $P(a_k\mid E_i)$ 如表 2.14 所示。

表 2.14 符号条件概率 $P(a_k\mid E_i)$

状态 E_i	符号 $a_1=0$	符号 $a_2=1$
$E_1=00$	1/2	1/2
$E_2=01$	1/3	2/3
$E_3=10$	1/4	3/4
$E_4=11$	1/5	4/5

写出该马尔可夫信源的状态转移概率矩阵和符号条件概率矩阵。

解： 当马尔可夫信源的状态为 $E_i=00$ 时，如果信源输出符号 $a_1=0$，则下一状态 $E_j=00$，此时状态转移概率 $P(E_j\mid E_i)=1/2$；如果信源输出符号 $a_1=1$，则下一状态 $E_j=01$，此时 $P(E_j\mid E_i)=1/2$。同理得到其他状态转移概率如表 2.15 所示。

表 2.15 状态转移概率 $P(E_j\mid E_i)$

E_i \ E_j	$E_1=00$	$E_2=01$	$E_3=10$	$E_4=11$
$E_1=00$	1/2	1/2	0	0
$E_2=01$	0	0	1/3	2/3
$E_3=10$	1/4	3/4	0	0
$E_4=11$	0	0	1/5	4/5

所以，该马尔可夫信源的状态转移概率矩阵为

$$[P(E_j\mid E_i)]=\begin{bmatrix} 1/2 & 1/2 & 0 & 0 \\ 0 & 0 & 1/3 & 2/3 \\ 1/4 & 3/4 & 0 & 0 \\ 0 & 0 & 1/5 & 4/5 \end{bmatrix}$$

该马尔可夫信源的符号条件概率矩阵为

$$[P(a_k \mid E_i)] = \begin{bmatrix} 1/2 & 1/2 \\ 1/3 & 2/3 \\ 1/4 & 3/4 \\ 1/5 & 4/5 \end{bmatrix}$$

齐次马尔可夫信源还可用马尔可夫链的状态转移图来描述。在状态转移图上，每个圆圈代表一个状态，状态之间的有向线代表某一状态向另一状态的转移。有向线上的符号和数字分别代表信源输出的符号 a_k 和符号条件概率 $P(a_k \mid E_i)$。例 2.13 中的二阶马尔可夫信源的状态转移图如图 2.3 所示。

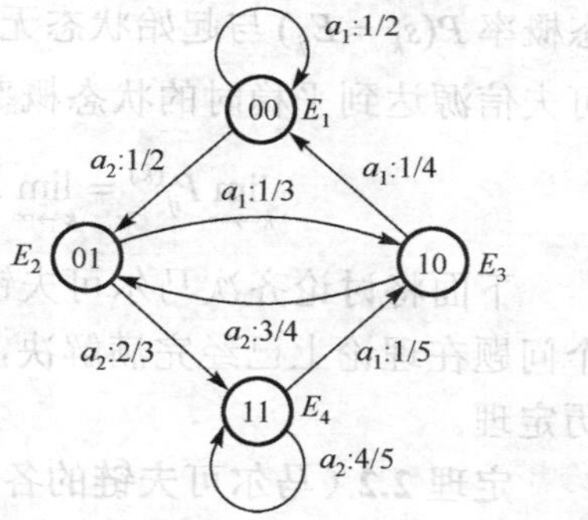

图 2.3　二阶马尔可夫信源的状态转移图

2.6.2　齐次遍历的马尔可夫信源

齐次马尔可夫信源的状态转移概率具有时间推移的不变性。和一步状态转移概率 $P_{ij}(l)$ 类似，k 步状态转移概率 $P_{ij}^{(k)}(l)$ 也与时刻 l 无关，即

$$P_{ij}^{(k)}(l) = P\left\{s_{l+k} = E_j \mid s_l = E_i\right\} = P_{ij}^{(k)} \qquad E_i, E_j \in E \tag{2.6.8}$$

齐次马尔可夫信源的 k 步状态转移概率 $P_{ij}^{(k)}$ 具有以下关系式

$$P_{ij}^{(k)} = \sum_r P_{ir}^{(n)} P_{rj}^{(k-n)} \tag{2.6.9}$$

式（2.6.9）称为切普曼-柯莫哥洛夫（Chapman-Kolmogorov）方程，简称 C-K 方程。它表明“状态 i 经过 k 步转移到状态 j”这一事件可以分解为“从状态 i 出发，经过 n 步转移到中间状态 r，再从中间状态 r 经过（$k-n$）步转移到状态 j”。

若用矩阵表示式（2.6.9），则

$$\boldsymbol{P}^{(k)} = \boldsymbol{P}^{(n)} \boldsymbol{P}^{(k-n)} \tag{2.6.10}$$

当 $n=1$ 时，式（2.6.9）变成

$$P_{ij}^{(k)} = \sum_r P_{ir} P_{rj}^{(k-1)} \tag{2.6.11}$$

从而得到

$$\boldsymbol{P}^{(k)} = \boldsymbol{P}\boldsymbol{P}^{(k-1)} = \boldsymbol{P}\boldsymbol{P}\boldsymbol{P}^{(k-2)} = \cdots = \boldsymbol{P}^k \tag{2.6.12}$$

可见，对于齐次马尔可夫信源，一步转移概率决定了 k 步转移概率。

容易理解，马尔可夫信源在 k 时刻处于状态 E_j 的无条件概率为

$$P(s_k = E_j) = \sum_i P(s_k = E_j, s_0 = E_i) = \sum_i P(s_0 = E_i) P(s_k = E_j \mid s_0 = E_i) \tag{2.6.13}$$

可见，齐次马尔可夫链的概率 $P(s_k = E_j)$ 可由它的初始概率和 k 步（或一步）状态转移概率完全确定。

如果齐次马尔可夫信源还满足**遍历性**，即当转移步数足够大时，达到平稳分布后，状态概率 $P(s_k=E_j)$ 与起始状态无关，就称该信源为齐次遍历马尔可夫信源。齐次遍历的马尔可夫信源达到平稳时的状态概率 $P(E_j)$ 称为**状态的极限分布或平稳分布**。表示为

$$\lim_{k\to\infty} P_{ij}^{(k)} = \lim_{k\to\infty} P(s_k=E_j \mid s_0=E_i) = \lim_{k\to\infty} P(s_k=E_j) = P(E_j) \tag{2.6.14}$$

下面将讨论齐次马尔可夫链在什么条件下才具有遍历性？如何求出它的极限分布？这个问题在理论上已经完满解决，但叙述它需要较多篇幅。这里只引入马尔可夫链的各态遍历定理。

定理 2.2（马尔可夫链的各态遍历定理） 对于有限个状态的齐次马尔可夫链，若存在一个正整数 $k\geqslant 1$，对任意的 $i,j=1,2,\cdots,q^m$ 都有 $P_{ij}^{(k)}>0$，则此马氏链具有遍历性。此时对每一个 j 都存在不依赖 i 的极限

$$\lim_{k\to\infty} P^{(k)}(E_j \mid E_i) = P(E_j) \quad (j=1,2,\cdots,q^m) \tag{2.6.15}$$

其极限概率 $P(E_j)$ 是方程组

$$P(E_j) = \sum_{i=1}^{q^m} P(E_i)P(E_j \mid E_i) \quad (j=1,2,\cdots,q^m) \tag{2.6.16}$$

的唯一解，且 $P(E_j)$ 满足

$$P(E_j)>0, \quad \sum_{j=1}^{q^m} P(E_j)=1 \tag{2.6.17}$$

依照定理 2.2，有以下结论。

① 为了证明有限个状态的齐次马尔可夫链是遍历的，只需要找一个正整数 $k\geqslant 1$，使 k 步转移概率矩阵 $\boldsymbol{P}^k$ 无零元。证明马尔可夫链是否具有遍历性还有其他方法，感兴趣的读者可以参考“随机过程”的相关书籍。

② 求解式（2.6.16）和式（2.6.17）组成的方程组，即可得到马尔可夫信源状态的极限概率。

容易理解，达到稳态后，符号概率 $P(a_k)$ 可通过式（2.6.18）计算：

$$P(a_k) = \sum_i P(a_k \mid E_i)P(E_i) \tag{2.6.18}$$

【例 2.13（续 1）】（1）判断该齐次马尔可夫信源是否为遍历的；

（2）计算稳态的状态概率 $P(E_j)$；

(3) 计算稳态的符号概率 $P(a_k)$。

解：（1）因为状态转移矩阵为

$$\boldsymbol{P} = \begin{bmatrix} 1/2 & 1/2 & 0 & 0 \\ 0 & 0 & 1/3 & 2/3 \\ 1/4 & 3/4 & 0 & 0 \\ 0 & 0 & 1/5 & 4/5 \end{bmatrix}$$

所以

$$P^2=\begin{bmatrix}1/4 & 1/4 & 1/6 & 1/3\\ 1/12 & 1/4 & 2/15 & 8/15\\ 1/8 & 1/8 & 1/4 & 1/2\\ 1/20 & 3/20 & 4/25 & 16/25\end{bmatrix}$$

即转移概率矩阵 $\boldsymbol{P}^2$ 无零元，所以该齐次马尔可夫信源是遍历的。

（2）由式（2.6.16）和式（2.6.17），得方程组

$$\begin{cases}\dfrac{1}{2}P(E_1)+\dfrac{1}{4}P(E_3)=P(E_1)\\ \dfrac{1}{2}P(E_1)+\dfrac{3}{4}P(E_3)=P(E_2)\\ \dfrac{1}{3}P(E_2)+\dfrac{1}{5}P(E_4)=P(E_3)\\ \dfrac{2}{3}P(E_2)+\dfrac{4}{5}P(E_4)=P(E_4)\\ P(E_1)+P(E_2)+P(E_3)+P(E_4)=1\end{cases}$$

因此稳态的状态概率为

$$P(E_1)=\frac{3}{35};\ P(E_2)=\frac{6}{35};\ P(E_3)=\frac{6}{35};\ P(E_4)=\frac{4}{7}$$

（3）因为马尔可夫信源的符号条件概率矩阵为

$$[P(a_k\mid E_i)]=\begin{bmatrix}1/2 & 1/2\\ 1/3 & 2/3\\ 1/4 & 3/4\\ 1/5 & 4/5\end{bmatrix}$$

所以，稳态的符号概率为

$$P(a_k=0)=\sum_i P(a_k\mid E_i)P(E_i)=\frac{1}{2}\times\frac{3}{35}+\frac{1}{3}\times\frac{6}{35}+\frac{1}{4}\times\frac{6}{35}+\frac{1}{5}\times\frac{4}{7}=\frac{9}{35}$$

$$P(a_k=1)=1-\frac{9}{35}=\frac{26}{35}$$

需要指明的是，一般马尔可夫信源并非平稳信源，而齐次遍历的马尔可夫信源达到稳定后则可以看作离散平稳信源。

2.6.3　齐次遍历马尔可夫信源的极限熵

当 m 阶马尔可夫信源为齐次时，信源发出的符号只与前面的 m 个符号有关，而与更前面出现的符号无关，可得

$$P(x_N\mid x_1x_2\cdots x_{N-1})=P(x_N\mid x_{N-m}x_{N-m+1}\cdots x_{N-1})=P(x_{m+1}\mid x_1x_2\cdots x_m)\qquad(2.6.19)$$

其中，第一个等式表示信源符号发生的概率只与前 m 个符号有关；第二个等式表示 m 阶马尔可夫信源的符号条件概率与时间的起点无关。

当 m 阶马尔可夫信源达到平稳后，可以等效为(m+1)维离散平稳信源，根据式(2.5.32)，

此时极限熵为

$$H_{\infty}=\lim_{N\to\infty}H(X_N\,|\,X_1X_2\cdots X_{N-1})=H\left(X_{m+1}\,|\,X_1X_2\cdots X_m\right) \tag{2.6.20}$$

可见，利用马尔可夫信源的“有限记忆长度”这一根本特性，极限熵的问题变成了一个求 m 阶条件熵的问题。为了使式（2.6.20）的表达简单，这里假定信源输出 $X_1X_2\cdots$ 时已经达到平稳状态。这表明，m 阶马尔可夫信源的极限熵 H_{∞} 就是离散平稳有记忆信源 X 的条件熵 $H(X_{m+1}\,|\,X_1X_2\cdots X_m)$，简记为 H_{m+1}。

对于 $m+1$ 时刻，$x_{m+1}\in X=\left(a_1,a_2,\cdots,a_q\right)$，状态 $E_i=(x_1x_2\cdots x_m)$，所以式（2.6.20）中的马尔可夫信源的极限熵为

$$H_{\infty}=\sum_i P(E_i)H\left(X\,|\,E_i\right) \tag{2.6.21}$$

式中，$P(E_i)$ 表示马尔可夫信源的状态极限概率。条件熵函数 $H\left(X\,|\,E_i\right)$ 表示信源处于某一状态 E_i 时，发出一个消息符号的平均不确定性。

$$H\left(X\,|\,E_i\right)=-\sum_k P\left(a_k\,|\,E_i\right)\log P\left(a_k\,|\,E_i\right) \tag{2.6.22}$$

【例 2.13（续 2）】 计算该二阶齐次马尔可夫信源的极限熵。

解： 由式（2.6.22）可得

$$H\left(X\,|\,E_1\right)=H\left(\frac{1}{2},\frac{1}{2}\right)=1$$

$$H\left(X\,|\,E_2\right)=H\left(\frac{1}{3},\frac{2}{3}\right)=0.918$$

$$H\left(X\,|\,E_3\right)=H\left(\frac{1}{4},\frac{3}{4}\right)=0.8113$$

$$H\left(X\,|\,E_4\right)=H\left(\frac{1}{5},\frac{4}{5}\right)=0.7219$$

所以极限熵

$$\begin{aligned}H_{\infty}&=\sum_i P(E_i)H\left(X\,|\,E_i\right)\\&=\frac{3}{35}H\left(\frac{1}{2},\frac{1}{2}\right)+\frac{6}{35}H\left(\frac{1}{3},\frac{2}{3}\right)+\frac{6}{35}H\left(\frac{1}{4},\frac{3}{4}\right)+\frac{4}{7}H\left(\frac{1}{5},\frac{4}{5}\right)\\&=0.7947\text{（比特/符号）}\end{aligned}$$

综上所述，齐次遍历的马尔可夫信源极限熵的求解步骤可以归纳如下。

① 由状态转移概率矩阵，根据式（2.6.23）计算马尔可夫信源状态的稳态分布 $P(E_j)$

$$\begin{cases}\sum_i P(E_i)P(E_j\,|\,E_i)=P(E_j)\\ \sum_j P(E_j)=1\end{cases} \tag{2.6.23}$$

② 由符号条件概率矩阵，根据式（2.6.22）计算条件熵函数 $H\left(X\,|\,E_i\right)$。

③ 根据前面两个步骤得到 $P(E_j)$ 和 $H(X|E_i)$ 后，再根据式（2.6.21）计算信源的极限熵 H_∞。

特殊地，对于齐次遍历的一阶马尔可夫信源，信源输出符号只与前一个符号有关，则

- 马氏链的状态集就是信源的符号集；
- 马氏链的状态转移概率矩阵就是符号条件概率矩阵；
- 马氏链的状态极限概率就是信源符号的极限概率。

【例 2.14】 一阶齐次马尔可夫信源开始时以 $P(x_1=a_1)=P(x_1=a_2)=P(x_1=a_3)=\frac{1}{3}$ 的概率输出符号 X_1。已知状态转移概率如表 2.16 所示。

表 2.16　状态转移概率

E_i \ E_j	E_1	E_2	E_3
E_1	1/2	1/2	0
E_2	3/4	1/8	1/8
E_3	0	1/4	3/4

（1）该齐次马尔可夫信源是否具有遍历性？

（2）计算稳态的符号概率 $P(a_k)$；

（3）计算该信源的极限熵。

解：

（1）由题意可得符号条件概率矩阵和状态转移矩阵 $\boldsymbol{P}=\begin{bmatrix}1/2 & 1/2 & 0\\ 3/4 & 1/8 & 1/8\\ 0 & 1/4 & 3/4\end{bmatrix}$，所以

$$\boldsymbol{P}^2=\begin{bmatrix}5/8 & 5/16 & 1/16\\ 15/32 & 27/64 & 7/64\\ 3/16 & 7/32 & 19/32\end{bmatrix}$$

即转移概率矩阵 $\boldsymbol{P}^2$ 无零元，所以该齐次马尔可夫信源是遍历的。

（2）解方程组

$$\begin{cases}\frac{1}{2}P(E_1)+\frac{3}{4}P(E_2)=P(E_1)\\ \frac{1}{2}P(E_1)+\frac{1}{8}P(E_2)+\frac{1}{4}P(E_3)=P(E_2)\\ \frac{1}{8}P(E_2)+\frac{3}{4}P(E_3)=P(E_3)\\ P(E_1)+P(E_2)+P(E_3)=1\end{cases}$$

可得状态极限概率为

$$P(E_1)=1/2,\quad P(E_2)=1/3,\quad P(E_2)=1/6$$

（3）因为条件熵函数

$$H(X|E_1)=H\left(\frac{1}{2},\frac{1}{2},0\right),\quad H(X|E_2)=H\left(\frac{3}{4},\frac{1}{8},\frac{1}{8}\right),\quad H(X|E_3)=H\left(0,\frac{1}{4},\frac{3}{4}\right)$$

所以信源的极限熵

$$\begin{aligned}H_\infty(X)&=\sum_i P(E_i)H(X|E_i)\\&=\frac{1}{2}H\left(\frac{1}{2},\frac{1}{2},0\right)+\frac{1}{3}H\left(\frac{3}{4},\frac{1}{8},\frac{1}{8}\right)+\frac{1}{6}H\left(0,\frac{1}{4},\frac{3}{4}\right)\\&=0.994\ \text{（比特/符号）}\end{aligned}$$

可见，稳态后的符号概率与初始时刻的极限概率分布是不同的，所以齐次遍历的马尔可夫信源在起始的有限时间内，信源输出的随机符号序列也不一定是平稳的，而是经过足够长的时间之后，输出的随机符号序列才能成为平稳的。

需要指明的是，并不是所有的马尔可夫信源都可表述为 m 阶马尔可夫信源。只要信源输出的符号序列和所处的状态满足下列两个条件，则称此信源为马尔可夫信源。

① 某一时刻信源符号的输出只与此刻信源所处的状态有关，而与以前的状态无关，即

$$P(x_l=a_k|s_l=E_i,s_{l-1}=E_n,\cdots)=P(x_l=a_k|s_l=E_i) \tag{2.6.24}$$

② 信源某 $l+1$ 时刻所处的状态只由当前输出的符号和前一时刻 l 信源的状态唯一决定。

关于 m 阶马尔可夫信源极限熵的计算方法同样适用于一般的马尔可夫信源，但式（2.6.7）不一定再适用。下面通过例题来帮助读者理解。

【例 2.15】 一个齐次遍历的马尔可夫信源的符号集 $X=\{a_1,a_2,a_3\}$，状态集合为 $\{E_1,E_2,E_3\}$。该信源的状态转移图如图 2.4 所示，在某状态 $E_i(i=1,2,3)$ 下发出符号 $a_k(k=1,2,3)$ 的概率 $p(a_k|E_i)(i=1,2,3;k=1,2,3)$ 标在相应的线段旁。

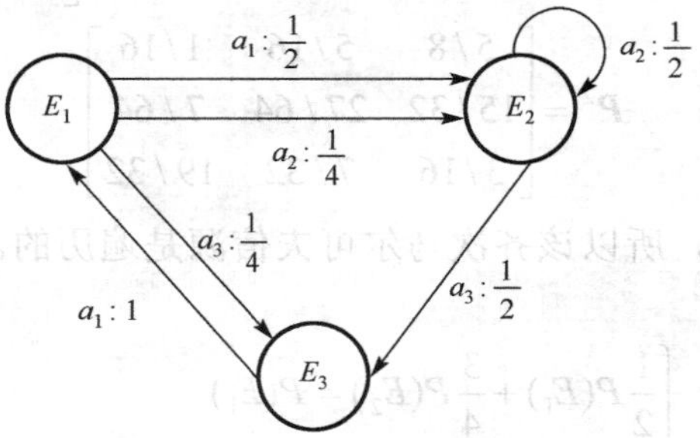

图 2.4　马尔可夫信源的状态转移图

（1）计算状态极限概率；

（2）计算符号的极限概率；

（3）计算信源处在 $E_j(j=1,2,3)$ 状态下输出符号的条件熵 $H(X|E_j)$；

（4）求信源的极限熵 H_∞。

解：

由题目已知条件，写出状态转移概率和符号条件概率矩阵如下

$$\left[P\left(E_j \mid E_i\right)\right]=\begin{bmatrix} 0 & \frac{3}{4} & \frac{1}{4} \\ 0 & \frac{1}{2} & \frac{1}{2} \\ 1 & 0 & 0 \end{bmatrix}$$

该马尔可夫信源的符号条件概率矩阵为

$$\left[P(a_k \mid E_i)\right]=\begin{bmatrix} \frac{1}{2} & \frac{1}{4} & \frac{1}{4} \\ 0 & \frac{1}{2} & \frac{1}{2} \\ 1 & 0 & 0 \end{bmatrix}$$

（1）根据状态转移概率矩阵，由式（2.6.23）列出方程组

$$\begin{cases} P(E_3)=P(E_1) \\ \frac{3}{4}P(E_1)+\frac{1}{2}P(E_2)=P(E_2) \\ \frac{1}{4}P(E_1)+\frac{1}{2}P(E_2)=P(E_3) \\ P(E_1)+P(E_2)+P(E_3)=1 \end{cases}$$

得到状态极限概率为

$$P(E_1)=\frac{2}{7},\quad P(E_2)=\frac{3}{7},\quad P(E_3)=\frac{2}{7}$$

（2）根据符号条件概率矩阵，由 $P(a_k)=\sum_i P(a_k \mid E_i)P(E_i)$ 得到

$$P(a_1)=\sum_i P(E_i)P(a_1 \mid E_i)=\frac{2}{7}\times\frac{1}{2}+\frac{2}{7}\times 1=\frac{3}{7}$$

$$P(a_2)=\sum_i P(E_i)P(a_2 \mid E_i)=\frac{2}{7}\times\frac{1}{4}+\frac{3}{7}\times\frac{1}{2}=\frac{2}{7}$$

$$P(a_3)=\sum_i P(E_i)P(a_3 \mid E_i)=\frac{2}{7}\times\frac{1}{4}+\frac{3}{7}\times\frac{1}{2}=\frac{2}{7}$$

可见，平稳后符号的极限概率和状态的极限概率不相等，该信源不是一阶马尔可夫信源。

（3）根据符号条件概率矩阵，由式（2.6.22）可得

$$H\left(X \mid E_1\right)=H(\frac{1}{2},\frac{1}{4},\frac{1}{4})=1.5 \text{（比特/符号）}$$

$$H\left(X \mid E_2\right)=H(0,\frac{1}{2},\frac{1}{2})=1 \text{（比特/符号）}$$

$$H\left(X \mid E_3\right)=H(1,0,0)=0 \text{（比特/符号）}$$

（4）由式（2.6.21）可得极限熵为

$$H_{\infty}=\sum_{i}P(E_i)H\left(X\mid E_i\right)=\frac{2}{7}\times1.5+\frac{3}{7}\times1+0=\frac{6}{7}\text{（比特/符号）}$$

2.7 离散信源的相关性和剩余度

实际的离散信源一般是非平稳的有记忆信源，消息符号之间可能具有无限记忆和关联，平均每个消息符号的熵为极限熵 H_{∞}，但是为了计算得到该极限熵，必须掌握信源全部的概率统计特性，这显然是不现实的。为了分析方便，常常假定离散信源是平稳信源，且用齐次遍历的 m 阶马尔可夫信源去近似表示。也就是说，用 m 阶马尔可夫信源的极限熵 H_{m+1} 去逼近离散信源的实际熵 H_{∞}。近似程度的高低取决于马尔可夫链的记忆长度的大小，如只考虑与前面两个符号之间的相关性，离散平稳有记忆信源就近似为二阶马尔可夫信源，此时信源熵为 H_3；只考虑与前面一个符号之间的相关性，离散平稳有记忆信源就近似为一阶马尔可夫信源，此时信源熵为 H_2；如果进一步简化信源，即可假定为无记忆信源，用熵 $H_1=H(X)=H(P_1,P_2,\cdots,P_q)$ 来近似；如果对信源统计特性一无所知，则假定它为等概率分布的无记忆信源，此时熵最大，为 $H_0=\log q$。

由式（2.5.21）可知，齐次遍历的 m 阶马尔可夫信源的极限熵 H_{m+1} 满足

$$H_0\geqslant H_1\geqslant H_2\geqslant\cdots\geqslant H_{m+1}\geqslant\cdots\geqslant H_{\infty}\tag{2.7.1}$$

可见，当信源输出符号独立等概时，信源熵 H_0 最大；而信源输出符号相互独立时（即无记忆信源）的信源熵 H_1 不小于有记忆信源的极限熵；而且记忆长度越长，信源的极限熵 H_{m+1} 就越小。这就是说，信源符号之间的相关性越强，信源每发一个符号提供的平均信息量就越小。

例如，26 个英文字母和一个空格符号（统称为英文符号）组成的英文信源，当发出的英文字母相互统计独立且等概分布时，达到英文信源的最大熵值

$$H_0=\log27=4.76\text{（比特/符号）}\tag{2.7.2}$$

但实际上，由英文符号组成英文文章时，英文符号并非等概出现。如果仍假定英文符号统计独立但不等概分布，则英文信源就近似看作一个离散无记忆信源。测定的英文符号出现的概率分布如表 2.17 所示。

表 2.17 英文符号出现的概率

字母	概率	字母	概率	字母	概率
A	0.0642	J	0.0008	S	0.0514
B	0.0127	K	0.0049	T	0.0796
C	0.0218	L	0.0321	U	0.0228
D	0.0317	M	0.0198	V	0.0083
E	0.1031	N	0.0574	W	0.0175
F	0.0208	O	0.0632	X	0.0013
G	0.0152	P	0.0152	Y	0.0164
H	0.0467	Q	0.0008	Z	0.0005
I	0.0575	R	0.0484	空格	0.1859

可以求得英文信源的熵 H_1 为

$$H_1 = H(X) = -\sum_{i=1}^{27} p_i \log p_i = 4.02 \text{（比特/符号）} \tag{2.7.3}$$

实际上，英文符号之间也不是统计独立的，相互之间存在一定的统计依赖关系。如果只考虑和前面一个英文符号的相关性，可近似地当作一阶马尔可夫信源来处理，得到的极限熵为

$$H_2 = 3.32 \text{（比特/符号）}$$

如果只考虑和前面两个英文符号的相关性，英文文章可近似地当作二阶马尔可夫信源来处理，此时极限熵为

$$H_3 = 3.10 \text{（比特/符号）}$$

最后，利用统计推断方法求得 H_∞，H_∞ 表示考虑全部统计特性后信源的平均符号熵。由于逼近方法不同或选取的样本不一致，H_∞ 有一定的差异。这里采用香农本人求得的推算值

$$H_\infty = 1.40 \text{（比特/符号）}$$

由此可见，英文信源的极限熵确实随着记忆长度 m 的增大而减小。英文文章中英文符号之间的相关性越强，每一英文符号提供的平均信息量就越小。

为了衡量信源符号间的相关程度，定义信源的剩余度。

定义 2.8　信源的剩余度又称为冗余度，定义为

$$\xi = 1 - \eta = 1 - \frac{H_\infty}{H_0} = \frac{H_0 - H_\infty}{H_0} \tag{2.7.4}$$

式中，H_∞ 为离散平稳有记忆信源的实际熵，H_0 为具有同样符号集的最大熵 $H_0 = \log q$，$\eta = \frac{H_\infty}{H_0}$ 称为信源的相对熵率。

可见，信源输出的消息符号序列的各符号独立等概出现，则信源不存在剩余度。而信源符号之间依赖关系越长，相关性就越强，H_∞ 就越小，信源剩余度就越大。信源的剩余度 ξ 表示信源可压缩的程度，它是信源编码与数据压缩的理论依据。例如，实际信源输出符号独立等概率，则无法进行数据压缩。

由式（2.7.4）可计算出英文信源的剩余度为

$$\xi = \frac{H_0 - H_\infty}{H_0} = \frac{4.76 - 1.4}{4.76} = 71\%$$

这说明，用英文字母写文章时，有 71%的符号是由于必须遵循英文语法结构的固有规定不得不用的，只有 29%的符号是写文章的人为了表达自己的意思而可以由自己自由选择的。这就意味着，100 页英文书只需要存储 29 页，其余 71 页可被压缩。正是由于这一多余量的存在，才提供了对英文文字信源进行压缩的可能。

英文信源的分析带动了各国对自己国家语言文字信源的分析，分析结果如表 2.18 所示。

从提高信息传输有效性的观点出发，应该减小或去掉信源的剩余度。例如，在发中文电报时，为了节约经费和时间，总是设法在能表达自己基本意思的前提下，尽量把电文写

得简短些。如把“中华人民共和国”压缩成“中国”等。这样，电文的剩余度大大减小，通信的有效性也就随之提高了。

表 2.18 各国文字信源剩余度的估算结果

语种	H_0/bit	H_∞/bit	相对熵率 η	剩余度 ξ
英文	4.7	1.4	0.29	0.71
法文	4.7	3	0.63	0.37
德文	4.7	1.08	0.23	0.77
西班牙文	4.7	1.97	0.42	0.58
中文	13（以 8000 字计）	4.1	0.315	0.685

但剩余度也有它的用处。剩余度大的消息具有强的抗干扰能力。当干扰使消息在传输过程中出现错误时，能通过前后字之间的关联关系纠正错误。例如，收到电文“中××民×和国”，很容易把它纠正为“中华人民共和国”。但如果发送的是压缩后的电文“中国”，而接收端收到的是“×国”，就不知道电文内容是“中国”、“美国”、“英国”还是“德国”或其他可能了。所以，从提高抗干扰能力的角度出发，总希望增加或保留信源的剩余度。

后面章节讨论信源编码和信道编码时会知道，信源编码就是通过减小或消除信源的剩余度，提高通信的有效性；而信道编码就是通过增加信源剩余度，提高通信的抗干扰能力。

习 题

2.1 某无记忆信源发出四个消息 A、B、C、D，出现概率分别为 1/4、1/8、1/8 和 1/2。

（1）计算消息 B 出现的不确定性；

（2）计算信源熵；

（3）计算该信源的剩余度。

2.2 同时掷两个正常的骰子，也就是各面呈现的概率都是 1/6，求：

（1）“2 和 3 同时出现”事件的自信息；

（2）“两个 2 同时出现”事件的自信息；

（3）“其向上的面的小圆点数之和是 5”事件的自信息；

（4）两个点数之和（即 2，3，…，12 构成的子集）的熵；

（5）两个点数中至少有一个是 1 的自信息；

（6）两个点数的各种组合（无序对）的熵或平均信息量。

2.3 纸盒中有 90 个红球，10 个黄球，计算：

（1）随机取出一个球，事件“取出一个黄球”的不确定性；

（2）随机取出一个球，事件“取出一个红球”所提供的信息量；

（3）随机取出两个球，事件“两个球都是红球”的不确定性；

（4）随机取出两个球，事件“在第一个球是红球的条件下，第二个球是黄球”所提供的信息量。

2.4 设离散无记忆信源的概率空间为

$$\begin{bmatrix} X \\ P(x) \end{bmatrix} = \begin{bmatrix} a_1 & a_2 & a_3 & a_4 & a_5 & a_6 \\ 0.16 & 0.17 & 0.17 & 0.18 & 0.19 & 0.2 \end{bmatrix}$$

试计算信息熵，并解释是否满足信息熵的极值性，并解释原因。

2.5　如果你在不知道今天是星期几的情况下问你的朋友“明天是星期几”，则答案中含有多少信息量？如果你在知道今天是星期一的情况下提出同样的问题，则答案中你能获得多少信息量？

2.6　某帧电视图像由 3×10^5 个像素组成，假定所有的像素独立变化，且每一像素取 128 个不同的亮度电平，问该帧图像含有多少信息量？如果每一像素还取 30 种不同的色彩度，问该帧图像含有多少信息量？若现有一个广播员在约 10 000 个汉字中选取 1000 个字来口述该电视图像，试问该广播员提供多少信息量？

2.7　有 12 枚金币，其中一枚为假币。假币和真币的外形完全一样，只知道假币和真币重量不同，但不知是重还是轻，为了在天秤上称出哪一枚是假币，问至少需要称几次才能鉴别出假币并判断出轻重？（假设天秤没有砝码。）

2.8　设随机变量 X 和 Y 的联合概率分布如表 2.19 所示。

表 2.19　随机变量 X 和 Y 的联合概率

X \ Y	$b_1=0$	$b_2=1$
$a_1=0$	1/3	1/3
$a_2=1$	0	1/3

已知随机变量 $Z=X\oplus Y$，试计算：

（1）$P(z)$，$P(xz)$，$P(yz)$，$P(xyz)$；

（2）$H(X)$，$H(Y)$，$H(Z)$；

（3）$H(XY)$，$H(XZ)$，$H(YZ)$，$H(XYZ)$；

（4）$H(X|Y)$，$H(Y|X)$，$H(X|Z)$；

（5）$H(Z|XY)$，$H(X|ZY)$。

2.9　两个实验 X 和 Y，$X=\{a_1,a_2,a_3\}$，$Y=\{b_1,b_2,b_3\}$，联合概率 $P(a_ib_j)=p_{ij}$ 为

$$\begin{bmatrix} p_{11} & p_{12} & p_{13} \\ p_{21} & p_{22} & p_{23} \\ p_{31} & p_{32} & p_{33} \end{bmatrix} = \begin{bmatrix} 7/24 & 1/24 & 0 \\ 1/24 & 1/4 & 1/24 \\ 0 & 1/24 & 7/24 \end{bmatrix}$$

（1）如果有人告诉你 X 和 Y 的实验结果，你得到的平均信息量是多少？

（2）如果有人告诉你 Y 的实验结果，你得到的平均信息量是多少？

（3）在已知 Y 的实验结果的情况下，告诉你 X 的实验结果，你得到的平均信息量是多少？

2.10　已知两个独立的随机变量 X、Y 的分布律如表 2.20 和表 2.21 所示。

表 2.20　X 的分布律

X	$a_1=0$	$a_2=1$
$P(x)$	0.3	0.7

表 2.21　Y 的分布律

Y	$b_1=0$	$b_2=1$
$P(y)$	0.6	0.4

设随机变量 $Z=XY$，计算：

（1）$H(X)$, $H(Y)$, $H(Z)$；

（2）$H(XY)$, $H(XZ)$, $H(YZ)$, $H(XYZ)$；

（3）$H(X|Y)$, $H(Y|X)$, $H(X|Z)$；

（4）$H(Z|XY)$, $H(X|ZY)$。

2.11　有两个离散随机变量 X 和 Y，其和为 $Z=X+Y$，且 X 与 Y 相互独立。求证：

$$H(X)\leqslant H(Z),\quad H(Y)\leqslant H(Z),\quad H(X,Y)\geqslant H(Z)$$

2.12　有一个二进制信源 X 发出符号集 $\{0,\ 1\}$，$P(a_1=0)=\dfrac{2}{3}$，经过离散无记忆信道传输，信道输出用 Y 表示。由于信道中存在噪声，信道转移概率矩阵为

$$\boldsymbol{P}=\left[P\left(b_j|a_i\right)\right]=\begin{bmatrix}\dfrac{3}{4} & \dfrac{1}{4} & 0\\ 0 & \dfrac{1}{2} & \dfrac{1}{2}\end{bmatrix}$$

（1）计算 $H(X)$、$H(Y)$；

（2）计算 $H(Y|a_1)$、$H(Y|a_2)$；

（3）计算 $H(Y|X)$。

2.13　某离散信源的单符号概率空间为

$$\begin{bmatrix}X\\ P(x)\end{bmatrix}=\begin{bmatrix}0 & 1\\ 0.3 & 0.7\end{bmatrix}$$

（1）假设该离散信源为无记忆信源，写出二次扩展信源的数学模型，并计算扩展信源的熵和平均符号熵。

（2）假设该信源每两个符号组成一个序列，序列与序列之间相互独立，序列中第 2 个符号与第 1 个符号之间的条件概率 $P(x_2|x_1)$ 如表 2.22 所示。

表 2.22　$P(x_2|x_1)$

x_1 \ x_2	0	1
0	1/3	2/3
1	2/7	5/7

写出二次扩展信源的数学模型，并计算扩展信源的熵和平均符号熵。

2.14　某一无记忆信源的符号集为 $\{0,1\}$，已知 $P(0)=1/4$，$P(1)=3/4$。

（1）求信源符号的平均信息量；

（2）由 100 个符号构成的序列，求某一特定序列（如有 m 个 0 和 $100-m$ 个 1）的信息量；

（3）计算（2）中的序列熵。

2.15　设有一个信源，它产生 0，1 序列的消息。它在任意时间而且无论以前发出过什么符号，均按照 $P(0)=0.2$，$P(1)=0.8$ 的概率发出符号。

（1）试问该信源是否平稳？

（2）试计算 $H(X)$、$H(X^2)$、$H(X_3|X_1X_2)$、H_∞；

2.16　设有一个二维离散平稳信源 X，单符号信源的概率空间为

$$\begin{bmatrix} X \\ P(x) \end{bmatrix} = \begin{bmatrix} 0 & 1 \\ \dfrac{2}{3} & \dfrac{1}{3} \end{bmatrix}$$

已知条件概率 $P(x_2|x_1)$ 如表 2.23 所示。

试计算：

（1）条件熵 $H(X_2|X_1)$、$H(X_3|X_2X_1)$ 和 $H(X_4|X_1X_2X_3)$；

（2）计算极限熵 H_∞，并计算该信源的剩余度；

（3）比较该二维离散平稳信源的极限熵和单符号信源的熵，并说明其物理意义。

2.17　一阶马尔可夫信源的符号集为{0,1,2}，其状态转移图如图 2.5 所示。

表 2.23　条件概率 $P(x_2 | x_1)$

x_1	x_2	
	0	1
0	0.9	0.1
1	0.2	0.8

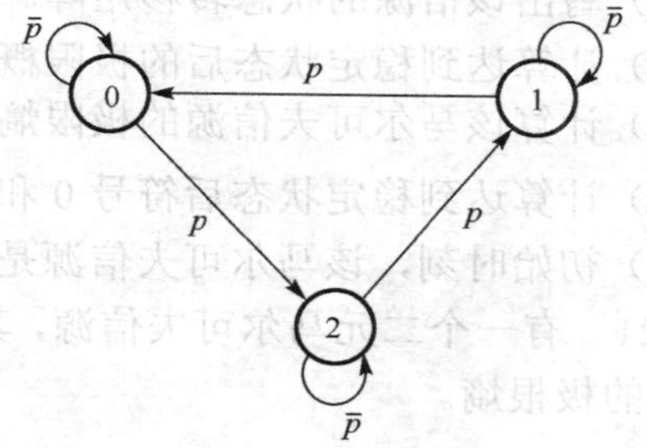

图 2.5　题 2.17 图

（1）求平稳后的信源的概率分布；

（2）求信源的熵 H_∞；

（3）求当 $p=0$ 或 $p=1$ 时信源的熵，并说明理由。

2.18　一阶马尔可夫链 $X_1, X_2, \cdots, X_r, \cdots$，各 X_r 取值于集 $A=\{1,2,3\}$，已知起始概率为 $P(x_1=1)=\dfrac{1}{2}, P(x_1=2)=\dfrac{1}{4}, P(x_1=3)=\dfrac{1}{4}$，其状态转移概率如表 2.24 所示。

表 2.24　条件概率 $P(x_{i+1} | x_i)$

x_i \ x_{i+1}	1	2	3
1	1/2	1/4	1/4
2	2/3	0	1/3
3	2/3	1/3	0

（1）该信源是否为齐次遍历马尔可夫信源？

（2）该马尔可夫信源是否为离散平稳信源？

（3）在什么情况下，该信源可以看作离散平稳信源？

（4）求该信源的极限熵；

（5）求 H_0、H_1、H_2 和 H_3，并计算它们对应的剩余度。

2.19　一阶齐次马尔可夫信源，信源开始时以 $P(x_1=a_1)=P(x_1=a_2)=\dfrac{1}{2}$ 的概率输出符号 X_1。已知转移概率为

$$P(E_1|E_1)=\frac{2}{3}，\ P(E_2|E_1)=\frac{1}{3}，\ P(E_1|E_2)=1，\ P(E_2|E_2)=0$$

（1）该齐次马尔可夫信源是否具有遍历性？

（2）计算该信源的极限熵。

2.20　有一个二元二阶马尔可夫信源，其信源符号集为{0，1}，在初始时刻，信源符号的概率为 $P(0)=\frac{1}{3}$，$P(1)=\frac{2}{3}$。条件概率为

$$P(0|00)=P(1|11)=0.8，\ P(1|00)=P(0|11)=0.2$$

$$P(0|01)=P(0|10)=P(1|01)=P(1|10)=0.5$$

即 4 种状态为 00、01、10、11，假定分别用 E_1、E_2、E_3、E_4 符号表示。

（1）写出该信源的状态转移矩阵。

（2）计算达到稳定状态后的极限概率。

（3）计算该马尔可夫信源的极限熵 H_∞。

（4）计算达到稳定状态后符号 0 和 1 的概率分布。

（5）初始时刻，该马尔可夫信源是否为平稳信源？

2.21　有一个二元马尔可夫信源，其状态转移概率如图 2.6 所示，求各状态的稳定概率和信源的极根熵。

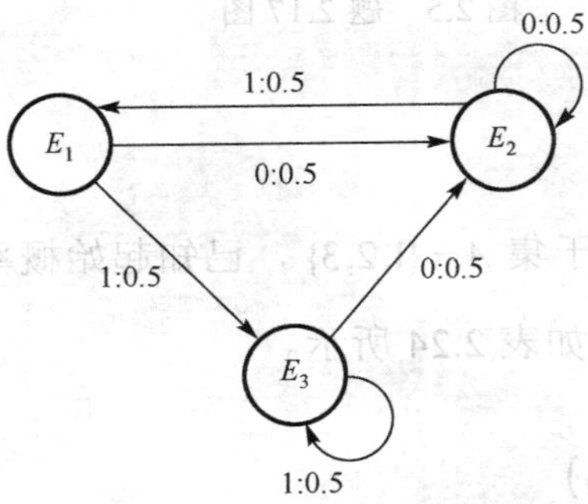

图 2.6　题 2.21 图

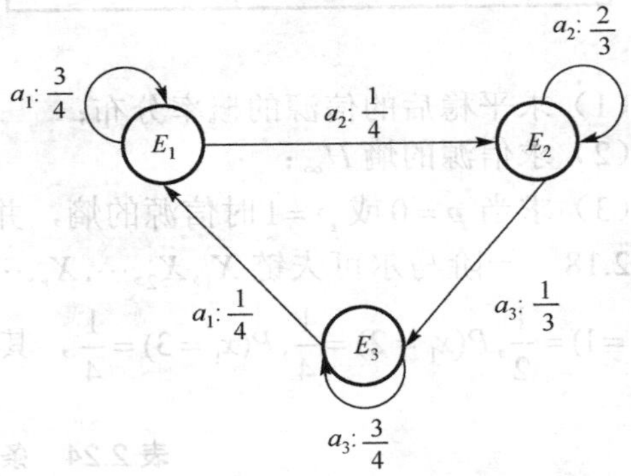

图 2.7　题 2.22 图

2.22　一阶马尔可夫的状态转移图如图 2.7 所示。求：

（1）稳态下状态的概率分布；

（2）信源的极限熵。

2.23　设有一信源，它在开始时以 $P(a)=0.6, P(b)=0.3, P(c)=0.1$ 的概率发出 X_1，如果 X_1 为 a 时，X_2 为 a,b,c 的概率为 $\frac{1}{3}$；如果 X_1 为 b 时，X_2 为 a,b,c 的概率为 $\frac{1}{3}$；如果 X_1 为 c 时，X_2 为 a,b 概率为 $\frac{1}{2}$，为 c 的概率为 0。而且后面发出 X_i 的概率只与 X_{i-1} 有关。有 $P(X_i|X_{i-1})=P(X_2|X_1)$，$i\geqslant 3$。

（1）试利用马尔可夫信源的图示法画出状态转移图；

（2）计算稳态下状态的概率分布；

（3）计算信源的熵 H_∞。

第 3 章　离散信道及其信道容量

通信系统的基本功能是实现信息的传递，信道是信息传递的通道，是信号传输的媒质。一般而言，信源发出的消息，必须以适合于信道传输的信号形式经过信道的传输，才能被信宿接收。从信源的角度看，信源发出的每个符号承载的平均信息量由信源熵来定量描述；而从信宿的角度看，信宿收到的每个符号平均能提供多少信息量由平均互信息来定量描述。信宿接收的信息量不仅与信源有关，而且受到信道传输特性的影响。在信息论中，信道问题主要研究在什么条件下信道能够传送最大的信息量，即信道容量问题。

本章首先介绍离散信道的分类和数学模型，然后定量地研究信道传输的平均互信息及其重要性质，并重点讨论几种典型单符号离散信道的信道容量，进而研究一般单符号离散信道的信道容量计算方法，而后讨论多符号离散信道的信道容量，最后讨论信源和信道的匹配问题。

本章符号约定：离散信道的输入 $\boldsymbol{X}=(X_1X_2\cdots X_N)$，其中每个分量 $X_l(l=1,2,\cdots,N)$ 取值于同一集合 $\{a_1,a_2,\cdots,a_r\}$。对应地，离散信道的输出 $\boldsymbol{Y}=(Y_1Y_2\cdots Y_N)$，其中每个分量 $Y_l(l=1,2,\cdots,N)$ 取值于同一集合 $\{b_1,b_2,\cdots,b_s\}$。

3.1　离散信道的分类

离散信道的输入和输出都是时间离散、取值离散的随机序列，其统计特性可用信道转移概率来描述。离散信道包括单符号离散信道和多符号离散信道，其分类如图 3.1 所示。

- 离散信道
  - 单符号离散信道
    - 典型的单符号离散信道
      - 无噪信道
      - 对称离散信道
      - 准对称离散信道
    - 一般的单符号离散信道
    - 单符号离散信道的串联信道
  - 多符号离散信道
    - 离散无记忆信道
    - 一般的多符号离散信道
    - 单符号离散信道的N个独立并联信道

图 3.1　离散信道的分类

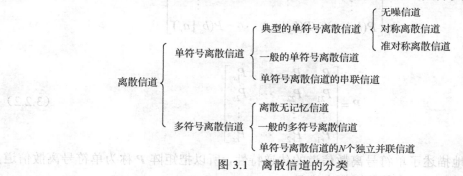

按照信道输出和输入之间的依赖关系，多符号离散信道可以划分为无记忆信道和有记忆信道。无记忆信道是指信道的输出只与信道该时刻的输入有关，而与其他时刻的输入和输出无关。有记忆信道是指信道某一时刻的输出不仅与该时刻的输入有关，还与前面时刻的输入和输出有关。

实际中常常会遇到两个或更多个信道组合在一起使用的情况。例如，有时消息会依次地通过几个信道串联发送，如微波中继接力通信、数据处理系统等，这种组合信道称为串联信道；待发送的消息比较多时，可能要使用两个或更多个信道并行发送，这种组合信道称为并联信道。本章中串联信道和并联信道将分别归入单符号离散信号和多符号离散信道进行分析。

3.2 离散信道的数学模型

3.2.1 单符号离散信道的数学模型

如果信道的输入、输出都取值于离散符号集，且都用一个随机变量来表示，此时的信道称为**单符号离散信道**，如图 3.2 所示。它是最简单的离散信道，可用**信道的概率空间** $\{X,P(b_j|a_i),Y\}$ 来描述。

设单符号离散信道的输入随机变量为 X，其可能的取值 $x\in X=\{a_1,a_2,\cdots,a_r\}$，输出随机变量为 Y，其可能的取值 $y\in Y=\{b_1,b_2,\cdots,b_s\}$，其中 r 和 s 可以相等，也可以不相等。

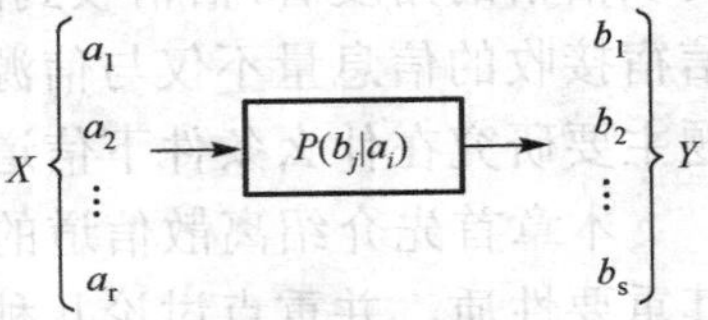

图 3.2 单符号离散信道

由于信道中存在噪声干扰，因此输入符号在传输中会产生错误，这种信道干扰对传输信号的影响可用条件概率 $P(y|x)=P(b_j|a_i)$ $(i=1,2,\cdots,r;j=1,2,\cdots,s)$ 来描述。这个条件概率就集中体现了信道对输入符号 a_i $(i=1,2,\cdots,r)$ 的传递作用。不同的信道，就有不同的条件概率。因此，条件概率 $P(b_j|a_i)$ $(i=1,2,\cdots,r;j=1,2,\cdots,s)$ 称为**信道的传递概率或转移概率**。

按信道的输入输出符号的对应关系，把 $(r\times s)$ 个条件概率 $P_{ij}=P(b_j|a_i)$ 排列成一个 $(r\times s)$ 阶矩阵，即

$$\boldsymbol{P}=\begin{array}{c} \\ a_1\\ a_2\\ \vdots\\ a_r\end{array}\begin{array}{c}\begin{array}{cccc} b_1 & b_2 & \cdots & b_s\end{array}\\ \begin{bmatrix} P(b_1|a_1) & P(b_2|a_1) & \cdots & P(b_s|a_1)\\ P(b_1|a_2) & P(b_2|a_2) & \cdots & P(b_s|a_2)\\ \vdots & \vdots & & \vdots\\ P(b_1|a_r) & P(b_2|a_r) & \cdots & P(b_s|a_r)\end{bmatrix}\end{array} \tag{3.2.1}$$

简记为

$$\boldsymbol{P}=\begin{bmatrix} P_{11} & P_{12} & \cdots & P_{1s}\\ P_{21} & P_{22} & \cdots & P_{2s}\\ \vdots & \vdots & & \vdots\\ P_{r1} & P_{r2} & \cdots & P_{rs}\end{bmatrix} \tag{3.2.2}$$

矩阵 $\boldsymbol{P}$ 完整地描述了单符号离散信道的传递特性，所以把矩阵 $\boldsymbol{P}$ 称为单符号离散信道的**信道矩阵**。式（3.2.1）中的传递概率满足

（1）$0\leqslant P(b_j|a_i)\leqslant 1 \quad (i=1,2,\cdots,r;\ j=1,2,\cdots,s)$ （3.2.3）

（2）$\sum_{j=1}^{s}P(b_j|a_i)=1 \quad (i=1,2,\cdots,r)$ （3.2.4）

式（3.2.3）表明信道矩阵中每个元素均非负。当 $P(b_j|a_i)=0$ 时，表示输入符号 a_i 的前提下，信道不可能输出 b_j；当 $P(b_j|a_i)=1$ 时，表示输入符号 a_i 的前提下，信道输出 b_j 是一个确定事件。

式（3.2.4）表明信道矩阵中每一行之和必等于 1。这是因为在已知信道输入某符号 $a_i\ (i=1,2,\cdots,r)$ 的前提下，由于噪声的随机干扰，信道输出哪一种符号虽然是不确定的，但一定是信道输出符号集 $Y:\{b_1,b_2,\cdots,b_s\}$ 中的某一种符号，绝不可能是符号集 $Y:\{b_1,b_2,\cdots,b_s\}$ 以外的任何其他符号。

信道传递特性可用图 3.3 来描述。图中左右两侧的点集合分别表示输入符号集 $X:\{a_1,a_2,\cdots,a_r\}$ 和输出符号集 $Y:\{b_1,b_2,\cdots,b_s\}$，由 a_i 到 b_j 的连线旁的数值表示信道输入 a_i 到 b_j 的传递概率 $P(b_j\,|\,a_i)\ (i=1,2,\cdots,r;\ j=1,2,\cdots,s)$。从每一个输入符号 a_i 出发的所有连线旁标出的数值之和均等于 1。

下面介绍三种重要的信道：无噪信道、二元对称信道 BSC 和二元删除信道 BEC。

1．无噪信道

信道特点：离散无噪信道的输入和输出符号之间存在一一对应的关系。如图 3.4 所示。

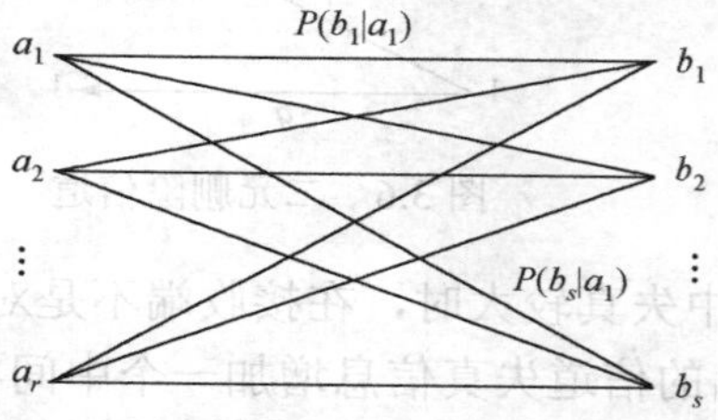

图 3.3 信道传递特性

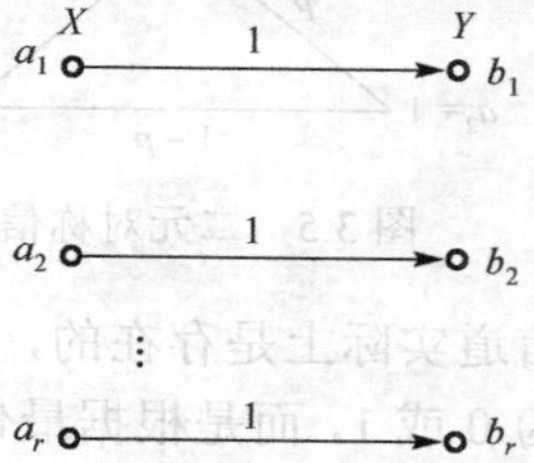

图 3.4 无噪信道

假设信道输入符号个数为 4，则信道转移概率为

$$P(b_j\,|\,a_i)=\begin{cases}0 & i\neq j\\ 1 & i=j\end{cases}\qquad (i,j=1,2,3,4)$$

对应的信道矩阵为

$$\boldsymbol{P}=\begin{bmatrix}1&0&0&0\\0&1&0&0\\0&0&1&0\\0&0&0&1\end{bmatrix}$$

可见，无噪信道的信道转移概率矩阵为单位阵。

2．二元对称信道（BSC，Binary Symmetric Channel）

这是很重要的一种特殊信道，如图 3.5 所示。其输入输出符号集均取值于 $\{0,1\}$。此时 $r=s=2$，而且 $a_1=b_1=0,a_2=b_2=1$。转移概率为

$$\begin{aligned}P(b_1/a_1)&=P(0/0)=1-p=\bar{p}\\P(b_2/a_2)&=P(1/1)=1-p=\bar{p}\\P(b_1/a_2)&=P(0/1)=p\\P(b_2/a_1)&=P(1/0)=p\end{aligned}$$

通常概率 $1-p$ 用 $\bar{p}$ 表示。于是，可得 BSC 的信道转移概率矩阵为

$$\boldsymbol{P}=\begin{array}{c}\\0\\1\end{array}\!\!\begin{array}{c}\begin{matrix}0\qquad & 1\end{matrix}\\\begin{bmatrix}1-p & p\\ p & 1-p\end{bmatrix}\end{array}$$

3．二元删除信道（BEC，Binary Erasure Channel）

二元删除信道如图 3.6 所示。因为它的信道转移图类似于字母 M，所以二元删除信道也称为 M 信道。这时 $r=2,s=3$。输入符号 $\boldsymbol{X}$ 取值于 $\{0,1\}$，输出符号 $\boldsymbol{Y}$ 取值于 $\{0,2,1\}$。其信道转移矩阵为

$$\boldsymbol{P}=\begin{matrix} & \begin{matrix}0 & \quad 2 & \quad 1\end{matrix} \\ \begin{matrix}0\\1\end{matrix} & \begin{bmatrix} p & 1-p & 0 \\ 0 & 1-q & q \end{bmatrix}\end{matrix}$$

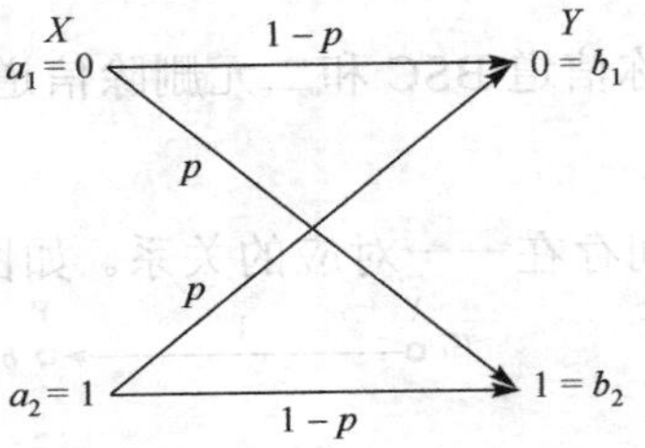

图 3.5　二元对称信道

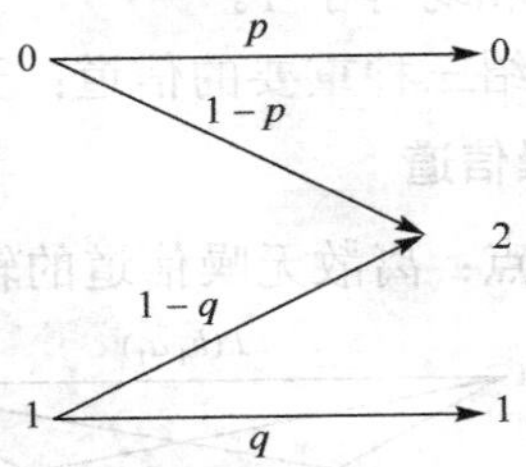

图 3.6　二元删除信道

这种信道实际上是存在的，当信号波形传输中失真较大时，在接收端不是对接收信号硬性地判为 0 或 1，而是根据最佳接收机额外给出的信道失真信息增加一个中间状态 2（称为删除符号），采用见“2”就删去，可有效地恢复出这个中间状态的正确取值。

下面推导单符号离散信道的一些概率关系。

假设信道矩阵如式（3.2.1），信道输入符号概率空间为

$$\begin{bmatrix} X \\ P(x) \end{bmatrix}=\begin{bmatrix} a_1 & a_2 & \cdots & a_r \\ P(a_1) & P(a_2) & \cdots & P(a_r) \end{bmatrix}$$

信道的输出符号集 $Y=\{b_1,b_2,\cdots,b_s\}$。

（1）输入输出随机变量的联合概率

$$P(a_ib_j)=P(a_i)P(b_j\,|\,a_i)=P(b_j)P(a_i\,|\,b_j) \tag{3.2.5}$$

其中，$P(b_j\,|\,a_i)$ 是信道传递概率，$P(a_i)$ 称为输入符号的先验概率，$P(a_i\,|\,b_j)$ 为输入符号的后验概率。

（2）输出符号的概率

$$P(b_j)=\sum_{i=1}^{r}P(a_i)P(b_j\,|\,a_i),\quad (j=1,2,\cdots,s) \tag{3.2.6}$$

也可写成矩阵形式，即

$$\begin{bmatrix} P(b_1) \\ P(b_2) \\ \vdots \\ P(b_s) \end{bmatrix}=\boldsymbol{P}^{\mathrm{T}}\begin{bmatrix} P(a_1) \\ P(a_2) \\ \vdots \\ P(a_r) \end{bmatrix} \tag{3.2.7}$$

式中，$\boldsymbol{P}^{\mathrm{T}}$ 为信道矩阵 $\boldsymbol{P}$ 的转置矩阵。

（3）后验概率

根据贝叶斯公式，由先验概率和信道转移概率，可得后验概率为

$$P(a_i|b_j)=\frac{P(a_ib_j)}{P(b_j)},\quad P(b_j)\neq 0$$
$$=\frac{P(a_i)P(b_j|a_i)}{\sum_{i=1}^{r}P(a_i)P(b_j|a_i)},\quad (i=1,2,\cdots,r;\quad j=1,2,\cdots,s) \tag{3.2.8}$$

3.2.2　多符号离散信道的数学模型

一般离散信道为多符号离散信道，即信道的输入和输出是时间离散、取值有限的随机矢量。单符号离散信道可以看作多符号离散信道的特例。

1．多符号离散信道

多符号离散信道的数学模型如图 3.7 所示，其中信道输入 $\boldsymbol{X}=X_1X_2\cdots X_N$，信道输出 $\boldsymbol{Y}=Y_1Y_2\cdots Y_N$。由于信道输入的随机矢量 $\boldsymbol{X}$ 和输出的随机矢量 $\boldsymbol{Y}$ 往往不是确定关系，信道特性通常采用数学符号 $\{\boldsymbol{X},P(\boldsymbol{y}|\boldsymbol{x}),\boldsymbol{Y}\}$ 来表示。

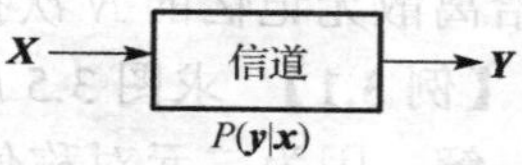

图 3.7　离散信道的数学模型

设多符号离散信道的输入矢量 $\boldsymbol{X}=X_1X_2\cdots X_N$，每一时刻的随机变量 $X_l(l=1,2,\cdots,N)$ 均取自且取遍于信道的输入符号集 $X:\{a_1,a_2,\cdots,a_r\}$，则 $\boldsymbol{X}=X_1X_2\cdots X_N$ 共有 r^N 种不同的消息，某一具体消息 $\boldsymbol{x}$ 可表示为

$$\boldsymbol{x}=\alpha_k=(x_1x_2\cdots x_N)\qquad x_l\in\{a_1,a_2,\cdots,a_r\} \tag{3.2.9}$$

式中，l 表示随机矢量中某分量的序号，$l=1,2,\cdots,N$；k 表示序列的序号，$k=1,2,\cdots,r^N$。

对应地，在信道的输出端为一个 N 维随机矢量 $\boldsymbol{Y}=Y_1Y_2\cdots Y_N$，共有 s^N 种不同的消息，其中某一具体消息 $\boldsymbol{y}$ 可表示为

$$\boldsymbol{y}=\beta_h=(y_1y_2\cdots y_N)\qquad y_l\in\{b_1,b_2,\cdots,b_s\}$$
$$(l=1,\cdots,N)\qquad (h=1,\cdots,s^N) \tag{3.2.10}$$

可见，与单符号离散信道相比，多符号离散信道的输入符号数由 r 个扩展为 r^N 个，输出符号数由 s 个扩展为 s^N 个。在输入消息 $\alpha_k(k=1,\cdots,r^N)$ 的条件下，输出消息 $\beta_h(h=1,\cdots,s^N)$ 的转移概率为

$$P(\beta_h|\alpha_k)=P(y_1y_2\cdots y_N|x_1x_2\cdots x_N)\ (k=1,\cdots,r^N;h=1,\cdots,s^N) \tag{3.2.11}$$

类似地，把这 $r^N\cdot s^N$ 个转移概率按输入、输出的对应关系，可以构成多符号离散信道的传递矩阵

$$\boldsymbol{P}=\begin{array}{c} \\ \alpha_1\\ \alpha_2\\ \vdots\\ \alpha_{r^N}\end{array}\begin{array}{c}\begin{matrix}\beta_1 & \beta_2 & \cdots & \beta_{s^N}\end{matrix}\\ \begin{bmatrix} P(\beta_1|\alpha_1) & P(\beta_2|\alpha_1) & \cdots & P(\beta_{s^N}|\alpha_1)\\ P(\beta_1|\alpha_2) & P(\beta_2|\alpha_2) & \cdots & P(\beta_{s^N}|\alpha_2)\\ \vdots & \vdots & & \vdots\\ P(\beta_1|\alpha_{r^N}) & P(\beta_2|\alpha_{r^N}) & \cdots & P(\beta_{s^N}|\alpha_{r^N})\end{bmatrix}\end{array} \tag{3.2.12}$$

且满足
$$\sum_{h=1}^{s^N} P(\beta_h|\alpha_k)=1 \quad (k=1,2,\cdots,r^N) \tag{3.2.13}$$

2．离散无记忆信道的 N 次扩展信道

如果离散信道的输出只与信道该时刻的输入有关，而与其他时刻的输入无关，即多符号离散信道的转移概率等于 N 个时刻单符号离散信道的转移概率的乘积， 即

$$P(\boldsymbol{y}|\boldsymbol{x})=P(\beta_h|\alpha_k)=P(y_1y_2\cdots y_N|x_1x_2\cdots x_N)=\prod_{l=1}^{N}P(y_l|x_l) \tag{3.2.14}$$

则该多符号离散信道称为**离散无记忆信道**，简记为 DMC。类似于离散无记忆信源的 N 次扩展信源的定义，当离散无记忆信道的输入矢量和输出矢量均为 N 维矢量时，称此时的离散无记忆信道为离散无记忆的 N 次扩展信道。

由式（3.2.14）可见，离散无记忆信道的转移概率 $P(\beta_h|\alpha_k)\ (k=1,\cdots,r^N;h=1,\cdots,s^N)$ 可由单符号离散信道的转移概率 $P(y_l=b_j|x_l=a_i)(i=1,2,\cdots,r;j=1,2,\cdots,s)$ 直接求得。无疑，这会给离散无记忆的 N 次扩展信道的分析带来方便。

【例 3.1】 求图 3.5 所示的二元无记忆离散对称信道的二次扩展信道的信道矩阵。

解： 因为二元对称信道的输入和输出变量 X 和 Y 的取值都是 0 和 1，因此，二次扩展信道的输入符号集为 $\boldsymbol{X}=\{00,01,10,11\}$，共有 $2^2=4$ 个符号。输出符号集为 $\boldsymbol{Y}=\{00,01,10,11\}$，共 4 个符号。根据无记忆信道的特性，求得二次扩展信道的转移概率为

$$P(\beta_1|\alpha_1)=P(00|00)=P(0|0)P(0|0)=\bar{p}^2$$

$$P(\beta_2|\alpha_1)=P(01|00)=P(0|0)P(1|0)=\bar{p}p$$

$$P(\beta_3|\alpha_1)=P(10|00)=P(1|0)P(0|0)=p\bar{p}$$

$$P(\beta_4|\alpha_1)=P(11|00)=P(1|0)P(1|0)=p^2$$

同理，可求得其他转移概率 $P(\beta_h|\alpha_k)$，因此，二次扩展信道的信道矩阵为

$$\boldsymbol{P}_{1,2}=\begin{array}{c} \\ \alpha_1 \\ \alpha_2 \\ \alpha_3 \\ \alpha_4 \end{array}\begin{array}{c} \begin{array}{cccc}\beta_1 & \beta_2 & \beta_3 & \beta_4\end{array} \\ \begin{bmatrix} \bar{p}^2 & \bar{p}p & p\bar{p} & p^2 \\ \bar{p}p & \bar{p}^2 & p^2 & p\bar{p} \\ p\bar{p} & p^2 & \bar{p}^2 & \bar{p}p \\ p^2 & p\bar{p} & \bar{p}p & \bar{p}^2 \end{bmatrix}\end{array} \tag{3.2.15}$$

该二次扩展信道可用图 3.8 表示。

实际信道通常为有记忆信道，即信道某一时刻的输出不仅与该时刻的输入有关，还与前面时刻的输入和输出有关。处理这类信道的常见方法之一是把记忆较强的 N 个符号作为一个矢量符号来处理，而假定各个矢量符号之间是无记忆的，这种处理方法会引入误差，通常 N 越大，误差越小。另一种处理方法是将 $P(\boldsymbol{y}|\boldsymbol{x})$ 看作马尔可夫链，即把信道某时刻的输入和输出序列看作信道的状态，那么信道的统计特性可用 $P(y_ls_l|x_ls_{l-1})$ 来描述，其中

$P(y_l s_l \mid x_l s_{l-1})$表示已知现时刻的输入符号和前时刻信道所处状态的条件下，信道的输出符号和所处状态的联合条件概率。

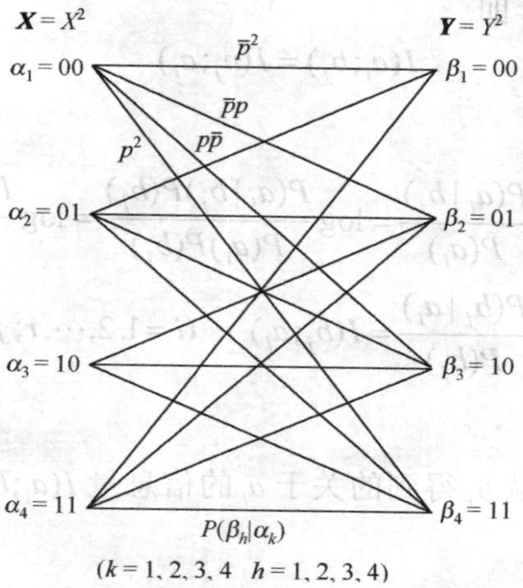

图 3.8　二元对称信道的二次扩展信道

在一般情况下，有记忆信道的研究很复杂，本章将侧重研究离散无记忆信道。如前所述，对于离散平稳无记忆信道，可以归结为对单符号离散信道的研究。

3.3　离散随机变量的互信息和平均互信息

绪论中简单介绍的互信息是对消息符号之间相互提供信息量进行度量，本节将引入平均互信息，并深入讨论互信息和平均互信息的性质。

3.3.1　互信息的定义

定义 3.1　对于两个离散随机事件集 X 和 Y，事件 b_j 的出现给出关于事件 a_i 的信息量，定义为事件 a_i 和事件 b_j 的互信息，用 $I(a_i;b_j)$ 表示。

$$I(a_i;b_j)=I(a_i)-I(a_i\mid b_j)=\log_2\frac{P(a_i\mid b_j)}{P(a_i)} \quad (i=1,2,\cdots,r;\ j=1,2,\cdots,s) \tag{3.3.1}$$

由式（3.3.1）可见，互信息 $I(a_i;b_j)$ 是已知事件 b_j 后所消除的关于事件 a_i 的不确定性，即关于事件 a_i 不确定性的减少量。

如果信源发出的符号消息为 a_i，经过信道传输后信宿收到的符号消息为 b_j。设 $P(a_i)$ 为先验概率，$P(a_i\mid b_j)$ 为后验概率，由式（3.3.1）有

$$\text{互信息}=\log\frac{\text{后验概率}}{\text{先验概率}}=\log\frac{1}{P(a_i)}-\log\frac{1}{P(a_i\mid b_j)} \tag{3.3.2}$$

那么互信息的物理含义可以理解为：信宿收到 b_j 后获得的关于信源输出 a_i 的信息量就是先验不确定性 $I(a_i)$ 减去后验不确定性 $I(a_i\mid b_j)$，实际上就是信道传递的信息量。互信息的引入，使信息的传递得到了定量的表示，是信息论发展的一个重要里程碑。

3.3.2 互信息的性质

（1）互信息具有对称性，即

$$I(a_i;b_j)=I(b_j;a_i) \tag{3.3.3}$$

证明：由式（3.3.1）有

$$I(a_i;b_j)=\log\frac{P(a_i\mid b_j)}{P(a_i)}=\log\frac{P(a_i\mid b_j)P(b_j)}{P(a_i)P(b_j)}=\log\frac{P(a_ib_j)/P(a_i)}{P(b_j)}$$

$$=\log\frac{P(b_j\mid a_i)}{P(b_j)}=I(b_j;a_i)\quad (i=1,2,\cdots,r;j=1,2,\cdots,s)$$

[证毕]

互信息的对称性说明：从 b_j 得到的关于 a_i 的信息量 $I(a_i;b_j)$ 与从 a_i 得到的关于 b_j 的信息量 $I(b_j;a_i)$ 是一样的。

（2）当相互独立时，互信息量为 0。

如果 a_i 和 b_j 相互独立，则 $P(a_ib_j)=P(a_i)P(b_j)$ 。此时互信息为

$$I(a_i;b_j)=\log_2\frac{P(a_ib_j)}{P(a_i)P(b_j)}=\log_2 1=0\quad (i=1,2,\cdots,r;j=1,2,\cdots,s) \tag{3.3.4}$$

这表明如果 a_i 与 b_j 之间相互独立时，从 b_j 得不到关于 a_i 的任何信息，反之亦然。

（3）互信息量不可能大于自信息量。

由于 $P(a_i/b_j)\leqslant 1$，根据式（3.3.1），有

$$I(a_i;b_j)\leqslant\log_2\frac{1}{P(a_i)}=I(a_i) \tag{3.3.5}$$

同理，由于 $P(b_j\mid a_i)\leqslant 1$，有

$$I(b_j;a_i)\leqslant\log_2\frac{1}{P(b_j)}=I(b_j)$$

可见，某一事件的自信息量是任何其他事件所能提供的关于该事件的最大信息量。

（4）互信息量可为正值或负值。

由式（3.3.1）可知，当 $P(a_i\mid b_j)>P(a_i)$ 时，互信息量为正值。反之，当 $P(a_i\mid b_j)<P(a_i)$ 时，互信息量为负值。当后验概率与先验概率相等时，互信息量为 0，这就是两个随机事件相互独立的情况。

互信息量 $I(a_i;b_j)$ 为正值，意味着事件 b_j 的出现有利于肯定事件 a_i 的发生；反之，则是不利的。

在实际工作和生活中，如果不能够直接得到某事件的信息，往往通过其他事件来获得该事件的信息。这实际上就是互信息概念的应用。下面以实际生活中的一个简单例子来理解互信息的概念。

【例 3.2】 某学生经常缺课，现推测其原因可能是因为沉溺于网络，就寝时间过晚，导致缺课。假设 X 表示到课情况，a_1 代表缺课，a_2 代表上课；Y 表示就寝情况，b_1 代表就寝过晚，b_2 代表正常就寝。通过调查，该生的到课情况及就寝时间统计数据如下。

$$P(a_1)=0.2 \quad P(a_2)=0.8$$

$$P(a_1|b_1)=0.5 \quad P(a_2|b_1)=0.5 \quad P(a_1|b_2)=1/8 \quad P(a_2|b_2)=7/8$$

（1）事件“缺课”的自信息；

（2）计算在“就寝过晚”条件下，事件“缺课”的自信息；

（3）计算“就寝过晚”和“缺课”的互信息；

（4）试问该生缺课和就寝时间是否有关？关系如何？

解：（1）$I(a_1)=-\log 0.2=\log 5=2.32$（bit）

（2）$I(a_1|b_1)=-\log 0.5=1$（bit）

（3）$I(a_1;b_1)=I(a_1)-I(a_1|b_1)=1.32$（bit）

（4）因为 $I(a_1;b_1)>0$，根据互信息的物理含义可知，“就寝情况”和“到课情况”有关。“就寝过晚”有助于肯定“缺课”的出现，是导致“缺课”的原因。由于互信息的对称性，如果该生“缺课”，有助于肯定“就寝过晚”。

3.3.3　平均互信息的定义

$I(a_i;b_j)$ 表征事件 a_i 和事件 b_j 之间的互信息，是一个随机变量。为了从总体上度量随机变量 $\boldsymbol{X}$ 和 $\boldsymbol{Y}$ 之间相互提供信息量的多少，下面介绍平均互信息的概念。

定义 3.2　集合 X 和集合 Y 之间的**平均互信息**（又称为**互熵**）定义为

$$I(X;Y)=\sum_{i=1}^{r}\sum_{j=1}^{s}P(a_ib_j)I(a_i;b_j)=\sum_{i=1}^{r}\sum_{j=1}^{s}P(a_ib_j)\log\frac{P(a_i|b_j)}{P(a_i)} \tag{3.3.6}$$

可见，平均互信息 $I(X;Y)$ 是互信息 $I(a_i;b_j)$ 在 X 和 Y 的联合概率空间中的统计平均值，它是从整体上表示一个随机变量 Y 所给出的关于另一个随机变量 X 的平均信息量。

由式（3.3.6）可得

$$\begin{aligned}I(X;Y)&=-\sum_{i=1}^{r}\sum_{j=1}^{s}P(a_ib_j)\log P(a_i)-\{-\sum_{i=1}^{r}\sum_{j=1}^{s}P(a_ib_j)\log P(a_i|b_j)\}\\&=-\sum_{i=1}^{r}P(a_i)\log P(a_i)\sum_{j=1}^{s}P(b_j|a_i)-\sum_{j=1}^{s}P(b_j)\{-\sum_{i=1}^{r}P(a_i|b_j)\log P(a_i|b_j)\}\\&=-\sum_{i=1}^{r}P(a_i)\log P(a_i)-\sum_{J=1}^{s}P(b_j)H(X|Y=b_j)\\&=H(X)-H(X|Y)\end{aligned} \tag{3.3.7}$$

式（3.3.7）表明，从 Y 中获取关于 X 的平均互信息量 $I(X;Y)$，等于收到 Y 前对 X 的平均不确定性 $H(X)$ 与收到 Y 后对 X 仍然存在的平均不确定性 $H(X|Y)$ 之差，即收到 Y 前、后，关于 X 的平均不确定性的减少量。不确定性的消除（无条件熵和条件熵的差）就是接收端所获得的信息量。

因为$H(X|Y)=H(XY)-H(Y)$，由式（3.3.7）容易得到

$$I(X;Y)=H(X)+H(Y)-H(X,Y)=H(Y)-H(Y|X) \tag{3.3.8}$$

【例 3.3】 二进制通信系统等概使用符号 0 和 1，由于存在失真，传输时会产生误码，无记忆信道模型如图 3.9 所示。

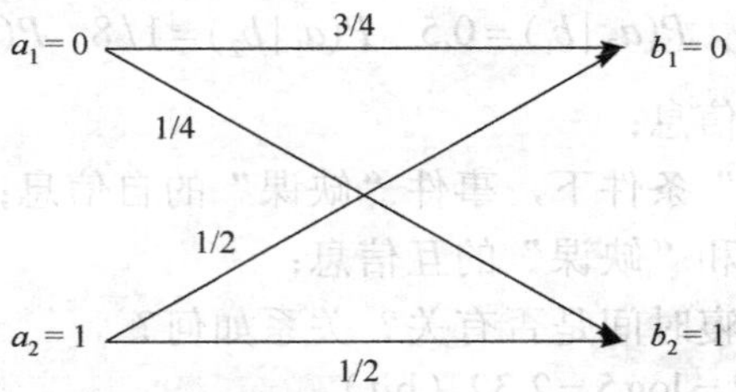

图 3.9 无记忆信道模型

试计算：

（1）已知发出一个 0，求收到符号后得到的信息量；

（2）已知发出的符号，求收到符号后得到的信息量；

（3）已知发出的和收到的符号，求能得到的信息量；

（4）已知收到的符号，求被告知发出的符号得到的信息量；

（5）信宿收到一个符号后得到关于信源的平均信息量。

解：（1） $H(Y|a_1)=\boldsymbol{H}\left(\frac{1}{4},\frac{3}{4}\right)=0.8113$（比特/符号）

（2） $H(Y|X)=1/2\cdot\boldsymbol{H}\left(\frac{1}{4},\frac{3}{4}\right)+1/2\cdot\boldsymbol{H}\left(\frac{1}{2},\frac{1}{2}\right)=0.9057$（比特/符号）

（3） $H(XY)=H(X)+H(Y|X)=1.9057$（比特/符号对）

（4） $H(Y)=H\left(\frac{3}{8},\frac{5}{8}\right)=0.9544$（比特/符号）

$H(X|Y)=H(XY)-H(Y)=0.9513$（比特/符号）

（5） $I(X;Y)=H(X)+H(Y)-H(X,Y)=0.0487$（比特/符号）

3.3.4 平均互信息的性质

（1）平均互信息具有对称性，即

$$I(X;Y)=I(Y;X) \tag{3.3.9}$$

证明： 由于$P(a_ib_j)=P(b_ja_i)$，得

$$I(X;Y)=\sum_{i=1}^{r}\sum_{j=1}^{s}P(a_ib_j)\log\frac{P(a_ib_j)}{P(a_i)P(b_j)}=\sum_{i=1}^{r}\sum_{j=1}^{s}P(b_ja_i)\log\frac{P(b_ja_i)}{P(b_j)P(a_i)}=I(Y;X)$$

[证毕]

$I(X;Y)$表示从 Y 中提取的关于 X 的信息量，而$I(Y;X)$表示从 X 中提取的关于 Y 的信息量，它们是相等的。

（2）平均互信息具有非负性，即

$$I(X;Y) \geqslant 0 \tag{3.3.10}$$

当且仅当 X 和 Y 统计独立时，等式成立。该性质可利用詹森不等式证明得到，请参见附录 A。

如果离散信道输入符号为 X，输出符号为 Y，则该性质说明：通过一个信道获得的平均信息量不会是负值，一般总能获得一些信息量。也就是说，观察一个信道的输出，从平均的角度来看总能消除一些不确定性，接收到一定的信息。

特殊地，在信道输入 X 和输出 Y 是统计独立时，就不可能从一个随机变量获得关于另一个随机变量的信息，所以

$$I(X;Y) = I(Y;X) = 0 \tag{3.3.11}$$

如果输入的随机变量 X 不能告诉任何关于输出 Y 的信息，则此时的信道称为**无用信道**。此时信道的转移概率 $P(b_j \mid a_i) = P(b_j)$ 与 a_i 无关，即信道矩阵的各行是一样的，此时

$$H(Y \mid X) = H(Y)\,,\quad I(X;Y) = I(Y;X) = 0$$

（3）平均互信息具有极值性，即

$$I(X;Y) \leqslant H(X) \tag{3.3.12}$$

证明：由于 $\log\dfrac{1}{P(a_i \mid b_j)} \geqslant 0$，而 $H(X \mid Y)$ 是对 $\log\dfrac{1}{P(a_i \mid b_j)}$ 求统计平均，即

$$H(X \mid Y) = \sum_{i=1}^{r}\sum_{j=1}^{s} P(a_i b_j)\log\frac{1}{P(a_i \mid b_j)}$$

因此有

$$H(X \mid Y) \geqslant 0 \tag{3.3.13}$$

所以

$$I(X;Y) = H(X) - H(X \mid Y) \leqslant H(X)$$

[证毕]

该性质说明：接收者通过信道获得的信息量不可能超过信源本身固有的信息量。只有当 $H(X \mid Y) = 0$，即信道中传输信息无损失时，接收到 Y 后获得关于 X 的信息量才等于符号集 X 中平均每个符号所含有的信息量。可见，在一般情况下，平均互信息必在 0 和 $H(X)$ 值之间。

特殊地，当两个随机变量 X 和 Y 一一对应时，从一个变量就可以充分获得关于另一个变量的信息，即

$$I(X;Y) = I(Y;X) = H(X) = H(Y) \tag{3.3.14}$$

（4）平均互信息 $I(X;Y)$ 具有凸函数性

因为

$$I(X;Y) = \sum_{i=1}^{r}\sum_{j=1}^{s} P(a_i)P(b_j \mid a_i)\log\frac{P(b_j \mid a_i)}{P(b_j)}$$

而且

$$P(b_j) = \sum_{i=1}^{r} P(a_i)P(b_j \mid a_i) \quad (\text{对 } j = 1,2,\cdots,s \text{ 都成立})$$

所以，平均互信息 $I(X;Y)$ 是条件概率 $P(b_j|a_i)(i=1,2,\cdots,r;j=1,2,\cdots,s)$ 和概率分布 $P(a_i)(i=1,2,\cdots,r)$ 的函数。即

$$I(X;Y)=I\left[P(a_i),P(b_j|a_i)\right]=I\left[P(x),P(y|x)\right] \tag{3.3.15}$$

式（3.3.15）第二个等式右边是简明写法。通常在通信系统中，$P(x)$ 是表示信源 X 的先验概率。$P(y|x)$ 表示信道传递概率，即信宿收到的信息量由信源的先验概率和信道的传输特性决定，对不同信源和不同信道得到的平均互信息是不同的。

定理 3.1 在 $P(y|x)$ 给定的条件下，平均互信息 $I(X;Y)$ 是概率分布 $P(x)$ 的∩形凸函数（或称上凸函数）。即

$$I[\theta P_1(x)+\bar{\theta}P_2(x)]\geqslant \theta I[P_1(x)]+\bar{\theta}I[P_2(x)] \tag{3.3.16}$$

定理 3.1 表明：当固定某信道时，选择不同概率分布的信源与信道连接，在信道输出端接收到每个符号后获得的信息量是信源概率分布 $P(x)$ 的∩形凸函数。因此对于每一个固定信道，一定存在某种概率分布的信源，使输出端获得的平均信息量最大。可见信源与信道连接时，信道传输信息的能力不一定能得到充分利用。对于固定的信道，平均互信息的最大值是一定的，但是在传输信息时信道能否提供其最大传输能力，则取决于输入端的概率分布。当信道提供其最大传输能力时，相应的输入概率分布称为最佳输入分布，此时的信源称为**匹配信源**。

定理 3.2 在概率分布 $P(x)$ 给定的条件下，平均互信息 $I(X;Y)$ 是条件概率 $P(y|x)$ 的∪形凸函数（或称下凸函数）。即

$$I[\theta P_1(y|x)+\bar{\theta}P_2(y|x)]\leqslant \theta I[P_1(y|x)]+\bar{\theta}I[P_2(y|x)] \tag{3.3.17}$$

定理 3.2 表明：当信源固定后，选择不同信道来传输同一信源符号时，在信道的输出端获得关于信源的信息量是不同的。信道输出端获得关于信源的信息量是信道转移概率 $P(y|x)$ 的∪形凸函数。也就是说，存在一个信道使某一特定信源经过此信道传输时信道的平均互信息达到极小值。

定理 3.1 和定理 3.2 可利用詹森不等式证明得到，请参见附录 A。定理 3.1 和定理 3.2 分别是信道容量和信息率失真函数的理论基础。

【例 3.4】 设二元对称信道的输入概率空间 $\begin{bmatrix} X \\ P(x) \end{bmatrix}=\begin{bmatrix} 0 & 1 \\ \omega & \bar{\omega}=1-\omega \end{bmatrix}$，而信道特性为图 3.5 所示的二元对称信道，求平均互信息。

解： 信道输出 Y 的概率分布为

$$P(y=0)=\omega\bar{p}+(1-\omega)p=\omega\bar{p}+\bar{\omega}p$$
$$P(y=1)=1-P(y=0)$$

可得

$$H(Y)=H(\omega\bar{p}+\bar{\omega}p)$$

又因为

$$H(Y|X)=H(p,\bar{p})=H(p)$$

所以，平均互信息

$$I(X;Y)=H(Y)-H(Y|X)=H(\omega\bar{p}+\bar{\omega}p)-H(p) \tag{3.3.18}$$

可见，当信道固定（即固定 p）时，可得 $I(X;Y)$ 是 ω 的 $\cap$ 形凸函数，其曲线如图 3.10 所示。从图中可知，当二元对称信道的信道矩阵固定后，输入变量 X 的概率分布不同，在接收端平均每个符号获得的信息量就不同。只有当输入变量 X 是等概分布时，即 $P(x=0)=P(x=1)=1/2$ 时，平均互信息才能取得最大值。

当固定信源的概率分布为 ω 时，即得 $I(X;Y)$ 是 p 的 $\cup$ 形凸函数，如图 3.11 所示。从图中可知，当 $p=0$ 时，平均互信息为最大，等于信源熵，此时的信道为无噪信道；当 $p=1/2$ 时，平均互信息等于零，也就是说，信源的信息全部损失在信道中，此时的信道为无用信道。

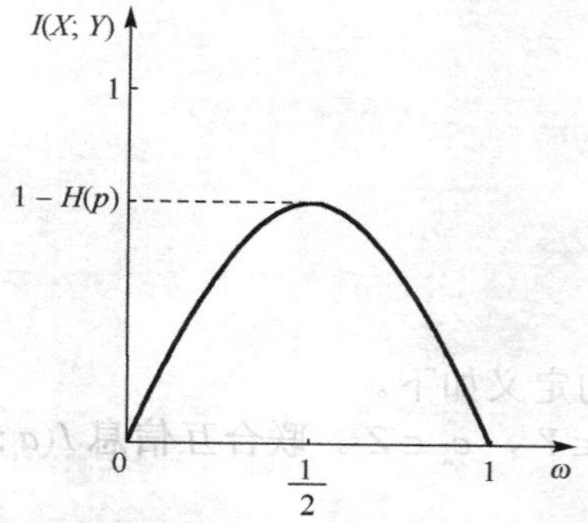

图 3.10　固定二元对称信道的平均互信息

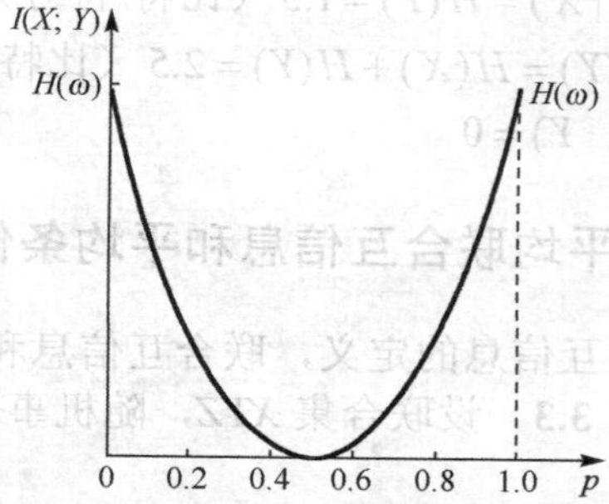

图 3.11　固定二元信源的平均互信息

3.3.5　平均互信息与各类熵之间的关系

如前所述，容易得到平均互信息和各类熵之间的关系。现总结如下：

（1）$I(X;Y)=H(X)-H(X|Y)=H(Y)-H(Y|X)=H(X)+H(Y)-H(XY)$

（2）$H(XY)=H(X)+H(Y|X)=H(Y)+H(X|Y)$

（3）$H(X)\geqslant H(X|Y)$；$H(Y)\geqslant H(Y|X)$

（4）当 X 和 Y 相互独立时，有：$I(X;Y)=0$；$H(X)=H(X|Y)$；$H(Y)=H(Y|X)$；$H(XY)=H(X)+H(Y)$。

用图 3.12 所示的维拉图可得到这些关系的清晰表示。图中，左边的圆代表随机变量 X 的熵，右边的圆代表随机变量 Y 的熵，两个圆的重叠部分是平均互信息 $I(X;Y)$。每个圆减去平均互信息后剩余的部分代表两个条件熵。联合熵 $H(XY)$ 是联合空间 XY 的熵，所以联合熵是两个圆之和再减去重叠部分。特殊地，当 X 和 Y 相互独立时，两圆不重叠，此时 $I(X;Y)=0$。

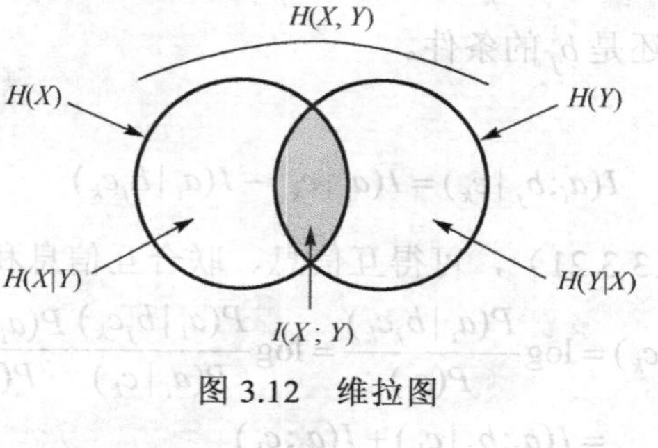

图 3.12　维拉图

【例 3.5】 已知两个独立的随机变量 X、Y 的分布律如下。

$$\begin{bmatrix} X \\ P(x) \end{bmatrix} = \begin{bmatrix} a_1 & a_2 \\ 0.5 & 0.5 \end{bmatrix}, \quad \begin{bmatrix} Y \\ P(y) \end{bmatrix} = \begin{bmatrix} b_1 & b_2 & b_3 \\ 0.25 & 0.25 & 0.5 \end{bmatrix}$$

计算 $H(X), H(Y), H(XY), H(X|Y), H(Y|X), I(X;Y)$。

解：

$H(X)=H(0.5,0.5)=1$（比特/符号）

$H(Y)=H(0.25,0.25,0.5)=1.5$（比特/符号）

$H(X|Y)=H(X)=1$（比特/符号）

$H(Y|X)=H(Y)=1.5$（比特/符号）

$H(XY)=H(X)+H(Y)=2.5$（比特/符号对）

$I(X;\ Y)=0$

3.3.6 平均联合互信息和平均条件互信息

类似互信息的定义，联合互信息和条件互信息的定义如下。

定义 3.3 设联合集 XYZ，随机事件 $a_i \in X$，$b_j \in Y$，$c_k \in Z$。**联合互信息** $I(a_i;b_jc_k)$ 定义为

$$I(a_i;b_jc_k)=\log\frac{P(a_i\,|\,b_jc_k)}{P(a_i)} \tag{3.3.19}$$

$I(a_i;b_jc_k)$ 的物理含义为：已知 b_jc_k 后对事件 a_i 的不确定性的减少量，即已知 b_jc_k 后获得的关于 a_i 的信息量。

容易理解：

$$I(a_i;b_jc_k)=I(a_i)-I(a_i\,|\,b_jc_k) \tag{3.3.20}$$

定义 3.4 设联合集 XYZ，随机事件 $a_i \in X$，$b_j \in Y$，$c_k \in Z$。在给定 c_k 条件下，a_i 与 b_j 之间的**条件互信息**定义为

$$I(a_i;b_j\,|\,c_k)=\log\frac{P(a_i\,|\,b_jc_k)}{P(a_i\,|\,c_k)} \tag{3.3.21}$$

$I(a_i;b_j\,|\,c_k)$ 的物理含义为：在给定 c_k 条件下，b_j 发生后获得关于 a_i 的信息量。需要注意的是，c_k 不仅是 a_i 的条件，还是 b_j 的条件。

容易理解：

$$I(a_i;b_j\,|\,c_k)=I(a_i\,|\,c_k)-I(a_i\,|\,b_jc_k) \tag{3.3.22}$$

由式（3.3.19）和式（3.3.21），可得互信息、联合互信息和条件互信息的关系为

$$\begin{aligned} I(a_i;b_jc_k) &= \log\frac{P(a_i\,|\,b_jc_k)}{P(a_i)} = \log\frac{P(a_i\,|\,b_jc_k)}{P(a_i\,|\,c_k)}\frac{P(a_i\,|\,c_k)}{P(a_i)} \\ &= I(a_i;b_j\,|\,c_k)+I(a_i;c_k) \end{aligned} \tag{3.3.23}$$

式（3.3.23）表明，b_jc_k 联合给出关于 a_i 的互信息量等于 c_i 给出关于 a_i 的互信息量与在 c_k 已知条件下 b_j 给出关于 a_i 的互信息量之和。同理可得

$$I(a_i;b_jc_k)=I(a_i;b_j)+I(a_i;c_k\,|\,b_j)$$

类似平均互信息的定义，平均联合互信息和平均条件互信息的定义如下。

定义 3.5　设联合集 XYZ，平均联合互信息定义为联合互信息 $I(a_i;b_jc_k)$ 在概率空间 XYZ 中的统计平均值。

$$I(X;YZ)=E[I(a_i;b_jc_k)]=\sum_{a_i\in X}\sum_{b_j\in Y}\sum_{c_k\in Z}P(a_ib_jc_k)\log\frac{P(a_i\,|\,b_jc_k)}{P(a_i)} \tag{3.3.24}$$

定义 3.6　设联合集 XYZ，在已知 Z 条件下，X 与 Y 之间的平均条件互信息定义为条件互信息 $I(a_i;b_j\,|\,c_k)$ 在概率空间 XYZ 中的统计平均值。

$$I(X;Y\,|\,Z)=E[I(a_i;b_j\,|\,c_k)]=\sum_{a_i\in X}\sum_{b_j\in Y}\sum_{c_k\in Z}P(a_ib_jc_k)\log\frac{P(a_i\,|\,b_jc_k)}{P(a_i\,|\,c_k)} \tag{3.3.25}$$

可以证明，平均联合互信息和平均条件互信息具有以下关系

$$\begin{aligned}I(X;Y\,|\,Z)&=H(X\,|\,Z)-H(X\,|\,YZ)\\&=H(X\,|\,Z)+H(Y\,|\,Z)-H(XY\,|\,Z)\\&=H(Y\,|\,Z)-H(Y\,|\,XZ)=I(Y;X\,|\,Z)\end{aligned} \tag{3.3.26}$$

$$I(X;YZ)=H(X)-H(X\,|\,YZ) \tag{3.3.27}$$

$$I(X;YZ)=I(X;Z)+I(X;Y\,|\,Z)=I(X;Y)+I(X;Z\,|\,Y) \tag{3.3.28}$$

$$I(X;YZ)=I(YZ;X) \tag{3.3.29}$$

$$I(X;Y\,|\,Z)\geqslant 0 \tag{3.3.30}$$

$$I(X;YZ)\geqslant I(X;Z) \tag{3.3.31}$$

当且仅当 $P(x\,|\,z)=P(x\,|\,yz)$ 时，式（3.3.30）和式（3.3.31）中的等号成立。即在 z 出现条件下，x 和 y 相互独立时，X 和 Y 互相之间提供的信息量为零。

【例 3.6】　设随机变量 X 和 Y 的联合概率分布如表 3.1 所示。

表 3.1　随机变量 *X* 和 *Y* 的联合概率

X \ Y	$b_1=0$	$b_2=1$
$a_1=0$	1/3	1/3
$a_2=1$	0	1/3

已知随机变量 $Z=X\oplus Y$，试计算：

（1）$H(X)$，$H(Y),H(Z),H(XY),H(YZ),H(XYZ)$；

（2）$H(X\,|\,Y)$，$H(Z\,|\,XY)$；

（3）$I(X;Y)$，$I(X;Z\,|\,Y)$ 和 $I(Z;XY)$。

解： 由已知条件可得联合概率 $P(yz),P(xyz)$ 分别如表 3.2 和表 3.3 所示。

（1）$H(X)=H\left(\dfrac{2}{3},\dfrac{1}{3}\right)=0.918$（比特/符号）

表 3.2 联合概率 $P(yz)$

yz	$P(yz)$
yz=00	1/3
yz=01	0
yz=10	1/3
yz=11	1/3

表 3.3 联合概率 $P(xyz)$

$P(xyz)$ xy \ z	$z=0$	$z=1$
xy=00	1/3	0
xy=01	0	1/3
xy=10	0	0
xy=11	1/3	0

$$H(Y)=H\left(\frac{1}{3},\frac{2}{3}\right)=0.918\text{（比特/符号）}$$

$$H(Z)=H\left(\frac{2}{3},\frac{1}{3}\right)=0.918\text{（比特/符号）}$$

$$H(XY)=H\left(\frac{1}{3},\frac{1}{3},0,\frac{1}{3}\right)=1.585\text{（比特/二个符号）}$$

$$H(YZ)=H\left(\frac{1}{3},0,\frac{1}{3},\frac{1}{3}\right)1.585\text{（比特/二个符号）}$$

$$H(XYZ)=H\left(\frac{1}{3},\frac{1}{3},\frac{1}{3},0,0,0,0,0\right)=1.585\text{（比特/三个符号）}$$

（2）$H(X\,|\,Y)=H(XY)-H(Y)=0.667$（比特/符号）

$H(Z\,|\,XY)=H(XYZ)-H(XY)=0$

（3）$I(X;Y)=H(X)+H(Y)-H(XY)=0.251$（比特/符号）

$I(X;Z\,|\,Y)=H(X\,|\,Y)-H(X\,|\,YZ)=[H(XY)-H(Y)]-[H(XYZ)-H(YZ)]$

$=(1.585-0.918)-(1.585-1.585)$

$=0.667$（比特/符号）

$I(Z;XY)=H(Z)-H(Z\,|\,XY)=0.918$（比特/符号）

3.4 信道容量的定义

3.4.1 信息传输率和信息传输速率

为了研究在通信过程中信道传递信息的能力，这里先引入信道的信息传输率。

信道的信息传输率是指信道中平均每个符号所能传送的信息量，即平均互信息，单位为“比特/信道符号”。如果不涉及编码，信源输出符号直接送入信道进行传输，则一个信源符号就对应一个信道符号，因此为了简单起见，在不引起歧义的前提下，信息传输率的单位采用“比特/符号”。可见，信道的信息传输率表示为

$$R=I(X;Y)=H(X)-H(X\,|\,Y) \tag{3.4.1}$$

式中，X 表示信源发出的符号，Y 表示信宿收到的符号，平均互信息 $I(X;Y)$ 就是接收到符号 Y 后平均每个符号获得的关于 X 的信息量。从另一个角度看，也就是信道为信源传递的平均信息量。

为了进一步理解平均互信息的物理意义，从平均互信息 $I(X;Y)$ 和各类熵之间的关系入手，以引入信道疑义度和噪声熵的概念。

如前所述，平均互信息可以表示为

$$I(X;Y)=H(X)-H(X|Y)=H(Y)-H(Y|X) \tag{3.4.2}$$

其中，条件熵 $H(X|Y)$ 表示收到随机变量 Y 后，对于随机变量 X 仍然存在的平均不确定性，通常称为**信道的疑义度**。由于它表示信源符号通过有噪信道传输后所引起的信息量的损失，故也为**损失熵**。条件熵 $H(Y|X)$ 表示在已知输入变量 X 的条件下，对随机变量 Y 尚存在的不确定性，通常称条件熵 $H(Y|X)$ 为**噪声熵**或**散布度**。

将图 3.12 所示的维拉图在通信系统场景下作进一步展示，如图 3.13 所示。在通信系统中，信源发出的平均信息量为 $H(X)$，而信宿最终收到的平均信息量为 $H(Y)$，在实际信道中，由于信道特性不理想，$H(X)$ 和 $H(Y)$ 并没有固定的约束关系。信道对所传递的信息施加的影响可以从两个方面来看：一方面，一部分关于信源的信息熵 $H(X|Y)$ 在传输过程中被遗失（损失熵）；另一方面，信道又加入了一部分来自噪声的信息熵 $H(Y|X)$（噪声熵），这部分信息熵并不来自于信源。因此，信宿收到的信息熵中只有一部分是来自信源的，这部分信息熵就是 $I(X;Y)$。

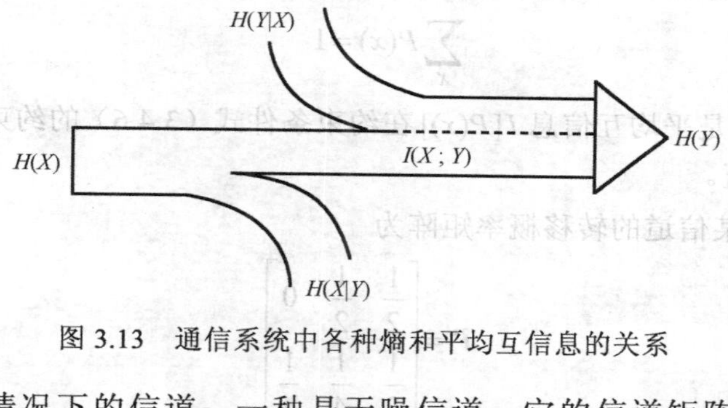

图 3.13　通信系统中各种熵和平均互信息的关系

例如两种极端情况下的信道：一种是无噪信道，它的信道矩阵是单位矩阵。因为 $H(Y|X)=H(X|Y)=0$，平均互信息则为 $I(X;Y)=H(X)=H(Y)$；另一种是无用信道，其信道输入端 X 和输出端 Y 统计独立，即 $P(b_j|a_i)=P(b_j)$，接收到 Y 后不可能消除有关输入端 X 的任何不确定性，所以获得的信息量为 0。例如二元对称信道中的转移概率 $p=0.5$ 时，可以算出平均互信息 $I(X;Y)=0$。

如果关注的是单位时间内信道平均传输的信息量，则定义信息传输速率。若平均传输一个符号需要 T_s 秒，则信道的信息传输速率表示为

$$R_t=\frac{1}{T_s}I(X;Y)=\frac{1}{T_s}\left[H(X)-H(X|Y)\right] \tag{3.4.3}$$

式(3.4.3)的 R_t 称为信道的**信息传输速率**，它表示信道每秒传输的平均信息量，单位为 bit/s。

3.4.2　信道容量

由定理 3.1 可知，$I(X;Y)$ 是输入变量 X 的概率分布 $P(x)$ 的 ∩ 形凸函数。因此对于一个固定信道，总存在某种概率分布 $P(x)$ 的信源，使传输每个符号平均获得的信息量最大，也

就是每个固定信道都有一个最大的信息传输率。定义这个最大的信息传输率为**信道容量** C。即

$$C = R_{\max} = \max_{P(x)}\{I(X;Y)\} \text{（比特/符号）} \tag{3.4.4}$$

其单位是“比特/符号”，而相应的输入概率分布称为**最佳输入分布**。

如果关注的是单位时间内信道平均传输的最大信息量，则信道容量定义为

$$C_t = R_{t\max} = \frac{1}{T_s}\max_{P(x)}\{I(X;Y)\} \text{（比特/秒）} \tag{3.4.5}$$

这里 C_t 仍称为信道容量，只是增加一个下标 t 以示区别。

信道容量 C 只是信道转移概率的函数，只与信道的统计特性有关，而与输入信源的概率分布无关。即对于一个特定的信道，其信道容量 C 是确定的，是不随输入信源的概率分布变化而改变的。信道容量 C 取值的大小，直接反映了信道质量的高低。所以，信道容量是完全描述信道特性的参量，是信道能够传输的最大信息量。

对于离散信道而言，计算信道容量只需给出信道的转移概率矩阵即可。从数学上来说，式（3.4.4）所示的信道容量 C 就是平均互信息量 $I[P(x)]$ 对 $P(x)$ 取极大值。因为任何信源概率分布必须遵循约束条件

$$\sum_X P(x) = 1 \tag{3.4.6}$$

所以，信道容量 C 就是平均互信息 $I[P(x)]$ 在约束条件式（3.4.6）的约束下，对信源概率分布 $P(x)$ 取条件极大值。

【例 3.7】 已知某信道的转移概率矩阵为

$$\boldsymbol{P} = \begin{bmatrix} \frac{1}{2} & \frac{1}{2} & 0 \\ \frac{1}{2} & \frac{1}{4} & \frac{1}{4} \end{bmatrix}$$

试计算信道容量，并说明达到信道容量的最佳输入分布。

分析：利用公式 $I(X;Y) = H(Y) - H(Y|X)$ 计算平均互信息 $I(X;Y)$，然后求其最大值，即得信道容量。

解：设信源的概率空间为 $\begin{bmatrix} X \\ P(x) \end{bmatrix} = \begin{bmatrix} a_1 & a_2 \\ \omega & 1-\omega \end{bmatrix}$，则信道输入符号和信道输出符号的联合概率 $P(a_ib_j)$ 如表 3.4 所示。

表 3.4 例 3.7 中的联合概率 $P(a_ib_j)$

$P(a_ib_j)$	b_1	b_2	b_3
a_1	$\omega/2$	$\omega/2$	0
a_2	$(1-\omega)/2$	$(1-\omega)/4$	$(1-\omega)/4$

则信道输出符号的概率为

$$P(b_1) = 1/2, \quad P(b_2) = (1+\omega)/4, \quad P(b_3) = (1-\omega)/4$$

所以

$$H(Y)=H\left(\frac{1}{2},\frac{1+\omega}{4},\frac{1-\omega}{4}\right)$$

$$=\frac{3}{2}-\frac{1+\omega}{4}\log(1+\omega)-\frac{1-\omega}{4}\log(1-\omega)\ （比特/符号）$$

又因为噪声熵

$$H(Y|X)=P(a_1)H\left(\frac{1}{2},\frac{1}{2},0\right)+P(a_2)H\left(\frac{1}{2},\frac{1}{4},\frac{1}{4}\right)$$

$$=\frac{3}{2}-\frac{\omega}{2}\ （比特/符号）$$

所以

$$I(X;Y)=H(Y)-H(Y|X)$$

$$=-\frac{1+\omega}{4}\log(1+\omega)-\frac{1-\omega}{4}\log(1-\omega)+\frac{\omega}{2}\ （比特/符号）$$

解 $\frac{\partial I(X;Y)}{\partial\omega}=0$，即 $\frac{1}{2}-\frac{1}{4}\log\frac{1+\omega}{1-\omega}=0$。

因此当 $\omega=0.6$ 时，平均互信息 $I(X;Y)$ 取最大值，即信道容量为

$$C=\max I(X;Y)=0.16\ （比特/符号）$$

对应的最佳输入分布为

$$\begin{bmatrix}X\\P(x)\end{bmatrix}=\begin{bmatrix}a_1 & a_2\\0.6 & 0.4\end{bmatrix}$$

3.5　单符号离散信道及其信道容量

对于一般单符号离散信道，信道容量的计算是比较复杂的，从数学上来说，就是对互信息 $I(X;Y)$ 求极大值的问题。但对于某些特殊信道，可利用其特点，运用信息理论的基本概念，简化信道容量的计算，直接得到信道容量的数值。下面先讨论几种典型的单符号离散信道的信道容量，然而讨论一般单符号离散信道的信道容量的计算。

3.5.1　典型信道的信道容量

1．无噪信道

因为信道矩阵是单位矩阵，这种信道的疑义度 $H(X|Y)$ 和噪声熵 $H(Y|X)$ 都等于零，即

$$H(Y|X)=H(X|Y)=0 \tag{3.5.1}$$

所以这类信道的平均互信息为

$$I(X;Y)=H(X)=H(Y) \tag{3.5.2}$$

那么信道容量为

$$C=\max_{P(x)}\{I(X;Y)\}=\max_{P(x)}\{H(X)\}=\log r\quad（比特/符号） \tag{3.5.3}$$

可见，当信源独立等概率分布时，无噪信道达到信道容量，等于$\log r$，其中r为信源X的符号个数。

2．对称离散信道的信道容量

若单符号离散信道的信道矩阵$\boldsymbol{P}$中每一行都是同一符号集$\{p_1',p_2',\cdots,p_s'\}$诸元素的不同排列，并且每一列也都由同一符号集$\{q_1',q_2',\cdots,q_r'\}$中诸元素的不同排列组成，则这种信道称为**对称离散信道**。一般$r\neq s$。例如

$$\boldsymbol{P}_1=\begin{bmatrix}\frac{1}{3}&\frac{1}{3}&\frac{1}{6}&\frac{1}{6}\\\frac{1}{6}&\frac{1}{6}&\frac{1}{3}&\frac{1}{3}\end{bmatrix}\quad 和 \quad \boldsymbol{P}_2=\begin{bmatrix}0.2&0.3&0.5\\0.5&0.2&0.3\\0.3&0.5&0.2\end{bmatrix}$$

所对应的信道是对称离散信道。但信道矩阵

$$\boldsymbol{P}_3=\begin{bmatrix}\frac{1}{3}&\frac{1}{3}&\frac{1}{6}&\frac{1}{6}\\\frac{1}{6}&\frac{1}{3}&\frac{1}{6}&\frac{1}{3}\end{bmatrix}\quad 和 \quad \boldsymbol{P}_4=\begin{bmatrix}0.7&0.2&0.1\\0.2&0.1&0.7\end{bmatrix}$$

则不具有对称性，因而所对应的信道不是对称离散信道。这是因为在$\boldsymbol{P}_3$和$\boldsymbol{P}_4$中，虽然每行都是同一集合的不同排列，但每列不都是同一集合的不同排列。

定理 3.3 对于对称离散信道，当输入等概率时达到信道容量，且信道容量为

$$C=\log s-H(p_1',p_2',\cdots,p_s') \tag{3.5.4}$$

其中，s为信道的输出符号数，$H(p_1',p_2',\cdots,p_s')$就是信道矩阵$\boldsymbol{P}$中行元素集合$\{p_1',p_2',\cdots,p_s'\}$的$s$个元素构成的熵函数。

证明：根据熵函数的对称性，对称离散信道的噪声熵为

$$\begin{aligned}H(Y|X)&=-\sum_{i=1}^{r}\sum_{j=1}^{s}P(a_i)P(b_j|a_i)\log P(b_j|a_i)\\&=\sum_{i=1}^{r}P(a_i)\{-\sum_{j=1}^{s}P(b_j|a_i)\log P(b_j|a_i)\}\\&=\sum_{i=1}^{r}P(a_i)H(p_1',p_2',\cdots,p_s')=H\{p_1',p_2',\cdots,p_s'\}\end{aligned} \tag{3.5.5}$$

由此可见，对称离散信道的噪声熵$H(Y|X)$就是信道矩阵$\boldsymbol{P}$中行元素集合$\{p_1',p_2',\cdots,p_s'\}$的$s$个元素构成的熵函数$H(p_1',p_2',\cdots,p_s')$。

考虑到行元素集合$\{p_1',p_2',\cdots,p_s'\}$是给定的对称离散信道本身固有参数，与输入信源$X$无关。所以对称离散信道容量为

$$\begin{aligned}C&=\max_{P(x)}\{I(X;Y)\}=\max_{P(x)}\{H(Y)-H(Y|X)\}\\&=\max_{P(x)}\{H(Y)\}-H(p_1',p_2',\cdots,p_s')\\&=\log s-H(p_1',p_2',\cdots,p_s')=\log s-H(\boldsymbol{P}的行矢量)\end{aligned} \tag{3.5.6}$$

接下来的问题是，当输入信源X：$\{a_1,a_2,\cdots,a_r\}$的概率分布$P(X)$：$\{P(a_1),P(a_2),\cdots,P(a_r)\}$是

什么分布时，才能使输出随机变量 Y 达到等概分布，从而使输出随机变量 Y 的熵 $H(Y)$ 达到最大值 $\log s$。

由于输出随机变量 Y 的概率分布为

$$P(b_j)=\sum_{i=1}^{r}P(a_i)P(b_j\mid a_i),\quad (j=1,2,\cdots,s) \tag{3.5.7}$$

式（3.5.7）中，$P(b_j\mid a_1),P(b_j\mid a_2),\cdots,P(b_j\mid a_r)$ 都是对称离散信道的列元素集合 $\{q_1',q_2',\cdots,q_r'\}$ 中的 r 个元素。由于其每一列也都由同一符号集 $\{q_1',q_2',\cdots,q_r'\}$ 的诸元素的不同排列组成。所以，要使输出随机变量 Y 等概率，即

$$P(b_1)=P(b_2)=\cdots=P(b_s)=\frac{1}{s} \tag{3.5.8}$$

则必须要求输入信源 X：$\{a_1,a_2,\cdots,a_r\}$ 等概分布，即

$$P(a_1)=P(a_2)=\cdots=P(a_r)=\frac{1}{r} \tag{3.5.9}$$

[证毕]

可见，对于对称离散信道，只有当输入信源等概分布时，才能达到信道容量 C，信道容量 C 的值只取决于信道矩阵 $\boldsymbol{P}$ 中行元素集合 $\{p_1',p_2',\cdots,p_s'\}$ 和信道的输出符号数 s。此结论说明信道容量 C 是信道本身固有的特征参量。

【例 3.8】 设某对称离散信道的信道矩阵为

$$\boldsymbol{P}=\begin{bmatrix}0.5 & 0.25 & 0.125 & 0.125\\ 0.125 & 0.5 & 0.25 & 0.125\\ 0.125 & 0.125 & 0.5 & 0.25\\ 0.25 & 0.125 & 0.125 & 0.5\end{bmatrix}$$

求其信道容量。

解： 由对称信道的信道容量公式（3.5.4）得

$$C=\log 4-H(0.5,0.25,0.125,0.125)=0.25 \text{（比特/符号）}$$

在这个信道中，每个符号平均能够传输的最大信息为 0.25 比特，而且只有当信道输入是等概分布时才能达到这个最大值。

均匀信道是对称信道中一类特殊的信道。若输入符号数 r 与输出符号数 s 相等，即 $r=s$，且信道中总的错误概率为 p，平均分配给 $r-1$ 个输出符号，即信道矩阵为

$$\boldsymbol{P}=\begin{bmatrix}\bar{p} & \frac{p}{r-1} & \frac{p}{r-1} & \cdots & \frac{p}{r-1}\\ \frac{p}{r-1} & \bar{p} & \frac{p}{r-1} & \cdots & \frac{p}{r-1}\\ \frac{p}{r-1} & \frac{p}{r-1} & \bar{p} & \cdots & \frac{p}{r-1}\\ \vdots & \vdots & \vdots & \ddots & \vdots\\ \frac{p}{r-1} & \frac{p}{r-1} & \frac{p}{r-1} & \frac{p}{r-1} & \bar{p}\end{bmatrix} \tag{3.5.10}$$

其中 $p+\bar{p}=1$，则此信道称为**均匀信道或强对称信道**。一般信道的信道矩阵中各行之和为 1，但各列之和不一定等于 1，而均匀信道中各列之和也等于 1。

根据式（3.5.4）得强对称离散信道的信道容量为

$$C=\log r-H\left(\bar{p},\frac{p}{r-1},\frac{p}{r-1},\cdots,\frac{p}{r-1}\right)$$

$$=\log r+\bar{p}\log\bar{p}+\underbrace{\frac{p}{r-1}\log\frac{p}{r-1}+\cdots+\frac{p}{r-1}\log\frac{p}{r-1}}_{\text{共}(r-1)\text{项}} \tag{3.5.11}$$

$$=\log r+\bar{p}\log\bar{p}+p\log\frac{p}{r-1}=\log r-p\log(r-1)-H(p)$$

式中，p 是总的错误转移概率，$\bar{p}$ 是正确转移概率。

二元对称信道就是 $r=2$ 的均匀信道，由式（3.5.11）可计算出信道容量为

$$C=1-H(p)\ （比特/符号）$$

3．准对称离散信道的信道容量

若信道转移矩阵中，每行都是第一行元素的不同排列，每一列并不都是第一列元素的不同排列，但是该信道矩阵按列可以划分成几个互不相交的子集合，而每个子矩阵（由子集所对应的信道转移矩阵中的列所组成）具有下述性质：

（1）每一行都是第一行的一种排列；

（2）每一列都是第一列的一种排列。

则该信道为准对称离散信道。例如，信道矩阵 $\boldsymbol{P}=\begin{bmatrix}0.8 & 0.1 & 0.1\\ 0.1 & 0.1 & 0.8\end{bmatrix}$ 可以划分成两个对称的子矩阵 $\boldsymbol{P}_1=\begin{bmatrix}0.8 & 0.1\\ 0.1 & 0.8\end{bmatrix}$ 和 $\boldsymbol{P}_2=\begin{bmatrix}0.1\\ 0.1\end{bmatrix}$，因此它是准对称信道。

可以证明：准对称离散信道的最佳输入分布是等概分布，即准对称离散信道的信道容量就是输入符号独立等概时的平均互信息。因为准对称离散信道 $H(Y|X)=H(p_1',p_2',\cdots,p_s')$，则平均互信息 $I(X;Y)=H(Y)-H(p_1',p_2',\cdots,p_s')$。

定理 3.4 对于准对称离散信道，当输入等概率时达到信道容量，其信道容量为

$$C=H(Y)-H(p_1',p_2',\cdots,p_s') \tag{3.5.12}$$

$$=\log r-\sum_{k=1}^{n}N_k\log M_k-H(p_1',p_2',\cdots,p_s') \tag{3.5.13}$$

式中，$H(Y)$ 为输入等概时信道输出的熵，n 为准对称离散信道矩阵按列可以划分成互不相交的子集合个数，N_k 是第 k 个子矩阵中的行元素之和，M_k 是第 k 个子矩阵中列元素之和，$H(p_1',p_2',\cdots,p_s')$ 就是信道矩阵 $\boldsymbol{P}$ 中行元素集合 $\{p_1',p_2',\cdots,p_s'\}$ 的 s 个元素构成的熵函数。

【例 3.9】 设某信道的转移矩阵为

$$\boldsymbol{P}=\begin{bmatrix}0.5 & 0.3 & 0.2\\ 0.3 & 0.5 & 0.2\end{bmatrix}$$

求其信道容量。

分析：该信道为一个准对称信道，计算信道容量即为输入等概时的平均互信息量。

解：输入等概时，由信道转移矩阵可得联合概率 $P(xy)$ 如表 3.5 所示。

容易得到输出符号的概率分别为 0.4，0.4，0.2，所以

$$H(Y)=H(0.4,0.4,0.2)$$

表 3.5　例 3.9 中的联合概率 $P(xy)$

$P(xy)$	y_1	y_2	y_3
x_1	0.25	0.15	0.1
x_2	0.15	0.25	0.1

因此，信道容量为

$$C=\max I(X;Y)=H(Y)-H(Y/X)$$

$$\overset{\text{输入等概}}{=}\ H(0.4.0.4,0.2)-H(0.5,0.3,0.2)=0.036\ (\text{比特/符号})$$

信道容量也可以通过式（3.5.13）计算得到。为此将 $\boldsymbol{P}=\begin{bmatrix}0.5 & 0.3 & 0.2\\ 0.3 & 0.5 & 0.2\end{bmatrix}$ 划分成两个对称的子矩阵

$$\boldsymbol{P}_1=\begin{bmatrix}0.5 & 0.3\\ 0.3 & 0.5\end{bmatrix},\quad \boldsymbol{P}_2=\begin{bmatrix}0.2\\ 0.2\end{bmatrix}$$

因为

$$r=2, N_1=0.5+0.3=0.8, M_1=0.5+0.3=0.8,$$
$$N_2=0.2, M_2=0.2+0.2=0.4, n=2$$

所以该准对称离散信道的信道容量为

$$\begin{aligned}C&=\log r-\sum_{k=1}^{n}N_k\log M_k-H(p_1',p_2',\cdots,p_s')\\&=\log 2-(0.8\log 0.8+0.2\log 0.4)-H(0.5.0.3,0.2)\\&=0.036\ (\text{比特/符号})\end{aligned}$$

3.5.2　串联信道及其信道容量

假设有一离散单符号信道 I，其输入变量为 X，输出变量 Y，并设另有一离散单符号信道 II，其输入变量为 Y，输出变量为 Z，这两信道串接起来组成如图 3.14 所示的串联信道。其中，X 取值于集合 $\{a_1,a_2,\cdots,a_r\}$，Y 取值于集合 $\{b_1,b_2,\cdots,b_s\}$，Z 取值于集合 $\{c_1,c_2,\cdots,c_t\}$。信道 I 的转移概率记为 $P(y|x)=P(b_j|a_i)$，而信道 II 的转移概率一般与前面的 X 和 Y 都有关，记为 $P(z|xy)=P(c_k|a_i\,b_j)$。

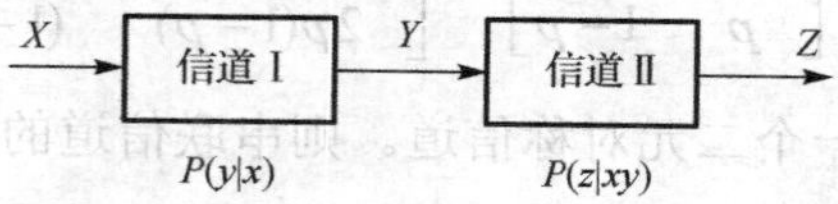

图 3.14　串联信道

图 3.14 所示的两个串联信道可以等价成一个总的离散信道，其输入为 X，取值于 $\{a_1,a_2,\cdots,a_r\}$，输出为 Z，取值于 $\{c_1,c_2,\cdots,c_t\}$，此信道的转移概率为

$$P(z|x)=\sum_{Y}P(y|x)\cdot P(z|xy)\qquad x\in X,y\in Y,z\in Z \tag{3.5.14}$$

如果这两信道的输入和输出（即 X、Y 和 Z 序列）构成马尔可夫链，那么信道 II 的输出只与输入 Y 有关，与前面的输入 X 无关。即在 y 出现的条件下，x 和 z 相互独立，满足

$$P(z|xy)=P(z|y) \quad （对所有 x，y，z） \tag{3.5.15}$$

此时串联信道的信道矩阵为

$$\left[P(z|x)\right]_{r\times t}=\left[P(y|x)\right]_{r\times s}\cdot\left[P(z|y)\right]_{s\times t} \tag{3.5.16}$$

可以证明，对于 N 个单符号信道组成的串联信道，若其输入输出变量之间组成一个马尔可夫链，设信道的转移矩阵分别为 $\boldsymbol{P}_1,\boldsymbol{P}_2,\cdots,\boldsymbol{P}_N$，则串联信道的转移矩阵为

$$\boldsymbol{P}_{串}=\boldsymbol{P}_1\boldsymbol{P}_2\cdots\boldsymbol{P}_N=\prod_{i=1}^{N}\boldsymbol{P}_i \tag{3.5.17}$$

计算串联信道的信道容量并不困难。利用所求的串联信道的转移矩阵，就可以按照前面介绍的方法来计算串联信道的信道容量。

【例 3.10】 设有两个离散二元对称信道，其组成的串联信道如图 3.15 所示，求该串联信道的信道容量。

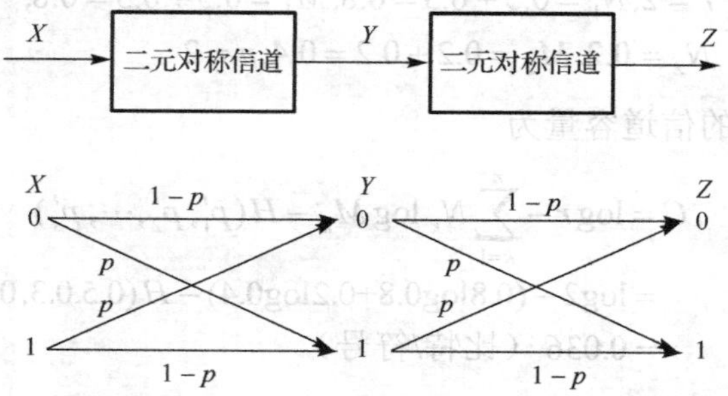

图 3.15　二元对称信道的串联信道

解： 两个二元对称信道的信道矩阵均为

$$\boldsymbol{P}_1=\boldsymbol{P}_2=\begin{bmatrix}1-p & p\\ p & 1-p\end{bmatrix}$$

由于 X、Y 和 Z 组成马尔可夫链，则串联信道的信道矩阵为

$$\boldsymbol{P}_{串}=\boldsymbol{P}_1\boldsymbol{P}_2=\begin{bmatrix}1-p & p\\ p & 1-p\end{bmatrix}^2=\begin{bmatrix}(1-p)^2+p^2 & 2p(1-p)\\ 2p(1-p) & (1-p)^2+p^2\end{bmatrix}$$

因此该串联信道仍然是一个二元对称信道。则串联信道的信道容量为

$$C_{串}=1-H[2p(1-p)]$$

3.5.3 信息处理定理

在通信系统中，信息从信源到信宿流动的过程中通常要经历大量的变换。例如通信系统中常见的编码/解码、调制/解调、加密/解密等，有必要探讨这些数据处理会对信息造成何种影响。对信息的处理过程在数学模型上与通过串联信道是相似的，可以使用相同的方式进行描述，如图 3.14 所示。下面将着重考察满足马尔可夫链的数据处理流程。

定理 3.5（信息处理定理） 如果 X、Y 和 Z 组成一个马尔可夫链，有

$$I(X;Y) \geqslant I(X;Z) \tag{3.5.18}$$

$$I(Y;Z) \geqslant I(X;Z) \tag{3.5.19}$$

证明：因为 X、Y 和 Z 组成马尔可夫链，因此

$$I(X;Z|Y) = 0$$

因为

$$I(X;YZ) = I(X;Y) + I(X;Z|Y) = I(X;Z) + I(X;Y|Z)$$

而且 $I(X;Y|Z) \geqslant 0$，可得

$$I(X;Y) \geqslant I(X;Z)$$

式（3.5.18）得证。

因为 X、Y 和 Z 组成马尔可夫链，因此

$$I(XY;Z) = I(Y;Z)$$

又因为 $I(XY;Z) \geqslant I(X;Z)$，所以

$$I(Y;Z) \geqslant I(X;Z)$$

式（3.5.19）得证。

信息处理定理说明：当消息通过串联处理时，其输入消息和输出消息之间的平均互信息不会超过输入消息与中间消息之间的平均互信息，也不会超过中间消息与输出消息之间的平均互信息。也就是说，通过信息处理后，一般只会增加信息的损失，最多保持原来获得的信息，不可能比原来获得的信息有所增加，因此也称为**信息不增性原理**。

3.5.4　一般离散信道的信道容量

除了上面介绍的几种特殊离散信道，在实际通信系统中，还存在大量的离散信道，其转移概率 $P(y|x)$ 不符合以上任何一种特殊形式。对于这类离散信道，其信道容量和最佳输入分布的求解比较困难，本小节将从信道容量的数学定义出发，导出达到信道容量需要满足的条件。

根据信道容量的定义，信道容量是在固定信道转移概率 $P(y|x)$ 的条件下，对所有可能的输入概率分布 $P(x)$ 求得的平均互信息 $I(X;Y)$ 的最大值。由定理 3.1 可知，平均互信息 $I(X;Y)$ 是输入信源概率分布 $P(x)$ 的 $\cap$ 形凸函数，所以极大值是一定存在的。而 $I(X;Y)$ 是 r 个输入信号变量 $\{P(a_1), P(a_2), \cdots, P(a_r)\}$ 的多元函数，并且任何信源概率分布都必须遵循约束条件

$$\sum_{i=1}^{r} P(a_i) = 1 \tag{3.5.20}$$

所以，求信道容量 C 就是在约束条件（3.5.20）的约束下，求 $I(X;Y)$ 的最大值问题，并导出取最大值时的条件 $P(a_i)(i = 1, 2, \cdots, r)$。

此类问题可以通过拉格朗日乘子法来计算。为此，作辅助函数

$$F[P(a_1), P(a_2), \cdots, P(a_r)] = I(X;Y) - \lambda \sum_{X} P(a_i) \tag{3.5.21}$$

式中，λ为拉格朗日乘子。

当

$$\frac{\partial F}{\partial P(a_i)}=\frac{\partial[I(X;Y)-\lambda\sum_X P(a_i)]}{\partial P(a_i)}=0 \tag{3.5.22}$$

时求得的$I(X;Y)$的值即为信道容量。

由于

$$I(X;Y)=\sum_{i=1}^{r}\sum_{j=1}^{s}P(a_i)P(b_j\mid a_i)\log\frac{P(b_j\mid a_i)}{P(b_j)}$$
$$=\sum_{i=1}^{r}\sum_{j=1}^{s}P(a_i)P(b_j\mid a_i)\left(\log P(b_j\mid a_i)-\log P(b_j)\right)$$

而
$$P(b_j)=\sum_{i=1}^{r}P(a_i)P(b_j\mid a_i)$$

所以

$$\frac{\partial}{\partial P(a_i)}\log P(b_j)=\left[\frac{\partial}{\partial P(a_i)}\ln P(b_j)\right]\log \mathrm{e}=\frac{P(b_j\mid a_i)}{P(b_j)}\log \mathrm{e} \tag{3.5.23}$$

对式（3.5.20）整理得

$$\frac{\partial F}{\partial P(a_i)}=\frac{\partial[I(X;Y)-\lambda\sum_X P(a_i)]}{\partial P(a_i)}$$

$$=\sum_{j=1}^{s}P(b_j\mid a_i)\log\frac{P(b_j\mid a_i)}{P(b_j)}-\sum_{k=1}^{r}\sum_{j=1}^{s}P(a_k)P(b_j\mid a_k)\frac{P(b_j\mid a_i)}{P(b_j)}\log \mathrm{e}-\lambda \tag{3.5.24}$$

而

$$\sum_{k=1}^{r}\sum_{j=1}^{s}P(a_k)P(b_j\mid a_k)\frac{P(b_j\mid a_i)}{P(b_j)}=\sum_{k=1}^{r}\sum_{j=1}^{s}P(a_kb_j)\frac{P(b_j\mid a_i)}{P(b_j)}$$
$$=\sum_{j=1}^{s}P(b_j)\frac{P(b_j\mid a_i)}{P(b_j)}=\sum_{j=1}^{s}P(b_j\mid a_i)=1 \tag{3.5.25}$$

因此，式（3.5.24 ）可以化简为

$$\frac{\partial F}{\partial P(a_i)}=\frac{\partial[I(X;Y)-\lambda\sum_X P(a_i)]}{\partial P(a_i)}=\sum_{j=1}^{s}P(b_j\mid a_i)\log\frac{P(b_j\mid a_i)}{P(b_j)}-\log \mathrm{e}-\lambda \tag{3.5.26}$$

令$\frac{\partial F}{\partial P(a_i)}=0$，得

$$\sum_{j=1}^{s}P(b_j\mid a_i)\log\frac{P(b_j\mid a_i)}{P(b_j)}=\lambda+\log \mathrm{e}\quad (i=1,2,\cdots,r) \tag{3.5.27}$$

式（3.5.27）两边分别乘以 $P(a_i)$，并求和得

$$\sum_{i=1}^{r}\sum_{j=1}^{s}P(a_i)P(b_j\,|\,a_i)\log\frac{P(b_j\,|\,a_i)}{P(b_j)}=\lambda+\log\mathrm{e} \tag{3.5.28}$$

式（3.5.28）左边即为平均互信息的极大值 C，即

$$C=\lambda+\log e \tag{3.5.29}$$

结合式（3.5.29），把式（3.5.27）中前 r 个方程改写成

$$\sum_{j=1}^{s}P(b_j\,|\,a_i)\log P(b_j\,|\,a_i)-\sum_{j=1}^{s}P(b_j\,|\,a_i)\log P(b_j)=C \quad (i=1,2,\cdots,r)$$

移项后得

$$\sum_{j=1}^{s}P(b_j\,|\,a_i)\left[C+\log P(b_j)\right]=\sum_{j=1}^{s}P(b_j\,|\,a_i)\log P(b_j\,|\,a_i) \quad (i=1,2,\cdots,r) \tag{3.5.30}$$

将 $\beta_j=C+\log P(b_j)$ 代入式（3.5.30），得

$$\sum_{j=1}^{s}P(b_j\,|\,a_i)\beta_j=\sum_{j=1}^{s}P(b_j\,|\,a_i)\log P(b_j\,|\,a_i) \quad (i=1,2,\cdots,r) \tag{3.5.31}$$

这是含有 s 个未知数 β_j、有 r 个方程的非齐次线性方程组。

如果设 $r=s$，信道传递矩阵 $\boldsymbol{P}$ 是非奇异矩阵，则此方程组有解，并且可以求出 β_j 的数值，然后根据 $\sum_{j=1}^{s}P(b_j)=1$ 的附加条件求得信道容量为

$$C=\log\sum_{j}2^{\beta_j}\ （比特/符号） \tag{3.5.32}$$

由这个 C 值就可解得对应的输出概率分布 $P(b_j)$ 为

$$P(b_j)=2^{\beta_j-C} \quad (j=1,2,\cdots,s) \tag{3.5.33}$$

再根据 $P(b_j)=\sum_{i=1}^{r}P(a_i)P(b_j\,|\,a_i),(j=1,2,\cdots,s)$，即可解出最佳输入分布 $P(a_i)$。

观察式（3.5.27）可以发现，该式的左边正好是输出端接收到符号 Y 后，获得的关于输入符号 x_i 的信息量，结合式（3.5.29）可知

$$I(x_i;Y)=\sum_{j=1}^{s}P(b_j\,|\,a_i)\log\frac{P(b_j\,|\,a_i)}{P(b_j)}=C \tag{3.5.34}$$

由此可以导出以下定理。

定理 3.6　一般离散信道的平均互信息 $I(X;Y)$ 达到信道容量的充要条件是输入概率分布 $\{p_i\}$ 满足

$$\begin{cases}I(x_i;Y)=C, & p_i\neq 0\\ I(x_i;Y)\leqslant C, & p_i=0\end{cases} \tag{3.5.35}$$

这时的 $I(X;Y)$ 就是信道容量 C。

定理 3.6 说明当达到信道容量时，信源符号集里的每一个概率不为零的符号对于接收端贡献的平均互信息是相等的。考虑对于一个特定的信道，当信源的分布特征不满足式（3.5.35）时，必定存在一些符号提供的平均互信息比较大，而一个经过良好设计的信源势必会更多地发送这些传输特性"优良"的符号，然而过多的发送将改变信源的概率分布，使得这些符号的概率上升，从而降低这些符号提供的平均互信息，同时提高其他符号提供的平均互信息。最终，所有发送概率不为零的符号提供的平均互信息将达到一个相同的水平。

定理 3.6 有助于检验一种指定的分布 $P(x)$ 是否为最佳分布，从而判断其对应的 $I(X;Y)$ 是否达到信道容量 C。

【例 3.11】 设离散信道的转移概率矩阵为

$$\boldsymbol{P}=\begin{bmatrix}1 & 0 & 0\\ \frac{1}{3} & \frac{1}{3} & \frac{1}{3}\\ 0 & 1 & 0\\ 0 & 0 & 1\end{bmatrix}$$

求信道容量。

解： 根据信道矩阵可知，该信道不是对称信道也不是准对称信道。

设输入符号集为 $\{a_1,a_2,a_3,a_4\}$，输出符号集为 $\{b_1,b_2,b_3\}$。仔细观察矩阵 $\boldsymbol{P}$，可以发现输入符号 a_1,a_3,a_4 与输出符号 b_1,b_2,b_3 是一一对应的，而输入符号 a_2 等概地映射到三个输出符号。考虑如果将 a_2 的概率置零，则信道演变为一个理想信道，从而可将 a_1,a_3,a_4 设置为等概分布，即

$$P(a_2)=0,\ P(a_1)=P(a_3)=P(a_4)=1/3$$

以上分布是否为最佳分布，所对应的 $I(X;Y)$ 是否达到信道容量？根据定理 3.6，可以分别求出所有概率非零的符号对应的互信息。

$$I(x=a_1;Y)=\sum_{j=1}^{3}P(b_j\mid a_1)\log\frac{P(b_j\mid a_1)}{P(b_j)}=\log 3$$

$$I(x=a_2;Y)=\sum_{j=1}^{3}P(b_j\mid a_2)\log\frac{P(b_j\mid a_2)}{P(b_j)}=0$$

$$I(x=a_3;Y)=\sum_{j=1}^{3}P(b_j\mid a_3)\log\frac{P(b_j\mid a_3)}{P(b_j)}=\log 3$$

$$I(x=a_4;Y)=\sum_{j=1}^{3}P(b_j\mid a_4)\log\frac{P(b_j\mid a_4)}{P(b_j)}=\log 3$$

可见，此分布对应的互信息满足式（3.5.35）

$$\begin{cases}I(x_i;Y)=\log 3, & p_i\neq 0\\ I(x_i;Y)=0<\log 3, & p_i=0\end{cases}$$

所以，此分布为最佳分布，对应的信道容量为 $C=\log 3$（比特/符号）。

实际上，例 3.11 中的信道虽然不属于特殊信道，却可以通过直接观察其信道矩阵的特征，轻易地演变成理想信道，因此其最佳分布和信道容量还是比较容易求得的。在本例中，定理 3.6 验证了关于最佳分布的推断，并导出了信道容量。然而，更多实际的信道是无法通过直接观察推测出最佳分布的，因此需要通过求解式（3.5.31）来解决。

【例 3.12】 设离散信道的输入符号集为 $\{a_1,a_2,a_3,a_4\}$，输出符号集为 $\{b_1,b_2,b_3,b_4\}$，其信道转移概率矩阵为

$$\boldsymbol{P}=\begin{bmatrix}\frac{1}{4} & \frac{1}{2} & 0 & \frac{1}{4}\\ \frac{1}{2} & 0 & \frac{1}{2} & 0\\ 0 & \frac{1}{2} & \frac{1}{2} & 0\\ \frac{1}{8} & \frac{1}{8} & \frac{1}{4} & \frac{1}{2}\end{bmatrix}$$

求其信道容量及最佳输入分布。

解： 观察该信道转移概率矩阵可知，该信道不是特殊信道，也难以通过直接观察获得最佳分布，因此无法通过定理 3.6 来计算信道容量。所以，根据式（3.5.31）得

$$\begin{cases}\frac{1}{4}\beta_1+\frac{1}{2}\beta_2+\frac{1}{4}\beta_4=\frac{1}{4}\log\frac{1}{4}+\frac{1}{2}\log\frac{1}{2}+\frac{1}{4}\log\frac{1}{4}\\ \frac{1}{2}\beta_1+\frac{1}{2}\beta_3=\frac{1}{2}\log\frac{1}{2}+\frac{1}{2}\log\frac{1}{2}\\ \frac{1}{2}\beta_2+\frac{1}{2}\beta_3=\frac{1}{2}\log\frac{1}{2}+\frac{1}{2}\log\frac{1}{2}\\ \frac{1}{8}\beta_1+\frac{1}{8}\beta_2+\frac{1}{4}\beta_3+\frac{1}{2}\beta_4=\frac{1}{8}\log\frac{1}{8}+\frac{1}{8}\log\frac{1}{8}+\frac{1}{4}\log\frac{1}{4}+\frac{1}{2}\log\frac{1}{2}\end{cases}$$

解得

$$\beta_1=\beta_2=-\frac{7}{6},\beta_3=-\frac{5}{6},\beta_4=\frac{5}{2}$$

由式（3.5.32），得

$$C=\log\sum_j 2^{\beta_j}=0.7039\text{（比特/符号）}$$

由式（3.5.33），得

$$P(b_1)=P(b_2)=0.2735\text{，}\quad P(b_3)=0.3445\text{，}\quad P(b_4)=0.1085$$

又有 $P(b_j)=\sum_{i=1}^{r}P(a_i)P(b_j\,|\,a_i)$，可列写下式

$$\left[P(a_1),P(a_2),P(a_3),P(a_4)\right]P\left(y/x\right)=\left[P(b_1),P(b_2),P(b_3),P(b_4)\right]$$

因此

$$[P(a_1),P(a_2),P(a_3),P(a_4)]=[0.2735\quad 0.2735\quad 0.3445\quad 0.1085]\begin{bmatrix}\frac{1}{4} & \frac{1}{2} & 0 & \frac{1}{4}\\ \frac{1}{2} & 0 & \frac{1}{2} & 0\\ 0 & \frac{1}{2} & \frac{1}{2} & 0\\ \frac{1}{8} & \frac{1}{8} & \frac{1}{4} & \frac{1}{2}\end{bmatrix}^{-1}$$

$$=[0.2698\quad 0.3915\quad 0.2566\quad 0.0821]$$

因此，最佳分布为

$$P(a_1)=0.2698;\quad P(a_2)=0.3915;\quad P(a_3)=0.2566;\quad P(a_4)=0.0821$$

下面，使用定理 3.6 验证以上结果。

$$I(x=a_1;Y)=\sum_{j=1}^{4}P(b_j\mid a_1)\log\frac{P(b_j\mid a_1)}{P(b_j)}$$
$$=\frac{1}{4}\log\frac{1/4}{0.2735}+\frac{1}{2}\log\frac{1/2}{0.2735}+\frac{1}{4}\log\frac{1/4}{0.1085}$$
$$=0.7039\ （比特/符号）$$

同理可以计算

$$I(x=a_2;Y)=\sum_{j=1}^{4}P(b_j\mid a_2)\log\frac{P(b_j\mid a_2)}{P(b_j)}=0.7039\ （比特/符号）$$

$$I(x=a_3;Y)=\sum_{j=1}^{4}P(b_j\mid a_3)\log\frac{P(b_j\mid a_3)}{P(b_j)}=0.7039\ （比特/符号）$$

$$I(x=a_4;Y)=\sum_{j=1}^{4}P(b_j\mid a_4)\log\frac{P(b_j\mid a_4)}{P(b_j)}=0.7039\ （比特/符号）$$

显然，满足式（3.5.35）

$$\begin{cases}I(x_i;Y)=0.7039, & p_i\neq 0\\ I(x_i;Y)\leqslant C, & p_i=0\end{cases}$$

而每个符号贡献的互信息也正好是求解出的信道容量，证实了该求解过程是正确的。例 3.12 展示了一般离散信道的信道容量和最佳输入分布的求解过程，该算法是否对任意信道条件都适用？下面将通过例 3.13 来分析。

【例 3.13】 设离散信道的输入符号集为 $\{a_1,a_2,a_3,a_4\}$，输出符号集为 $\{b_1,b_2,b_3,b_4\}$，其信道转移概率矩阵为

$$\boldsymbol{P}=\begin{bmatrix}\frac{1}{2} & 0 & \frac{1}{4} & \frac{1}{4}\\ \frac{1}{2} & 0 & 0 & \frac{1}{2}\\ 0 & 1 & 0 & 0\\ 0 & 0 & \frac{1}{2} & \frac{1}{2}\end{bmatrix}$$

求其信道容量及最佳输入分布。

解：本例与例 3.12 相似，因此尝试使用相同的求解过程。根据式（3.5.31）得

$$\begin{cases}\frac{1}{2}\beta_1+\frac{1}{4}\beta_3+\frac{1}{4}\beta_4=\frac{1}{2}\log\frac{1}{2}+\frac{1}{4}\log\frac{1}{4}+\frac{1}{4}\log\frac{1}{4}\\ \frac{1}{2}(\beta_1+\beta_4)=2\times\frac{1}{2}\log\frac{1}{2}\\ \beta_2=0\\ \frac{1}{2}(\beta_3+\beta_4)=2\times\frac{1}{2}\log\frac{1}{2}\end{cases}$$

解得

$$\beta_1=\beta_3=-2,\qquad \beta_2=\beta_4=0$$

由式（3.5.33），得

$$P(b_1)=P(b_3)=0.1,\qquad P(b_2)=P(b_4)=0.4,$$

又有 $P(b_j)=\sum_{i=1}^{4}P(a_i)P(b_j\mid a_i)$，可列写下式

$$[P(a_1),P(a_2),P(a_3),P(a_4)]P(y/x)=[P(b_1),P(b_2),P(b_3),P(b_4)]$$

因此

$$\begin{aligned}[P(a_1),P(a_2),P(a_3),P(a_4)]&=[P(b_1),P(b_2),P(b_3),P(b_4)]P^{-1}(y/x)\\&=[-0.4\quad 0.6\quad 0.4\quad 0.4]\end{aligned}$$

导出的最佳分布为

$$P(a_1)=-0.4;\quad P(a_2)=0.6;\quad P(a_3)=0.4;\quad P(a_4)=0.4$$

很明显，这不是一个合法的概率分布。究其原因，是因为前面通过拉格朗日法求极值时只限定了约束条件 $\sum_{i=1}^{r}P(a_i)=1$，而并未限定 $P(a_i)\geqslant 0$，从而导致负概率的出现。当这种情况出现时，表明达到极值的条件已经超出了合法的概率区间，因此，合法的最大 $I(X;Y)$ 应该出现在约束条件的边界上。因而，势必有符号的先验概率应该取值为 0，从趋势上看，可将求解出负概率值的符号的先验概率置零。因此，取 $P(a_1)=0$，并在此条件下，再次进行上述运算。

因为 $P(a_1)=0$，即信源以 0 概率发出符号 a_1，因此信道转移概率矩阵 $P(y|x)$ 的第一行对于该信源是没有意义的，在根据式（3.5.31）列写方程时不考虑。

$$\begin{cases}\frac{1}{2}(\beta_1+\beta_4)=2\times\frac{1}{2}\log\frac{1}{2}\\ \beta_2=0\\ \frac{1}{2}(\beta_3+\beta_4)=2\times\frac{1}{2}\log\frac{1}{2}\end{cases}$$

显然，这是一个欠定方程，有无数个解，可以暂时将 β_1 视为已知参量，因此有

$$\beta_2=0,\quad \beta_3=\beta_1,\quad \beta_4=-2-\beta_1$$

由式（3.5.32），得

$$C=\log\sum_j 2^{\beta_j}=\log(2\times 2^{\beta_1}+1+2^{-2-\beta_1})\ （比特/符号） \tag{3.5.36}$$

由式（3.5.33），得

$$\begin{cases}P(b_1)=P(b_3)=2^{\beta_1-C}\\ P(b_2)=2^{\beta_2-C}=2^{-C}\\ P(b_4)=2^{\beta_4-C}=2^{-2-\beta_1-C}\end{cases} \tag{3.5.37}$$

又有 $P(b_j)=\sum_{i=2}^{4}P(a_i)P(b_j\mid a_i)$，可列写下式

$$[P(a_1),P(a_2),P(a_3),P(a_4)]P(y/x)=[P(b_1),P(b_2),P(b_3),P(b_4)]$$

因此

$$\begin{cases}\frac{1}{2}P(a_2)=P(b_1)\\ P(a_3)=P(b_2)\\ \frac{1}{2}P(a_4)=P(b_3)\\ \frac{1}{2}P(a_2)+\frac{1}{2}P(a_4)=P(b_4)\end{cases} \tag{3.5.38}$$

将式（3.5.37）代入式（3.5.38），求解得

$$P(a_2)=P(a_4)=0.2929,\quad P(a_3)=0.4142,\quad \beta_1=-1.5$$

将 $\beta_1=-1.5$ 代入式（3.5.36），得

$$C=\log\sum_j 2^{\beta_j}=1.2716\ （比特/符号）$$

同样，可以通过定理 3.6 验证求得的最优分布和信道容量，具体验证过程留给读者完成。

对比例 3.12 和例 3.13，这两个例子给出的信道均满足 $r=s$，且信道传递矩阵 $\boldsymbol{P}$ 为满秩矩阵。因此，对这种情况下的一般离散信道容量的计算步骤总结如下：

（1）由 $\sum_{j=1}^{s}P(b_j\mid a_i)\beta_j=\sum_{j=1}^{s}P(b_j\mid a_i)\log P(b_j\mid a_i)$，求出 β_j；

（2）由 $C=\log\sum_j 2^{\beta_j}$，求出 C；

（3）由 $P(b_j)=2^{\beta_j-C}$，求出 $P(b_j)$；

（4）由 $P(b_j)=\sum_{i=1}^{r}P(a_i)P(b_j\mid a_i)$，求出 $P(a_i)$。

值得注意的是，按上述方法所求出的 $P(a_i)$ 并不一定满足概率的条件，必须对解进行检查。如果解得所有 $P(a_i)\geqslant 0$，则此解就是正确的解。如果有某些 $P(a_i)<0$，则此解无效。它表明所求的极限值 C 出现的区域不满足概率条件。那么，这时最大值必在边界上，即某

些输入符号的概率 $P(a_i)=0$。因此，必须设某些输入符号的概率 $P(a_i)=0$，然后重新进行计算。

若 $r<s$，求解非齐次线性方程组就比较困难，即使已求出，也无法保证求得的输入符号概率都大于或等于零。因此，必须反复进行试运算，这时运算变得十分复杂。在这样的应用场景下，借助计算机的强大数值运算能力的迭代算法则成为重要的求解工具。1972 年，S.Arimoto 和 R.E.Blahut 提出了一种离散无记忆信道容量的迭代算法，该算法能在有限的运算步骤内以任意指定的精度逼近信道容量 C。

3.6　多符号离散信道及其信道容量

3.6.1　多符号离散信道的平均互信息

在 3.2 节中讨论了多符号离散信道的数学模型，信道输入 $\boldsymbol{X}=X_1X_2\cdots X_N$，信道输出 $\boldsymbol{Y}=Y_1Y_2\cdots Y_N$。传输过程中传递的平均互信息量为

$$I(\boldsymbol{X};\boldsymbol{Y})=I(X_1X_2\cdots X_N;Y_1Y_2\cdots Y_N)$$

下面将讨论 $I(\boldsymbol{X};\boldsymbol{Y})$ 与其中各随机变量的平均互信息之和 $\sum_{l=1}^{N}I(X_l;Y_l)$ 之间的关系。

定理 3.7　若信道的输入随机矢量为 $\boldsymbol{X}=(X_1X_2\cdots X_N)$，通过信道传输，接收到的随机矢量为 $\boldsymbol{Y}=(Y_1Y_2\cdots Y_N)$。如果信道是无记忆的，即信道转移概率满足

$$P(\boldsymbol{y}|\boldsymbol{x})=P(y_1y_2\cdots y_N|x_1x_2\cdots x_N)=\prod_{l=1}^{N}P(y_l|x_l) \tag{3.6.1}$$

则存在

$$I(\boldsymbol{X};\boldsymbol{Y})\leqslant\sum_{l=1}^{N}I(X_l;Y_l) \tag{3.6.2}$$

式中，X_l 和 Y_l 是随机矢量 $\boldsymbol{X}$ 和 $\boldsymbol{Y}$ 中对应的第 l 位随机变量。

定理 3.8　若信道的输入随机矢量为 $\boldsymbol{X}=(X_1X_2\cdots X_N)$，通过信道传输，接收到的随机矢量为 $\boldsymbol{Y}=(Y_1Y_2\cdots Y_N)$，而信道的转移概率为 $P(\boldsymbol{Y}|\boldsymbol{X})$，如果信源是无记忆的，即

$$P(\boldsymbol{x})=P(x_1x_2\cdots x_N)=\prod_{l=1}^{N}P(x_l)$$

则存在

$$I(\boldsymbol{X};\boldsymbol{Y})\geqslant\sum_{l=1}^{N}I(X_l;Y_l) \tag{3.6.3}$$

式中，X_l 和 Y_l 是随机矢量 $\boldsymbol{X}$ 和 $\boldsymbol{Y}$ 中对应的第 l 位随机变量。

定理 3.7 和定理 3.8 可利用詹森不等式证明得到，请参见附录 A。

如果信源与信道都是无记忆的，则式（3.6.2）和式（3.6.3）同时满足，即

$$I(\boldsymbol{X};\boldsymbol{Y})=\sum_{l=1}^{N}I(X_l;Y_l) \tag{3.6.4}$$

3.6.2 离散无记忆信道的信道容量

对于一般离散无记忆信道的 N 次扩展信道，信道容量为

$$C_{1,2,\cdots,N}=\max_{P(x)} I(\boldsymbol{X};\boldsymbol{Y})$$

当信源无记忆时，由式（3.6.4）得

$$C_{1,2,\cdots,N}=\max_{P(\boldsymbol{x})}\sum_{l=1}^{N} I(X_l;Y_l)=\sum_{l=1}^{N}\max_{P(x_l)} I(X_l;Y_l)=\sum_{l=1}^{N} C_l \tag{3.6.5}$$

式（3.6.5）中 $C_l=\max\limits_{P(x_l)} I(X_l;Y_l)$，这是某时刻 l 通过离散无记忆信道传输的最大信息量。

如果离散无记忆信道是平稳（即时不变）的，则任何时刻信道的转移概率保持不变，即 $P(y_l\,|\,x_l)=P(y\,|\,x)$，因为信道的输入序列 $\boldsymbol{X}=(X_1,X_2,\cdots,X_N)$ 中的随机变量 $X_l(l=1,2,\cdots,N)$ 取自于同一信源符号集，并具有同一种概率分布，所以任何时刻通过离散无记忆信道传输的最大信息量都相同，即 $C_l=C\ (l=1,2,\cdots,N)$。因此，离散无记忆的 N 次扩展信道的信道容量为

$$C_{1,2,\cdots,N}=NC \tag{3.6.6}$$

式（3.6.6）说明离散平稳无记忆的 N 次扩展信道的信道容量等于原单符号离散信道的信道容量的 N 倍。当且仅当输入信源是无记忆的，且每一输入变量 $X_l(l=1,2,\cdots,N)$ 的分布各自达到最佳分布 $P(x)$ 时，才能达到这个信道容量 NC。

【例 3.14】 求图 3.5 所示的二元无记忆离散对称信道的二次扩展信道的信道容量。

解： 因为图 3.5 所示的单符号二元对称信道的信道容量为

$$C=\log 2-H(p)=1-H(p)$$

所以二次扩展信道的信道容量

$$C_{1,2}=2[\log 2-H(p)]$$

信道容量也可以通过二元无记忆离散对称信道的二次扩展信道的转移矩阵得到。因为该二次扩展信道矩阵仍是对称信道，由式（3.2.15）所示的信道矩阵，可知信道容量

$$C_{1,2}=\log 4-H(\bar{p}^2,\bar{p}p,p\bar{p},p^2)$$

例如，当 $p=0.1$ 时，单符号二元对称信道的信道容量 $C=0.531$（比特/符号），则二次扩展信道的信道容量为 $C_{1,2}=1.062$（比特/序列）

3.6.3 独立并联信道及其信道容量

独立并联信道如图 3.16 所示。设有 N 个信道，它们的输入分别是 $X_1,X_2,\cdots,X_N$，它们的输出分别是 $Y_1,Y_2,\cdots,Y_N$，它们的转移概率分别是 $P(y_1|x_1),P(y_2|x_2),\cdots,P(y_N|x_N)$。在这 N 个独立并联信道中，每一个信道的输出 Y_l 只与本信道的输入 X_l 有关，与其他信道的输入、输出都无关。那么，这 N 个信道的联合转移概率满足

$$P(y_1y_2\cdots y_N|x_1x_2\cdots x_N)=P(y_1|x_1)P(y_2|x_2)\cdots P(y_N|x_N) \tag{3.6.7}$$

这相当于信道是无记忆时应满足的条件。因此可以把定理 3.7 的结论推广应用到 N 个独立

并联信道中来。定理 3.7 推广得：

$$I(X_1X_2\cdots,X_N;Y_1Y_2\cdots Y_N)\leqslant\sum_{l=1}^{N}I(X_l;Y_l) \tag{3.6.8}$$

即联合平均互信息不大于各自信道的平均互信息之和。

因此得到独立并联信道的信道容量

$$C_{1,2,\cdots,N}=\max_{P(x_1\cdots x_N)}I(X_1\cdots X_N;Y_1\cdots Y_N)\leqslant\sum_{l=1}^{N}C_l \tag{3.6.9}$$

式中，C_l 是第 l 个独立信道的信道容量，即 $C_l=\max\limits_{P(x_l)}I(X_l;Y_l)$。

当 N 个输入符号相互独立，且每个输入符号 X_l 的概率分布达到各个信道容量的最佳输入分布时，独立并联信道的信道容量等于各信道容量之和，即

$$C_{1,2,\cdots,N}=\sum_{l=1}^{N}C_l \tag{3.6.10}$$

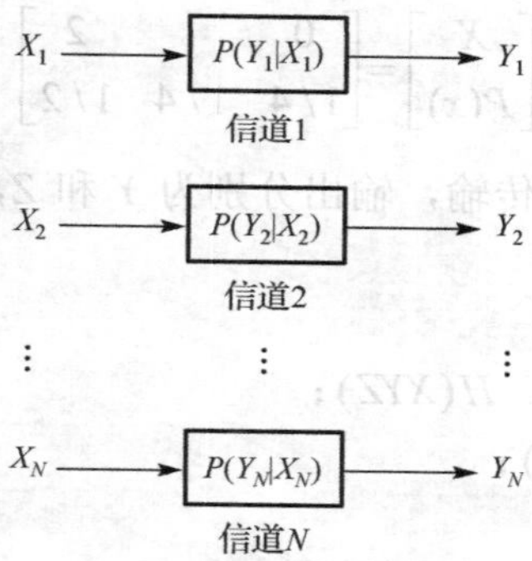

图 3.16　N 个独立并联信道

3.7　信源与信道的匹配

从通信系统的模型来看，信源发出的消息符号一定要通过信道来传输。对于一个信道，其信道容量是一定的，只有当输入符号的概率分布 $P(x)$ 满足一定条件时才能达到信道容量 C。这就是说，只有一定的信源才能使某一信道的信息传输率达到最大。

可见，信道的信息传输率 R 与信源分布是有密切关系的。一般信源与信道连接时，其信息传输率 $R=I(X;Y)$ 并未达到最大。这样，信道没有得到充分利用，即信道的信息传输率还有提高的可能。当 R 达到信道容量 C 时，称信源与信道达到匹配，否则认为信道存在剩余。由此引入信道剩余度的概念。

设信道的信息传输率为 $I(X;Y)$，信道容量为 C，则**信道剩余度**定义为

$$\text{信道剩余度}=\frac{C-I(X;\ Y)}{C}=1-\frac{I(X;\ Y)}{C} \tag{3.7.1}$$

特别地，当信道损失 $H(X|Y)=0$ 时，有 $I(X;Y)=H(X)$，则信道容量为

$$C = \max_{p(x)}\{H(X)\} = \log r \tag{3.7.2}$$

式中，r 是信道输入符号的个数。此时的信道剩余度$=1-\dfrac{H(X)}{\log r}$，与第 2.7 节离散信源的剩余度比较，此时的信道剩余度就是信源剩余度。

可见，对于无噪信道，为了减少信道剩余度，可以对信源进行信源编码，使信道的信息传输率尽可能接近信道容量；对于有噪信道，可以通过信道编码使无差错传输的信息传输率尽可能接近信道容量。在通信系统设计时，信源编码只考虑信源的统计特性，假定信道无噪声干扰；而信道编码只考虑信道的传输特性，假定信源输出独立等概。可见通过信源编码和信道编码，可使信源和信道达到匹配，信道资源得到充分利用。

习　题

3.1　设信源 X 的概率空间为

$$\begin{bmatrix} X \\ P(x) \end{bmatrix} = \begin{bmatrix} 0 & 1 & 2 \\ 1/4 & 1/4 & 1/2 \end{bmatrix}$$

每个信源符号通过两个信道同时传输，输出分别为 Y 和 Z，两个信道的转移概率模型如图 3.17 所示。计算

（1）$H(Y),\ H(Z)$；

（2）$H(XY),\ H(XZ),\ H(YZ),\ H(XYZ)$；

（3）$I(X;Y),\ I(X;Z),\ I(Y;Z)$；

（4）$I(X;Y|Z),\ I(X;YZ)$。

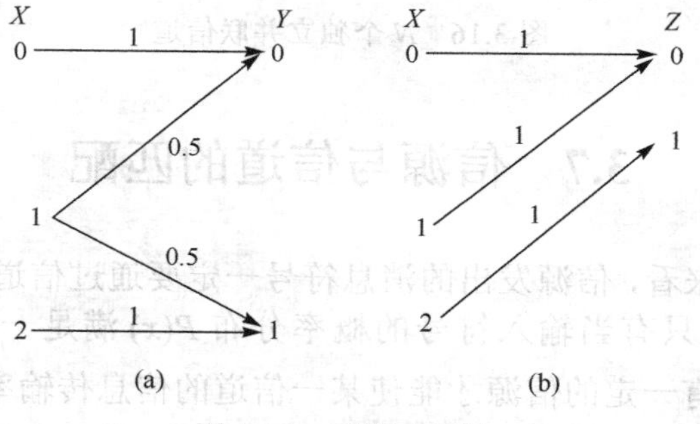

图 3.17　习题 3.1 图

3.2　设 X 和 Y 的联合分布 $P(xy)$ 为

$$P(0,0)=\frac{1}{4},\quad P(0,1)=\frac{1}{4},\quad P(1,0)=\frac{1}{2},\quad P(1,1)=0$$

试计算

（1）$H(X)$，$H(Y)$；

（2）$H(X|Y)$，$H(Y|X)$；

（3）$I(X;Y)$

（4）画出各信息量之间关系的维拉图。

3.3　甲在一个16×16的方格棋盘上随意放一枚棋子，在乙看来棋子放入哪一个位置是不确定的。如果甲告知乙棋子放入棋盘的行号，这时乙获得了多少信息量？

3.4　设由一离散无记忆信源，其概率空间为$\begin{bmatrix} X \\ P(x) \end{bmatrix} = \begin{bmatrix} a_1 & a_2 \\ 0.6 & 0.4 \end{bmatrix}$，它们通过干扰信道，信道输出端的接收符号集为$Y = [b_1, b_2]$，信道传输概率如图 3.19 所示。

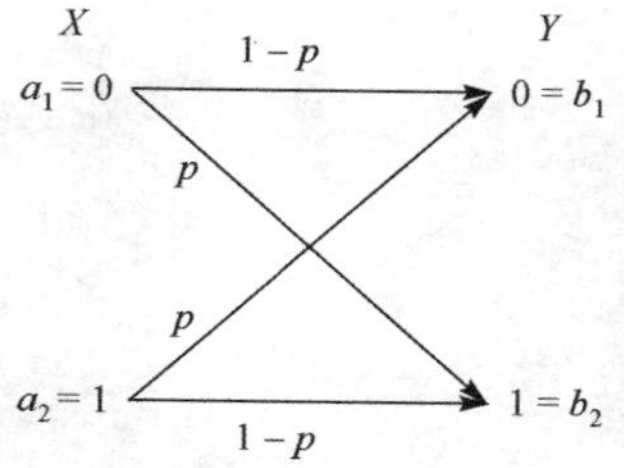

图 3.18　习题 3.3 图

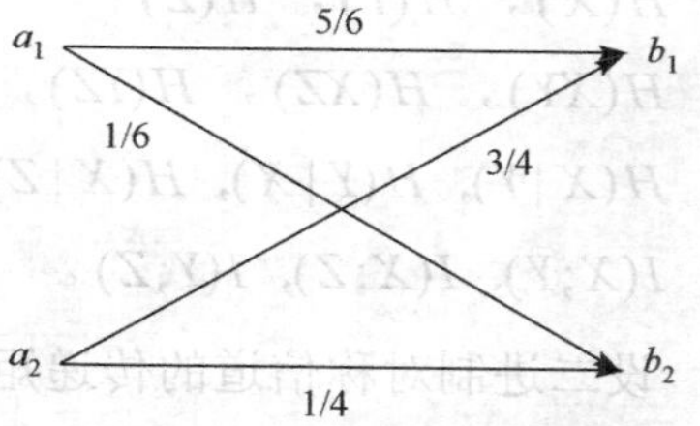

图 3.19　习题 3.4 图

求：

（1）信源 X 中事件 a_1 和 a_2 分别含有的自信息量；

（2）收到信息 $b_j\,(j=1,2)$ 后，获得的关于 $a_i\,(i=1,2)$ 的信息量；

（3）$H(X)$, $H(Y)$, $H(XY)$；

（4）信道疑义度 $H(X|Y)$；

（5）噪声熵 $H(Y|X)$；

（6）收到消息 Y 后获得的平均互信息量。

3.5　有一个四进制信源，每个符号发生的概率分别为 $P(a_1)=1/2$，$P(a_2)=P(a_3)=1/8$，$P(a_4)=1/4$。试计算：

（1）信源中每个符号平均包含的信息量？

（2）信源每分输出 6000 个符号，信源每秒输出的信息量是多少？

（3）通过无噪声干扰信道传输，信宿每秒接收到多少信息量？

（4）如果信道损失为 0.5 比特/符号，则信宿每秒接收到多少信息量？

3.6　在一个二进制信道中，信源消息集 $X=\{0,1\}$，且 $P(0)=P(1)$，信宿消息集 $Y=\{0,1\}$，信道传输概率 $P(0|1)=\dfrac{1}{8}$，$P(1|0)=\dfrac{1}{4}$。求：

（1）该情况所能提供的平均信息量 $I(X;Y)$；

（2）在接收端收到 $y_1=0$ 后，所提供的关于传输消息 $x_1=0$ 的互信息量 $I(x_1;y_1)$。

3.7　假设 a_1 表示“下雨”，a_2 表示“无雨”；b_1 表示“空中有乌云”，b_2 表示“没有乌云”，得到的调查结果为 $P(a_1)=0.1$，$P(a_1|b_1)=0.8$。计算：

（1）事件“下雨”的自信息；

（2）在“空中有乌云”条件下，事件“下雨”的自信息；

（3）“下雨”和“空中有乌云”的互信息；

（4）“无雨”和“空中有乌云”的互信息。

3.8 设随机变量 X 和 Y 的联合概率分布为

$$\left[P(a_i b_j)\right]=\begin{bmatrix}\frac{1}{2} & 0\\ \frac{1}{4} & \frac{1}{4}\end{bmatrix}$$

其中 X 取自符号集 $\{a_1=0, a_2=1\}$，Y 取自符号集 $\{b_1=0, b_2=1\}$，已知随机变量 $Z=X+Y$，试计算：

（1）$H(X)$，$H(Y)$，$H(Z)$；

（2）$H(XY)$，$H(XZ)$，$H(YZ)$，$H(XYZ)$；

（3）$H(X|Y)$, $H(Y|X)$, $H(X|Z)$；

（4）$I(X;Y)$, $I(X;Z)$, $I(Y;Z)$。

3.9 设二进制对称信道的传递矩阵为

$$\boldsymbol{P}=\begin{bmatrix}\frac{2}{3} & \frac{1}{3}\\ \frac{1}{3} & \frac{2}{3}\end{bmatrix}$$

（1）若信道输入符号 $P(0)=3/4,\ P(1)=1/4$，求 $H(X)$、$H(X|Y)$、$H(Y|X)$ 和 $I(X;Y)$。

（2）求该信道的信道容量及达到信道容量的最佳输入概率分布。

（3）如果信道输入符号 $P(0)=3/4,\ P(1)=1/4$，计算信道剩余度。

3.10 在一个二元对称离散信道上传输符号 0 和 1，在传输过程中每 100 个符号发生一个错误。已知 $P(0)=P(1)=\frac{1}{2}$，信源每秒内发出 1000 个符号，求此信道的信道容量。

3.11 设某对称离散信道的信道矩阵为

$$\boldsymbol{P}=\begin{bmatrix}0 & 0.5 & 0.5 & 0\\ 0 & 0 & 0.5 & 0.5\\ 0.5 & 0 & 0 & 0.5\\ 0.5 & 0.5 & 0 & 0\end{bmatrix}$$

求其信道容量。

3.12 设某信道的转移矩阵为

$$\boldsymbol{P}=\begin{bmatrix}1-p-q & q & p\\ p & q & 1-p-q\end{bmatrix}$$

求其信道容量。

3.13 求下列两个信道的信道容量，并加以比较。

（1）$\boldsymbol{P}_1=\begin{bmatrix}\bar{p}-\varepsilon & p-\varepsilon & 2\varepsilon\\ p-\varepsilon & \bar{p}-\varepsilon & 2\varepsilon\end{bmatrix}$ （2）$\boldsymbol{P}_2=\begin{bmatrix}\bar{p}-\varepsilon & p-\varepsilon & 2\varepsilon & 0\\ p-\varepsilon & \bar{p}-\varepsilon & 0 & 2\varepsilon\end{bmatrix}$

式中，$p+\bar{p}=1$。

3.14 计算下列三个信道的信道容量，并画出对应的信道转移图，并指出损失熵 $H(X|Y)=0$ 或噪声熵 $H(Y|X)=0$ 的信道。

（1）$\boldsymbol{P}_1=\begin{bmatrix}1&0\\1&0\\0&1\\0&1\end{bmatrix}$　（2）$\boldsymbol{P}_2=\begin{bmatrix}1&0&0&0\\0&1&0&0\\0&0&1&0\\0&0&0&1\end{bmatrix}$　（3）$\boldsymbol{P}_3=\begin{bmatrix}\frac{1}{2}&\frac{1}{2}&0&0&0&0\\0&0&\frac{1}{2}&\frac{1}{2}&0&0\\0&0&0&0&\frac{1}{2}&\frac{1}{2}\end{bmatrix}$

3.15　已知二元无记忆离散对称信道的信道矩阵为

$$\boldsymbol{P}=\begin{bmatrix}0.8&0.2\\0.2&0.8\end{bmatrix}$$

计算该信道的三次扩展信道的信道矩阵和信道容量。

3.16　设有扰信道的传输情况如图 3.20 所示，试求这种信道的信道容量。

3.17　若有一离散 Z 形信道，其信道转移概率如图 3.21 所示。试求：

（1）信道容量 C；

（2）$\varepsilon=0$ 和 $\varepsilon=1$ 时的信道容量。

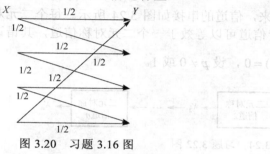

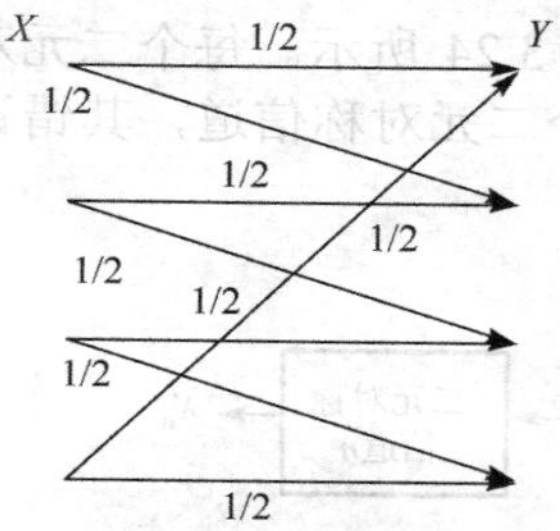

图 3.20　习题 3.16 图

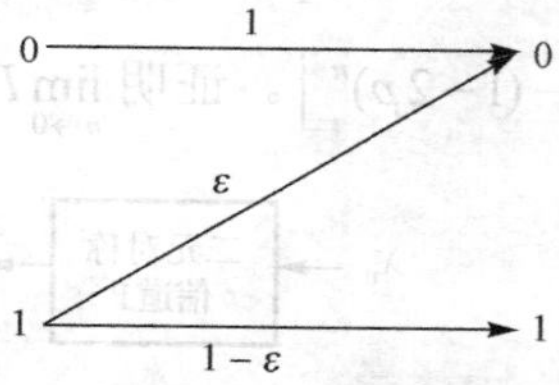

图 3.21　习题 3.17 图

3.18　设某信道的信道矩阵为

$$\boldsymbol{P}=\begin{bmatrix}1&0\\\frac{1}{2}&\frac{1}{2}\\0&1\end{bmatrix}$$

求其信道容量。

3.19　设某离散无记忆信道的输入 X 的符号集为 $\{0,1,2\}$，输出 Y 的符号集为 $\{0,1,2\}$，如图 3.22 所示，求其信道容量及其最佳的输入概率分布。并求当 $\varepsilon=0$ 和 $\varepsilon=1/2$ 时的信道容量 C。

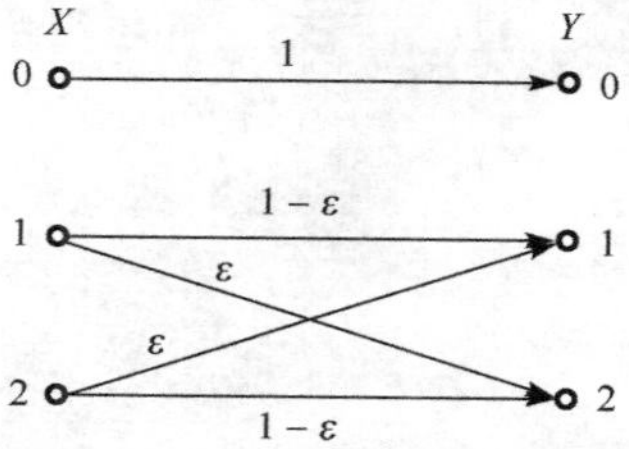

图 3.22　习题 3.19 图

3.20　若有两个串接的离散信道，它们的信道矩阵都是

$$\boldsymbol{P}=\begin{bmatrix}0&0&0&1\\0&0&0&1\\\frac{1}{2}&\frac{1}{2}&0&0\\0&0&1&0\end{bmatrix}$$

并设第一个信道的输入符号 $X=[a_1,a_2,a_3,a_4]$ 是等概分布的。求 $I(X;Z)$ 和 $I(X;Y)$，并加以比较。

3.21 有二个信道的信道矩阵分别为 $\boldsymbol{P}_1=\begin{bmatrix}\frac{1}{3} & \frac{1}{3} & \frac{1}{3}\\ 0 & \frac{1}{2} & \frac{1}{2}\end{bmatrix}$ 和 $\boldsymbol{P}_2=\begin{bmatrix}1 & 0 & 0\\ 0 & \frac{2}{3} & \frac{1}{3}\\ 0 & \frac{1}{3} & \frac{2}{3}\end{bmatrix}$，它们的串联信道如图 3.23 所示。求证 $I(X;Z)=I(X;Y)$

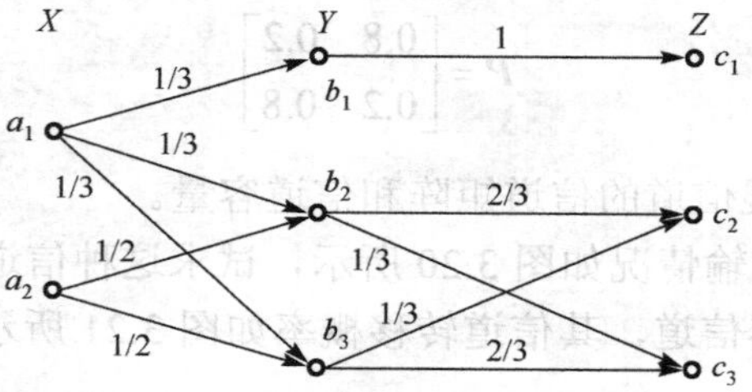

图 3.23 习题 3.21 图

3.22 把 n 个二元对称信道串接起来，信道的串接如图 3.24 所示。每个二元对称信道的错误转移概率为 p，证明这 n 个串接信道可以等效于一个二元对称信道，其错误转移概率为 $\frac{1}{2}\left[1-(1-2p)^n\right]$。证明 $\lim\limits_{n\to 0}I(X_0;X_n)=0$，设 $p\neq 0$ 或 1。

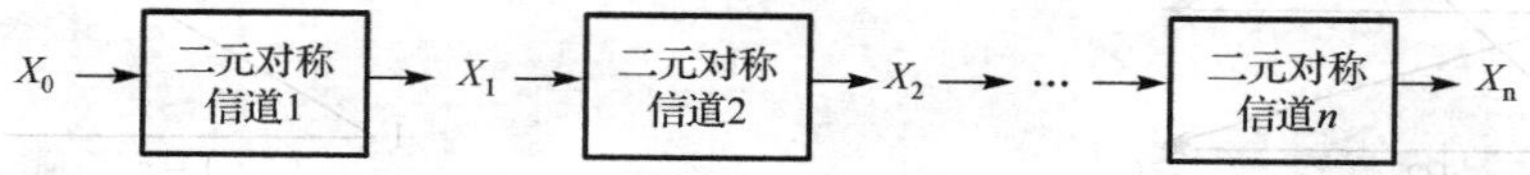

图 3.24 习题 3.22 图

3.23 证明：对于准对称离散信道，当输入等概率时达到信道容量。写出信道容量的一般表达式。（提示：先证明当输入等概率时 $I(x_i;Y)=$ 常数C，根据定理 3.6 可知，常数 C 就是所求的信道容量。）

第 4 章　连续信源和连续信道

关于离散信源和离散信道，前面几章已经作了详细讨论。本章将讨论连续信源的统计特性及其信息度量，以及连续信道的信道容量等问题。

4.1　连续信源的分类和统计特性

4.1.1　连续信源的分类

前面研究的离散信源，输出消息为时间离散、取值有限或可数的随机序列。如果信源输出消息符号取值连续，此时的信源就是**连续信源**。连续信源分为两种，一种是在离散时间发出的取值连续符号的信源，包括单符号连续信源和多符号连续信源；另一种是在连续时间发出的取值连续符号的信源，通常称为波形信源或模拟信源。连续信源的分类如图 4.1 所示。

连续信源
- 单符号连续信源(一维连续信源)
- 多符号连续信源(多维连续信源)
- 波形信源(限频限时的波形信源可以转换为多维连续信源)

图 4.1　连续信源的分类

如果信源在某时刻输出取值连续的符号，可以用一个连续随机变量来描述，则称为**单符号连续信源**（或称为一维连续信源）。如果信源在多个时刻输出取值连续的符号序列，可以用连续随机矢量来描述，则称为**多符号连续信源**（或称为多维连续信源）。如果信源输出是时间和取值都连续的消息，则该信源称为**波形信源**，在数学描述上可以表示为一个随机过程 $X(t)$。

实际通信系统中信源输出常常是在时间和幅度上都连续的消息，如语音信号、热噪声信号、电视图像信号等。根据奈奎斯特抽样定理，频率限于 f_H、时间限于 T 的任何时间连续函数，完全可以由 $N=2f_HT$ 个抽样值来描述。这 N 个抽样值通常被称为 N 个自由度。可见，限频、限时的波形信源可以转换为 N 维连续信源来处理。

实际上，时域、频域同时受限的时间函数是不存在的，时域受限的函数从理论上说其频谱宽度必然是无限的；而频率限制在 f_H 内的函数则在时间上必然伸展至无穷远。只是在实际应用时，可以认为函数在频带 f_H、时间 T 以外的取值很小，不至于引起函数的严重失真。

4.1.2　连续信源的统计特性

信宿事先不知道信源的具体输出，通常用随机变量、随机矢量或随机过程来描述连续信源的统计特性。

1. 单符号连续信源

单符号的连续信源输出的是取值连续的单个消息符号，可以用连续随机变量来描述。连续随机变量的概率空间表示为

$$\begin{bmatrix} X \\ p(x) \end{bmatrix} = \begin{bmatrix} (a,b) \\ p(x) \end{bmatrix} \quad 或 \quad \begin{bmatrix} \mathbf{R} \\ p(x) \end{bmatrix} \tag{4.1.1}$$

并满足

$$\int_a^b p(x)\mathrm{d}x = 1 \ \ 或 \ \int_{\mathbf{R}} p(x)\mathrm{d}x = 1 \tag{4.1.2}$$

其中(a,b)是连续随机变量 X 的取值区间，$\mathbf{R}$ 表示实数集$(-\infty,\infty)$，$p(x)$是随机变量 X 的概率密度函数。

通信系统中有两种重要的连续随机变量，即均匀分布的随机变量和高斯分布的随机变量。

（1）均匀分布

如果随机变量 X 服从均匀分布，则概率密度函数为

$$p(x) = \begin{cases} 1/(b-a), & a \leqslant x \leqslant b \\ 0, & 其他 \end{cases} \tag{4.1.3}$$

均匀分布的概率密度函数如图 4.2 所示。

（2）高斯（Gauss）分布

如果随机变量 X 服从高斯分布，则概率密度函数为

$$p(x) = \frac{1}{\sqrt{2\pi\sigma^2}} \exp\left(-\frac{(x-\mu)^2}{2\sigma^2}\right) \tag{4.1.4}$$

记为 $X \sim N(\mu, \sigma^2)$，高斯分布的概率密度函数如图 4.3 所示。式（4.1.4）中，μ 为高斯随机变量的数学期望，σ^2 为方差。

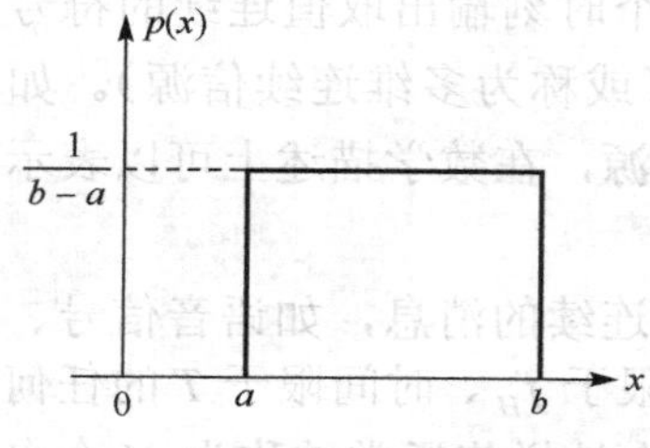

图 4.2 均匀分布的概率密度函数

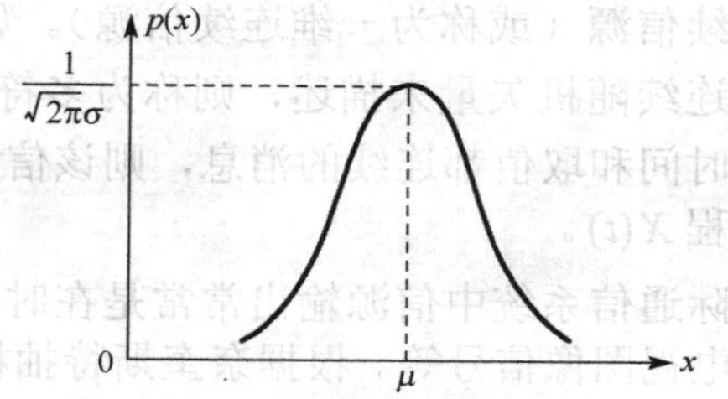

图 4.3 高斯分布的概率密度函数

2. 多符号连续信源

多符号连续信源输出的消息是时间离散、取值连续的符号序列，可用连续随机矢量 $\boldsymbol{X} = (X_1 X_2 \cdots X_N)$来表示，$N$ 维概率密度函数为 $p(\boldsymbol{x}) = p(x_1 x_2 \cdots x_N)$，满足

$$\int_{X_1 X_2 \cdots X_N} \cdots \int p(x_1 x_2 \cdots x_N)\mathrm{d}x_1 \mathrm{d}x_2 \cdots \mathrm{d}x_N = 1 \tag{4.1.5}$$

如果连续信源的 N 维概率密度函数满足

$$p(\boldsymbol{x}) = p(x_1 x_2 \cdots x_N) = \prod_{i=1}^{N} p(x_i) \quad (4.1.6)$$

则 N 维矢量的各分量彼此相互独立，此时的连续信源为**连续无记忆信源**。

3．波形信源

波形信源的统计特性可用随机过程 $X(t)$ 来描述。为了比较直观地理解随机过程，举例来加以说明。设有 n 台性能完全相同的接收机，在相同的工作环境和测试条件下记录各台接收机的输出噪声波形。测试结果将表明，尽管设备和测试条件相同，记录的 n 条曲线中找不到两个完全相同的波形。这就是说，接收机输出的噪声电压随时间的变化是不可预知的，是一个随机过程。如图 4.4 所示，随机过程可以看成是由一簇时间函数 $x_i(t), i=1,2,3,\cdots$ 组成的，称 $x_i(t)$ 为**样本函数**。这里的一次记录就是一个样本函数，无数个记录构成的总体称为一个样本空间，所以随机过程也可用 $\{x_i(t)\}$ 来描述。

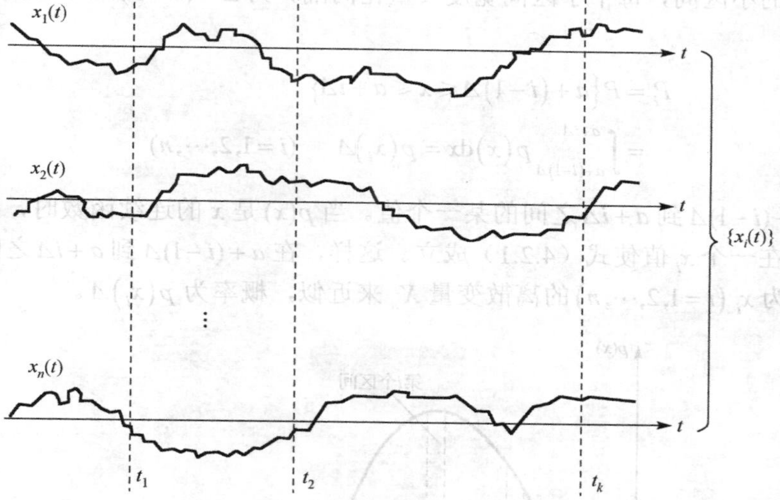

图 4.4　随机过程

随机过程有以下基本特征。

（1）随机过程是时间 t 的连续函数，但在任一确定时刻上的取值是不确定的。即当取定某一时刻 $t=t_1$ 时，随机过程 $X(t)$ 就成为一个随机变量 $X(t_1)$，它的统计特性可以用一维概率密度函数 $p_1(x_1,t_1)$ 描述。

（2）随机过程是一个事件的全部可能实现构成的总体，其中每个实现是随机过程 $\{x_i(t)\}$ 中的一个样本函数。每个样本函数 $x_i(t)$ 在时间上和幅度取值上都是连续变化的波形。而随机性就体现在出现哪一个实现是不确定的。

4.2　连续随机变量的信息度量

和离散随机变量相似，连续随机变量的信息度量有两种：一是对消息符号本身所含信息量多少的度量；二是对消息符号之间相互提供信息量多少的度量。前者用连续随机变量的熵来描述，后者用平均互信息来描述。

4.2.1 连续随机变量的熵

对连续随机变量 X 进行量化后可用离散随机变量来描述，如图 4.5 所示。

图 4.5 量化后的连续随机变量

所谓量化，就是将取值连续的信号用预先规定的有限个量化值来表示的过程。量化间隔 Δ 越小，则所得的离散变量和连续变量就越接近，也就是说，**连续随机变量可以认为是离散随机变量的极限情况**。第 2 章介绍了离散随机变量的熵，可以从这个角度来讨论连续随机变量的熵。

设连续随机变量 X 的概率密度函数 $p(x)$ 如图 4.6 所示。把连续取值范围（a,b）均匀分割成 n 个等宽的小区间，每个小区间宽度（量化间隔）为 $\Delta=(b-a)/n$。X 处于第 i 区间的概率为

$$\begin{aligned}P_i&=P\left\{a+(i-1)\Delta\leqslant x\leqslant a+i\Delta\right\}\\&=\int_{a+(i-1)\Delta}^{a+i\Delta}p(x)\mathrm{d}x=p(x_i)\Delta\quad(i=1,2,\cdots,n)\end{aligned}\tag{4.2.1}$$

其中，x_i 是 $a+(i-1)\Delta$ 到 $a+i\Delta$ 之间的某一个值。当 $p(x)$ 是 x 的连续函数时，由积分中值定理可知，必存在一个 x_i 值使式（4.2.1）成立。这样，在 $a+(i-1)\Delta$ 到 $a+i\Delta$ 之间的连续变量 X 就可用取值为 $x_i\ (i=1,2,\cdots,n)$ 的离散变量 X_n 来近似，概率为 $p(x_i)\Delta$。

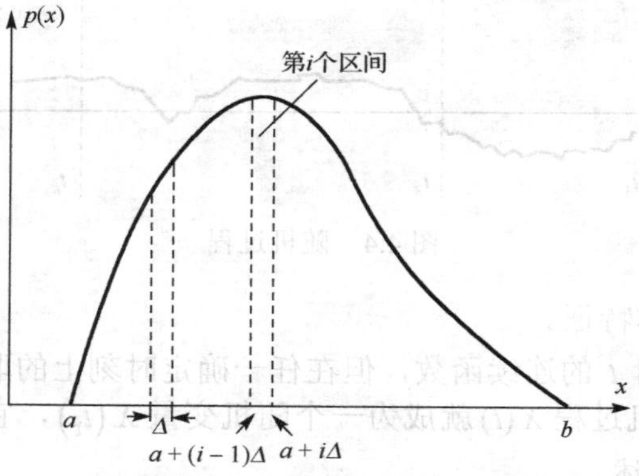

图 4.6 连续随机变量的概率密度函数

因此，连续随机变量 X 被量化成离散随机变量 X_n，X_n 的概率空间表示为

$$\begin{bmatrix}X_n\\P(x)\end{bmatrix}=\begin{bmatrix}x_1 & x_2 & \cdots & x_n\\p(x_1)\Delta & p(x_2)\Delta & \cdots & p(x_n)\Delta\end{bmatrix}$$

且
$$\sum_{i=1}^{n}p(x_i)\Delta=\sum_{i=1}^{n}\int_{a+(i-1)\Delta}^{a+i\Delta}p(x)\mathrm{d}x=\int_a^b p(x)\mathrm{d}x=1$$

这时离散随机变量 X_n 的熵是

$$H(X_n) = -\sum_i (P_i \log P_i) = -\sum_i \{p(x_i)\Delta \log[p(x_i)\Delta]\}$$
$$= -\sum_i [p(x_i)\Delta \log p(x_i)] - \sum_i [p(x_i)\Delta \log \Delta]$$

当 $\Delta \to 0$ 时，量化级数 $n \to \infty$，这时离散随机变量 X_n 趋于连续随机变量 X，那么离散随机变量 X_n 的熵 $H(X_n)$ 的极限值就是连续随机变量的信息熵：

$$H(X) = \lim_{n\to\infty} H(X_n) = -\lim_{\Delta\to 0}\sum_i [p(x_i)\Delta \log p(x_i)] - \lim_{\Delta\to 0}(\log\Delta)\sum_i [p(x_i)\Delta]$$
$$= -\int_a^b p(x)\log p(x)\mathrm{d}x - \lim_{\Delta\to 0}\log\Delta \tag{4.2.2}$$

一般情况下，式（4.2.2）的第一项是定值。而当 $\Delta \to 0$ 时，第二项是趋于无限大的常数。称式（4.2.2）为**连续随机变量的绝对熵**。可以这样理解：因为连续随机变量的可能取值数有无限多个，则不确定性为无限大。当确知输出为某值后，所获得的信息量也将为无限大。可见，连续随机变量的绝对熵为无穷大。然而，在实际运用中，常常讨论的是熵之间的差值的问题，如平均互信息、信道容量、信息率失真函数等。在讨论熵差时，只要两者离散逼近时所取的间隔 Δ 一致，两个绝对熵中无限大项将互相抵消。

定义 4.1　连续随机变量的**相对熵**定义为

$$h(X) = -\int_{\mathbf{R}} p(x)\log p(x)\mathrm{d}x \tag{4.2.3}$$

相对熵的单位为“比特/自由度”。

需要注意的是，连续随机变量的相对熵与绝对熵应该区别对待。

（1）连续随机变量的绝对熵为无穷大，其物理意义与离散随机变量的信息熵相同，表示连续随机变量信源输出的信息量为无穷大，具有非负性。

（2）在取两熵之间的差时，绝对熵中的无穷项可以抵消，故定义的相对熵不影响平均互信息量和信道容量的计算。所以相对熵又称为差熵。

（3）非特殊指明，连续随机变量的熵指的是相对熵。虽然它在形式上和离散随机变量的信息熵相似，但在概念上不能把它作为信息熵来理解。相对熵只具有熵的部分含义和性质，而丧失了某些重要的特性。相对熵仍具有可加性、上凸性和极值性，但不存在非负性。

类似于离散随机变量，两个连续随机变量的联合熵和条件熵可以定义为

$$h(XY) = -\iint_{\mathbf{R}} p(xy)\log p(xy)\mathrm{d}x\mathrm{d}y \tag{4.2.4}$$

$$h(Y|X) = -\iint_{\mathbf{R}} p(x)p(y|x)\log p(y|x)\mathrm{d}x\mathrm{d}y \tag{4.2.5}$$

$$h(X|Y) = -\iint_{\mathbf{R}} p(y)p(x|y)\log p(x|y)\mathrm{d}x\mathrm{d}y \tag{4.2.6}$$

连续随机变量的熵具有以下性质。

① 可加性。

$$h(XY) = h(X) + h(Y|X) = h(Y) + h(X|Y) \tag{4.2.7}$$

并且有

$$h(X|Y)\leqslant h(X),\quad h(Y|X)\leqslant h(Y),\quad h(XY)\leqslant h(X)+h(Y) \tag{4.2.8}$$

当且仅当 X 与 Y 统计独立时，等号成立。

② 上凸性和极值性。

差熵 $h(X)$ 是概率密度函数 $p(x)$ 的 $\cap$ 形凸函数。因此，对于某一概率密度函数，可以得到差熵的最大值。

【例 4.1】 均匀分布的连续随机变量的概率密度函数为

$$p(x)=\begin{cases}\dfrac{1}{b-a} & a\leqslant x\leqslant b\\ 0 & x>b,x<a\end{cases}$$

根据式（4.2.3），可得该随机变量的差熵为

$$h(X)=-\int_a^b \frac{1}{b-a}\log\frac{1}{b-a}\mathrm{d}x=\log(b-a)\ \text{（比特/自由度）} \tag{4.2.9}$$

可见，当 $(b-a)>1$ 时，连续随机变量的熵 $h(X)>0$；当 $(b-a)=1$ 时，熵 $h(X)=0$；当 $(b-a)<1$ 时，则熵 $h(X)<0$。

【例 4.2】 高斯随机变量 $X\sim N(\mu,\sigma^2)$，即概率密度函数为

$$p(x)=\frac{1}{\sqrt{2\pi\sigma^2}}\exp\left(-\frac{(x-\mu)^2}{2\sigma^2}\right)$$

该随机变量的差熵为

$$\begin{aligned}h(X)&=-\int_{-\infty}^{\infty}p(x)\log p(x)\mathrm{d}x\\&=-\int_{-\infty}^{\infty}p(x)\log\left[\frac{1}{\sqrt{2\pi\sigma^2}}\exp\left(-\frac{(x-\mu)^2}{2\sigma^2}\right)\right]\mathrm{d}x\\&=-\int_{-\infty}^{\infty}p(x)(-\log\sqrt{2\pi\sigma^2})\,\mathrm{d}x+\log\mathrm{e}\int_{-\infty}^{\infty}p(x)\left[\frac{(x-\mu)^2}{2\sigma^2}\right]\mathrm{d}x\end{aligned}$$

因为 $\int_{-\infty}^{\infty}p(x)\mathrm{d}x=1$ 和 $\int_{-\infty}^{\infty}(x-\mu)^2p(x)\mathrm{d}x=\sigma^2$，所以

$$h(X)=\frac{1}{2}\log 2\pi\mathrm{e}\sigma^2 \tag{4.2.10}$$

可见，高斯分布的连续随机变量的熵与均值 μ 无关，只与方差 σ^2 有关。

4.2.2 连续随机变量的平均互信息

类似于离散随机变量，可以定义连续随机变量的平均互信息。

定义 4.2 连续随机变量集 X 和 Y 之间的**平均互信息**定义为

$$I(X;Y)=\int_{-\infty}^{\infty}\int_{-\infty}^{\infty}p(xy)\log\frac{p(x|y)}{p(x)}\mathrm{d}x\mathrm{d}y \tag{4.2.11}$$

可以证明，连续随机变量 X 和 Y 之间的平均互信息 $I(X;Y)$ 和连续随机变量的熵、联合熵及

条件熵的关系如下

$$I(X;Y)=\iint_{\mathbf{R}} p(xy)\log\frac{p(x|y)}{p(x)}\mathrm{d}x\mathrm{d}y=h(X)-h(X|Y) \tag{4.2.12}$$

$$=\iint_{\mathbf{R}} p(xy)\log\frac{p(y|x)}{p(y)}\mathrm{d}x\mathrm{d}y=h(Y)-h(Y|X) \tag{4.2.13}$$

$$=\iint_{\mathbf{R}} p(xy)\log\frac{p(xy)}{p(x)p(y)}\mathrm{d}x\mathrm{d}y=h(X)+h(Y)-h(XY) \tag{4.2.14}$$

而且，可以证明连续随机变量的平均互信息为

$$I(X;Y)=H(X)-H(X|Y)$$

$$=\left[-\int_{\mathbf{R}} p(x)\log p(x)\mathrm{d}x-\lim_{\Delta\to 0}\log\Delta\right]-\left[-\iint_{\mathbf{R}} p(y)p(x|y)\log p(x|y)\mathrm{d}x\mathrm{d}y-\lim_{\Delta\to 0}\log\Delta\right]$$

$$=h(X)-h(X|Y) \tag{4.2.15}$$

可见，式（4.2.15）中连续随机变量的相对熵替代了随机变量的绝对熵，而连续随机变量的绝对熵和“离散随机变量的熵”的物理意义相同，因此**连续随机变量的平均互信息保留了离散随机变量的平均互信息的所有含义和性质**。其性质参见 3.3.4 节。由此可看出，将相对熵定义为连续随机变量的熵具有重要实际意义。

【例 4.3】 有两个连续随机变量 X 和 Y 的联合概率密度函数为

$$p(xy)=\frac{1}{2\pi}\mathrm{e}^{-\frac{x^2+y^2}{2}}$$

计算 $h(X|Y)$，$h(XY)$ 和 $I(X;Y)$。

解： 随机变量 x 和 y 的概率密度 $p(x)$ 和 $p(y)$ 分别为

$$p(x)=\int_{-\infty}^{\infty} p(xy)\mathrm{d}y=\frac{1}{\sqrt{2\pi}}\mathrm{e}^{-\frac{x^2}{2}}$$

$$p(y)=\int_{-\infty}^{\infty} p(xy)\mathrm{d}x=\frac{1}{\sqrt{2\pi}}\mathrm{e}^{-\frac{y^2}{2}}$$

可见，$p(xy)=p(x)p(y)$，所以连续随机变量 X 和 Y 相互独立。因此

$$h(X|Y)=h(X)=\frac{1}{2}\log 2\pi\mathrm{e}$$

$$h(XY)=h(X)+h(Y)=\log 2\pi\mathrm{e}$$

$$I(X;Y)=0$$

4.3　连续信源的信息度量

与离散信源类似，连续信源也有无记忆连续信源和有记忆连续信源之分。无记忆连续信源可以通过一维连续信源来研究，而有记忆信源则通过多维连续信源来研究。下面将先分析一维连续信源的信息度量，进而研究多维连续信源和波形信源的信息度量。

4.3.1 单符号连续信源的熵

单符号连续信源的输出可以用一个随机变量 X 来描述。设 $p(x)$ 是随机变量 X 的概率密度函数，则**连续信源的熵**（连续信源的相对熵，又称差熵）表示为

$$h(X) = -\int_{\mathbf{R}} p(x)\log p(x)\mathrm{d}x \quad （比特/自由度） \tag{4.3.1}$$

需要注意的是，连续信源的相对熵不是信源的实际熵，它失去了离散熵的部分含义和性质，不具有非负性。但是相对熵的定义不影响平均互信息量和信道容量的计算。

4.3.2 多符号连续信源的熵

多符号连续信源可用连续随机矢量 $\boldsymbol{X}=(X_1X_2\cdots X_N)$ 来表示，设其 N 维概率密度函数为 $p(\boldsymbol{x})=p(x_1x_2\cdots x_N)$，则多维连续信源 $\boldsymbol{X}$ 的熵为

$$h(\boldsymbol{X}) = h(X_1X_2\cdots X_N) = -\int_{\mathbf{R}} p(\boldsymbol{x})\log p(\boldsymbol{x})\mathrm{d}\boldsymbol{x} \tag{4.3.2}$$

1. 连续无记忆信源

和离散无记忆信源类似，连续无记忆信源的相对熵

$$h(\boldsymbol{X}) = \sum_{i=1}^{N} h(X_i) \tag{4.3.3}$$

式中 $h(X_i)$ 表示各分量 X_i 的相对熵。

【例 4.4】 如果 N 维连续平稳信源输出的 N 维矢量 $\boldsymbol{X}=(X_1X_2\cdots X_N)$ 各分量分别在区域内均匀分布，即 N 维矢量的联合概率密度为

$$p(\boldsymbol{x}) = p(x_1x_2\cdots x_N) = \begin{cases} \dfrac{1}{\prod_{i=1}^{N}(b_i-a_i)} & x_i \in (a_i,b_i) \\ 0 & 其他 \end{cases} \tag{4.3.4}$$

计算该 N 维连续信源的相对熵。

解： 由式（4.3.2），可得 N 维连续平稳信源的相对熵为

$$\begin{aligned} h(\boldsymbol{X}) &= h(X_1X_2\cdots X_N) = -\int_{a_N}^{b_N}\cdots\int_{a_2}^{b_2}\int_{a_1}^{b_1} p(\boldsymbol{x})\log p(\boldsymbol{x})\,\mathrm{d}x_1\mathrm{d}x_2\cdots\mathrm{d}x_N \\ &= \log\prod_{i=1}^{N}(b_i-a_i) = \sum_{i=1}^{N}\log(b_i-a_i) \\ &= \sum_{i=1}^{N} h(X_i) \end{aligned}$$

例 4.4 也可这样理解：因为 $p(x_1x_2\cdots x_N)=p(x_1)p(x_2)\cdots p(x_N)$，所以该 N 维连续信源为无记忆信源，由式（4.3.3）可知，其相对熵 $h(\boldsymbol{X})=\sum_{i=1}^{N}h(X_i)$。需要注意的是，此时相对熵的单位为“比特 /$N$个自由度”。

2. 高斯信源

高斯信源是连续信源中一类重要的信源，例 4.2 介绍了一维高斯信源的信息度量。下面将介绍多维高斯信源的信息度量。如果 N 维连续平稳信源输出的 N 维矢量 $\boldsymbol{X}=(X_1X_2\cdots X_N)$ 服从高斯分布，则该信源称为 **N 维高斯信源**。其 N 维正态概率密度函数可表示为

$$p(x_1x_2\cdots x_N)=\frac{1}{(2\pi)^{N/2}|\boldsymbol{B}|^{1/2}}\exp\left[-\frac{1}{2|\boldsymbol{B}|}\sum_{j=1}^{N}\sum_{k=1}^{N}|\boldsymbol{B}|_{jk}\left(x_j-\mu_j\right)\left(x_k-\mu_k\right)\right] \tag{4.3.5}$$

式中，$\mu_k=E[X_k]$，$\sigma_k^2=E[X_k-\mu_k]^2$ 分别为均值和方差；$b_{jk}=E\{[X_j-\mu_j][X_k-\mu_k]\}$ 为协方差；$|\boldsymbol{B}|=\begin{vmatrix} b_{11} & b_{12} & \cdots & b_{1N} \\ b_{21} & b_{22} & \cdots & b_{2N} \\ \vdots & \vdots & & \vdots \\ b_{N1} & b_{N2} & \cdots & b_{NN} \end{vmatrix}$ 为协方差矩阵的行列式；$|\boldsymbol{B}|_{jk}$ 为行列式 $|\boldsymbol{B}|$ 中元素 b_{jk} 的代数余因子。

由式（4.3.5）可见，正态随机过程的 N 维分布仅由各随机变量的数学期望、方差和两两之间的协方差函数所决定。

如果 N 维高斯随机矢量的各分量之间统计独立，即 $j\neq k$ 时，$b_{jk}=0$，此时的信源称为 N 维独立高斯信源（或 N 维无记忆高斯信源）。因为当 $j=k$ 时，$b_{jj}=\sigma_j^2$，所以多维独立高斯信源的 $|\boldsymbol{B}|=\sigma_1^2\cdots\sigma_N^2$。

【例 4.5】 已知 N 维高斯信源的联合概率密度如式（4.3.5）所示，计算：

（1）N 维高斯信源的熵；

（2）N 维独立高斯信源的熵。

解：（1）由式（4.3.2）可得 N 维连续平稳信源的相对熵为

$$\begin{aligned}h(\boldsymbol{X})&=h(X_1X_2\cdots X_N)\\&=-\int_{a_N}^{b_N}\cdots\int_{a_2}^{b_2}\int_{a_1}^{b_1}p(\boldsymbol{x})\log p(\boldsymbol{x})\,\mathrm{d}x_1\mathrm{d}x_2\cdots\mathrm{d}x_N\\&=\frac{1}{2}\log\left[(2\pi\mathrm{e})^N|\boldsymbol{B}|\right]\end{aligned} \tag{4.3.6}$$

（2）N 维无记忆高斯信源的熵为

$$\begin{aligned}h(\boldsymbol{X})&=\frac{1}{2}\log\left[\left(2\pi\mathrm{e}\right)^N\sigma_1^2\cdots\sigma_N^2\right]=\frac{1}{2}\sum_{i=1}^{N}\log\left(2\pi\mathrm{e}\sigma_i^2\right)\\&=\sum_{i=1}^{N}h\left(X_i\right)\end{aligned} \tag{4.3.7}$$

4.3.3 波形信源的熵率

在波形信源中通常采用单位时间内信源的相对熵（即**熵率**）来表示信源的信息度量，用 $h_t(X)$ 表示，单位为“比特/秒”。因此，对于频率限于 f_H、时间限于 T 的平稳随机波形

信源，可用 $N = 2f_H T$ 个自由度来描述。如果各抽样值相互独立，则随机波形信源的相对熵为

$$h(\boldsymbol{X}) = 2f_H T \cdot h(X)\text{（比特/}N\text{个自由度）} \tag{4.3.8}$$

此时波形信源的熵率为

$$h_t(X) = 2f_H h(X)\text{（比特/秒）} \tag{4.3.9}$$

4.4 连续信源的最大熵

第 2 章讨论了离散信源熵的极值性。对于离散信源，在所有消息独立且等概时，信源熵最大。下面将讨论连续信源最大熵的问题，即当连续信源存在最大熵时，其概率密度应满足什么条件？也就是说，研究使连续信源熵最大时信号的一维最佳概率分布。具体说，就是在约束条件：

① $\int_{-\infty}^{\infty} p(x)\mathrm{d}x = 1$；

② 其他限制条件。

求连续信源的熵 $h(X) = -\int_{-\infty}^{\infty} p(x)\log p(x)\mathrm{d}x$ 为极值时的概率密度函数 $p(x)$。该条件极值问题可以采用拉格朗子乘子法来求解。下面对拉格朗子乘子法进行简单介绍。

假设在 m 个约束条件下：

$$\begin{cases} \int_a^b \varphi_1(x,p)\mathrm{d}x = k_1 \\ \int_a^b \varphi_2(x,p)\mathrm{d}x = k_2 \\ \vdots \\ \int_a^b \varphi_m(x,p)\mathrm{d}x = k_m \end{cases} \tag{4.4.1}$$

求积分 $g = \int_a^b F(x,p)\mathrm{d}x$ 为极值时的 $p(x)$。

首先构造函数

$$\varPhi = F(x,p) + \lambda_1\varphi_1(x,p) + \lambda_2\varphi_2(x,p) + \cdots + \lambda_m\varphi_m(x,p) \tag{4.4.2}$$

式中，$\lambda_1,\lambda_2,\cdots,\lambda_m$ 为待定系数。对 $\varPhi$ 函数求导并令其等于零，得

$$\frac{\partial F}{\partial p} + \lambda_1\frac{\partial \varphi_1}{\partial p} + \lambda_2\frac{\partial \varphi_2}{\partial p} + \cdots + \lambda_m\frac{\partial \varphi_m}{\partial p} = 0 \tag{4.4.3}$$

求解式（4.4.3）得到用待定系数 $\lambda_1,\lambda_2,\cdots,\lambda_m$ 表示的 p（x），然后代入式（4.4.1）求得待定系数，即可确定函数 p（x）。

在实际应用中，对连续信源感兴趣的有两种情况：一是信源输出幅度受限，即瞬时功率受限的情况；二是信源输出的平均功率受限的情况。下面来求解这两类信源的最佳概率分布密度函数和最大熵。

4.4.1　瞬时功率受限的连续信源

假定信源输出信号的瞬时功率 S 或幅度 x 受到限制，即 $a \leqslant x \leqslant b$，求解熵

$$h(X) = -\int_{-\infty}^{\infty} p(x)\log p(x)\mathrm{d}x$$

为极值时的 $p(x)$。此时只有一个约束条件，即

$$\int_a^b p(x)\,\mathrm{d}x = 1 \tag{4.4.4}$$

令 $F(x,p) = -p(x)\log p(x)$，$\varphi_1(x,p) = p(x)$，则

$$\frac{\partial F}{\partial p} = -[1+\ln p(x)], \qquad \frac{\partial \varphi_1}{\partial p} = 1$$

这里为计算方便，对数取以 e 为底。由式（4.4.3），得

$$-[1+\ln p(x)] + \lambda_1 = 0$$

则解得

$$p(x) = \mathrm{e}^{\lambda_1 - 1} \tag{4.4.5}$$

将式（4.4.5）代入约束条件式（4.4.4），得

$$\int_a^b p(x)\mathrm{d}x = \int_a^b \mathrm{e}^{\lambda_1-1}\mathrm{d}x = (b-a)\mathrm{e}^{\lambda_1-1} = 1$$

$$\mathrm{e}^{\lambda_1-1} = \frac{1}{(b-a)}$$

即

$$p(x) = \begin{cases} \dfrac{1}{(b-a)} & a \leqslant x \leqslant b \\ 0 & \text{其他} \end{cases} \tag{4.4.6}$$

这就是说，概率分布密度函数在区间$[a,b]$中为常数时有最大熵。由例 4.1 可知，它是均匀分布信源的熵。

定理 4.1（限峰功率最大熵定理）若连续信源输出的幅度被限定在$[a,b]$区域内，则当输出信号的概率密度是均匀分布时，信源具有最大熵，其值等于 $\log(b-a)$。

采用相似的思路，可以证明：若 N 维连续随机矢量输出幅度受限，只有各随机分量统计独立且均匀分布时具有最大熵。

4.4.2　平均功率受限的连续信源

假定信源的平均功率为 P，此时求解熵为

$$h(X) = -\int_{-\infty}^{\infty} p(x)\log p(x)\mathrm{d}x$$

为极值时的 $p(x)$。限制条件为

$$\begin{cases}\int_{-\infty}^{\infty} p(x)\mathrm{d}x = 1 \\ \int_{-\infty}^{\infty} x^2 p(x)\mathrm{d}x = P\end{cases} \tag{4.4.7}$$

令

$$F(x,p) = -p(x)\log p(x), \quad \varphi_1(x,p) = p(x), \quad \varphi_2(x,p) = x^2 p(x)$$

则

$$\frac{\partial F}{\partial p} = -[1+\ln p(x)], \quad \frac{\partial \varphi_1}{\partial p} = 1, \quad \frac{\partial \varphi_2}{\partial p} = x^2$$

由式（4.4.3），得

$$-[1+\ln p(x)] + \lambda_1 + \lambda_2 x^2 = 0$$

则解得

$$p(x) = \mathrm{e}^{\lambda_1 - 1} \cdot \mathrm{e}^{\lambda_2 x^2} \tag{4.4.8}$$

将（4.4.8）代入式（4.4.7）的第一个方程式，得

$$\int_{-\infty}^{\infty} p(x)\mathrm{d}x = \mathrm{e}^{\lambda_1 - 1}\int_{-\infty}^{\infty} \mathrm{e}^{\lambda_2 x^2}\mathrm{d}x = 1$$

即

$$\mathrm{e}^{\lambda_1 - 1} = \sqrt{\frac{-\lambda_2}{\pi}} \tag{4.4.9}$$

将式（4.4.9）和式（4.4.8）代入式（4.4.7）的第二个方程式，得

$$\int_{-\infty}^{\infty} x^2 p(x)\mathrm{d}x = \mathrm{e}^{\lambda_1 - 1}\int_{-\infty}^{\infty} x^2 \mathrm{e}^{\lambda_2 x^2}\mathrm{d}x = P$$

因为

$$\int_{-\infty}^{\infty} x^2 \mathrm{e}^{\lambda_2 x^2}\mathrm{d}x = \frac{1}{2(-\lambda_2)}\sqrt{\frac{\pi}{\lambda_2}}$$

所以

$$\sqrt{\frac{-\lambda_2}{\pi}}\frac{1}{2(-\lambda_2)}\sqrt{\frac{\pi}{-\lambda_2}} = P$$

即

$$\lambda_2 = -\frac{1}{2P} \tag{4.4.10}$$

式（4.4.9）变为

$$\mathrm{e}^{\lambda_1 - 1} = \sqrt{\frac{-\lambda_2}{\pi}} = \frac{1}{\sqrt{2\pi P}} \tag{4.4.11}$$

将式（4.4.11）和式（4.4.10）代入式（4.4.8），得

$$p(x)=\mathrm{e}^{\lambda_1-1}\mathrm{e}^{\lambda_2 x^2}=\frac{1}{\sqrt{2\pi P}}\mathrm{e}^{-\frac{x^2}{2P}} \tag{4.4.12}$$

式（4.4.12）表示均值为 0、方差等于平均功率 P 的高斯分布。由例 4.2 可知，此时熵为

$$h(X)=\frac{1}{2}\log 2\pi\mathrm{e}P$$

定理 4.2（限平均功率最大熵定理） 若连续信源输出信号的平均功率为 P，则其输出信号幅度的概率密度是高斯分布 $X\sim N(0,P)$ 时，信源具有最大熵，其值为 $\frac{1}{2}\log 2\pi\mathrm{e}P$。

采用相似的思路，可以证明：如果 N 维连续平稳随机矢量平均功率受限，当输出的 N 维随机序列的协方差矩阵 $\boldsymbol{B}$ 被限定时，则 N 维随机矢量为高斯分布时，信源具有最大熵，其值为 $\frac{1}{2}\log\left[(2\pi\mathrm{e})^N\left|\boldsymbol{B}\right|\right]$。

可见，和离散信源不同，连续信源不存在绝对的最大熵，其最大熵与信源的限制条件有关。在不同的限制条件下，有不同的最大熵。

4.4.3　连续信源的熵功率

类似于离散信源，在讨论了连续信源的最大熵之后，来讨论没有达到最大熵的信源剩余度问题。因为平均功率受限的连续信源是最常见的一种信源，这里只讨论这类信源的剩余度问题。

如前所述，当一个连续信源输出信号的平均功率为 P 时，则高斯信源的熵最大，等于 $\frac{1}{2}\log 2\pi\mathrm{e}P$。但如果信源输出不是高斯分布时，则信源的熵将小于 $\frac{1}{2}\log 2\pi\mathrm{e}P$。对于非高斯信源，为了分析方便，定义“熵功率”来表示信源的剩余度。

所谓**熵功率** $\bar{P}$，是指与这个平均功率为 P 的非高斯信源具有相同熵的高斯信源的平均功率。如果 $h(X)$ 为这个信源的熵，则根据熵功率的定义，得到

$$h(X)=\frac{1}{2}\log_{\mathrm{e}} 2\pi\mathrm{e}\bar{P}\quad\text{（奈特/自由度）} \tag{4.4.13}$$

则熵功率 $\bar{P}$ 为

$$\bar{P}=\frac{1}{2\pi\mathrm{e}}\mathrm{e}^{2h(X)} \tag{4.4.14}$$

注意式（4.4.13）对数的底数和式（4.4.14）指数的底数应该一致。当底数为 e 时，熵的单位为“奈特/自由度”。如果熵的单位为“比特/自由度”时，这时式（4.4.14）将变为

$$\bar{P}=\frac{1}{2\pi\mathrm{e}}2^{2h(X)} \tag{4.4.15}$$

熵功率 $\bar{P}$ 永远不会大于信源的真正功率 P，即 $\bar{P}\leqslant P$，这说明非高斯信源是有剩余信源。如果熵功率和信号平均功率相等，则说明信号没有剩余。熵功率和信号平均功率相差

越大，则说明信号的剩余越大。通常将信号平均功率和熵功率之差$(P-\overline{P})$定义为**连续信源的剩余度**。只有高斯信源的熵功率等于其实际平均功率时，剩余度才为零。

【例 4.6】 一个平均功率为 3W 的非高斯信源的熵为$h(X)=\frac{1}{2}\log 4\pi e$（比特/自由度），计算该信源的熵功率和剩余度。

解： 一个平均功率为 2W 的高斯信源的熵为

$$h(X)=\frac{1}{2}\log 4\pi e\text{（比特/自由度）}$$

根据熵功率的定义，可知该非高斯信源的熵功率为

$$\overline{P}=2W$$

因此，该信源的剩余度为

$$P-\overline{P}=1W$$

4.5 连续信源熵的变换

实际信源输出的消息一般都会通过一系列的信息处理，可以认为是某种坐标变换，如图 4.7 所示，变换前的 N 维随机矢量表示为$\boldsymbol{X}=(X_1X_2\cdots X_N)$，变换后的 N 维随机矢量表示为$\boldsymbol{Y}=(Y_1Y_2\cdots Y_N)$。

图 4.7 连续信源的坐标变换

假定$\boldsymbol{X}$和$\boldsymbol{Y}$之间的变换是某种确定的一一对应变换关系，变换前后的函数关系为

$$\begin{cases} Y_1=g_1(X_1,X_2,\cdots,X_N) \\ Y_2=g_2(X_1,X_2,\cdots,X_N) \\ \vdots \\ Y_N=g_N(X_1,X_2,\cdots,X_N) \end{cases} \tag{4.5.1}$$

在离散信源中如果具有确定的变换关系，变换后的信源熵是不变的。下面将讨论连续信源输出的消息经过变换之后，其熵（相对熵）是否会发生变化？

根据概率论的知识，相对于变换前的 N 维连续随机矢量$\boldsymbol{X}=(X_1X_2\cdots X_N)$，变换后$\boldsymbol{Y}=(Y_1Y_2\cdots Y_N)$的概率密度函数一般会发生变化。设变换前的随机矢量$\boldsymbol{X}$的概率密度函数为$p_{\boldsymbol{X}}(x_1x_2\cdots x_N)$，变换后的随机矢量$\boldsymbol{Y}$的概率密度函数为$p_{\boldsymbol{Y}}(y_1y_2\cdots y_N)$，则两者之间的关系可以用定理 4.3 来阐述。

定理 4.3 假定$Y_i=g_i(X_1,X_2,\cdots,X_N),i=1,2,\cdots,N$及逆函数$X_i=g_i^{-1}(Y_1,Y_2,\cdots,Y_N)$是具有连续偏导数且可逆的单值函数。则

$$p_{\boldsymbol{Y}}(y_1y_2\cdots y_N)=p_{\boldsymbol{X}}(x_1=g_1^{-1},x_2=g_2^{-1},\cdots,x_N=g_N^{-1})|J| \tag{4.5.2}$$

式中，$g_i^{-1}=g_i^{-1}(y_1,y_2,\cdots,y_N)$，$J$表示雅可比行列式，$|J|$表示雅可比行列式的绝对值。

$$J=\begin{vmatrix}\frac{\partial g_1^{-1}}{\partial y_1} & \frac{\partial g_2^{-1}}{\partial y_1} & \cdots & \frac{\partial g_N^{-1}}{\partial y_1}\\ \frac{\partial g_1^{-1}}{\partial y_2} & \frac{\partial g_2^{-1}}{\partial y_2} & \cdots & \frac{\partial g_N^{-1}}{\partial y_2}\\ \vdots & \vdots & \ddots & \vdots\\ \frac{\partial g_1^{-1}}{\partial y_N} & \frac{\partial g_2^{-1}}{\partial y_N} & \cdots & \frac{\partial g_N^{-1}}{\partial y_N}\end{vmatrix} \tag{4.5.3}$$

可见，坐标变换后概率密度函数一般会发生变化。下面将讨论经过变换后，连续信源的差熵如何变化。由式（4.5.2）和式（4.5.3）可得

$$\begin{aligned} h(\boldsymbol{Y}) &= h(Y_1Y_2\cdots Y_N) = -\int_{\boldsymbol{Y}} p(\boldsymbol{y})\log p(\boldsymbol{y})\mathrm{d}\boldsymbol{y}\\ &= -\int_{\boldsymbol{X}} p_{\boldsymbol{X}}(x_1x_2\cdots x_N)|J|\cdot\log\left[p_{\boldsymbol{X}}(x_1x_2\cdots x_N)|J|\right]\cdot\frac{1}{|J|}\mathrm{d}\boldsymbol{x}\\ &= -\int_{\boldsymbol{X}} p_{\boldsymbol{X}}(x_1x_2\cdots x_N)\log\left[p_{\boldsymbol{X}}(x_1x_2\cdots x_N)|J|\right]\mathrm{d}\boldsymbol{x}\\ &= h(\boldsymbol{X}) - E\left[\log|J|\right] \end{aligned} \tag{4.5.4}$$

可见，通过信息处理后连续信源的相对熵发生了变化。下面通过例题来说明连续信源的差熵不具有离散信源熵的变换不变性。

【例 4.7】 已知一个在 (a,b) 区间内均匀分布的连续信源通过一个放大倍数为 k 的放大器，已知 $k>0$，比较变换前后连续信源概率分布和相对熵的变化。

解： 变换前连续信源的概率分布为

$$p(x)=\frac{1}{b-a},\quad x\in(a,b)$$

因为

$$|J|=\left|\frac{\mathrm{d}x}{\mathrm{d}y}\right|=\frac{1}{k}$$

所以，变换后连续信源的概率分布为

$$p(y)=\frac{1}{b-a}\cdot\frac{1}{k},\qquad y\in(ka,kb)$$

在 (a,b) 区间内均匀分布的连续信源的相对熵为

$$h(X)=\log(b-a)\ \text{（比特/自由度）}$$

所以，通过放大倍数为 k 的放大器后输出的相对熵为

$$h(Y)=h(X)-E\left[\log|J|\right]=\log(b-a)+\log k$$

由例 4.7，似乎通过放大器，计算表明信息量增加了，这是荒谬的，因为相对熵并不表示信源实际输出的信息量，其实变换前后的绝对熵是保持不变的。相对熵发生了改变，是因为无穷大项造成的，两者逼近时所取的 $\varDelta$ 不一致。

可见，相对熵（差熵）只能作为信源平均不确定性的相对度量，不能作为信源平均不确定性的绝对度量，因为差熵只是连续信源绝对熵的一部分。

4.6 连续信道和波形信道的分类

如果信道的输入和输出的消息符号取值连续，此时的信道就是**连续信道**。

4.6.1 连续信道的分类

1. 一维连续信道

一维连续信道的数学模型为$[X, p(y|x), Y]$，其中信道的输入为 X，信道的输出为 Y，信道的转移概率函数为 $p(y|x)$，如图 4.8 所示。

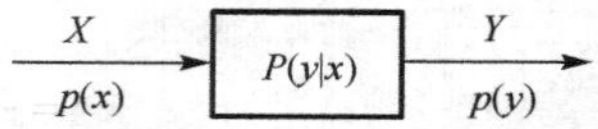

图 4.8 一维连续信道

2. 多维连续信道

多维连续信道用$[\boldsymbol{X}, p(\boldsymbol{y}|\boldsymbol{x}), \boldsymbol{Y}]$来描述。其中信道输入为平稳随机序列 $\boldsymbol{X}=(X_1X_2\cdots X_N)$，信道输出为平稳随机序列 $\boldsymbol{Y}=(Y_1Y_2\cdots Y_N)$，信道转移概率密度函数为

$$p(\boldsymbol{y}|\boldsymbol{x}) = p(y_1y_2\cdots y_N | x_1x_2\cdots x_N) \tag{4.6.1}$$

并满足

$$\int_{\mathbf{R}}\cdots\int_{\mathbf{R}} p(y_1y_2\cdots y_N | x_1x_2\cdots x_N)\mathrm{d}y_1\mathrm{d}y_2\cdots\mathrm{d}y_N = 1 \tag{4.6.2}$$

若多维连续信道的转移概率密度函数满足

$$p(\boldsymbol{y}|\boldsymbol{x}) = p(y_1y_2\cdots y_N | x_1x_2\cdots x_N) = \prod_{i=1}^{N} p(y_i | x_i) \tag{4.6.3}$$

则称此信道为**连续无记忆信道**。即在任一时刻输出变量只与对应时刻的输入变量有关，与以前时刻的输入输出都无关。式（4.6.3）为连续无记忆信道的充要条件。

如果式（4.6.3）不能满足，也就是连续信道任一时刻的输出变量与以前时刻的输入输出有关，则称为**连续有记忆信道**。

3. 波形信道

当信道的输入和输出都是随机过程 $X(t)$ 和 $Y(t)$ 时，这个信道称为**波形信道**。在实际模拟通信系统中，信道都是波形信道。研究波形信道就要研究噪声。在通信系统模型中，把来自通信系统各部分的噪声都集中在一起，并认为均通过信道加入。

因为实际波形信道的频宽总是受限的，所以在有限观察时间 T 内，能满足限频 f_H、限时 T 的条件，波形信道的输入 $X(t)$ 和输出 $Y(t)$ 的平稳随机过程通过抽样可成为 $N=2f_HT$ 的时间离散、取值连续的平稳随机序列 $\boldsymbol{X}=(X_1X_2\cdots X_N)$ 和 $\boldsymbol{Y}=(Y_1Y_2\cdots Y_N)$。这样，**波形信道就转化成多维连续信道**。

4.6.2　波形信道的分类

根据噪声对信道中信号的作用不同，可以将噪声分为乘性噪声和加性噪声。因此波形信道可以分为乘性信道和加性信道。

1．乘性信道

信道中噪声对信号的干扰作用表现为与信号相乘的关系，乘性噪声随信号存在而存在、消失而消失，此时的信道称为乘性信道。

2．加性信道

信道中噪声对信号的干扰作用表现为与信号相加的关系，则此信道称为加性信道，噪声称为加性噪声，即 $Y(t)=X(t)+Z(t)$，其中 $X(t)$、$Y(t)$ 和 $Z(t)$ 分别是信道的输入、输出和噪声。加性噪声独立于有用信号，却始终干扰有用信号。

信道中的加性噪声分为脉冲噪声、窄带噪声和起伏噪声三类。

（1）脉冲噪声：它是突发性地产生的幅度很大、持续时间很短、间隔时间很长的干扰。它对模拟语音通信的影响不大；在数字通信中的影响不容忽视，但可以通过纠错编码技术来减轻危害。

（2）窄带噪声：是一种非所需的连续的已调正弦波，其幅度、频率或相位是随机的。它的主要特点是占有极窄的频带，在频率轴上的位置可以实测，比较容易防止。

（3）起伏噪声：是在时域和频域内都普遍存在的随机噪声。热噪声、电子管内产生的散弹噪声和宇宙噪声等都属于起伏噪声。起伏噪声不能避免，而且始终存在，它是影响通信质量的主要因素之一。

概率论的中心极限定理指出：N 个统计独立的随机变量之和的分布，在 $N\to\infty$ 的极限条件下，趋于高斯分布。因此起伏噪声可以认为是**高斯噪声**。同时大量的实践证明，起伏噪声在相当宽的频率范围内其频谱是均匀分布的，好像白光的频谱在可见光的频谱范围内均匀分布那样，所以起伏噪声通常认为是**白噪声**。白噪声是指功率谱密度均匀分布于整个频率空间（$-\infty<f<+\infty$），即功率谱密度为常数的噪声。其双边功率谱密度为：

$$P(f)=\frac{n_0}{2},\quad -\infty<f<\infty \tag{4.6.4}$$

相当于单边功率谱密度为

$$P(f)=n_0,\quad 0\leqslant f<\infty \tag{4.6.5}$$

严格地说，实际噪声不可能具有无限宽的带宽，否则其平均功率是无限大的，是物理上不可实现的。然而，白噪声具有数学处理简单、方便的优点，因此它是系统分析的有力工具。一般情况下，只要实际噪声在比所考虑的有用频带还要宽得多的范围内具有均匀的功率谱密度，就可以把它当作白噪声来处理。

在通信系统设计中，波形信道常假设为加性高斯白噪声（AWGN）信道，其噪声瞬时值的概率密度函数服从高斯分布，同时功率谱密度又是常数，可以看作平稳遍历的随机过程。

4.7 连续信道的平均互信息

信源输出的信息总是要通过信道传送给接收端，所以讨论信道传输信息的能力是非常重要的。对于连续信道，其输入和输出为时间离散、取值连续的平稳随机序列 $\boldsymbol{X}=(X_1X_2\cdots X_N)$ 和 $\boldsymbol{Y}=(Y_1Y_2\cdots Y_N)$。

4.7.1 连续信道

1. 一维连续信道的平均互信息

前面指出，一维连续信道输入 X 和输出 Y 之间的平均互信息为

$$\begin{aligned}I(X;Y)&=H(X_n)-H(X_n|Y_n)\\&=h(X)-h(X|Y)\\&=h(Y)-h(Y|X)\\&=h(X)+h(Y)-h(XY)\end{aligned} \tag{4.7.1}$$

可见，连续信道的平均互信息的关系式和离散信道的关系式完全类似，**连续信道的平均互信息保留了离散信道平均互信息的所有含义和性质。**

类似离散信道信息传输率的定义，一维连续信道的信息传输率定义为

$$R=I(X;Y)\quad（比特/自由度） \tag{4.7.2}$$

2. 多维连续信道的平均互信息

由随机变量推广随机矢量，可得多维连续信道的平均互信息为

$$I(\boldsymbol{X};\boldsymbol{Y})=\iint\limits_{xy}p(\boldsymbol{xy})\log\frac{p(\boldsymbol{x}|\boldsymbol{y})}{p(\boldsymbol{x})}\mathrm{d}\boldsymbol{x}\mathrm{d}\boldsymbol{y}=h(\boldsymbol{X})-h(\boldsymbol{X}|\boldsymbol{Y}) \tag{4.7.3}$$

$$=\iint\limits_{xy}p(\boldsymbol{xy})\log\frac{p(\boldsymbol{y}|\boldsymbol{x})}{p(\boldsymbol{y})}\mathrm{d}\boldsymbol{x}\mathrm{d}\boldsymbol{y}=h(\boldsymbol{Y})-h(\boldsymbol{Y}|\boldsymbol{X}) \tag{4.7.4}$$

$$=\iint\limits_{xy}p(\boldsymbol{xy})\log\frac{p(\boldsymbol{xy})}{p(\boldsymbol{x})p(\boldsymbol{y})}\mathrm{d}\boldsymbol{x}\mathrm{d}\boldsymbol{y}=h(\boldsymbol{X})+h(\boldsymbol{Y})-h(\boldsymbol{XY}) \tag{4.7.5}$$

多维连续信道的信息传输率定义为

$$R=I(\boldsymbol{X};\boldsymbol{Y})\quad（比特/N个自由度） \tag{4.7.6}$$

则平均每个自由度的信息传输率为

$$R_N=\frac{1}{N}I(\boldsymbol{X};\boldsymbol{Y})\quad（比特/自由度） \tag{4.7.7}$$

3. 连续信道平均互信息的性质

与离散随机变量之间的平均互信息类似，连续型随机变量之间的平均互信息具有以下几个性质。

① 非负性：$I(X;Y) \geqslant 0$。（4.7.8）

② 对称性：$I(X;Y) = I(Y;X)$。（4.7.9）

③ 凸状性：$I(X;Y)$ 是输入连续变量 X 的概率密度函数 $p(x)$ 的上凸性函数；$I(X;Y)$ 又是连续信道传递概率密度函数 $p(y|x)$ 的下凸性函数。

④ 信息不增性。连续信道输入变量为 X，输出变量为 Y，若对连续随机变量 Y 再进行处理而成为另一连续随机变量 Z，一般总会丢失信息，最多保持原信息不变，而所获得的信息不会增加。这也就是**信息处理定理**，即

$$I(X;Z) \leqslant I(X;Y) \tag{4.7.10}$$

式中 $z = f(y)$，当且仅当这函数是一一对应时，式（4.7.10）等号成立。

⑤ $I(\boldsymbol{X};\boldsymbol{Y})$ 与 $I(X_i;Y_i)$ 的关系。

若平稳连续信源是无记忆的，即 $\boldsymbol{X}$ 中各分量 X_i $(i = 1, 2, \cdots, N)$ 彼此独立，则存在

$$I(\boldsymbol{X};\boldsymbol{Y}) \geqslant \sum_{i=1}^{N} I(X_i;Y_i) \tag{4.7.11}$$

若多维连续信道是无记忆的，即式（4.6.3）满足，则存在

$$I(\boldsymbol{X};\boldsymbol{Y}) \leqslant \sum_{i=1}^{N} I(X_i;Y_i) \tag{4.7.12}$$

若平稳连续信源是无记忆的，且多维连续信道也是无记忆的，则存在

$$I(\boldsymbol{X};\boldsymbol{Y}) = \sum_{i=1}^{N} I(X_i;Y_i) \tag{4.7.13}$$

4.7.2 加性信道

加性信道中的有用信号与噪声为相加的关系，且噪声独立于有用信号。加性信道的噪声熵 $h(Y|X)$ 容易得到，平均互信息通常采用式（4.7.14）计算。

$$I(X;Y) = h(Y) - h(Y|X) \tag{4.7.14}$$

下面将讨论加性一维连续信道和多维信道的噪声熵 $h(Y|X)$。

1. 加性一维连续信道

加性一维连续信道又称为单符号加性信道，信道输入 X、输出 Y 和加性噪声 Z 之间的关系可表示为

$$Y = X + Z \tag{4.7.15}$$

设

$$X = X, \quad Z = Y - X$$

由定理 4.3 可知，雅可比行列式为

$$J = \begin{vmatrix} \dfrac{\partial X}{\partial X} & \dfrac{\partial Z}{\partial X} \\ \dfrac{\partial X}{\partial Y} & \dfrac{\partial Z}{\partial Y} \end{vmatrix} = \begin{vmatrix} 1 & -1 \\ 0 & 1 \end{vmatrix} = 1$$

则

$$p_{XY}(xy) = p_{XZ}(xz) \tag{4.7.16}$$

在加性信道中，噪声 Z 与信号 X 通常相互独立，所以

$$p_{XZ}(xz) = p_X(x)p_Z(z) \tag{4.7.17}$$

又因为

$$p_{XY}(xy) = p_X(x)p_{Y|X}(y|x)$$

所以

$$p_{Y|X}(y|x) = p_Z(z) \tag{4.7.18}$$

为下简化书写，去掉下标，于是有

$$p(y|x) = p(z) \tag{4.7.19}$$

即加性信道的转移概率密度函数等于噪声的概率密度函数，这说明加性信道的传递概率密度函数是由噪声引起的。

在加性信道中，条件熵为

$$\begin{aligned} h(Y|X) &= -\iint_{\mathbf{R}} p(xy)\log p(y|x)\mathrm{d}x\mathrm{d}y = -\int_{-\infty}^{+\infty} p(x)\mathrm{d}x\int_{-\infty}^{+\infty} p(y|x)\log p(y|x)\mathrm{d}y \\ &= -\int_{-\infty}^{+\infty} p(x)\mathrm{d}x\int_{-\infty}^{+\infty} p(z)\log p(z)\mathrm{d}z = -\int_{-\infty}^{+\infty} p(z)\log p(z)\mathrm{d}z \\ &= h(Z) \end{aligned} \tag{4.7.20}$$

该结论说明条件熵 $h(Y|X)$ 是由噪声引起的，它完全等于噪声信源的熵，所以称条件熵 $h(Y|X)$ 为**噪声熵**。

根据限平均功率最大熵定理可知：如果噪声呈正态分布，则噪声熵最大。在通信系统设计中，往往将高斯白噪声作为标准，这不仅是为了简化分析，而且是因为根据最坏的条件进行的设计可以获得可靠的系统。

2. 加性多维连续信道

在加性多维连续信道中，输入矢量 $\boldsymbol{X}$、输出矢量 $\boldsymbol{Y}$ 和噪声矢量 $\boldsymbol{Z}$ 之间的关系是 $\boldsymbol{Y}=\boldsymbol{X}+\boldsymbol{Z}$。同理可得 $p(\boldsymbol{y}|\boldsymbol{x})=p(\boldsymbol{z})$，因此有

$$h(\boldsymbol{Y}|\boldsymbol{X}) = h(\boldsymbol{Z}) \tag{4.7.21}$$

4.8 连续信道的信道容量

和离散信道一样，对于固定的连续信道有一个最大的信息传输率，称之为**信道容量**。它也是信道可靠传输的最大信息传输率。多维连续信道的信道容量定义为

$$C = \max_{p(\boldsymbol{x})} I(\boldsymbol{X};\boldsymbol{Y}) = \max_{p(\boldsymbol{x})}\left[h(\boldsymbol{Y}) - h(\boldsymbol{Y}|\boldsymbol{X})\right] \quad (\text{比特}/N\text{个自由度}) \tag{4.8.1}$$

式中，$p(\boldsymbol{x})$ 为输入矢量 $\boldsymbol{X}$ 的概率密度函数。

对于加性信道，其传递概率密度函数就是噪声的概率密度函数，噪声熵 $h(\boldsymbol{Y}|\boldsymbol{X})$ 就是

噪声源的熵 $h(\boldsymbol{Z})$。因此，多维加性连续信道的信道容量为

$$C=\max_{p(\boldsymbol{x})}\left[h(\boldsymbol{Y})-h(\boldsymbol{Z})\right]\quad \text{（比特/}N\text{ 个自由度）} \tag{4.8.2}$$

在加性信道中，输入矢量 $\boldsymbol{X}$ 与噪声矢量 $\boldsymbol{Z}$ 统计独立。即式（4.8.2）中 $h(\boldsymbol{Z})$ 与输入矢量 $\boldsymbol{X}$ 的概率函数函数 $p(\boldsymbol{x})$ 无关。所以，计算加性信道的信道容量就是求某种发送信号的概率密度函数使接收信号的熵 $h(\boldsymbol{Y})$ 最大。

由于在不同限制条件下，连续随机变量有不同的最大连续差熵值。所以，由式（4.8.2）知，加性信道的信道容量 C 取决于噪声的统计特性和输入随机矢量 $\boldsymbol{X}$ 所受的限制条件。一般实际信道中，输入信号和噪声的平均功率总是有限的。

下面讨论在平均功率受限的条件下高斯加性信道的容量问题。

4.8.1　一维高斯加性信道

一维连续信道的输入和输出都是取值连续的随机变量，加入信道的噪声是均值为零、方差为 σ^2 的加性高斯噪声，其概率密度函数记作 $p(z)\sim N(0,\sigma^2)$，该噪声的连续熵为 $h(Z)=\log\sqrt{2\pi e\sigma^2}$。因此信道容量为

$$C=\max_{p(x)}\left[h(Y)-h(Z)\right]=\max_{p(x)}h(Y)-\log\sqrt{2\pi e\sigma^2} \tag{4.8.3}$$

要求式（4.8.3）第一项最大，由限平均功率最大熵定理，只有当信道输出 Y 正态分布时熵最大，此时 Y 的概率密度函数 $p(y)$ 服从均值为零、方差为 P 的一维高斯分布，即 $p(y)\sim N(0,P)$，其中 P 为 Y 的平均功率。由于 $Y=X+Z$，而 Y 和 Z 均服从零均值高斯分布，所以信道输入 X 也服从高斯分布，即 $p(x)\sim N(0,S)$，其中 S 为 X 的平均功率。由于信道输入 X 与噪声 Z 统计独立，由概率论可知，统计独立的高斯分布的随机变量的方差等于各变量的方差之和，所以 $P=S+\sigma^2$。

因此，平均功率受限的一维高斯加性信道的容量为

$$C=\log\sqrt{2\pi eP}-\log\sqrt{2\pi e\sigma^2}=\log\sqrt{1+\frac{S}{\sigma^2}} \tag{4.8.4}$$

式中，S/σ^2 是信号功率与噪声功率之比，常称为信噪比，用 SNR 表示。即

$$C=\log\sqrt{1+\mathrm{SNR}}=\frac{1}{2}\log(1+\mathrm{SNR}) \tag{4.8.5}$$

可见，一维高斯加性连续信道的容量仅取决于信道的信噪比，最佳输入分布就是均值为零、方差为 S 的高斯分布。

值得注意的是，这里研究的信道只存在加性噪声，而对输入功率没有考虑损耗。但在实际通信系统中，几乎都存在大小不等的功率损耗，在计算时输入信号的功率 S 应是经过损耗后的功率。

另外，在很多实际系统中噪声并不是高斯型的，但若是加性的，可以求出信道容量的上下界。若是乘性噪声，则很难分析。令信道输入信号的平均功率 $E(X^2)\leqslant S$，则均值为零、平均功率为 σ^2 的非高斯噪声的加性信道的容量有如式（4.8.6）所示的上下界：

$$\log\sqrt{1+\frac{S}{\sigma^2}}\leqslant C\leqslant \log\sqrt{2\pi eP}-h(Z) \tag{4.8.6}$$

式中，$h(Z)$ 是噪声熵。

式（4.8.6）右边第一项是均值为零、方差为 P 的高斯信号的熵，由于噪声 Z 是非高斯的，如果输入信号 X 的分布能使 $Y=X+Z$ 呈高斯分布，则 $h(Y)$ 达到最大值，此时信道容量达到上限值 $\log\sqrt{2\pi eP}-h(Z)$。

再看式（4.8.6）的左边可写成 $\log\sqrt{2\pi eP}-\log\sqrt{2\pi e\sigma^2}$，第二项是均值为零、方差为 σ^2 的高斯噪声的熵，此为平均功率受限 σ^2 时的最大值，即噪声熵考虑的是最坏情况，所以是信道容量的下限值。

式（4.8.6）说明，在给定噪声功率情况下，高斯干扰是最坏的干扰，高斯噪声信道的容量最小，所以在处理实际问题时，通常采用计算高斯噪声信道容量的方法保守地估计容量，且高斯噪声信道容量容易计算。

4.8.2　多维无记忆高斯加性信道

信道输入随机序列 $\boldsymbol{X}=(X_1X_2\cdots X_N)$，输出随机序列 $\boldsymbol{Y}=(Y_1Y_2\cdots Y_N)$，加性信道有 $\boldsymbol{Y}=\boldsymbol{X}+\boldsymbol{Z}$，其中 $\boldsymbol{Z}=(Z_1Z_2\cdots Z_N)$ 是均值为零的高斯噪声，表示各单元时刻 $1,2,\cdots,N$ 上的噪声，如图 4.9 所示。

由于信道无记忆，所以有 $p(\boldsymbol{y}\mid\boldsymbol{x})=\prod_{i=1}^{N}p(y_i\mid x_i)$。加性信道中噪声随机序列的各时刻分量是统计独立的，即 $p(\boldsymbol{Z})=p(\boldsymbol{y}\mid\boldsymbol{x})=\prod_{i=1}^{N}p(z_i)$，各分量都是均值为零、方差为 σ_i^2 的高斯变量。所以多维无记忆高斯加性信道就可以等价成 N 个独立的并联高斯加性信道。

由式（4.7.12）可得

$$I(\boldsymbol{X};\boldsymbol{Y})\leqslant\sum_{i=1}^{N}I(X_i;Y_i)=\sum_{i=1}^{N}\log\sqrt{1+\frac{S_i}{\sigma_i^2}}$$

则

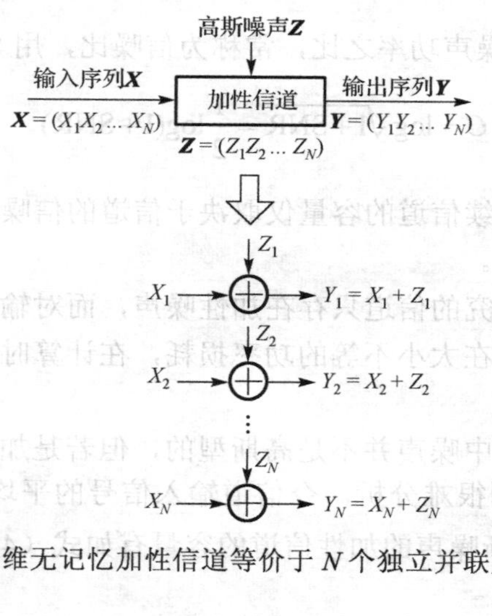

图 4.9　多维无记忆加性信道等价于 N 个独立并联加性信道

$$C=\max_{p(x)} I(\boldsymbol{X};\boldsymbol{Y})=\sum_{i=1}^{N}\log\sqrt{1+\frac{S_i}{\sigma_i^2}} \quad \text{（比特/}N\text{ 个自由度）} \tag{4.8.7}$$

式中，σ_i^2 是第 i 个单元时刻高斯噪声的方差。因此当且仅当输入随机矢量 $\boldsymbol{X}$ 中各分量统计独立，且是均值为零、方差为 S_i 的高斯变量时，才能达到此信道容量。式（4.8.7）既是多维无记忆高斯加性连续信道的信道容量，也是 N 个独立并联高斯加性信道的信道容量。

（1）当每个单元时刻上的噪声都是均值为零、方差相同的 σ^2 高斯噪声时，由式（4.8.7）得：

$$C=\frac{N}{2}\log\left(1+\frac{S}{\sigma^2}\right) \quad \text{（比特/}N\text{ 个自由度）} \tag{4.8.8}$$

当且仅当输入矢量 $\boldsymbol{X}$ 的各分量统计独立，各分量是均值为零、方差为 S 的高斯变量时，信道中传输的信息率可达到最大，等于式（4.8.8）所示的信道容量。

（2）当各单元时刻 N 个高斯噪声均值为零，但方差不同且为 σ_i^2 时，若输入信号的总平均功率受限，即约束条件为

$$E\left[\sum_{i=1}^{N}X_i^2\right]=\sum_{i=1}^{N}E\left[X_i^2\right]=\sum_{i=1}^{N}S_i=S \tag{4.8.9}$$

则此时各单元时刻的信号平均功率应合理分配，才能使信道容量最大。也就是需要在式（4.8.9）的约束条件下，计算式（4.8.7）中 S_i 的分布。这是一个标准的求极大值的问题，采用拉格朗日乘子法来计算。

作辅助函数：

$$f(S_1,S_2,\cdots,S_N)=\sum_{i=1}^{N}\frac{1}{2}\log\left(1+\frac{S_i}{\sigma_i^2}\right)+\lambda\sum_{i=1}^{N}S_i$$

令

$$\frac{\partial f(S_1,S_2,\cdots,S_N)}{\partial S_i}=0 \quad (i=1,2,\cdots,N)$$

解得

$$\frac{1}{2}\frac{1}{S_i+\sigma_i^2}+\lambda=0 \quad (i=1,2,\cdots,N)$$

即

$$S_i+\sigma_i^2=-\frac{1}{2\lambda} \quad (i=1,2,\cdots,N) \tag{4.8.10}$$

式（4.8.10）表示各单元时刻上信号平均功率与噪声功率之和，即各个时刻的信道输出功率相等，设为常数 μ，则

$$S_i+\sigma_i^2=\mu$$

则各单元时刻信号平均功率为

$$S_i = \mu - \sigma_i^2 \quad (i = 1, 2, \cdots, N) \tag{4.8.11}$$

由于信号功率 S_i 必须大于或等于零，所以式（4.8.11）不一定代表可实现解。下面对式（4.8.11）作一修正，令

$$S_i = \left(\mu - \sigma_i^2\right)^+ \quad (i = 1, 2, \cdots, N)$$

其中，正函数 $(x)^+$ 表示取 x 的正数，即

$$(x)^+ = \begin{cases} x & x \geqslant 0 \\ 0 & x < 0 \end{cases}$$

而常数 μ 的选择由式（4.8.12）所示的约束条件求得

$$\sum_{i=1}^{N} (\mu - \sigma_i^2)^+ = S \tag{4.8.12}$$

因此高斯信道容量为

$$C = \sum_{i=1}^{N} \frac{1}{2} \log\left(1 + \frac{(\mu - \sigma_i^2)^+}{\sigma_i^2}\right) \tag{4.8.13}$$

各子信道的信号功率分配可以用“注水法则”来解释。将各单元时刻或并联信道看成用来盛水的容器，将信号功率看成水，向容器中注入水，最后的水平面是平的，每个子信道中装的水量即是分配的信号功率。在总功率分配给各个子信道时，首先把功率分配给噪声最小的信道，然后分配给第二小噪声信道，就像注水一样进行，直至水涨到一定的水平 μ，使总的注水量等于总功率 S。如图 4.10 所示，有 5 个信道，先把功率分配给噪声最小的第 1 信道，然后分配给第 5 信道。像注水一样，直至水涨到某一水平 μ，这时 $S_1 + S_2 + S_4 + S_5 = S$。而第 3 信道的噪声水平大于 μ，所以不分配任何功率给该信道。

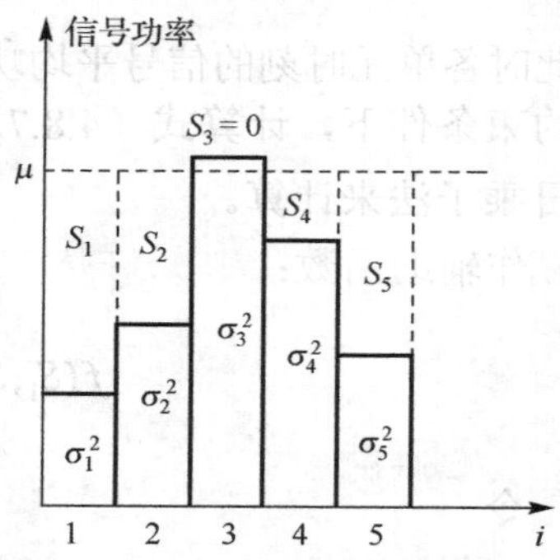

图 4.10 注水法则示意图

4.9 波形信道的信道容量

加性高斯白噪声（AWGN，Additive White Gaussian Noise）波形信道是经常假设的一种信道。本节将分析得出 AWGN 信道容量的表达式——香农公式，并讨论香农公式的物理含义。

4.9.1 限带 AWGN 信道的容量

假设信道输入信号为平稳随机过程 $X(t)$，信道噪声 $Z(t)$ 为加性高斯白噪声，信道输出为 $Y(t)$，则

$$Y(t) = X(t) + Z(t)$$

如果信道的频率特性是理想限带的，带宽为 B（Hz），则 $X(t)$、$Y(t)$ 和 $Z(t)$ 的带宽均为 B。以 $2B$ 的抽样频率对 $X(t)$、$Y(t)$ 和 $Z(t)$ 进行抽样，将分别得到 N 维随机序列如下：

$$X(t_1),X(t_2),\cdots,X(t_n),\cdots,X(t_N)$$
$$Y(t_1),Y(t_2),\cdots,Y(t_n),\cdots,Y(t_N)$$
$$Z(t_1),Z(t_2),\cdots,Z(t_n),\cdots,Z(t_N)$$

可以证明，如果以 $2B$ 的频率对频带受限于 B 的高斯白噪声进行抽样，则不同抽样时刻的样值互不相关，对于高斯分布就是统计独立。因此限频高斯白噪声过程可分解成 N 维统计独立的随机序列，这是多维无记忆高斯加性信道。在 $[0,T]$ 时刻内，抽样值个数 $N=2BT$，根据式（4.8.8），多维无记忆高斯加性信道的信道容量为

$$C=\frac{N}{2}\log\left(1+\frac{S}{\sigma^2}\right)\quad（比特/N 个自由度）$$

式中，S 是抽样值 $X(t_i)$ 的统计平均功率，σ^2 是噪声抽样值 $Z(t_i)$ 的统计平均功率。

因此，当信道的频带受限于 B（单位 Hz）、输入信号的平均功率为 S、噪声功率为 σ^2 时，加性高斯白噪声信道单位时间的最大信息传输速率为

$$C_t=\frac{C}{T}=B\log\left(1+\frac{S}{\sigma^2}\right)\quad（比特/秒）\tag{4.9.1}$$

式（4.9.1）为限频限功率的加性高斯白噪声信道的信道容量公式，这就是著名的香农公式。因为 AWGN 信道的噪声功率 $\sigma^2=n_0B$，香农公式还可以写成

$$C_t=B\log\left(1+\frac{S}{n_0B}\right)\tag{4.9.2}$$

式中，n_o 表示白噪声的单边功率谱密度。

需要注意的是，要使加性高斯白噪声信道传送的信息达到信道容量，必须使输入信号具有高斯白噪声的特性。不然，传送的信息率将低于信道容量，信道得不到充分利用。而常用的实际信道一般为非高斯噪声波形信道，类似式（4.8.6）所述，加性信道的噪声熵比高斯噪声的小，同样限带、限平均功率的非高斯加性信道容量以高斯加性信道的信道容量为下限值。所以香农公式也适用于其他一般非高斯加性信道，由香农公式得到的值是其信道容量的下限值。

4.9.2　香农公式的讨论

香农公式给出了加性高斯白噪声通信系统的信道容量，它是无差错传输可以达到的极限信息传输速率。鉴于香农公式的重要实际应用指导意义，下面对香农公式作深入讨论。

（1）当带宽 B 一定时，信噪比 SNR 与信道容量 C_t 成对数关系。若 SNR 增大，C_t 就增大，但增大到一定程度后会趋于缓慢。这说明增加输入信号功率有助于容量的增大，但该方法是有限的；另外降低噪声功率也是有用的，当 $n_0\to 0$ 时，$C_t\to\infty$，即无噪声信道的容量为无穷大。

（2）当输入信号功率 S 一定时，增加信道带宽，容量可以增加，但到一定阶段后增加变得缓慢，因为当噪声为加性高斯白噪声时，随着 B 的增加，噪声功率 n_oB 也随之增加。图 4.11 所示为信道容量 C_t 随带宽 B 变化的曲线。

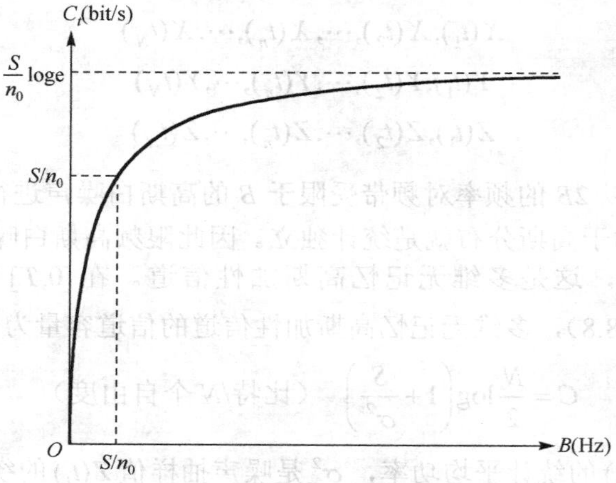

图 4.11 高斯白噪声信道的信道容量

当$B \to \infty$时，C_t趋于一个极限值。利用关系式$\lim\limits_{x \to 0}(1+x)^{\frac{1}{x}} = \mathrm{e}$，可求出$C_t$的极限值，即

$$\begin{aligned}\lim_{B\to\infty} C_t &= \lim_{B\to\infty} B\log\left(1+\frac{S}{n_o B}\right) = \lim_{B\to\infty}\frac{S}{n_0}\log\left(1+\frac{S}{n_o B}\right)^{\frac{N_o B}{S}} \\ &= \frac{S}{n_o}\lim_{x\to 0}\log(1+x)^{\frac{1}{x}} = \frac{S}{n_o}\log \mathrm{e}\end{aligned}$$

当对数底数取 2，信道容量为

$$\lim_{B\to\infty} C_t = \frac{S}{n_0 \ln 2} = 1.44\frac{S}{n_0}\ \text{（bit/s）} \tag{4.9.3}$$

式（4.9.3）说明：当带宽无限时，信道容量仍是有限的。当带宽不受限制时，传送 1 bit 信息，$\frac{S}{n_0}$最低只需 0.693，但实际上要获得可靠的通信往往都比这个值大得多。

将式（4.9.2）的香农公式表示为$\frac{C_t}{B}$和$\frac{E_b}{n_0}$的函数关系，如式（4.9.4）所示。

$$\frac{C_t}{B} = \log\left(1+\frac{E_b}{n_0}\cdot\frac{C_t}{B}\right) \tag{4.9.4}$$

即

$$\frac{E_b}{n_0} = \frac{2^{C_t/B}-1}{C_t/B} \tag{4.9.5}$$

式中$C_t E_b = S$为信号功率；C_t/B称为归一化信道容量，表示单位频带上的最大信息传输速率；E_b/n_0称为比特信噪比，即每比特的信号能量E_b与白噪声单边功率谱n_0之比。

因此，当$C_t/B \to 0$时，可得到实现可靠通信所要求的E_b/n_0的最小值，此时

$$\frac{E_b}{n_0} = \lim_{C_t/B\to 0}\frac{2^{C_t/B}-1}{C_t/B} = \ln 2 \tag{4.9.6}$$

其值是 −1.6dB，这就是**香农限**。香农限是对任何通信系统而言所要求的 E_b/n_0 最小值，没有一个系统可以低于这个限实现无差错传输。而为了取得这个理论极限，要求 $C_t/B\to 0$，或者等效于 $B\to\infty$。

（3）C_t 一定时，带宽 B 增大，可以降低信噪比的要求，即带宽和信噪比可以互换。若有较大的传输带宽，则在保持信号功率不变的情况下，可允许较大的噪声，即系统的抗噪声能力提高。

需要说明的是，带宽和信噪比的互换过程不是自然而然实现的，必须通过具体的编码和调制等通信技术来实现。理想通信系统如图 4.12 所示，其中发送设备对信源输出的原始信号进行变换（如调制或编码），接收设备对信道输出的信号进行反变换（如解调或译码）。设原始信号的带宽为 B_o，进入信道的信号带宽为 B_i，接收设备的输入信噪比为 SNR_i，接收设备的输出信噪比为 SNR_o。因为接收设备完成发送设备的反变换，所以接收设备的输入信号带宽为 B_i，输出至信宿的信号带宽为 B_o。

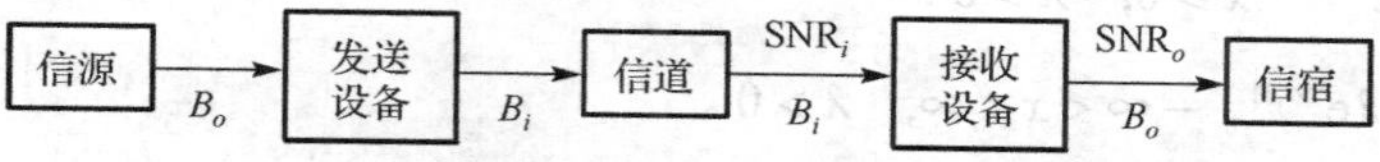

图 4.12 理想通信系统的方框图

这样，接收设备的输入信息速率为

$$(C_t)_i = B_i\log(1+\text{SNR}_i)$$

假设接收设备不引入信息损失，则接收设备的输入信息速率和输出信息速率相同，即

$$(C_t)_o = (C_t)_i \tag{4.9.7}$$

而

$$(C_t)_o = B_o\log(1+\text{SNR}_o) \tag{4.9.8}$$

即

$$B_o\log(1+\text{SNR}_o) = B_i\log(1+\text{SNR}_i) \tag{4.9.9}$$

因此当 $\text{SNR}_i \gg 1$，$\text{SNR}_o \gg 1$ 时，有

$$\text{SNR}_o = (\text{SNR}_i)^{B_i/B_o} \tag{4.9.10}$$

可见，同样的 SNR_i，信道带宽 B_i 越大，则接收设备的输出信噪比 SNR_o 越大。而同样的 SNR_o，信道带宽 B_i 越大，则可降低对 SNR_i 的要求。在理想通信系统中，信噪比的改善与带宽比成指数关系。

实际通信系统如扩频系统、宽带调频系统和脉冲编码调制，就利用了这个原理。例如扩频通信将所需传送的信号扩频，使之远远大于原始信号带宽，以增强抗干扰的能力。需要指明的是，香农公式只证明了理想通信系统的“存在性”，却没有指出这种通信系统的实现方法。到目前为止，还没有一种实际通信系统能达到式（4.9.10）表明的理想结果。但香农公式的伟大之处在于从理论上给出了带宽和信噪比进行互换的可能性，而后人正是沿着这个方向不断努力去发现并实现这种互换的具体方法。

习 题

4.1 两个一维随机变量的概率分布密度函数分别如图 4.13(a)和(b)所示。问哪一个熵大？

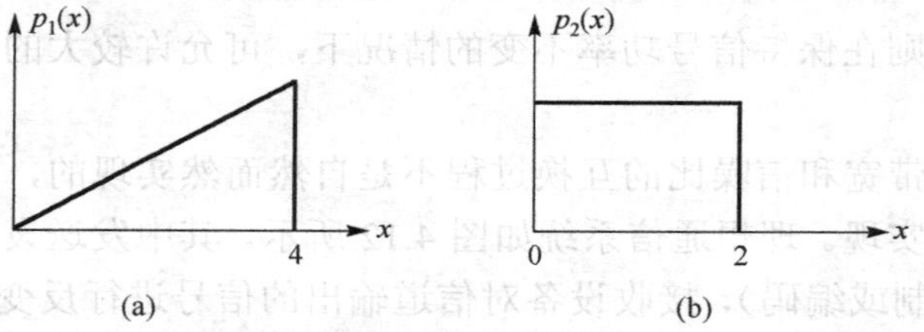

图 4.13 习题 4.1 图

4.2 设有一连续随机变量 X，其概率密度函数分别服从指数分布和拉普拉斯分布，即

（1） $p(x)=\lambda e^{-\lambda x} \quad x \geqslant 0,\ \ \lambda>0$；

（2） $p(x)=\dfrac{1}{2}\lambda e^{-\lambda|x|} \quad -\infty<x<\infty,\ \ \lambda>0$。

计算该随机变量的熵。

4.3 有两个连续随机变量 X 和 Y 的联合概率密度函数为

$$p(xy)=\frac{1}{8\pi}e^{-\frac{(x-1)^2+(y+2)^2}{8}}$$

（1）计算 $h(X)$，$h(Y)$，$h(XY)$，$h(X|Y)$ 和 $I(X;Y)$；

（2）计算 $Z=X+Y$ 的熵 $h(Z)$。

4.4 有两个连续随机变量 X 和 Y 的联合概率密度函数为

$$p(xy)=\frac{1}{(a_2-a_1)(b_2-b_1)}, \qquad x\in[a_1,a_2],\quad y\in[b_1,b_2]$$

计算 $h(X|Y)$，$h(XY)$ 和 $I(X;Y)$。

4.5 已知一个连续随机变量 X 在区间 (a,b) 上呈均匀分布，试用 X 的平均功率 P 来表示连续随机变量 X 的相对熵和熵功率。

4.6 一个连续随机变量 X 的取值为正，数学期望为 A，试求在此条件下获得最大熵的最佳分布，并求出最大熵。

4.7 证明：对于 N 维连续随机序列 $\boldsymbol{X}=(X_1X_2\cdots X_N)$，当 X_i，$i=1,2,\cdots,N$，服从高斯分布且相互独立时，其联合熵最大。

4.8 高斯随机变量 X,Y 为相互独立的高斯随机变量，其均值和方差分别为 m_x,m_y 和 σ_x^2,σ_y^2，且 $U=X+Y$，$V=X-Y$，计算 $h(UV)$。

4.9 已知 X，Y 和 Z 为相互独立的高斯随机变量，均值都为 0，方差分别为 P，Q 和 N。设随机变量 $U=X+kY$，$V=X+Y+Z$，其中 k 为常数。计算 $I(U;Y)$ 和 $I(U;V)$。

4.10 二维高斯随机变量集合 XY，其中 X,Y 的均值和方差分别为 m_x,m_y 和 σ_x^2,σ_y^2，且相关系数为 ρ，计算：

（1） X,Y 的联合概率密度函数；

（2）$h(X), h(Y), h(XY)$，$I(X;Y)$。

4.11　设有一连续随机变量 X，其概率密度函数为 $p(x)=\begin{cases} bx^2 & 0\leqslant x\leqslant a \\ 0 & 其他 \end{cases}$，计算该随机变量的熵。若 $Y=X+K$（$K>0$），$Z=2X$，试分别求出 Y 和 Z 的熵。

4.12　已知加性信道输入的随机变量 X 在 $-1/2\leqslant x\leqslant 1/2$ 范围内均匀分布。设信道输出的随机变量 $Y=X+Z$，其中加性噪声 Z 在 $-1/2\leqslant z\leqslant 1/2$ 范围内均匀分布。

（1）计算平均互信息 $I(X;Y)$；

（2）计算该信道的信道容量。

4.13　设某连续信道的转移概率密度为

$$p(y\mid x)=\frac{1}{\alpha\sqrt{3\pi}}\mathrm{e}^{-(y-0.5x)^2/3\alpha^2}$$

而信道输入变量 X 的概率密度为

$$p(x)=\frac{1}{2\alpha\sqrt{\pi}}\mathrm{e}^{-(x^2/4\alpha^2)}$$

试计算信源熵 $h(X)$ 和平均互信息 $I(X;Y)$。

4.14　具有 6.5MHz 带宽的某高斯信道，若信道中信号功率与噪声功率谱密度之比为 45.5MHz，计算该信道的信道容量。

4.15　某高斯信道带宽为 6MHz，若信道中信号功率与噪声功率之比为 63，试确定利用该信道的理想通信系统的信息传输速率和差错率。

4.16　计算机终端通过带宽为 3400Hz 的信道传输数据。

（1）如果要求信道的信噪比 SNR = 30dB，试求该信道的信道容量。

（2）如果线路上的最大信息传输速率为 4800bit/s，试求所需最小信噪比。

4.17　已知某一信道的信息传输速率为 6kbit/s，噪声功率谱 $\frac{n_0}{2}=10^{-4}$ W/Hz，在带宽为 6kHz 的高斯信道中进行传输。试计算无差错传输需要的最小输入信号功率。当带宽为 6MHz 时，重新计算最小输入信号功率。

4.18　已知一个平均功率受限的连续信号，通过带宽 $B=1$MHz 的高斯白噪声信道，试求：

（1）若信道上的信噪比为 10，信道容量为多少？

（2）若信道容量不变，信道上的信噪比降为 5，信道带宽应为多少？

（3）若信道通频带减为 0.5MHz，要保持相同的信道容量，信道上的信号与噪声的平均功率比值应等于多少？

4.19　若要保持信道容量 $C_t=12\times10^3$ bit/s，当信道带宽从 4000Hz 减小到 3000Hz 时，信噪比如何变化？

4.20　一个通信系统通过 AWGN 信道传送信息，噪声的双边功率谱密度 $n_0/2=0.5\times10^{-8}$ W/Hz，信号功率 P 限制为 10W，系统使用两个频段 B_1 和 B_2，其中 $B_1\in(0, 3\text{MHz})$，$B_2\in(4\text{MHz}, 6\text{MHz})$。计算：

（1）系统的信道容量；

（2）如果 B_1 的双边功率谱保持不变，B_2 的双边功率谱密度变为原来的 50 倍，求信道容量。

4.21 某一待传输的图片约含 2.25×10^6 个像元。为了很好地重现图片，需要 16 个亮度电平。假若所有这些亮度电平等概出现，信道中信噪功率比为 30dB。试计算用 3 分钟传送一张图片时所需的信道带宽。

4.22 计算机终端发出 A、B、C 三种符号，出现概率分别为 1/4，1/4，1/2。通过一条带宽为 6kHz 的信道传输数据，假设信道输出信噪比为 1023，试计算：

（1）香农信道容量；

（2）无误码传输的最高符号速率。

4.23 某理想通信系统接收设备 $\mathrm{SNR}_i=10\mathrm{dB}$，如果要求 $\mathrm{SNR}_o=30\mathrm{dB}$，设原始信号带宽为 1000Hz，计算信道传输带宽为多少。

第 5 章　无失真信源编码

第 2 章已经讨论了离散信源的信息度量——信源熵，本章将讨论信源的另一个重要问题：如何对信源的输出进行适当的编码，才能用尽可能少的码元来表示信源信息，做到以最大的信息传输率无差错地传输信息呢？即无失真信源编码，它解决的是通信的有效性问题。

本章将首先介绍信源编码的基本概念；然后从理论上阐述无失真信源编码定理，得出结论“平均码长的理论极限值就是信源熵 $H_r(S)$”；最后给出几种无失真信源编码方法。

5.1　信源编码的基本概念

信源编码的实质是对原始信源符号按照一定的规则进行变换，以码字（由码元组成）代替原始信源符号，使变换后得到的码元尽可能地独立等概分布，从而提高信息传输的有效性。

5.1.1　信源编码的数学模型

在研究信源编码时，通常只针对信源特性来讨论如何进行信源编码，而将信道编码和信道译码看作信道的一部分，而且不考虑信道干扰问题，即假定信道传输不会引起信息的损失。

无失真信源编码的数学模型比较简单，图 5.1 所示为一个单符号的无失真信源编码器。图中，编码器的输入为原始信源符号 S，样本空间为 $\{s_1,s_2\cdots,s_q\}$；编码器输出的码字集合为 C，共有 q 个码字 $W_1,W_2,\cdots,W_q$，与 S 中的 q 个信源符号一一对应。**码元集** $X=\{a_1,a_2,\cdots,a_r\}$，X 中的元素 $a_j\ (j=1,2,\cdots,r)$ 称为**码元**（或**码符号**）。码字 $W_i\ (i=1,2,\cdots q)$ 是由 L_i 个码元构成的序列，L_i 称为码字 W_i 的码长。所有的码字集合构成码书 C。

编码器将信源符号 s_i 变换成码字 W_i，表示为

$$s_i \leftrightarrow W_i=(a_{i_1},a_{i_2},\cdots,a_{i_{L_i}}) \qquad (i=1,2,\cdots,q) \tag{5.1.1}$$

式中，$a_{i_k}\in X=\{a_1,a_2\cdots,a_r\}\ (k=1,2,\cdots,L_i)$，$X$ 为构成码字的码元集。

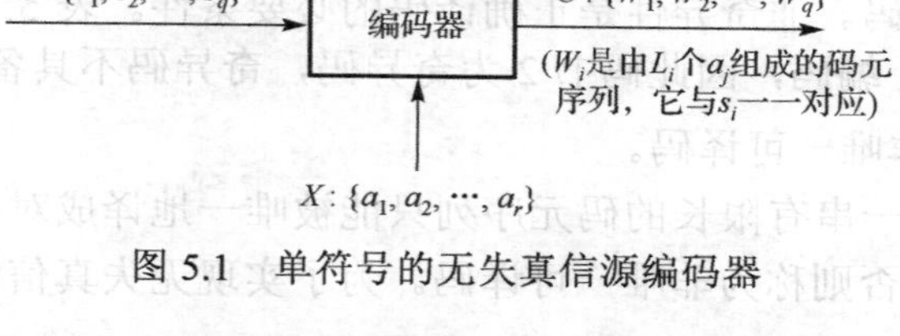

图 5.1　单符号的无失真信源编码器

图 5.2 所示为 N 次扩展信源的无失真信源编码器。编码器将长度为 N 的信源符号序列 α_i 变换成码字 W_i，此时，输入信源符号序列 α_i 共有 q^N 个，输出的码字也有 q^N 个，码字 W_i 与信源符号序列 α_i 一一对应。表示为

$$\alpha_i \leftrightarrow W_i = (a_{i_1}, a_{i_2}, \cdots, a_{i_{L_i}}) \qquad (i = 1, 2, \cdots, q^N) \tag{5.1.2}$$

式中，$\alpha_i = (s_{i_1}, s_{i_2} \cdots, s_{i_N})$，$s_{i_n} \in S = \{s_1, s_2 \cdots, s_q\}$（$n = 1, 2, \cdots, N$），$a_{i_k} \in X = \{a_1, a_2 \cdots, a_r\}$（$k = 1, 2, \cdots, L_i$）。

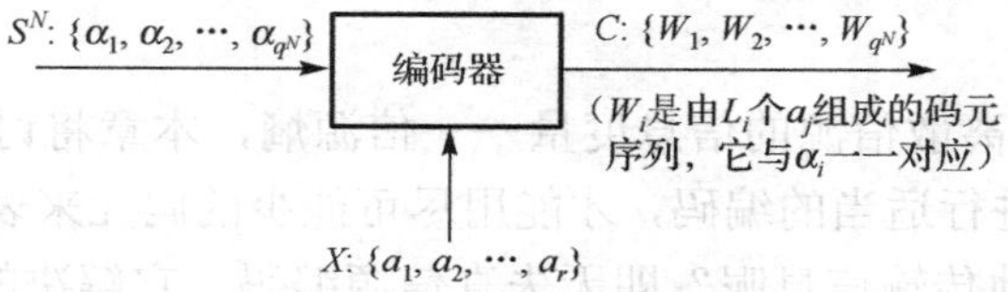

图 5.2　N 次扩展信源的无失真信源编码器

可见，信源编码过程可以抽象为一种映射，它将信源符号 s_i（或符号序列 α_i）映射为长度为 L_i 的码字 W_i。

5.1.2　信源编码的分类

对于同样的信源输出，可以有不同的信源编码方案，如表 5.1 所示。

表 5.1　同一信源的不同信源编码方案

信源符号	出现概率 $P(s_i)$	码书 1	码书 2	码书 3	码书 4	码书 5	码书 6
s_1	1/2	00	00	0	1	1	0
s_2	1/4	01	01	10	10	01	10
s_3	1/8	10	01	110	100	001	110
s_4	1/8	11	11	1011	1000	0001	111

一般地，信源编码有以下几类。

① 定长码和变长码。

如果码字集合 C 中所有码字的码长都相同，则称为**定长码**（或**等长码**）；反之，如果码字长度不同，则称为**变长码**。表 5.1 中的码书 1 和码书 2 为定长码，而码书 3、码书 4、码书 5 和码书 6 则为变长码。

② 二元码和多元码。

如果码元集 $X = \{0,1\}$，对应的码字称为**二元码**。二元码是数字通信系统中常用的一种码。表 5.1 列出的 6 种码书都是二元码。

③ 奇异码和非奇异码。

一般说来，无论是定长码还是变长码，如果码字集合 C 中含有相同的码字，则称为**奇异码**。否则称为**非奇异码**。非奇异性是正确译码的必要条件。表 5.1 中的码书 2 因为信源符号 s_2 和 s_3 都用码字 01 编码，因此码书 2 为奇异码，奇异码不具备唯一可译性。

④ 唯一可译码和非唯一可译码。

如果一种码的任何一串有限长的码元序列只能被唯一地译成对应的信源符号序列，则称该码为**唯一可译码**；否则称为非唯一可译码。为了实现无失真信源编码，必须采用唯一可译码。

例如，表 5.1 中的码书 6 是唯一可译码，因为任意一串有限长的码序列（如 10001100）都只能被分割为{10, 0, 0, 110, 0}，任何其他分割方法都会产生一些非定义的码字。表 5.1

中的码书 3 不是唯一可译码表，如接收的码元序列为 10110，可以译码为 s_4s_1，也可以译为 s_2s_3。另外，表 5.1 中的码书 4 和码书 5 也是唯一可译码。

⑤ 即时码和非即时码。

在唯一可译码中有一类码，它在译码时无须参考后续的码元就能立即做出判断，译成对应的信源符号序列，则这类码称为**即时码**，否则称为非即时码。表 5.1 中的码书 5 和码书 6 都是即时码。即时码不能在一个码字后面添上一些码元构成另一个码字，即任一码字都不是其他码字的前缀，所以它也称为**异前缀码**。即时码一定是唯一可译码，但唯一可译码不一定是即时码。

各种码之间的关系如图 5.3 所示。

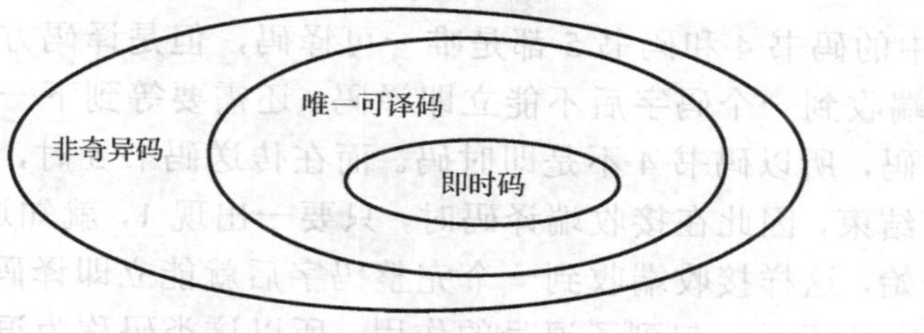

图 5.3　各种码之间的关系示意图

5.1.3　唯一可译码和即时码

1. 唯一可译码

唯一可译码不仅要求编码时采用非奇异码（即不同的信源符号变换成不同的码字），而且还要求任意有限长的信源符号序列对应的码字序列各不相同，这样在接收端才能唯一译码。下面从 ***N* 次扩展码**的角度来理解唯一可译码。

假定某码书 C，它将信源符号 $s_i\,(i=1,2,\cdots,q)$ 映射为码字 W_i，则码 C 的 N 次扩展码是所有 N 个码字组成的码字序列的集合。码 C 的 N 次扩展码共 q^N 种码字序列，它与 N 次扩展信源 S^N 中的 q^N 个信源符号序列一一对应。容易理解，**如果一种编码方法的任意 *N* 次扩展码都是非奇异码，则这种编码方法就是唯一可译码。**

表 5.1 中的码书 3 的二次扩展码如表 5.2 所示。可以看出，当接收的码元序列为 10110 时，可以译码为 s_4s_1，也可以译为 s_2s_3。所以表 5.1 中的码书 3 不是唯一可译码。

表 5.2　码书 3 的二次扩展码

信源符号序列	二次扩展码	信源符号序列	二次扩展码
s_1s_1	$W_1W_1=00$	s_3s_1	$W_3W_1=1100$
s_1s_2	$W_1W_2=010$	s_3s_2	$W_3W_2=11010$
s_1s_3	$W_1W_3=0110$	s_3s_3	$W_3W_3=110110$
s_1s_4	$W_1W_4=01011$	s_3s_4	$W_3W_4=1101011$
s_2s_1	$W_2W_1=100$	s_4s_1	$W_4W_1=10110$
s_2s_2	$W_2W_2=1010$	s_4s_2	$W_4W_2=101110$
s_2s_3	$W_2W_3=10110$	s_4s_3	$W_4W_3=1011110$
s_2s_4	$W_2W_4=101011$	s_4s_4	$W_4W_4=10111011$

表 5.1 中的码书 4、码书 5 和码书 6 都是唯一可译码，因为原码本身是非奇异码，而且其任意有限长的 N 次扩展码都是非奇异码。但是这种判断方法不可取，因为需要构造任意有限长的 N 次扩展码。1957 年，萨得纳斯（A. A. Sardinas）和彼特森（G. W. Patterson）设计出一种确切可行的唯一可译码判断方法，感兴趣的读者可以查阅参考文献[4]。

特殊地，对于定长码，如果原码是非奇异码，则它的 N 次扩展码一定是唯一可译码。因为码是定长的，译码器收到码元序列时，按相同的码长划分为一个个的码字，再根据码的非奇异性即可将一个个码字译为对应的信源符号。例如，表 5.1 中的码书 1 是定长非奇异码，是唯一可译码。

2．即时码

虽然表 5.1 中的码书 4 和码书 5 都是唯一可译码，但是译码方法仍有不同。当传送码书 4 时，接收端收到一个码字后不能立即译码，还需要等到下一个码字接收到时才能判断是否可以译码，所以码书 4 不是即时码。而在传送码书 5 时，由于码书 5 中的每个码字都以码元 1 结束，因此在接收端译码时，只要一出现 1，就知道一个码字已经结束，新的码字就要开始，这样接收端收到一个完整码字后就能立即译码，所以码书 5 是即时码。由于码书 5 中的码元 1 起到了逗号的作用，所以这类码称为**逗号码**，它是即时码中的一个子类。

即时码可以采用**码树法**来构造。码树中有树根、树枝和节点，最上端为树根，从根出发画树枝，树枝的数目为码符号的进制数 r。树枝的终端为**节点**，从节点出发再伸出 r 条树枝，依次下去构成一棵树。节点分为终端节点和中间节点。当某一节点用来表示码字后，为了得到异前缀码，该节点就不能再继续分支了，称为**终端节点**，而其他节点称为**中间节点**。

下面以表 5.1 中的码书 6 为例来说明如何构造即时码的码树。$C=\{W_1,W_2,W_3,W_4\}=\{0,10,110,111\}$，即 4 个码字对应的码长分别为 $L_1=1$，$L_2=2$，$L_3=L_4=3$。因采用二元码 $X=\{0,1\}$，即 $r=2$，可以按以下步骤得到即时码的码树。

① 从树根开始，画出两条分支（即树枝），每条分支代表一个码元 0 或 1。因为 W_1 的码长 $L_1=1$，任选一条分支的终点（即节点）来表示 W_1。

② 从没有选用的分支终点（即中间节点）再画出两条分支，因为 $L_2=2$，选用其中的一个分支终点来表示 W_2。

③ 继续下去，直到所有的 W_i 都有终端节点来表示为止。

④ 从树根到 W_i，要经过 L_i 条分支，把这些分支所代表的码元依照先后次序排列就可以写出该码字。

如上所述步骤得到的即时码 $C=\{W_1,W_2,W_3,W_4\}=\{0,10,110,111\}$ 的码树如图 5.4 所示。可以看出，由于从树根到每一个分支终点所走的路径不同，而且中间节点不安排码字，所以按照码树构成的码书一定满足异前缀要求，因此一定是即时码。

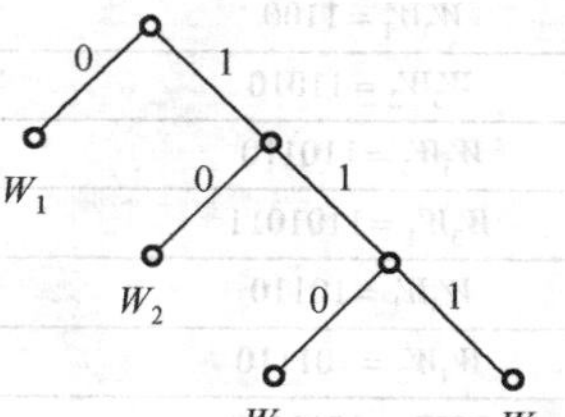

图 5.4 码树

码树还可以用来对即时码进行译码。例如，收到一串码字 100110010。从图 5.4 所示码树的树根出发，第一个码符号为 1，向右走一节；第二个码符号为 0，向左走一节，遇到了码字 W_2。然后再回到树根，从头开始，如果码符号为 1，向右走一节；如果码符号为 0，向左走一节，遇到了码字后又回到树根，从头开始。这样就可完成对即时码的即时译码。对码字 100110010 进行译码，得到的码字序列为 $W_2W_1W_3W_1W_2$。

如果在每个中间节点上都有 r 个分支，则此时的码树称为**整树**，否则称为**非整树**。三阶节点的二元整树如图 5.5 所示。

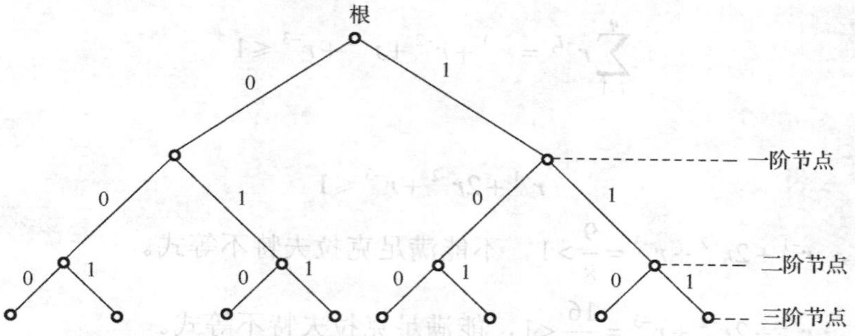

图 5.5　三阶节点的二元整树

通过类似的方法可得多元码的码树。例如码元为 r 进制时，与二进制码树不同的是，它从顶点开始，画出 r 条分支，每条分支代表一个码元 $0,1,\cdots,(r-1)$。

对较简单的信源，可以很方便地用码树法直观地构造出即时码。但是当信源较复杂时，直接画码树就比较复杂。针对这一问题，1949 年 L. G. Kraft 提出一个在数学上与码树等效的、表达即时码存在充要条件的不等式。

定理 5.1 对于码长分别为 $L_1,L_2,\cdots,L_q$ 的 r 元码，若此码为即时码，则必定满足

$$\sum_{i=1}^{q} r^{-L_i} \leqslant 1 \tag{5.1.3}$$

反之，若码长满足式（5.1.3），则一定存在具有这种码长的 r 元即时码。

式（5.1.3）称为**克拉夫特**（**Kraft**）**不等式**，该不等式是即时码存在的充要条件。其中，r 为码元的进制数，q 为信源的符号数，L_i 为信源符号对应的码字长度。需要注意的是，上述不等式只是即时码存在的充要条件，而不能作为判别此码是否为即时码的充分条件。也就是说，即时码一定满足不等式，但是满足不等式的码不一定是即时码，而且一定存在满足不等式的即时码。

在 1956 年，麦克米伦（B. McMillan）证明唯一可译码存在的充要条件也满足式（5.1.3）。这说明唯一可译码在码长的选择上并不比即时码有更宽松的条件。在码长选择的条件上，两者是一致的。如前所述，即时码必定是唯一可译码，它可以很容易地用码树法来构造，因此要构造唯一可译码，一般只需讨论构造即时码即可。

【例 5.1】 对四进制信源符号 s_1、s_2、s_3 和 s_4 进行信源编码。

（1）如果 $L_1=2$，$L_2=2$，$L_3=2$，$L_4=2$，是否存在这样码长的二元即时码？

（2）如果将此信源编码为 r 元唯一可译码，对应的码长 $L_1=1$，$L_2=2$，$L_3=2$，$L_4=3$，求 r 值的最佳下限。

解：

（1）由题意可知 $r=2$，$q=4$。因为

$$\sum_{i=1}^{q} 2^{-L_i} = 2^{-2} + 2^{-2} + 2^{-2} + 2^{-2} = 1$$

所以满足克拉夫特不等式，则一定存在具有这样码长的即时码。

（2）由克拉夫特不等式得

$$\sum_{i=1}^{q} r^{-L_i} = r^{-1} + r^{-2} + r^{-2} + r^{-3} \leqslant 1$$

即需要满足

$$r^{-1} + 2r^{-2} + r^{-3} \leqslant 1$$

当 $r=2$ 时，$r^{-1}+2r^{-2}+r^{-3}=\dfrac{9}{8}>1$，不能满足克拉夫特不等式。

当 $r=3$ 时，$r^{-1}+2r^{-2}+r^{-3}=\dfrac{16}{27}<1$，能满足克拉夫特不等式。

所以 r 值的最佳下限为 3。

5.1.4 编码效率

1. 平均码长

平均码长 $\bar{L}$ 表示编码后每个信源符号平均所需的码元个数，单位为"码元/信源符号"。

（1）对单个信源符号进行编码。

设信源为

$$\begin{bmatrix} S \\ P(s) \end{bmatrix} = \begin{bmatrix} s_1 & s_2 & \cdots & s_q \\ P(s_1) & P(s_2) & \cdots & P(s_q) \end{bmatrix}$$

对单个信源符号 $s_1, s_2, \cdots, s_q$ 编码，码字分别为 $W_1, W_2, \cdots, W_q$，各码字对应的码长分别为 $L_1, L_2, \cdots, L_q$。

因为信源符号与码字一一对应，所以

$$P(W_i) = P(s_i) \tag{5.1.4}$$

则该码的平均码长为

$$\bar{L} = \sum_{i=1}^{q} P(s_i) L_i \text{（码元/信源符号）} \tag{5.1.5}$$

例如，表 5.1 中码书 1 的平均码长为

$$\bar{L} = \sum_{i=1}^{q} P(s_i) L_i = 2 \text{（码元/信源符号）}$$

表 5.1 中码书 6 的平均码长为

$$\bar{L} = \sum_{i=1}^{q} P(s_i) L_i = \left(\frac{1}{8} + \frac{1}{8}\right) \times 3 + \frac{1}{4} \times 2 + \frac{1}{2} \times 1 = 1.75 \text{（码元/信源符号）}$$

（2）对 N 次扩展信源符号进行编码。

设 N 次扩展信源为

$$\begin{bmatrix} S^N \\ P(\alpha) \end{bmatrix} = \begin{bmatrix} \alpha_1 & \alpha_2 & \cdots & \alpha_{q^N} \\ P(\alpha_1) & P(\alpha_2) & \cdots & P(\alpha_{q^N}) \end{bmatrix}$$

式中，$S^N=(S_1,S_2\cdots,S_N)$，$\alpha_i=(s_{i_1},s_{i_2}\cdots s_{i_N})$ 且 $\sum_{i=1}^{q^N}P(\alpha_i)=1$，$s_{i_n}\in S=\{s_1,s_2\cdots,s_q\}$（$n=1,2,\cdots,N$）。

对长度为 N 的信源符号序列 $\alpha_1,\alpha_2,\cdots,\alpha_{q^N}$ 编码，码字分别为 $W_1,W_2,\cdots,W_{q^N}$，各码字对应的码长分别为 $L_1,L_2,\cdots,L_{q^N}$，则对 N 长的信源符号序列编出的码字平均码长为

$$\bar{L}_N=\sum_{i=1}^{q^N}P(\alpha_i)L_i \text{（码元/信源符号序列）} \tag{5.1.6}$$

所以，信源各符号编码的平均码长为

$$\bar{L}=\frac{\bar{L}_N}{N} \text{（码元/信源符号）} \tag{5.1.7}$$

【例 5.2】 设离散无记忆信源的概率空间为 $\begin{bmatrix} S \\ P(s) \end{bmatrix}=\begin{bmatrix} s_1 & s_2 \\ 0.7 & 0.3 \end{bmatrix}$，对三次扩展信源进行编码的方案如表 5.3 所示，计算平均码长。

表 5.3　对三次扩展信源进行编码的方案

α_i	概率	编码	α_i	概率	编码
$s_1s_1s_1$	0.343	00	$s_2s_1s_1$	0.147	010
$s_1s_1s_2$	0.147	011	$s_2s_1s_2$	0.063	1110
$s_1s_2s_1$	0.147	10	$s_2s_2s_1$	0.063	1100
$s_1s_2s_2$	0.063	1101	$s_2s_2s_2$	0.027	1111

解：

$$\begin{aligned}\bar{L}_3&=\sum_{i=1}^{8}P(\alpha_i)L_i\\&=2\times(0.343+0.147)+3\times(0.147+0.147)+4\times(0.063+0.063+0.063+0.027)\\&=2.726 \text{（码元/信源符号序列）}\end{aligned}$$

即

$$\bar{L}=\frac{\bar{L}_3}{3}=0.909 \text{（码元/信源符号）}$$

2．编码后信道的信息传输率 R

编码后信道的信息传输率是指编码后信道传送的平均每个码元载荷的信息量，简称为码率，单位为“比特/码元”或“比特/码符号”。

当原始信源 S 给定时，信源熵 $H(S)$就给定了，而编码后每个信源符号平均用 $\bar{L}$ 个码元来表示，故编码后信道的信息传输率为

$$R = \frac{H(S)}{\overline{L}} \text{（比特/码元）} \tag{5.1.8}$$

表 5.1 中信源熵 $H(S)=1.75$ 比特/符号，则采用码书 1 编码后每个码元载荷的平均信息量为 0.875bit，即编码后的信息传输率 $R=0.875$ 比特/码元。码书 6 编码后每个码元载荷的平均信息量为 1bit，即编码后的信息传输率 $R=1$ 比特/码元，由于每个二进制码元所能携带的最大信息量为 1bit，可见采用信源编码后，码元 0 和 1 独立等概分布，所以码书 6 是一种最佳编码。

3．编码效率

为了衡量编码效果，引入编码效率 η，它表示编码后实际信息量和能载荷最大信息量的比值。

假设码元序列为 r 进制码元，则每个码元所能载荷的最大信息量为 $R_{\max}=\log r$。因此，编码效率可以定义为每个码元载荷的平均信息量与它所能载荷的最大信息量的比值，表示为

$$\eta = \frac{R}{R_{\max}} = \frac{\frac{H(S)}{\overline{L}}}{\log r} \tag{5.1.9}$$

编码后每个信源符号与码字一一对应，设某编码的平均码长为 $\overline{L}$ 码元/信源符号，则 $\overline{L}$ 位 r 进制码元所能载荷的最大信息量为

$$R' = \overline{L}\log r \text{（比特/信源符号）} \tag{5.1.10}$$

R' 称为**编码后信源信息率**，它表示编码后平均每个码字能载荷的最大信息量。

故编码效率也可以表示为

$$\eta = \frac{H(S)}{R'} = \frac{H(S)}{\overline{L}\log r} \tag{5.1.11}$$

可见编码效率表征了信源熵 $H(S)$ 和编码后信源信息率 R' 的比值。

容易得出，表 5.1 中码书 1 的编码效率为 0.875。码书 6 的编码效率为 1，所以码书 6 的有效性好，是一种最佳编码。

可见，信源编码的目的是降低信源的冗余度、提高编码效率，即尽可能等概率地使用各个码元，每一个码元携带尽可能多的信息量，一定的信息量用尽可能少的码元来传送。

5.2 无失真信源编码定理

无失真信源编码的要求是能够无失真或无差错地从码元序列中恢复出原始信源符号，也就是能在接收端正确地进行译码。假设不考虑信源符号出现的概率及符号之间的依赖关系，对 N 次扩展信源进行等长编码，如果要求编得的等长码是唯一可译码，由于扩展信源符号共有 q^N 个，则相应的输出码字应不少于 q^N 个，即必须满足

$$q^N \leqslant r^{L_N} \tag{5.2.1}$$

式中，L_N 是等长码的码长，码符号有 r 种可能值，r^{L_N} 表示长度为 L_N 的等长码数目。

式（5.2.1）两边取对数，得到

$$\bar{L}=\frac{L_N}{N}\geqslant\frac{\log q}{\log r}=\log_r q \quad (5.2.2)$$

可见，对于等长的唯一可译码，平均每个信源符号所需的码元个数至少为 $\log_r q$ 个。当采用二元码时，即 $r=2$ 时，式（5.2.2）变为 $\bar{L}\geqslant\log q$。

例如，英文电报中有 32 个符号（26 个字母加 6 个字符），即 $q=32$，如采用等长码，为了实现无失真信源编码，则每个信源符号至少需要 5 位二元码符号编码才行。由第 3 章可知，实际英文电报符号信源，在考虑了符号出现概率及符号之间的依赖性后，平均每个英文电报符号所能提供的信息量约等于 1.4 比特，即编码后的 5 个二元码符号只携带了大约 1.4 比特的信息量，而 5 个二元码符号最大能载荷的信息量为 5 比特。可见，这种编码方式的编码效率极低。

能否使每个信源符号平均所需要的码元数减少，以提高传输效率呢？最小平均码长 $\bar{L}$ 为多少时，才能得到无失真的译码？若小于这个平均码长，是否还能无失真地译码？这就是无失真信源编码定理要研究的内容。

5.2.1　无失真定长信源编码定理

1．渐近等分割性和 ε 典型序列

为了更好地理解等长编码定理，先介绍长度为 N 的信源符号序列集合的渐近等分割性和 ε 典型序列。

设离散无记忆信源的概率空间为 $[S,P(s)]$，信源熵为 $H(S)$。它的 N 次扩展信源为 $\left[S^N,P(\alpha_i)\right]$。若随机序列 $S^N=S_1S_2\cdots S_N$ 中 S_i $(i=1,2,\cdots,N)$ 相互独立且服从同一概率分布 $P(s)$，其中，$\alpha_i=(s_{i_1},s_{i_2}\cdots s_{i_N})$ $(i=1,2,\cdots q^N)$ 且 $\sum_{i=1}^{q^N}P(\alpha_i)=1$，$s_{i_n}\in S=\{s_1,s_2\cdots,s_q\}$，$(n=1,2,\cdots,N)$。由弱大数定理可知，只要 N 足够大，$-\frac{1}{N}\log P(\alpha_i)$ 接近于信源熵 $H(S)$。所以当 N 为有限长时，在所有 q^N 个 N 长的信源序列中必有一些 α_i 的自信息的均值与信源熵 $H(S)$ 之差小于 ε；而另一些 α_i 的自信息的均值与信源熵 $H(S)$ 之差大于或等于 ε。因此，扩展信源中的信源序列分为两个互补的子集，即 ε 典型序列集 $G_{\varepsilon N}$ 和非 ε 典型序列集 $\bar{G}_{\varepsilon N}$。

定义 5.1　N 长信源序列 $\alpha_i=(s_{i_1},s_{i_2}\cdots s_{i_N})$ $(i=1,2,\cdots q^N)$，对于任意小的正数 ε，ε 典型序列集 $G_{\varepsilon N}$ 定义为

$$G_{\varepsilon N}=\left\{\alpha_i:\left|\frac{I(\alpha_i)}{N}-H(S)\right|<\varepsilon\right\} \quad (5.2.3)$$

非 ε 典型序列集 $\bar{G}_{\varepsilon N}$ 为

$$\bar{G}_{\varepsilon N}=\left\{\alpha_i:\left|\frac{I(\alpha_i)}{N}-H(S)\right|\geqslant\varepsilon\right\} \quad (5.2.4)$$

当 N 足够大时，ε 典型序列集具有以下性质。

① 对于任意小的正数 $\delta=\delta(N,\varepsilon)=\dfrac{D[I(s_i)]}{N\varepsilon^2}$，有

$$P(G_{\varepsilon N})>1-\delta，P(\bar{G}_{\varepsilon N})\leqslant\delta \tag{5.2.5}$$

式中，$D[I(s_i)]=E\left\{[I(s_i)-H(S)]^2\right\}=\sum_{i=1}^{q}p_i(\log p_i)^2-[H(S)]^2$ 为信源符号的自信息方差，或记为 $\sigma^2(S)$。

② 如果 $\alpha_i=(s_{i_1},s_{i_2}\cdots s_{i_N})\in G_{\varepsilon N}$，则

$$2^{-N[H(S)+\varepsilon]}<P(\alpha_i)<2^{-N[H(S)-\varepsilon]} \tag{5.2.6}$$

式中 ε 为任意小的正数。

③ 设 $\|G_{\varepsilon N}\|$ 表示 ε 典型序列集 $G_{\varepsilon N}$ 中包含的序列个数，则

$$(1-\delta)2^{N[H(S)-\varepsilon]}\leqslant\|G_{\varepsilon N}\|\leqslant 2^{N[H(S)+\varepsilon]} \tag{5.2.7}$$

由性质①可见，扩展信源中的信源序列分为 ε 典型序列集 $G_{\varepsilon N}$ 和非 ε 典型序列集 $\bar{G}_{\varepsilon N}$。其中 $G_{\varepsilon N}$ 高概率出现，当 $N\to\infty$ 时，$G_{\varepsilon N}$ 出现的概率趋于 1。由性质②可知 $S_1S_2\cdots S_N$ 随机序列的联合概率 $P(S_1S_2\cdots S_N)$ 接近于等概分布，概率为 $2^{-NH(S)}$。信源的这种性质就是**渐近等分割性（AEP）**。由性质③可知，ε 典型序列集 $G_{\varepsilon N}$ 中包含的序列个数占信源序列的比例为

$$\xi=\frac{\|G_{\varepsilon N}\|}{q^N}\leqslant\frac{2^{N[H(S)+\varepsilon]}}{q^N}=2^{-N[\log q-H(S)-\varepsilon]} \tag{5.2.8}$$

一般情况下，$H(S)<\log q$，所以 $\log q-H(S)-\varepsilon>0$，则随着 N 增大，该比例将趋于零。因此，性质③表明：虽然 ε 典型序列是高概率集合，但是它所含有的序列数目通常比非典型序列数少很多。

2．无失真定长信源编码定理

定理 5.2（无失真定长信源编码定理）　设离散无记忆信源的熵为 $H(S)$，其 N 次扩展信源用 L_N 个 r 元码符号进行定长编码，对于任意 $\varepsilon>0$，只要满足

$$\frac{L_N}{N}\geqslant\frac{H(S)+\varepsilon}{\log r} \tag{5.2.9}$$

则当 N 足够大时，可使译码错误概率为任意小。

反之，如果

$$\frac{L_N}{N}\leqslant\frac{H(S)-2\varepsilon}{\log r} \tag{5.2.10}$$

则不可能实现无失真编码，而当 N 足够大时，译码错误概率近似等于 1。

这个定理的前部分是正定理，后部分是逆定理。需要注意的是，式（5.2.9）和式（5.2.10）中的信源熵 $H(S)$ 的信息量单位必须与 $\log r$ 一致，即对数底数相同。

定理 5.2 蕴涵了如下思想。

（1）定长无失真信源编码的错误概率可以任意小，但并非一定为零。它是无失真或近似无失真的信源编码。

（2）定长无失真信源编码通常是对非常长的信源符号序列进行的，当序列长度 N 趋于无穷时，才能实现 Shannon 意义上的有效信源编码。

比较式（5.2.2）和式（5.2.9）可知，当信源符号具有等概率分布时，两式完全一致。但一般情况下，信源符号并非概率分布，而且符号之间有很强的关联性，故信源熵 $H(S)$ 或极限熵 $H_\infty(S)$ 将大大小于 $\log q$。根据定长无失真信源编码定理，每个信源符号所需的码元数将大大减少，从而提高编码效率。

为什么不等概信源的每个符号平均所需的码元数可以减少呢？对不等概信源 S 进行若干次扩展，可以推想，当扩展次数 N 足够多时，则扩展信源中一部分序列出现的概率将比其他符号序列出现的概率大得多，整个扩展信源可划分为高概率集合（ε 典型序列集 $G_{\varepsilon N}$）和低概率集合（非 ε 典型序列集 $\bar{G}_{\varepsilon N}$），而且 $G_{\varepsilon N}$ 所含有的序列数目通常比 $\bar{G}_{\varepsilon N}$ 的序列数少很多。在一定的允许误差条件下，如果舍弃扩展信源中的低概率集合，而只对高概率集合进行等长编码，相对于式（5.2.2）所需的码元数就可以减少，当然这就会引入一定的误差。但是，当 N 足够大时，这种误差可以任意小，即可实现几乎无失真编码。而定长无失真信源编码定理就给出了信源进行等长编码所需码长的理论极限值。

下面给出定理 5.2 的正定理的数学证明。

证明：根据 ε 典型序列集的性质可知，当 N 足够大时，离散无记忆信源的 N 次扩展信源可以划分为 ε 典型序列集 $G_{\varepsilon N}$ 和非 ε 典型序列集 $\bar{G}_{\varepsilon N}$，其中 $G_{\varepsilon N}$ 出现的概率趋于 1，而且 $G_{\varepsilon N}$ 中包含的序列个数 $\|G_{\varepsilon N}\| \approx 2^{N[H(S)+\varepsilon]}$。

如果对高概率的 ε 典型序列进行一一对应的等长编码，则要求

$$r^{L_N} \geqslant 2^{N[H(S)+\varepsilon]} \tag{5.2.11}$$

两边取对数，有

$$L_N \log r \geqslant N[H(S)+\varepsilon] \tag{5.2.12}$$

即

$$\frac{L_N}{N} \geqslant \frac{H(S)+\varepsilon}{\log r} \tag{5.2.13}$$

因为舍弃扩展信源中的非 ε 典型序列集 $\bar{G}_{\varepsilon N}$，所以译码错误概率 P_E 就是 $\bar{G}_{\varepsilon N}$ 出现的概率，即

$$P_E = P(\bar{G}_{\varepsilon N}) \tag{5.2.14}$$

根据契比雪夫不等式，对于任意的 $\varepsilon>0$，有

$$P(\bar{G}_{\varepsilon N}) = P\left\{\alpha_i:\ \left|\frac{I(\alpha_i)}{N} - H(S)\right| \geqslant \varepsilon\right\} \leqslant \frac{D[I(s_i)]}{N\varepsilon^2} \tag{5.2.15}$$

令

$$\frac{D[I(s_i)]}{N\varepsilon^2} = \delta(N,\varepsilon) = \delta \tag{5.2.16}$$

可见

$$\lim_{N\to\infty} \frac{D[I(s_i)]}{N\varepsilon^2} = \lim_{N\to\infty} \delta(N,\varepsilon) = 0$$

因此当 $N\to\infty$ 时，译码错误概率趋于0。

[证毕]

定理 5.2 是在平稳离散无记忆信源的条件下论证的，它同样适用于平稳离散有记忆信源，只是要求有记忆信源的极限熵 $H_\infty(S)$ 和极限方差 $\sigma_\infty^2(S)$ 存在，式（5.2.9）和式（5.2.10）中的 $H(S)$ 应改为极限熵 $H_\infty(S)$。

式（5.2.9）可以改写为

$$L_N\log r\geqslant NH(S) \tag{5.2.17}$$

这个不等式的左边表示长度为 L_N 的码元序列所能载荷的最大信息量，而右边代表长度为 N 的信源符号序列平均携带的信息量。所以定长编码定理表明：只要码字能够载荷的信息量不小于信源序列携带的信息量，总可实现几乎无失真编码。

式（5.2.9）也可以改写为

$$R'=\frac{L_N\log r}{N}\geqslant H(S) \tag{5.2.18}$$

式中，R' 为编码后信源信息率。

可见，信源平均符号熵 $H(S)$ 为一个临界值，只要 $R'>H(S)$，这种编码器就可以做到几乎无失真，条件是 N 足够大。反之，当 $R'<H(S)$ 时，不可能构成无失真的编码，也就是不可能存在一种编码器，能使译码时差错概率趋于0。当 $R'=H(S)$ 时，则为临界状态，也可能无失真，也可能有失真。

习惯上，以二元码表示编码的码字，此时 $r=2$。当二元编码时，式（5.2.9）成为

$$\frac{L_N}{N}\geqslant H(S)+\varepsilon \tag{5.2.19}$$

可见，等长编码时，平均每个信源符号所需的二元码符号数的理论极限值就是信源熵 $H(S)$。

因为编码效率为

$$\eta=\frac{H(S)}{\bar{L}\log r}=\frac{H(S)}{\dfrac{L_N}{N}\log r} \tag{5.2.20}$$

由定理 5.2 可知，最佳等长编码效率为

$$\eta=\frac{H(S)}{H(S)+\varepsilon} \tag{5.2.21}$$

编码定理从理论上阐明了编码效率接近 1 的理想编码器的存在。

为了衡量各种编码方法与理想编码的差距，定义码的冗余度为

$$\gamma=1-\eta \tag{5.2.22}$$

由于等长编码时舍弃了扩展信源中的低概率集合，而只对高概率集合进行等长编码，所以会产生译码错误。由式（5.2.15），译码错误概率为

$$P_E\leqslant\frac{D\left[I(s_i)\right]}{N\varepsilon^2} \tag{5.2.23}$$

式中，$D\left[I(s_i)\right]$ 为信源符号的自信息方差，ε 为一个给定的正数。当 $D\left[I(s_i)\right]$ 和 ε 均为定值

时，只要信源序列长度 N 足够大，P_E 可以小于任一正数 δ。当允许错误概率小于 δ 时，此时 N 满足

$$N \geqslant \frac{D[I(s_i)]}{\varepsilon^2 \delta} \tag{5.2.24}$$

由式（5.2.21），可得

$$N \geqslant \frac{D[I(s_i)]}{H^2(S)} \cdot \frac{\eta^2}{(1-\eta)^2 \delta} \tag{5.2.25}$$

可见，要求的允许错误概率越小、编码效率越高，则信源序列长度 N 就越大。然而 N 越大，实际通信系统的编译码的复杂度和延时性将大大增加。

【例 5.3】 设一个离散无记忆信源的概率空间为

$$\begin{bmatrix} S \\ P(s) \end{bmatrix} = \begin{bmatrix} s_1 & s_2 & s_3 & s_4 \\ \frac{1}{8} & \frac{1}{8} & \frac{1}{4} & \frac{1}{2} \end{bmatrix}$$

若对该信源采取等长二元编码，要求编码效率 $\eta = 0.9$，允许译码错误概率 $\delta \leqslant 10^{-5}$，试计算需要的信源序列长度 N。

解：信源熵为

$$H(S) = 2 \times \frac{1}{8}\log 8 + \frac{1}{4}\log 4 + \frac{1}{2}\log 2 = 1.75 \text{（比特/符号）}$$

自信息量的方差为

$$D[I(s_i)] = \sum_{i=1}^{q} p_i (\log p_i)^2 - [H(S)]^2$$

$$= 2 \times \frac{1}{8}\left(\log\frac{1}{8}\right)^2 + \frac{1}{4}\left(\log\frac{1}{4}\right)^2 + \frac{1}{2}\left(\log\frac{1}{2}\right)^2 - 1.75^2 = 0.6875$$

因为编码效率 $\eta = 0.9$，由式（5.2.21）可得

$$\varepsilon = \frac{1-\eta}{\eta} H(S) = 0.1944$$

由（5.2.24）可得

$$N \geqslant \frac{D[I(s_i)]}{\varepsilon^2 \delta} = \frac{0.6875}{0.1944^2 \times 10^{-5}} = 1.819 \times 10^6$$

所以，信源序列长度达到 1.819×10^6 以上，才能实现给定的要求，这在实际中是很难实现的，因此实际应用中通常采用变长编码。

5.2.2 无失真变长信源编码定理

在变长编码中，码长 L_i 是变化的，根据信源符号的统计特性，对概率大的符号用短码，而对概率小的符号用较长的码，这样平均码长 $\bar{L}$ 就可以降低，从而提高编码效率。无失真变长信源编码定理给出了无失真编码前提条件下的平均码长的界限。

定理 5.3（单个符号的无失真变长编码定理） 一个平均符号熵为 $H(S)$ 的离散无记忆信源，每个信源符号用 r 进制码元进行变长编码，一定存在一种无失真编码方法，构成唯一可译码，其码字平均长度 $\bar{L}$ 满足下列不等式

$$\frac{H(S)}{\log r} \leqslant \bar{L} \leqslant \frac{H(S)}{\log r} + 1 \tag{5.2.26}$$

定理 5.3 说明：码字的平均码长 $\bar{L}$ 不能小于极限值 $\frac{H(S)}{\log r}$，否则唯一可译码不存在。可以看出这个极限值和定长编码定理的极限值是一样的。该定理同时说明：当平均码长小于上界时，唯一可译码肯定存在。因此定理给出了无失真信源编码的最短平均码长，并指出这个最短的平均码长 $\bar{L}$ 与信源熵 $H(S)$ 有关。

需要说明的是，该定理给出了平均码长上界，但并不是说大于这上界不能构成唯一可译码，而是因为希望平均码长 $\bar{L}$ 尽可能短。

和等长编码定理中一样，式（5.2.26）中的信源熵 $H(S)$ 与 $\log r$ 的信息量单位必须一致。若以 r 进制为单位，式（5.2.26）可以写作

$$H_r(S) \leqslant \bar{L} \leqslant H_r(S) + 1 \tag{5.2.27}$$

式中，$H_r(S) = -\sum_{i=1}^{q} P(s_i)\log_r P(s_i)$，此时的对数底为 r。

定理 5.4（离散平稳无记忆序列的无失真变长编码定理） 一个平均符号熵为 $H(S)$ 的离散平稳无记忆信源，若对 N 次扩展信源符号序列用 r 进制码元进行变长编码，则一定存在一种无失真编码方法，构成唯一可译码，使得信源的每个信源符号所需的平均码长 $\frac{\bar{L}_N}{N}$ 满足

$$\frac{H(S)}{\log r} \leqslant \frac{\bar{L}_N}{N} \leqslant \frac{H(S)}{\log r} + \frac{1}{N} \tag{5.2.28}$$

当 $N \to \infty$ 时，有

$$\lim_{N\to\infty} \frac{\bar{L}_N}{N} = \frac{H(S)}{\log r} = H_r(S) \tag{5.2.29}$$

定理 5.4 中的平均码长用 $\frac{\bar{L}_N}{N}$ 表示，而不用 $\bar{L}$ 表示，是因为这个平均码长不是直接对每个信源符号 S 进行编码获得的，而是通过对扩展信源 S^N 中的符号 α_i 进行编码获得的。当然 $N=1$ 时，表示对单个信源符号直接进行编码。需要指明的是，本章为了简便起见，在不引起歧义的前提下，定长编码和变长编码的平均码长皆采用 $\bar{L}$ 来表示。

定理 5.4 又称为**香农第一定理**，前面的定理 5.3，即单符号变长编码定理可以看作它的特例。香农第一定理的结论同样适用于平稳遍历的有记忆信源（如马尔可夫信源），式（5.2.28）中的 $H(S)$ 应改为极限熵 $H_\infty(S)$。

香农第一定理是香农信息论的主要定理之一。定理指出：要实现无失真的信源编码，采用 r 元码进行编码时，每个信源符号的平均码长的极限值就是原始信源的熵值 $H_r(S)$。当编码的平均码长小于信源的熵值时，则唯一可译码不存在，在译码时必然带来失真或差

错。同时它还表明：通过对扩展信源进行变长编码，当 $N \to \infty$ 时，平均码长可达到这个极限值。

由式（5.2.28），香农第一定理也可陈述为：

若编码后的信源信息率 $R' > H(S)$，则存在唯一可译变长编码；若 $R' < H(S)$，则唯一可译变长编码不存在，不能实现无失真的信源编码。其中，$R' = \dfrac{\overline{L}_N}{N}\log r$。

现在从信道角度来观察香农第一定理。当 $N \to \infty$ 时，平均码长可以达到极限值，即

$$\overline{L} = \frac{H(S)}{\log r} \tag{5.2.30}$$

此时，编码效率为

$$\eta = \frac{H(S)}{\overline{L}\log r} = 1 \tag{5.2.31}$$

编码后的信息传输率为

$$R = \frac{H(S)}{\overline{L}} = \log r \ \text{（比特/码元）} \tag{5.2.32}$$

即 r 个码符号独立等概分布，这时信道的信息传输率达到最大值。对应地，这时信道的信息传输速率等于无噪信道的信道容量，信息传输速率最高。

因此，无失真信源编码的实质就是对离散信源进行适当的变换，使变换后新的码元概率尽可能等概，以使每个码元平均所含的信息量达到最大，从而使信道的信息传输率达到信道容量，信道剩余度接近于零，使信源和信道达到匹配，信道得到充分利用。

5.3　常见的无失真信源编码方法

原始信源普遍存在剩余度，香农信息论认为信源的剩余度主要来自两个方面：一是信源符号间的相关性，二是信源符号概率分布的不均匀性。为了去除信源剩余度，必须对信源进行压缩编码。目前去除信源符号间相关性的主要方法是预测编码和变换编码，而去除信源符号概率分布不均匀性的主要方法是统计编码。

无失真信源编码是与信源熵相匹配的编码，所以又称为熵编码。常见的无失真信源编码方法如图 5.6 所示。

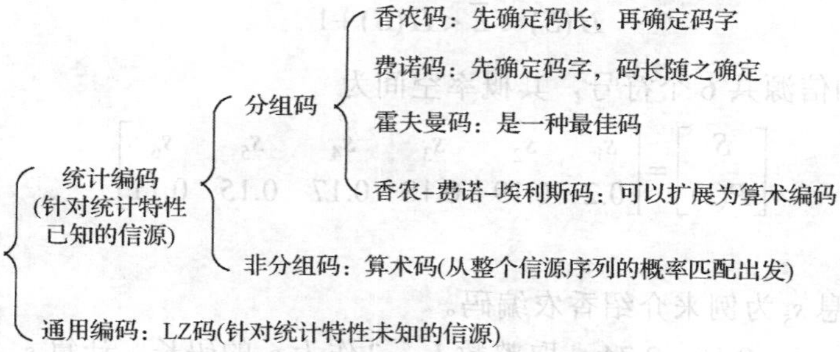

图 5.6　常见的无失真信源编码方法

本节主要介绍对统计特性已知的无记忆离散信源进行的统计编码，如香农码、霍夫曼码、费诺码、香农-费诺-埃利斯码。统计编码又称为匹配编码，因为编码过程需要匹配信源的统计特性。对于无记忆信源，其剩余度主要体现在各个信源符号概率分布的不均匀性上。统计编码能实现压缩的关键是编码器在编码过程中尽可能等概率地使用各个码符号，从而使原始信源各符号出现概率的不均匀性在编码后得以消除。对于统计特性已知的有记忆离散信源，可以采用算术码，算术码是一种非分组码，它从整个信源序列的概率匹配出发，考虑符号之间的依赖关系来进行编码。而对于统计特性未知的离散信源，可以采用通用编码，如 LZ 码。

5.3.1 香农（Shannon）码

香农第一定理的证明过程给出了一种编码方法，称为**香农码**。其编码方法是选择每个码字长度 L_i 满足

$$-\log(p_i) \leqslant L_i < -\log(p_i)+1 \qquad (i=1,2,\cdots,q) \tag{5.3.1}$$

可以证明，这样的码长一定满足 Kraft 不等式，所以一定存在这样码长的唯一可译码和即时码。

香农码的基本思想是概率匹配原则，即概率大的信源符号用短码，概率小的信源符号用长码，以减小平均码长，提高编码效率。香农编码的步骤如下：

① 将信源发出的 q 个消息按出现概率递减顺序进行排列；

② 计算各消息的 $-\log(p_i)$；

③ 确定满足式（5.3.1）的整数码长 L_i；

④ 计算第 i 个消息的累积分布函数 $F_i=\sum_{k=1}^{i-1}P(s_k)$；

⑤ 将累积分布函数 F_i 变换成二进制数；

⑥ 取 F_i 二进制数的小数点后 L_i 位作为第 i 个符号的二进制码字 W_i。

因为该编码方法中，累积分布函数 F_i 将区间 $[0,1)$ 分为许多互不重叠的小区间，每个信源符号 s_i 对应的码字 W_i 位于不同区间 $[F_i,F_{i+1})$ 内。根据二进制小数的特性，在区域 $[0,1)$ 之间，不重叠区间的二进制小数的前缀部分是不相同的，所以，这样编得的码一定满足异前缀条件，一定是即时码。

由式（5.3.1）可知，香农码的平均码长 $\bar{L}$ 满足

$$H(S) \leqslant \bar{L} < H(S)+1 \tag{5.3.2}$$

【例 5.4】 已知信源共 6 个符号，其概率空间为

$$\begin{bmatrix} S \\ P(s) \end{bmatrix} = \begin{bmatrix} s_1 & s_2 & s_3 & s_4 & s_5 & s_6 \\ 0.2 & 0.19 & 0.18 & 0.17 & 0.15 & 0.11 \end{bmatrix}$$

试进行香农编码。

解： 下面以消息 s_5 为例来介绍香农编码。

计算 $-\log(p_5)=-\log 0.15=2.74$，取整数 $L_5=3$ 作为 s_5 的码长。计算 s_1,s_2,s_3,s_4 的累积分布函数，有

$$F_5=\sum_{k=1}^{4}P(s_k)=0.2+0.19+0.18+0.17=0.74$$

将 0.74 变换成二进制小数 $(0.74)_{10}=(0.1011110)_2$，取小数点后面三位 101 作为 s_5 的代码。其余信源符号对应的码字可以用相同的方法得到，如表 5.4 所示。

表 5.4 例 5.4 中的香农编码

信息符号 s_i	符号概率 $P(s_i)$	累积分布函数 F_i	$-\log P(s_i)$	码字长度 L_i	码字 W_i
s_1	0.20	0	2.34	3	000
s_2	0.19	0.20	2.41	3	001
s_3	0.18	0.39	2.48	3	011
s_4	0.17	0.57	2.56	3	100
s_5	0.15	0.74	2.74	3	101
s_6	0.11	0.89	3.18	4	1110

信源熵：$H(S)=-\sum_{i=1}^{q}P(s_i)\log P(s_i)=2.61$（比特/符号）。

平均码长：$\bar{L}=\sum_{i=1}^{q}P(s_i)L_i=3\times0.89+4\times0.11=3.11$（码元/符号）。

编码效率：$\eta=\dfrac{H(S)}{\bar{L}}=\dfrac{2.61}{3.11}=0.839$。

香农编码是依据香农第一编码定理而来的，有着重要的理论意义。但香农编码的冗余度稍大，实用性不强。例如信源有 3 个符号，概率分布为（0.5，0.4，0.1），根据香农编码方法求出各个符号的码长对应为 1，2，4，码字为（0，10，1110）。下面将看到，如果采用霍夫曼码，可以构造出平均码长更短的即时码（0，10，11）。

5.3.2 霍夫曼（Huffman）码

对于某一信源和某一码元集来说，若有一个唯一可译码，其平均长度 $\bar{L}$ 不大于其他唯一可译码的平均长度，则称此码为**最佳码**，或称为**紧致码**。可以证明，最佳码具有以下性质。

① 若 $p_i > p_j$，则 $L_i \leqslant L_j$。即概率大的信源符号所对应的码长不大于概率小的信源符号所对应的码长。

② 对于二元最佳码，两个最小概率的信源符号所对应的码字具有相同的码长，而且这两个码字，除了最后一位码元不同以外，前面各位码元都相同。

1952 年，霍夫曼提出了一种构造最佳码的方法。所得的码字是即时码，而且在所有的唯一可译码中，它的平均码长最短，是一种最佳变长码。

1. 二元霍夫曼码

二元霍夫曼码的编码步骤如下。

① 将 q 个信源符号 s_i 按出现概率 $P(s_i)$ 递减的次序排列起来。

② 取两个概率最小的符号，其中一个符号编为 0，另一个符号编为 1；并将这两个概率相加作为一个新符号的概率，从而得到包含 $(q-1)$ 个符号的新信源，称为缩减信源。

③ 把缩减信源中的 $(q-1)$ 个符号重新以概率递减的次序排列，重复步骤②。

④ 依次继续下去，直至所有概率相加得到 1 为止。

⑤ 从最后一级开始向前返回，得到各个信源符号所对应的码元序列，即相应的码字。

【例 5.5】 某离散无记忆信源共有 8 个符号消息，其概率空间为

$$\begin{bmatrix} S \\ P(s) \end{bmatrix} = \begin{bmatrix} s_1 & s_2 & s_3 & s_4 & s_5 & s_6 & s_7 & s_8 \\ 0.40 & 0.18 & 0.10 & 0.10 & 0.07 & 0.06 & 0.05 & 0.04 \end{bmatrix}$$

（1）计算信源熵 $H(S)$ 和信源的冗余度。

（2）进行霍夫曼编码，并计算编码后的信息传输率、编码效率和码冗余度。

解：

（1）信源熵：
$$H(S) = -\sum_{i=1}^{8} P(s_i)\log P(s_i) = 2.55 \text{（比特/符号）}$$

信源的冗余度：
$$\gamma = 1 - \frac{H(S)}{\log q} = 1 - \frac{2.55}{3} = 0.15$$

（2）编码过程如图 5.7 所示，编码结果如表 5.5 所示。

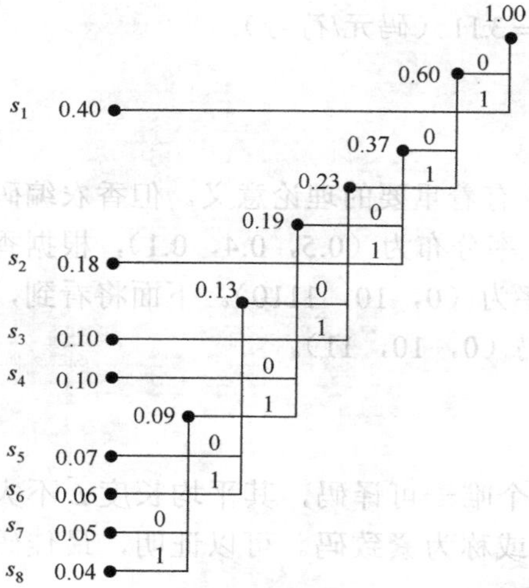

图 5.7 例 5.5 的霍夫曼编码

表 5.5 霍夫曼编码结果

信源符号	码字	码长
s_1	1	1
s_2	001	3
s_3	011	3
s_4	0000	4
s_5	0100	4
s_6	0101	4
s_7	00010	5
s_8	00011	5

平均码长：
$$\bar{L} = \sum_{i=1}^{8} p(s_i)L_i = 2.61 \text{（码元/符号）}$$

信息传输率：
$$R = \frac{H(S)}{\bar{L}} = \frac{2.55}{2.61} = 0.997 \text{（比特/码元）}$$

编码效率：
$$\eta = \frac{H(S)}{\bar{L}\log r} = \frac{2.55}{2.61} = 0.997$$

码冗余度：
$$\gamma = 1 - \eta = 1 - 0.997 = 0.003$$

可见，未编码时，信源的冗余度为 0.15；经过编码后，冗余度大大下降，从而提高了信息传输的有效性。

需要指明的是，霍夫曼编码方法得到的码并非唯一的，这是因为：

① 每次对信源缩减时，赋予信源最后的两个概率最小的符号用 0 和 1 是任意的；

② 对信源进行缩减时，两个概率最小的符号合并后的概率与其他信源符号的概率相同时，这两者在缩减信源中进行概率排序，其放置次序是任意的。

因此，相同的信源，采用霍夫曼编码方法可能获得不同的码。但需要注意的是，虽然各码字的长度可能不同，但是平均码长一定相同，即编码效率相同。

那么具有相同平均码长和编码效率的两种霍夫曼码是否质量一样呢？由于变长码的码长不一样，需要大量的存储设备来缓冲码字长度的差异，因此码长方差小的码质量好。码长方差定义为

$$\sigma_L^2 = E\left[(L_i - \overline{L})^2\right] = \sum_{i=1}^{q} p(s_i)(L_i - \overline{L})^2 \tag{5.3.3}$$

下面举例来说明这个问题。

【例 5.6】 某离散无记忆信源共有 5 个符号消息，其概率空间为

$$\begin{bmatrix} S \\ P(s) \end{bmatrix} = \begin{bmatrix} s_1 & s_2 & s_3 & s_4 & s_5 \\ 0.4 & 0.2 & 0.2 & 0.1 & 0.1 \end{bmatrix}$$

两种霍夫曼编码分别如图 5.8 和图 5.9 所示，编码结果如表 5.6 和表 5.7 所示。

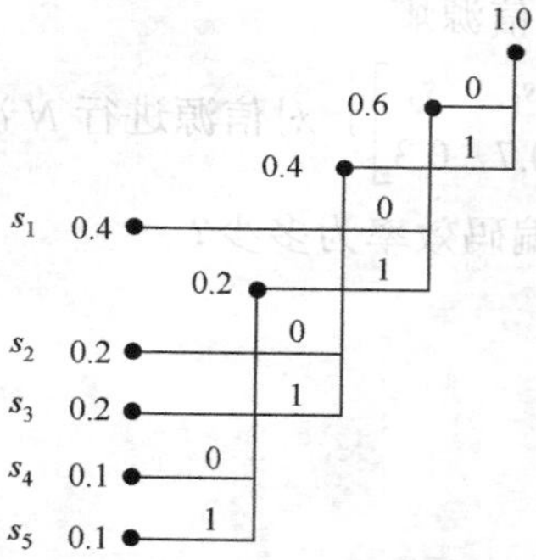

图 5.8 例 5.6 第一种霍夫曼编码

表 5.6 第一种霍夫曼编码结果

信源符号	码字	码长
s_1	00	2
s_2	10	2
s_3	11	2
s_4	010	3
s_5	011	3

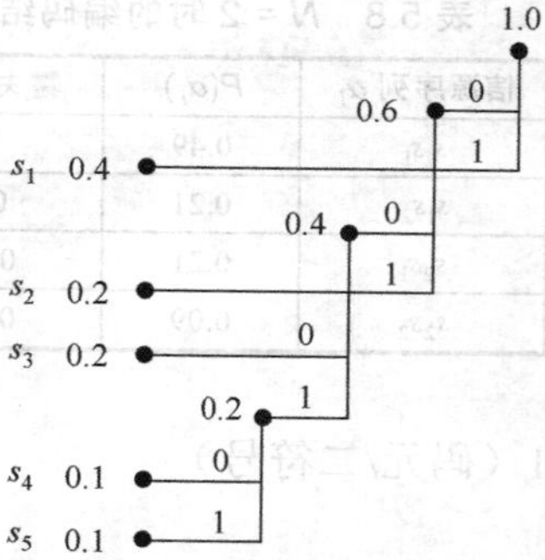

图 5.9 例 5.6 第二种霍夫曼编码

表 5.7 第二种霍夫曼编码结果

信源符号	码字	码长
s_1	1	1
s_2	01	2
s_3	000	3
s_4	0010	4
s_5	0011	4

第一种霍夫曼编码的平均码长为

$$\overline{L} = \sum_{i=1}^{5} p(s_i)L_i = 2.2\text{（码元/符号）}$$

码长方差为

$$\sigma_{L_1}^2 = E\left[(L_i - \overline{L})^2\right] = \sum_{i=1}^{5} p(s_i)(L_i - \overline{L})^2 = 0.16$$

第二种霍夫曼编码的平均码长为

$$\overline{L} = \sum_{i=1}^{5} p(s_i)L_i = 2.2 \text{（码元/符号）}$$

码长方差为

$$\sigma_{L_2}^2 = E\left[(L_i - \overline{L})^2\right] = \sum_{i=1}^{5} p(s_i)(L_i - \overline{L})^2 = 1.36$$

可见，两种码有相同的平均码长和编码效率，但第一种霍夫曼编码的码长方差比第二种霍夫曼编码的码长方差小许多，所以第一种霍夫曼编码的质量较好。从此例可以看出，进行霍夫曼编码时，应把合并后的概率总是放在其他相同概率的信源符号之上，以得到码长方差最小的码。

对信源的 N 次扩展信源同样可以采用霍夫曼编码方法，因为霍夫曼是最佳码，所以编码后的平均码长 $\overline{L}_N / N$ 随着 N 的增加很快接近极限值——信源熵。

【例 5.7】 设离散无记忆信源的概率空间为 $\begin{bmatrix} S \\ P(s) \end{bmatrix} = \begin{bmatrix} s_1 & s_2 \\ 0.7 & 0.3 \end{bmatrix}$，对信源进行 N 次扩展，采用二元霍夫曼编码。$N = 1, 2, 3, \infty$ 时的平均码长和编码效率为多少？

解：

$N = 1$ 时，将 s_1 编成 0，s_2 编成 1，则

$$L_1 = 1$$

又因为信源熵为

$$H(S) = H(0.7,\ 0.3) = 0.882 \text{（比特/符号）}$$

所以编码效率为

$$\eta_1 = \frac{H(S)}{L_1} = 0.882$$

如果对长度 $N = 2$ 的信源序列进行霍夫曼编码，编码结果如表 5.8 所示。

表 5.8　$N = 2$ 时的编码结果

信源序列 α_i	$P(\alpha_i)$	霍夫曼码
s_1s_1	0.49	1
s_1s_2	0.21	01
s_2s_1	0.21	001
s_2s_2	0.09	000

此时，信源序列的平均码长为

$$\overline{L}_2 = 1 \times 0.49 + 2 \times 0.21 + 3 \times (0.21 + 0.09) = 1.81 \text{（码元/二符号）}$$

则单个符号的平均码长为

$$\overline{L} = \frac{\overline{L}_2}{2} = 0.905 \text{（码元/符号）}$$

所以对长度为 2 的信源序列进行变长编码，编码后的编码效率为

$$\eta_2 = \frac{H(S)}{\overline{L}} = 0.974$$

用同样的方法进一步将信源序列的长度增加，对 $N=3$ 的序列进行最佳编码，可得编码效率为

$$\bar{L}_3 = 2.726 \text{（码元/三符号）}$$

$$\bar{L} = \frac{\bar{L}_3}{3} = 0.909 \text{（码元/符号）}$$

$$\eta_3 = 0.970$$

$N=\infty$ 时，由香农第一定理可知，必然存在唯一可译码，使

$$\lim_{N\to\infty}\frac{\bar{L}_N}{N} = H_r(S)$$

而霍夫曼编码为最佳码，即平均码长最短的码，故

$$\lim_{N\to\infty}\eta_N = 1$$

注意，本例中 $N=3$ 时的编码效率反而低于 $N=2$ 时的编码效率，这似乎与香农第一定理相矛盾。但是，香农第一定理只给出了平均码长 $\frac{\bar{L}_N}{N}$ 的上下限，并未保证 $\frac{\bar{L}_N}{N}$ 单调下降，即编码效率 η 单调上升。因此，η 在个别点上随 N 的增加而有所下降的现象与 η 逼近 1 的趋势并不矛盾。

2. r 元霍夫曼码

前面讨论的二元霍夫曼编码方法可以推广到 r 元编码中来。不同的是每次将 r 个概率最小的符号合并成一个新的信源符号，并分别用 $0,1,\cdots,(r-1)$ 等码元表示。

为了使短码得到充分利用，平均码长最短，必须使最后一步的缩减信源有 r 个信源符号，因此对于 r 元编码，信源的符号个数 q 必须满足

$$q=(r-1)\theta+r \tag{5.3.4}$$

式中，θ 表示缩减的次数，$(r-1)$ 为每次缩减所减少的信源符号个数。对于二元码（$r=2$），信源符号个数 q 必须满足

$$q=\theta+2$$

因此，对于二元码，q 等于任何正整数时，总能找到一个 θ 满足上式。而对于 r 元码，q 为任意整数时不一定能找到一个 θ 满足式（5.3.4）。若 q 不满足时，不妨人为地增加一些概率为零的符号。设增加 t 个信源符号

$$s_{q+1}, s_{q+2}, \cdots, s_{q+t}$$

并使它们对应的概率为零，即

$$P(s_{q+1})=P(s_{q+2})=\cdots=P(s_{q+t})=0$$

设 $n=q+t$，此时 n 满足

$$n=(r-1)\theta+r \tag{5.3.5}$$

然后取概率最小的 r 个符号合并成一个新符号，并把这些符号的概率相加作为该节点

的概率，重新按概率由大到小的顺序排列，再取概率最小的 r 个符号合并；如此下去直至树根。这样得到的 r 元霍夫曼一定是最佳码。

下面给出 r 元霍夫曼编码步骤：

① 验证所给 q 是否满足式（5.3.4），若不满足该式，可以人为地增加 t 个概率为零的符号，满足式（5.3.5），以使最后一步有 r 个信源符号；

② 取概率最小的 r 个符号合并成一个新符号，并分别用 0，1，…，$(r-1)$给各分支赋值，把这些符号的概率相加，作为该新符号的概率；

③ 将新符号和剩下符号重新排队，重复步骤②，如此下去直至树根。

④ 取各树枝上的赋值，得到各符号的码字。

后来新加的概率为零的符号虽也赋予码字，因为概率为零，实际上并未用上，这样编成的码仍是最佳的，也就是平均码长最短。需要指明的是，等概率符号排队时应注意到顺序，以使得码方差最小。

【例 5.8】 已知离散无记忆信源为

$$\begin{bmatrix} S \\ P(s) \end{bmatrix} = \begin{bmatrix} s_1 & s_2 & s_3 & s_4 & s_5 \\ 0.4 & 0.3 & 0.2 & 0.05 & 0.05 \end{bmatrix}$$

试编出三元霍夫曼码和四元霍夫曼码，并计算编码效率。

解：

三元霍夫曼编码如图 5.10 所示，编码结果如表 5.9 所示；四元霍夫曼编码如图 5.11 所示，编码结果如表 5.10 所示。

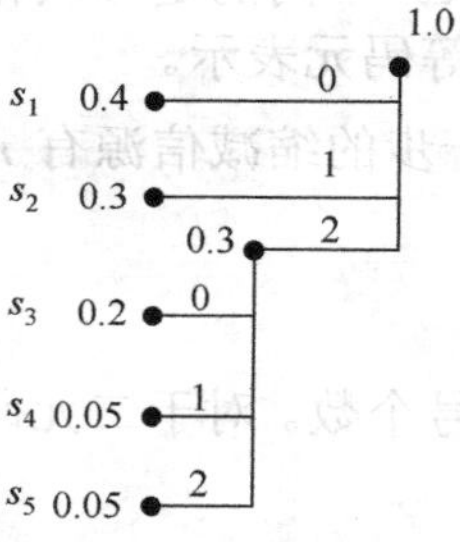

图 5.10　三元霍夫曼编码

表 5.9　三元霍夫曼编码结果

信源序列	码字	码长
s_1	0	1
s_2	1	1
s_3	20	2
s_4	21	2
s_5	22	2

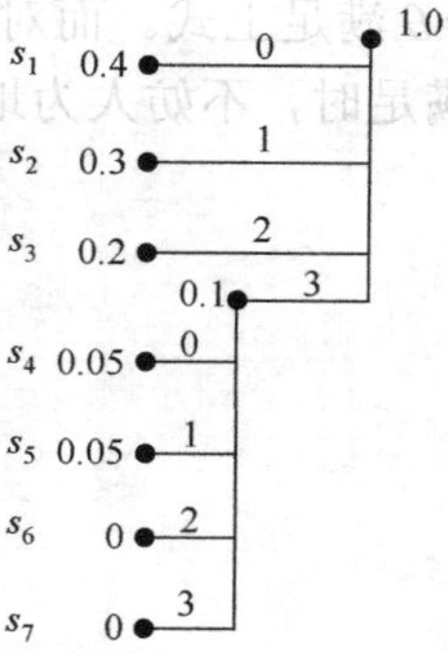

图 5.11　四元霍夫曼编码

表 5.10　四元霍夫曼编码结果

信源序列	码字	码长
s_1	0	1
s_2	1	1
s_3	2	1
s_4	30	2
s_5	31	2

信源熵：$H(S)=-\sum_{i=1}^{5}p(s_i)\log p(s_i)=1.95$（比特/符号）

三元霍夫曼编码的平均码长：$\bar{L}=\sum_{i=1}^{5}p(s_i)L_i=1.3$（码元/符号）

所以，三元霍夫曼编码的编码效率为

$$\eta=\frac{H(S)}{\bar{L}\log r}=\frac{1.95}{1.3\times\log 3}=0.946$$

四元霍夫曼编码的平均码长：$\bar{L}=\sum_{i=1}^{5}p(s_i)L_i=1.1$（码元/符号）

所以，四元霍夫曼编码的编码效率为

$$\eta=\frac{H(S)}{\bar{L}\log r}=\frac{1.95}{1.1\times\log 4}=0.886$$

要发挥霍夫曼编码的优势，一般情况下，信源符号数应远大于码元数。本例中，若编五元码，只能对每个信源符号赋予一个码元，相当于没有编码，当然无压缩可言。

下面用整树的概念来理解 r 元霍夫曼编码。编码过程中的缩减次数为 θ，对应到码树上即为中间节点数 θ，此时的 r 元整树可提供 $n=(r-1)\theta+r$ 个即时码，通过计算 $t=n-q$ 得出需要增加的虚拟的信源符号数。图 5.10 和图 5.11 就是 r 元整树。

霍夫曼码为最佳码，其平均码长满足

$$H_r(S)\leqslant\bar{L}<H_r(S)+1 \tag{5.3.6}$$

3．马尔可夫信源的霍夫曼码

前面主要介绍了离散无记忆信源的霍夫曼编码，下面以马尔可夫信源为例来讨论离散有记忆信源的编码方法。根据马尔可夫信源的特性，当前发出的符号的概率取决于当前的状态，同样的符号输出在不同状态下提供的信息量可能很大，也可能很小。如果类似无记忆信源编码，一个信源符号对应于一个码字，将使编码效率降低。马尔可夫信源编码可以按状态编码。

设马尔可夫信源在 l 时刻的状态 $s_l\in E=\{E_1,E_2,\cdots,E_M\}$，输出符号 $x_l\in X=\{a_1,a_2,\cdots,a_q\}$，符号条件概率 $P(a_k|E_i)$，$k=1,2,\cdots,q$，$i=1,2,\cdots,M$ 给定。对每个状态 E_i，根据 $P(a_k|E_i)$ 进行霍夫曼编码。

例如，某一阶马尔可夫信源的符号条件概率矩阵如式（5.3.7）所示。

$$\left[P\left(a_k|E_i\right)\right]=\begin{bmatrix}\frac{1}{2} & \frac{1}{4} & \frac{1}{4}\\ \frac{1}{4} & \frac{1}{2} & \frac{1}{4}\\ 0 & \frac{1}{2} & \frac{1}{2}\end{bmatrix} \tag{5.3.7}$$

对三种状态 E_1、E_2、E_3 输出的符号 a_1、a_2、a_3 分别设计霍夫曼编码。

状态 E_1，码 C_1：$W(a_1)=0,\ W(a_2)=10,\ W(a_3)=11$。

状态 E_2，码 C_2：$W(a_1)=10,\ W(a_2)=0,\ W(a_3)=11$。

状态 E_3，码 C_3：$W\left(a_2\right)=0,\ \ W\left(a_3\right)=1$。

假设马尔可夫信源输出的符号序列为 $x_1x_2\cdots x_n$，s_0 为信源的初始状态。该一阶马尔可夫信源的编码步骤如下：

① 给定初始状态 $s_0=E_i$，选取与状态 E_i 所对应的码 C_i，编出信源符号 $x_1=a_k$ 对应的码字；

② 根据目前的状态 E_i 和发送的符号 a_k，得到下一状态 $s_1=E_j$。选取与状态 E_j 所对应的码 C_j，编出信源符号 $x_2=a_k$ 对应的码字；

③ 重复步骤②，直至处理完最后一个信源符号 x_n。

例如，某一阶马尔可夫信源的状态转移矩阵如式（5.3.7）所示，信源初始状态为 $E_1=a_1$，输出符号序列为 $a_1a_3a_3a_2a_3a_2a_2a_1$，则编码输出为 0 11 1 0 1 1 0 0 10。下面来讨论该信源进行霍夫曼编码的平均码长和编码效率。

根据马尔可夫信源的状态转移概率，计算得到状态极限概率为

$$P\left(E_1\right)=2/9,\ \ P\left(E_2\right)=4/9,\ \ P\left(E_3\right)=1/3$$

对马尔可夫信源的每个状态 E_i，根据式（4.3.8），有

$$\bar{L}\left(E_i\right)=\sum_{k=1}^{q}P(a_k\mid E_i)L_k\quad(i=1,2,\cdots,M;k=1,2,\cdots,q)\tag{5.3.8}$$

可以计算得到平均码长为

状态 E_1：$\bar{L}(E_1)=\sum\limits_{k=1}^{3}P(a_k\mid E_1)L_k=\frac{1}{2}\times1+\frac{1}{4}\times2+\frac{1}{4}\times2=\frac{3}{2}$（码元/信源符号）

状态 E_2：$\bar{L}(E_2)=\sum\limits_{k=1}^{3}P(a_k\mid E_2)L_k=\frac{1}{4}\times2+\frac{1}{2}\times1+\frac{1}{4}\times2=\frac{3}{2}$（码元/信源符号）

状态 E_3：$\bar{L}(E_3)=\sum\limits_{k=1}^{3}P(a_k\mid E_3)L_k=\frac{1}{2}\times1+\frac{1}{2}\times1=1$（码元/信源符号）

因此该马尔可夫信源的霍夫曼编码的平均码长为

$$\bar{L}=\sum_{i=1}^{M}P\left(E_i\right)\bar{L}\left(E_i\right)\tag{5.3.9}$$

$$=\frac{2}{9}\times\frac{3}{2}+\frac{4}{9}\times\frac{3}{2}+\frac{1}{3}=\frac{4}{3}\text{（码元/信源符号）}$$

由于该马尔可夫信源的极限熵为

$$H_\infty=\frac{2}{9}H\left[\frac{1}{2},\frac{1}{4},\frac{1}{4}\right]+\frac{4}{9}H\left[\frac{1}{4},\frac{1}{2},\frac{1}{4}\right]+\frac{1}{3}H\left[0,\frac{1}{2},\frac{1}{2}\right]=\frac{4}{3}\text{（比特/符号）}$$

所以编码效率为

$$\eta=\frac{H_\infty}{\bar{L}}=1$$

可见，这种编码方法能够使得平均码长达到理论极限值——信源熵。所以对于马尔可夫信源来说，它是一种最佳压缩的编码方法。

5.3.3　费诺（Fano）码

费诺码也属于统计编码。它不是最佳码，但有时也能得到与霍夫曼码相同的性能。

二元费诺编码的步骤如下：

① 将信源符号按其出现的概率由大到小依次排列；

② 将依次排列的信源符号按概率值分为两大组，使两个组的概率之和近于相同，并对各组分别赋予一个二进制码元“0”和“1”；

③ 将每一大组的信源符号进一步再分成两组，使划分后的两个组的概率之和近于相同，并又分别赋予一个二进制码元“0”和“1”；

④ 如此重复，直至每组只剩下一个信源符号为止；

⑤ 信源符号所对应的码字即为费诺码。

需要指出的是，费诺编码方法同样适合于 r 元编码，只需每次分成 r 组即可。

费诺码的平均码长满足

$$H_r(S) \leqslant \overline{L} \leqslant H_r(S)+2 \tag{5.3.10}$$

【例 5.9】 某离散无记忆信源共有 8 个符号消息，其概率空间为

$$\begin{bmatrix} S \\ P(s) \end{bmatrix} = \begin{bmatrix} s_1 & s_2 & s_3 & s_4 & s_5 & s_6 & s_7 & s_8 \\ 0.40 & 0.18 & 0.10 & 0.10 & 0.07 & 0.06 & 0.05 & 0.04 \end{bmatrix}$$

试进行费诺编码，并计算编码后的信息传输率和编码效率。

解： 费诺编码步骤如表 5.11 所示。

表 5.11　例 5.9 的费诺编码

信源符号	概率	第一次分组	第二次分组	第三次分组	第四次分组	所得码字	码长
s_1	0.40	0	0			00	2
s_2	0.18	0	1			01	2
s_3	0.10	1	0	0		100	3
s_4	0.10	1	0	1		101	3
s_5	0.07	1	1	0	0	1100	4
s_6	0.06	1	1	0	1	1101	4
s_7	0.05	1	1	1	0	1110	4
s_8	0.04	1	1	1	1	1111	4

信源熵：　$H(S) = -\sum_{i=1}^{q} P(s_i)\log P(s_i) = 2.55$（比特/符号）

平均码长：　$\overline{L} = \sum_{i=1}^{q} P(s_i)L_i = 2.64$（码元/符号）

编码后的信息传输率：　$R = \dfrac{H(S)}{\overline{L}} = \dfrac{2.55}{2.64} = 0.966$（比特/码元）

编码效率：　$\eta = \dfrac{H(S)}{\overline{L}} = 0.966$

从例 5.9 可以看出，费诺码的编码方法实际上是构造码树的一种方法，它是一种即时

码。费诺码不失为一种好的编码方法，它考虑了信源的统计特性，使出现概率大的信源符号对应码长短的码字，但是它不一定能使短码得到充分利用，不一定是最佳码。

5.3.4 香农-费诺-埃利斯码

霍夫曼编码虽然是最佳编码，但是对于二元信源，只有对较长的信源符号序列统一进行编码时才能使平均码长接近信源熵极限，而且必须计算出所有序列的分布。1968 年前后，埃利斯（P. Elias）发展了香农和费诺的编码方法，构造出从数学角度看来更完美的香农-费诺-埃利斯码。

香农-费诺-埃利斯码的主要思想是将累积分布函数的区间[0,1]分为许多互不重叠的小区间，每个信源符号对应于不同区间，在小区间内取一点，将该点二进制小数点后 L_i 位作为该信源符号的编码结果。下面来讨论香农-费诺-埃利斯码的编码方法。

设信源概率空间为

$$\begin{bmatrix} S \\ P(s) \end{bmatrix} = \begin{bmatrix} s_1 & s_2 & \cdots & s_q \\ P(s_1) & P(s_2) & \cdots & P(s_q) \end{bmatrix}$$

定义信源符号累积概率为

$$F(s_i) = \sum_{k=1}^{i} P(s_k) \qquad s_k, s_i \in S \tag{5.3.11}$$

定义修正的累积分布函数为

$$\bar{F}(s_k) = \sum_{k=1}^{i-1} P(s_k) + \frac{1}{2}P(s_k) \quad s_k, s_i \in S \tag{5.3.12}$$

可见，符号的累积分布函数呈阶梯状，每个台阶的高度是该符号的概率 $P(s_i)$，累积分布函数 $F(s_i)$ 是上界值，修正的累积分布函数 $\bar{F}(s_i)$ 对应台阶的中点，如图 5.12 所示。

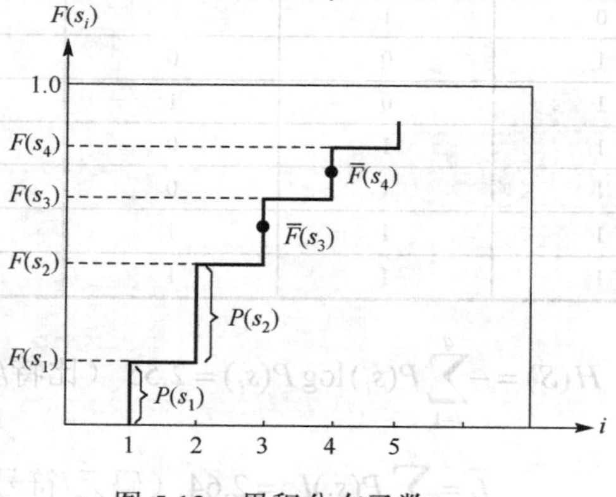

图 5.12 累积分布函数

累积分布函数 $F(s_i)$ 将区间(0, 1]分成许多互不重叠的小区间。若知道了 $\bar{F}(s_i)$，就能确定其处在哪个小区间，就能确定相应的信源符号 s_i，所以可采用 $\bar{F}(s_i)$ 的数值作为符号 s_i 的码字，而且不同码字对应的区域互不重叠，可以证明这样得到的码一定是即时码。

香农-费诺-埃利斯码的编码方法如下：

① 以任意顺序将信源发出的 q 个消息进行排列（不需要按出现概率的大小顺序排列）；

② 计算符号的累积分布函数 $F(s_i)$ 和修正的累积分布函数 $\bar{F}(s_i)$；

③ 确定各信源符号所对应码字的整数码长 L_i，它满足下列不等式：

$$\log\frac{1}{P(s_i)}+1\leq L_i<\log\frac{1}{P(s_i)}+2 \tag{5.3.13}$$

④ 将修正的累积分布函数 $\bar{F}(s_i)$ 变换成二进制数；

⑤ 取修正的累积分布函数 $\bar{F}(s_i)$ 二进制数的小数点后 L_i 位作为第 i 个符号的码字。

由式（5.3.13）可知，香农-费诺-埃利斯码的平均码长满足

$$H(S)+1\leq \bar{L}<H(S)+2 \tag{5.3.14}$$

【例 5.10】 某离散无记忆信源共有 4 个符号消息，其概率空间为

$$\begin{bmatrix} S \\ P(s) \end{bmatrix}=\begin{bmatrix} s_1 & s_2 & s_3 & s_4 \\ 0.25 & 0.5 & 0.125 & 0.125 \end{bmatrix}$$

试进行香农-费诺-埃利斯编码。

解：香农-费诺-埃利斯编码如表 5.12 所示。

表 5.12 例 5.10 的香农-费诺-埃利斯编码

信源符号	概率函数 $P(s)$	累积分布函数 $F(s)$	修正累积分布函数 $\bar{F}(s)$	$\bar{F}(s)$ 的二进数	码长 L	码字
s_1	0.25	0.25	0.125	0.001	3	001
s_2	0.5	0.75	0.5	0.10	2	10
s_3	0.125	0.875	0.8125	0.1101	4	1101
s_4	0.125	1.0	0.9375	0.1111	4	1111

信源熵：$H(S)=-\sum_i P(s_i)\log P(s_i)=1.75$（比特/符号）。

平均码长：$\bar{L}=\sum_i P(s_i)L_i=2.75$（码元/符号）。

若此信源采用霍夫曼编码，其平均码长可以达到极限值——信源熵。可见，香农-费诺-埃利斯码效率不高，其根本原因在于未构造出整树，较多的短码未能得到应用。但是其累积概率的思想在离散有记忆信源的算术编码中发挥了很大的作用，算术编码已在数据压缩中得到了广泛的应用。

一般说来，前面介绍的香农码、霍夫曼码、费诺码和香农-费诺-埃利斯码都属于分组码（块码）。分组码是指每个信源符号序列按照固定的码表映射成一个码字的码。分组码中，霍夫曼码是一种最佳码，它在实际中已有所应用，但它仍存在一些缺点。例如，概率特性必须精确地测定，若略有变化，就需更换码表；对于二元信源，常需多个符号合起来编码，才能取得较好的效果。因此在实用中常需做一些改进，同时有了研究非分组码的必要性。

5.3.5 算术码

1976 年，沿着香农-费诺-埃利斯码的编码思路，里斯桑内（J. Rissanen）提出了一种可以成功逼近信源熵极限的编码方法——算术码。1982 年，他和兰登（G. G. Langdon）一

起将算术编码系统化，并省去了乘法运算，使其更为简化、易于实现。算术码是一种非分组码，它从整个信源序列的概率匹配出发，考虑符号之间的依赖关系来进行编码。

与香农-费诺-埃利斯编码信源符号的累积分布函数一样，算术编码中，信源符号序列的累积分布函数 $F(\alpha)$ 将区间 $[0,1)$ 分成许多互不重叠的小区间，每组符号序列对应于不同的区间，在小区间内取一个点，将其二进制小数点后的 L 位作为信源序列的编码结果。如前所述，这样编得的码字必为即时码，这就是算术编码的基本思想。

下面将讨论算术码的编码方法，首先介绍如何计算信源序列的累积分布函数。

设信源为

$$\begin{bmatrix} S \\ P(s) \end{bmatrix} = \begin{bmatrix} s_1 & s_2 & \cdots & s_q \\ P(s_1) & P(s_2) & \cdots & P(s_q) \end{bmatrix}$$

定义信源符号累积分布函数为

$$F(s_i) = \sum_{k=1}^{i-1} P(s_k) \quad s_i, s_k \in S \tag{5.3.15}$$

所以

$$F(s_1) = 0,\ F(s_2) = P(s_1),\ F(s_3) = P(s_1) + P(s_2),\ \cdots$$

且

$$P(s_i) = F(s_{i+1}) - F(s_i) \tag{5.3.16}$$

可见，$\{F(s_i)\}$ 将区间 $[0,1)$ 分为 q 个子区间，每个子区间的宽度为 $P(s_k)$。

为了讨论简便，下面以二元无记忆信源为例来分析如何得到信源序列的累积分布函数，然后讨论如何进行算术编码。

如果只有一个信源符号，则分布函数 $F(0)=0$，$F(1)=P(0)$。区间 $[0,1)$ 由 $F(1)$ 分为 $[0,F(1))$ 和 $[F(1),1)$ 两个子区间，两个子区间的宽度分别为 $W(0)=P(0)$ 和 $W(1)=P(1)$。如果第一个信源符号为 0，则落入区间 $[0,F(1))$，否则落入区间 $[F(1),1)$。

如果第一个信源符号为 0，输入第二个信源符号时，区间 $[0,F(1))$ 划分为两个区间，宽度分别为 $W(00)=W(0)P(0)$ 和 $W(01)=W(0)P(1)$，区间的分隔线为 $F(0)+W(0)P(0)$。假设第二个信源符号为 1，则信源序列 $\alpha=(01)$ 所对应的区间是 $[F(0)+W(0)P(0),F(1))$。容易看出 $F(01)=F(0)+W(0)P(0)=F(0)+P(0)F(0)$。

如果前两个信源符号 $\alpha=(01)$，输入第三个信源符号时，区间 $[F(\alpha),F(1))$ 划分为两个区间，即 $[F(\alpha),F(\alpha)+P(01)P(0))$ 和 $[F(\alpha)+P(01)P(0),F(1))$，宽度分别为 $W(010)=P(0)P(1)P(0)=W(\alpha)P(0)$ 和 $W(011)=P(0)P(1)P(1)=W(\alpha)P(1)$。当输入第三个信源符号为 1 时，此时信源序列为 $\alpha 1=(011)$；当输入第三个信源符号为 0 时，此时信源序列为 $\alpha 0=(010)$。容易看出 $F(\alpha 1)=F(\alpha)+P(\alpha)F(1)$，$F(\alpha 0)=F(\alpha)+P(\alpha)F(0)$。

上述分析过程如图 5.13 所示。

依此类推，信源序列的累积分布函数 $F(\alpha s_i)$ 和信源序列的概率 $P(\alpha s_i)$ 的递推公式为

$$\begin{cases} F(\alpha s_i) = F(\alpha) + P(\alpha)F(s_i) \\ W(\alpha s_i) = P(\alpha s_i) = P(\alpha)P(s_i) \end{cases} \tag{5.3.17}$$

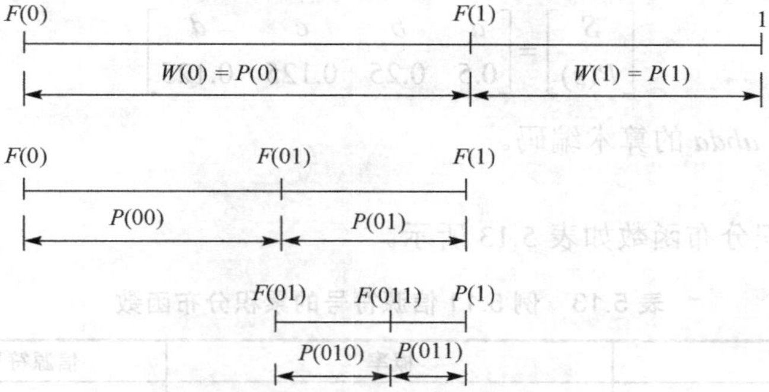

图 5.13　信源序列的累积分布函数及其对应的区间

式中：

α ——信源序列 $\alpha = s_{i_1}s_{i_2}\cdots s_{i_N}$，其中 $s_{i_k}\ (k=1,2,\cdots,N)\in S=\{s_1 s_2\cdots s_q\}$；

$F(\alpha s_i)$ ——信源序列 α 添加一个新的信源符号 s_i 后所得到的新序列 αs_i 的累积分布函数；

$P(\alpha)$ ——信源序列 α 的概率；

$F(s_i)$ ——信源符号 s_i 的累积分布函数；

$P(\alpha s_i)$ ——信源序列 α 添加一个新的信源符号 s_i 后得到的新序列 αs_i 的概率；

$P(s_i)$ ——信源符号 s_i 的概率。

式（5.3.17）对具有相关性的序列同样适用，只是需要将公式中的单符号概率改成条件概率。

最终序列 α 对应的区间为 $[F(\alpha), F(\alpha)+P(\alpha))$。将 $F(\alpha)$ 写成二进制小数，取小数点后 L 位，如果后面有尾数就进位到第 L 位，L 应满足

$$\log\frac{1}{P(\alpha)} \leqslant L < \log\frac{1}{P(\alpha)} + 1 \tag{5.3.18}$$

这样得到的 L 位二元码即为信源序列 α 的编码结果。

算术编码的编码步骤总结如下：

① 按照式（5.3.15）计算信源符号的累积分布函数；

② 初始时，设 $\alpha = \varphi$，$F(\varphi)=0$，$P(\varphi)=1$，其中 φ 表示空集；

③ 按照式（5.3.17）计算信源序列的累积分布函数 $F(\alpha s_i)$ 和序列的概率 $P(\alpha s_i)$；

④ 确定满足式（5.3.18）的整数码长 L；

⑤ 将 $F(\alpha)$ 变换成二进制数，取二进制数的小数点后 L 位作为序列 α 的二进制码字，如果后面有尾数就进位到第 L 位。

由式（5.3.18）可知，算术码的平均码长满足

$$\frac{H(S_1 S_2\cdots S_N)}{N} \leqslant \frac{\bar{L}_N}{N} < \frac{H(S_1 S_2\cdots S_N)}{N} + 1 \tag{5.3.19}$$

式中，N 为信源序列长度。可见，随着 N 的增加，算术编码的平均码长趋于极限值，编码效率趋于 1。

【例 5.11】 已知信源

$$\begin{bmatrix} S \\ P(s) \end{bmatrix} = \begin{bmatrix} a & b & c & d \\ 0.5 & 0.25 & 0.125 & 0.125 \end{bmatrix}$$

求信源序列 $\alpha = abda$ 的算术编码。

解：

信源符号的累积分布函数如表 5.13 所示。

表 5.13 例 5.11 信源符号的累积分布函数

符号	概率	信源符号的累积分布函数
a	0.5	0
b	0.25	0.5
c	0.125	0.75
d	0.125	0.875

信源序列 $\alpha = abda$ 的算术编码如表 5.14 所示。

表 5.14 例 5.11 信源序列 *abda* 算术编码

序列	$F(\alpha)$	$P(\alpha)$	码长 L	序列的码字
φ	0	1	0	
a	0	$(0.1)_2$	1	0
ab	$(0.01)_2$	$(0.001)_2$	3	010
abd	$(0.010111)_2$	$(0.000001)_2$	6	010111
$abda$	$(0.010111)_2$	$(0.0000001)_2$	7	0101110

表 5.14 中数据的计算如下：

设 $F(\phi) = 0$，$P(\phi) = 1$，输入信源序列的第 1 个符号 a：

$$F(\phi a) = F(\phi) + P(\phi)F(a) = 0 + 1 \times 0 = 0$$

$$P(\phi a) = P(\phi)P(a) = 1 \times 0.5 = 0.5 = (0.1)_2$$

输入信源序列的第 2 个符号 b：

$$F(ab) = F(a) + P(a)F(b) = 0 + 0.5 \times 0.5 = (0.01)_2$$

$$P(ab) = P(a)P(b) = 0.5 \times 0.25 = 0.125 = (0.001)_2$$

输入信源序列的第 3 个符号 d：

$$F(abd) = F(ab) + P(ab)F(d) = 0.25 + 0.125 \times 0.875 = (0.010111)_2$$

$$P(abd) = P(ab)P(d) = 0.015625 = (0.000001)_2$$

输入信源序列的第 4 个符号 a：

$$F(abda) = F(abd) + P(abd)F(a) = (0.010111)_2$$

$$P(abda) = P(abd)P(a) = 0.0078125 = (0.0000001)_2$$

由此得序列 *abda* 的编码为 0101110。

5.3.6 LZ 码

前面介绍的几种编码方法都是针对统计特性确知的平稳信源而言的，已有霍夫曼码和算术码那样高效的实用的信源编码方法，它们每个信源符号所需的平均码长可逼近理论极限值，而且易于实现，已经进入实用阶段。但是在工程实践中，信源的统计特性可能无法测定，在信源统计特性未知时对信源进行编码且编码效率仍很高的方法，称为通用编码，LZ 码就是这样的一种码。

LZ 码是 1977 年由兰培尔（Lempel）和齐费（Ziv）提出的，它完全脱离 Huffman 编码和算术编码的设计思路，创造出一系列比 Huffman 编码更有效、比算术编码更快捷的通用压缩编码算法。1978 年，两人又提出改进算法，被命名为 LZ78。相应地，1977 年提出的算法被命名为 LZ77。1984 年，Welch 提出了 LZ78 算法的一个变种，即 LZW 算法。1990 年以来，T.A.Bell 等人又陆续提出了许多 LZ 系列算法的改进版本。下面主要介绍 LZ78 算法。

LZ 码是一种基于字典的编码方法，又称为**字典码**。其编码方法为：离散信源的输出序列被分解成长度可变的码段。分段原则是尽可能取最少个连着的信源符号，并保证码段都不相同。开始时先取一个信源符号作为第一段，然后继续分段。每当信源输出符号组在最后位置加上一个信源符号后与前面已有码段都不相同时，就把它作为一种新的码段引入，直至信源符号序列结束。这些码段列入一个位置字典，用来记载已有码段的位置。在对一个新的码段编码时，只要指出字典中现有码段的位置，把新的信源符号附在后面就可以了。

下面以二元信源的编码来介绍 LZ 码。

【例 5.12】 已知信源序列为

01101101001001110101000011001110101100001

试构造该信源序列的编码字典表。

解：根据前面的分组规则，可以得到以下码段：

0，1，10，11，01，00，100，111，010，1000，011，001，110，101，10001

编码字典如表 5.15 所示。表中的码字由两部分组成，前半部分是已有码段的字典位置比特（段号），最后一位为信源输出的新符号。因共 15 个码段，使用 4bit 表示段号。最初位置 0000 用于原先没有出现过的码段。

表 5.15 例 5.12 信源序列的编码字典表

段 号	字典位置	字典内容	码 字
1	0001	0	00000
2	0010	1	00001
3	0011	10	00100
4	0100	11	00101
5	0101	01	00011
6	0110	00	00010
7	0111	100	00110
8	1000	111	01001
9	1001	010	01010
10	1010	1000	01110
11	1011	011	01011
12	1100	001	01101
13	1101	110	00110
14	1110	101	00111
15	1111	10001	10101

值得注意的是，该表将 40 个信源符号编码成 15 个码字，每码字 5bit，共 75bit。似乎数据未被压缩反而被扩展了。实际上，随着序列长度的增加，一个很长的码段可以用少得多的码字来表示，该编码算法的效率将越来越高。

理论分析表明 LZ 码的平均码长为

$$\overline{L} \approx H_{\infty} \tag{5.3.20}$$

对无记忆信源进行 LZ 编码的平均码长为

$$\overline{L} \approx H(S) \tag{5.3.21}$$

如果信源符号不是二元的，则需要用二进制码元来表示每个信源符号。字典内容对应的码字仍然由段和新信源符号组成。下面通过一个简单的例子来介绍四元信源的 LZ 编码。

【例 5.13】 已知信源序列为

$$aaacdbbacd$$

试构造该信源序列的编码字典表。

解： 先用二进制码元来表示每个信源符号，a、b、c、d 分别编为 00、01、10 和 11。再根据 LZ 码的分段原则，可将信源序列分段为 a, aa, c, d, b, ba, cd。因共 7 个码段，使用 3bit 表示段号，最初位置 000 用于原先没有出现过的码段。每个信源符号使用 2bit 表示，因此，一个码段使用 5bit 来表示。编码字典如表 5.16 所示。

表 5.16　例 5.13 信源序列的编码字典表

段　号	字典位置	字典内容	码　字
1	001	a	00000
2	010	aa	00100
3	011	c	00010
4	100	d	00011
5	101	b	00001
6	110	ba	10100
7	111	cd	01111

一般而言，无论表有多大，它总是要溢出的。为了解决溢出问题，信源编/解码器必须达成一致，将无用的码段从各自的字典中删去，在它们留下的位置上换上新的码段。

LZ 码不需要知道有关信源的概率分布，而且编码方法简单，编译码速度快，又能达到很高的压缩编码效率，其优越性在数据压缩领域里体现得非常明显，使用 LZ 系列算法的工具软件大量出现。UNIX 操作系统中的标准文件压缩程序、MS-DOS 操作系统中的许多压缩算法及个人计算机中的 arc 文件压缩程序就是 LZ 系列算法不同方式的实现。目前，LZ77、LZ78、LZW 等算法几乎垄断了整个通用数据压缩领域，PKZIP、WinZIP、WinRAR、gzip 等压缩工具及 ZIP、GIF、PNG 等文件格式都是 LZ 系列算法的受益者。

习　题

5.1　对信源概率空间

$$\begin{bmatrix} S \\ P(s) \end{bmatrix} = \begin{bmatrix} s_1 & s_2 & s_3 & s_4 & s_5 & s_6 & s_7 \\ 0.2 & 0.19 & 0.18 & 0.17 & 0.15 & 0.10 & 0.01 \end{bmatrix}$$

进行二元编码，编码方案如表 5.17 所示。

（1）计算平均码长 $\bar{L}$；

（2）编码后信息传输率 R；

（3）编码后信源信息率 R'；

（4）编码效率 η。

表 5.17　编码方案

信息符号	码　书
s_1	000
s_2	001
s_3	011
s_4	100
s_5	101
s_6	1110
s_7	1111

5.2　设离散无记忆信源的概率空间为

$$\begin{bmatrix} S \\ P(s) \end{bmatrix} = \begin{bmatrix} s_1 & s_2 \\ \frac{3}{4} & \frac{1}{4} \end{bmatrix}$$

若对信源采取等长二元编码，要求编码效率 $\eta = 0.96$，允许译码错误概率 $\delta \leqslant 10^{-5}$，试计算需要的信源序列长度 N。

5.3　某信源概率空间为

$$\begin{bmatrix} S \\ P(s) \end{bmatrix} = \begin{bmatrix} s_1 & s_2 & s_3 & s_4 & s_5 & s_6 \\ 0.3 & 0.25 & 0.2 & 0.15 & 0.06 & 0.04 \end{bmatrix}$$

进行二元编码，5 种不同的编码方案如表 5.18 所示。

表 5.18　5 种不同的编码方案

信源符号	C_1	C_2	C_3	C_4	C_5
s_1	000	0	0	0	1
s_2	001	01	10	10	000
s_3	010	011	110	110	001
s_4	011	0111	1110	1001	010
s_5	100	01111	11110	1100	110
s_6	101	011111	111110	1011	001

（1）这些码中哪些是唯一可译码？

（2）这些码中哪些是即时码？

（3）计算即时码的平均码长和编码效率。

5.4　设一个离散无记忆信源的概率空间为

$$\begin{bmatrix} S \\ P(s) \end{bmatrix} = \begin{bmatrix} s_1 & s_2 & s_3 & s_4 \\ \frac{1}{8} & \frac{1}{8} & \frac{1}{4} & \frac{1}{2} \end{bmatrix}$$

信源编码方案为：s_1 编为 000，s_2 编为 001，s_3 编为 01，s_4 编为 1。

（1）计算信源符号熵；

（2）计算每个符号所需的平均码长 $\bar{L}$；

（3）如果各消息符号之间相互独立，求编码后对应的二进制码序列中出现“0”和“1”的无条件概率 $P(0)$ 和 $P(1)$，以及码序列中一个二进制码元的熵，并计算相邻码元之间的条件概率 $P(1|0)$、$P(0|0)$ 、$P(0|1)$ 和 $P(1|1)$。

5.5 设离散无记忆信源的概率空间为

$$\begin{bmatrix} S \\ P(s) \end{bmatrix} = \begin{bmatrix} s_1 & s_2 & s_3 & s_4 & s_5 & s_6 \\ p_1 & p_2 & p_3 & p_4 & p_5 & p_6 \end{bmatrix}, \quad \sum_{i=1}^{6} p_i = 1$$

将此信源编码为 r 元即时码，对应的码长 L_i 为 1，1，2，3，2，3。求 r 值的下限。

5.6 根据下列的 r 和码长 L_i，判断是否存在这样条件的即时码。如果存在，试构造这样码长的即时码。

（1）$r=2$，码长为 $L_i = 1,3,3,3,4,5$；

（2）$r=3$，码长为 $L_i = 1,1,2,2,2,3$。

5.7 设离散无记忆信源的概率空间为 $\begin{bmatrix} S \\ P(s) \end{bmatrix} = \begin{bmatrix} s_1 & s_2 \\ 0.9 & 0.1 \end{bmatrix}$，对信源进行 N 次扩展，采用二元霍夫曼编码。当 $N=1$，2，3，∞ 时的平均码长和编码效率为多少？

5.8 证明香农编码方法得到的码是即时码，并证明香农编码的平均码长满足

$$H(S) \leqslant \overline{L} < H(S)+1$$

5.9 已知离散无记忆信源的概率空间为

$$\begin{bmatrix} S \\ P(s) \end{bmatrix} = \begin{bmatrix} s_1 & s_2 & s_3 & s_4 & s_5 \\ 0.25 & 0.2 & 0.2 & 0.2 & 0.15 \end{bmatrix}$$

用霍夫曼编码法和费诺编码法编成二进制变长码，计算编码后的信息传输率、平均码长和编码效率。

5.10 某离散无记忆信源共有 8 个符号消息，其概率空间为

$$\begin{bmatrix} S \\ P(s) \end{bmatrix} = \begin{bmatrix} s_1 & s_2 & s_3 & s_4 & s_5 & s_6 & s_7 & s_8 \\ 0.22 & 0.2 & 0.18 & 0.15 & 0.1 & 0.08 & 0.05 & 0.02 \end{bmatrix}$$

试进行四元霍夫曼编码，并计算编码后的信息传输率、编码后信源信息率和编码效率。

5.11 已知离散无记忆信源的概率空间为

$$\begin{bmatrix} S \\ P(s) \end{bmatrix} = \begin{bmatrix} s_1 & s_2 & s_3 & s_4 & s_5 & s_6 \\ 0.3 & 0.25 & 0.2 & 0.15 & 0.06 & 0.04 \end{bmatrix}$$

试进行香农编码、费诺编码和香农-费诺-埃利斯编码，并计算编码后的信息传输率和编码效率。

5.12 已知离散无记忆信源的概率空间为

$$\begin{bmatrix} S \\ P(s) \end{bmatrix} = \begin{bmatrix} s_1 & s_2 & s_3 & s_4 & s_5 & s_6 \\ 0.32 & 0.22 & 0.18 & 0.16 & 0.08 & 0.04 \end{bmatrix}$$

（1）求信源熵 $H(S)$ 和信源冗余度。

（2）用香农编码法编成二进制变长码，计算编码效率。

（3）用费诺编码法编成二进制变长码，计算编码效率。

（4）用霍夫曼编码法编成二进制变长码，计算编码效率。

（5）用霍夫曼编码法编成三进制变长码，计算编码效率。

（6）若用逐个信源符号来编定长二进制码，要求不出差错译码，求编码后的信源信息率和编码效率。

（7）当译码差错小于10^{-3}的定长二进制码要达到（4）中的霍夫曼编码效率时，估计要多少个信源符号一起编才能办到？

5.13　设信源 S 的 N 次扩展信源为S^N，采用最佳编码对它进行编码，而码符号集$X=\{a_1,a_2,\cdots,a_r\}$，编码后所得的码符号可以看作一个新信源

$$\begin{bmatrix} X \\ P(x) \end{bmatrix}=\begin{bmatrix} a_1 & a_2 & \cdots & a_r \\ p_1 & p_2 & \cdots & p_r \end{bmatrix}$$

求证：当$N \to \infty$时，新信源 X 符号集的概率分布趋于等概分布。

5.14　某离散无记忆信源的概率空间为

$$\begin{bmatrix} S \\ P(s) \end{bmatrix}=\begin{bmatrix} s_1 & s_2 & s_3 \\ 0.25 & 0.5 & 0.25 \end{bmatrix}$$

试进行香农-费诺-埃利斯编码。

5.15　设二元无记忆信源$S=\{0,1\}$，概率$P(0)=\dfrac{1}{4}$, $P(1)=\dfrac{3}{4}$，对二元序列 1111110 作算术编码。

5.16　已知信源序列为

1010110100100111010100001100111010110001

试构造该信源序列的 LZ 码的编码字典表。

5.17　已知信源序列为

aacdbbaaadc

试构造该信源序列的编码字典表。

5.18　设某二元无记忆信源

$$\begin{bmatrix} S \\ P(s) \end{bmatrix}=\begin{bmatrix} 0 & 1 \\ 0.8 & 0.2 \end{bmatrix}$$

每秒发出 2.5 个信源符号。将此信源的输出符号送入无噪信道中进行传输，而信道每秒只传送两个二元符号。

（1）如果不通过编码，信源能否在此信道中进行无失真传输？试说明理由。

（2）通过适当编码，信源能否在此信道中进行无失真传输？如何进行信源编码？

第 6 章　有噪信道编码

无失真信源编码定理表明：在无噪信道上，只要对信源的输出进行适当编码，总能以最大信息传输率 R_{max} 即信道容量 C 无差错地传输信息。但是一般信道中总存在噪声干扰，在有噪信道中怎么使消息通过传输后发生的错误最少？无差错传输可达的最大信息传输率是多少？这就是有噪信道编码定理讨论的问题。

本章主要研究通信的可靠性问题。首先介绍有噪信道编码定理，而后讨论几种常见的信道编码和译码方法。

6.1　错 误 概 率

一般信道上均存在噪声，因此信息传输过程中会引起错误，从而使通信的可靠性得不到保证。为了提高可靠性，可以采用信道编码的方法来降低错误概率。

错误概率是指经过信道译码后的平均错误概率，又称为译码错误概率。一般来说，错误概率和信道传输特性、信道编码方法及译码规则都有关。

在讨论信道编译码问题时，通常将信源和信源编码合并在一起作为等效信源，将信源译码和信宿合并作为等效信宿，而将信道编码和信道译码之间的所有部件看作广义信道，信道编码的数字通信模型如图 6.1 所示。信道编码一般只针对信道特性进行考虑，而假定其编码对象（即信源编码器输出的信息码元序列）是独立等概的。信道编码根据一定的规律在信息码元序列 $\boldsymbol{M}$ 中加入监督码元，输出码字 $\boldsymbol{C}$。由于信道中存在噪声干扰，接收码字 $\boldsymbol{R}$ 与发送码字 $\boldsymbol{C}$ 之间存在差错。信道译码根据某种译码规则，根据接收到的码字 $\boldsymbol{R}$ 给出与发送的信息序列 $\boldsymbol{M}$ 最接近的估值序列 $\hat{\boldsymbol{M}}$。

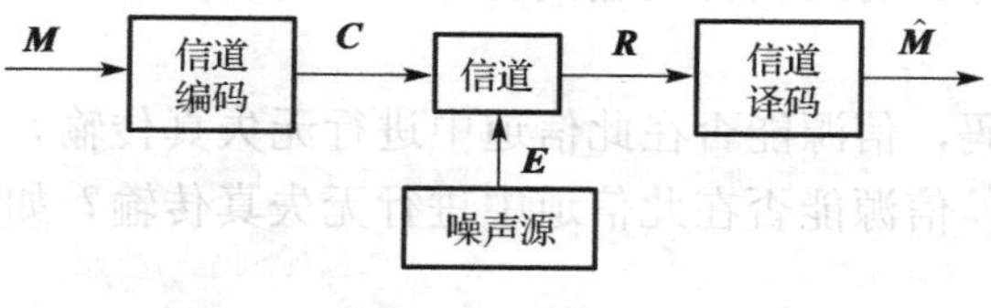

图 6.1　信道编码的数字通信模型

6.1.1　错误概率和译码规则

设一个二元对称信道的转移概率矩阵 $\boldsymbol{P}=\begin{bmatrix}\bar{p} & p\\ p & \bar{p}\end{bmatrix}$，错误转移概率为 $p=0.01$。如果在发送端直接将信息序列送入信道（即不进行信道编码，可以看作一种特殊的信道编码），译码规则为：接收符号为“1”，则译成发送符号为“1”；接收符号为“0”，则译成发送符号为“0”。错误概率为

$$P_E=P(a_1)P(b_2\,|\,a_1)+P(a_2)P(b_1\,|\,a_2)=0.01$$

如果译码规则为：接收符号为“1”，则译成发送符号为“0”；接收符号为“0”，则译成发送符号为“1”。则平均错误概率为

$$P_E = P(a_1)P(b_1|a_1) + P(a_2)P(b_2|a_2) = 0.99$$

可见，错误概率不仅与信道的传输特性有关，还与译码规则有关。

现在来定义译码规则。设离散单符号信道的输入符号集为 $X = \{a_1, a_2, \cdots, a_r\}$，输出符号集为 $Y = \{b_1, b_2, \cdots, b_s\}$，如果对每一个输出符号 b_j 都有一个确定的单值函数 $F(b_j)$，使 b_j 对应于一个输入符号 a_i，则称这样的函数为**译码规则**。译码规则就是设计一个函数 $F(b_j)$，表示为

$$F(b_j) = a_i \quad (i = 1,2,\cdots,r; \quad j = 1,2,\cdots,s) \tag{6.1.1}$$

显然，对于 r 个输入、s 个输出的信道而言，按上述定义得到的译码规则有 r^s 种。在这些译码规则中，不是每一种译码规则都是合理的。译码规则的选择应该根据什么准则呢？一个很自然的准则是使错误概率最小。因此在讨论译码规则的选择之前，首先来介绍如何计算错误概率。

在确定译码规则 $F(b_j) = a_i$ 后，若译码器输入端接收到的符号为 b_j，则一定译成 a_i。如果发送的就是 a_i，这就是正确译码；反之为错误译码。那么，收到符号 b_j 的条件下正确译码的条件概率为

$$P\{F(b_j)|b_j\} = P(a_i|b_j) \tag{6.1.2}$$

则错误译码的条件概率为

$$P(e|b_j) = 1 - P\{F(b_j)|b_j\} = 1 - P(a_i|b_j) \tag{6.1.3}$$

式中，e 表示除了 a_i 之外的其他输入符号的集合。

错误概率 P_E 则是错误译码的条件概率对 Y 空间取统计平均。即

$$P_E = E[P(e|b_j)] = \sum_{j=1}^{s} P(b_j)P(e|b_j) \tag{6.1.4}$$

如何设计译码规则使 P_E 最小呢？由于式（6.1.4）中右边是非负项之和，所以只要设计译码规则 $F(b_j) = a_i$ 使错误译码的条件概率 $P(e|b_j)$ 为最小，即后验概率 $P(a_i|b_j)$ 最大，就可使得平均错误概率 P_E 最小。

定义 6.1　选择译码函数

$$F(b_j) = a^* \quad a^* \in X; \quad b_j \in Y$$

使之满足条件

$$P(a^*|b_j) \geqslant P(a_i|b_j) \quad a_i \in X, \quad b_j \in Y \tag{6.1.5}$$

则称为“**最大后验概率（MAP）准则**”或“**最小错误概率准则**”。

这就是说，在给定 b_j 的条件下，对于不同的 a_i 的后验概率 $P(a_i|b_j), (a_i \in X, b_j \in Y)$ 进行比较，从中选择最大的 $P(a_i|b_j)$ 对应的 a_i 作为译码的结果。通常记为

$$a^* = \arg_{a_i} \max P(a_i|b_j) \qquad a_i \in X, \quad b_j \in Y \tag{6.1.6}$$

MAP 译码是一种最佳译码，对于每一个输出符号 b_j 均译成具有最大后验概率的那个输入符号 a^*，就能使 P_{E} 最小。但在实际译码中，找出后验概率相当困难，一般地，信道传递概率 $P(b_j|a_i)$ 与输入符号的先验概率 $P(a_i)$ 是已知的。由贝叶斯公式

$$P(a_i|b_j)=\frac{P(a_i)P(b_j|a_i)}{P(b_j)}$$

这时，式（6.1.5）等价为

$$P(a^*)P(b_j|a^*)\geqslant P(a_i)P(b_j|a_i) \tag{6.1.7}$$

可见，如果输入符号的先验概率 $P(a_i)$ 均相等，则 MAP 准则就可以等价为寻找使 $P(b_j|a_i)$ 最大的 a_i，这就是最大似然译码准则。

定义 6.2 选择译码函数

$$F(b_j)=a^* \quad a^*\in X;\ \ b_j\in Y$$

使之满足条件

$$P(b_j|a^*)\geqslant P(b_j|a_i) \quad a_i\in X,\ \ b_j\in Y \tag{6.1.8}$$

或记为

$$a^*=\arg_{a_i}\max P(b_j|a_i) \qquad a_i\in X,\ \ b_j\in Y$$

则称为**“最大似然译码准则”**。其中 $P(b_j|a_i)$ 称为**似然函数**。这就是说，对于每一个输出符号 b_j 均译成具有最大似然函数 $P(b_j|a_i)$ 对应那个输入符号。

最大似然译码准则是实际应用中最常用的一种译码规则。它不再依赖先验概率 $P(a_i)$，但是只有当先验概率相等时，最大似然译码准则和最大后验概率准则才是等价的。如果先验概率未知或不等概，仍采用这个准则，不一定能使平均错误概率 P_E 最小。

根据译码准则，可写出平均错误概率

$$\begin{aligned}P_E&=\sum_{j=1}^{s}P(b_j)P(e|b_j)=\sum_{Y}P(b_j)\left[1-P(F(b_j)|b_j)\right]\\&=1-\sum_{Y}P(a^*b_j)=\sum_{X,Y}P(a_ib_j)-\sum_{Y}P(a^*b_j)=\sum_{X-a^*,Y}P(a_ib_j)\end{aligned} \tag{6.1.9}$$

可见，无论采用最大后验译码准则还是最大似然译码准则，P_E 是在联合概率矩阵 $[P(a_ib_j)]$ 中先求每列除去 $F(b_j)=a^*$ 所对应的 $P(a^*b_j)$ 以外所有元素的和，然后再对各列求和。

如果先验等概，式（6.1.9）可写成

$$P_E=\sum_{X-a^*,Y}P(b_j|a_i)P(a_i)=\frac{1}{r}\sum_{X-a^*,Y}P(b_j|a_i) \tag{6.1.10}$$

式（6.1.10）的求和是除去信道转移矩阵每列 $F(b_j)=a^*$ 对应的那个元素之后，再对矩阵中其他元素求和。

【例 6.1】 设有一个离散信道，信道转移矩阵为

$$P = \begin{bmatrix} \frac{5}{6} & \frac{1}{8} & \frac{1}{24} \\ \frac{1}{24} & \frac{5}{6} & \frac{1}{8} \\ \frac{1}{8} & \frac{1}{24} & \frac{5}{6} \end{bmatrix}$$

并设 $P(a_1)=\frac{9}{10}$，$P(a_2)=P(a_3)=\frac{1}{20}$。

（1）试按照“最大后验译码准则”确定译码规则，并计算相应的译码错误概率；

（2）试按照“最大似然译码准则”确定译码规则，并计算相应的译码错误概率。

解：（1）因为最大后验译码准则等价为

$$P(a^*)P(b_j \mid a^*) \geqslant P(a_i)P(b_j \mid a_i)$$

可知需要先计算联合概率 $P(a_ib_j)$。因为联合概率矩阵为

$$[P(a_ib_j)] = \begin{bmatrix} \frac{3}{4} & \frac{9}{80} & \frac{9}{240} \\ \frac{1}{480} & \frac{1}{24} & \frac{1}{160} \\ \frac{1}{160} & \frac{1}{480} & \frac{1}{24} \end{bmatrix}$$

所以，由最大后验译码准则得到的译码规则为

$$F(b_1)=a_1,\quad F(b_2)=a_1,\quad F(b_3)=a_3$$

这时的译码错误概率为

$$P_E = \sum_{X-a^*,Y} P(a_ib_j) = 1-\left(\frac{3}{4}+\frac{9}{80}+\frac{1}{24}\right) = \frac{23}{240}$$

（2）已知信道矩阵，由最大似然译码准则得到的译码规则为

$$F(b_1)=a_1,\quad F(b_2)=a_2,\quad F(b_3)=a_3$$

这时的译码错误概率为

$$P_E = \sum_{X-a^*,Y} P(a_ib_j) = 1-\left(\frac{3}{4}+\frac{1}{24}+\frac{1}{24}\right) = \frac{1}{6}$$

可见，先验概率不相等时，最大似然译码准则和最大后验译码准则不等价。最大后验译码准则能使平均错误概率 P_E 最小。

平均错误概率 P_E 与译码规则有关，而译码规则又与信道特性有关。由于信道中存在噪声，导致输出端发生错误，并使接收到输出符号后，对发送的符号还存在不确定性。可见，平均错误概率 P_E 与信道疑义度 $H(X|Y)$ 有关。两者之间的关系表示为

$$H(X|Y) \leqslant H(P_E) + P_E \log(r-1) \tag{6.1.11}$$

式中，r 是输入符号集的个数，$H(P_E)$ 是错误概率 P_E 的熵。该不等式由费诺第一个证明得出，所以称为**费诺不等式**。费诺不等式给出了平均错误概率的下限，它表明：当作了译码

判决后所保留的关于信源 X 的平均不确定性可分为两部分。一部分是接收到 Y 后是否产生错误概率 P_E 的不确定性 $H(P_E)$；另一部分是当判决错误（错误概率为 P_E）发生后，到底是 $(r-1)$ 个输入符号中的哪一个造成错误的不确定性，它是 $(r-1)$ 个输入符号不确定性的最大值 $\log(r-1)$ 与错误概率 P_E 的乘积，即 $P_E\log(r-1)$。

6.1.2 错误概率和编码方法

当信道给定后，由式（6.1.9）可知，信号通过有噪信道传输后会发生错误。对于二元对称信道，当错误转移概率 $p=0.01$ 时，即使选择最小错误概率译码准则，平均错误概率 $P_E=0.01$。这个错误概率通常不能满足系统性能的要求。那么，在上述信道中，是否有办法来降低错误概率呢？通常可以利用信道编码来降低错误概率。

所谓信道编码，就是根据一定的规律在待发送的信息码元中加入一些监督码元，即信息码元和监督码元之间存在相关性。这样，接收端就可以利用监督码元与信息码元的相关性来进行译码，发现或纠正错误。利用相关性来检测和纠正传输过程中产生的差错就是信道编码的基本思想。

下面以简单的重复编码为例，来说明为什么通过信道编码可以降低错误概率。

将信源符号重复发送 n 次，并在接收端采用相应的译码方法，就可以减少错误概率，从而通过牺牲有效性来换取可靠性的提高。例如信源发出两种符号 A 和 B，分别用“0”和“1”表示。在发送端，如果信源符号为“0”（或“1”），则重复发送三个“0”（或“1”）。即信道编码方案为“000”代表消息 A，“111”表示 B。根据“大数法则”来译码，如果接收码字的 3 位码元中有 2 个或 3 个“0”，则译为消息 A；如果有 2 个或 3 个“1”，则译为消息 B。这时的信道编码具有纠正一位错码的能力。

信道编码之后的信道可以看作二元对称信道的三次扩展信道，信道输入是码长为 3 的许用码字 $\alpha_i(i=1,2)$，输出是码长为 3 的接收码字 $\beta_j(j=1,2,\cdots,8)$，如图 6.2 所示。

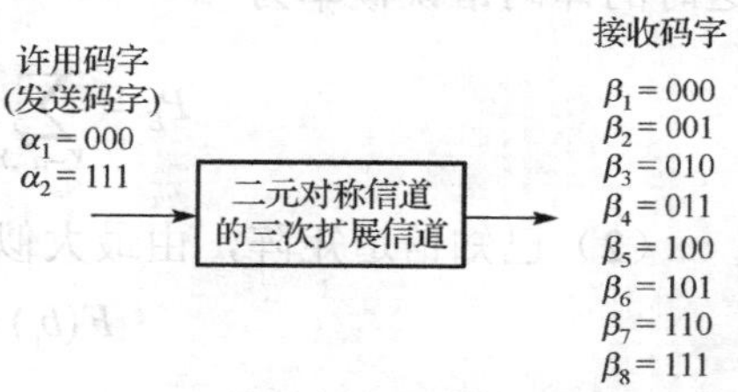

图 6.2 （3,1）重复码的信道模型

对应的信道矩阵为

$$\boldsymbol{P}=\begin{matrix} & \begin{matrix}\beta_1 & \beta_2 & \beta_3 & \beta_4 & \beta_5 & \beta_6 & \beta_7 & \beta_8\end{matrix} \\ \begin{matrix}\alpha_1\\ \alpha_2\end{matrix} & \begin{bmatrix} \bar{p}^3 & \bar{p}^2p & \bar{p}^2p & \bar{p}p^2 & \bar{p}^2p & \bar{p}p^2 & \bar{p}p^2 & p^3 \\ p^3 & \bar{p}p^2 & \bar{p}p^2 & \bar{p}^2p & \bar{p}p^2 & \bar{p}^2p & \bar{p}^2p & \bar{p}^3 \end{bmatrix}\end{matrix}$$

一般来说，信道的错误转移概率 $p<\dfrac{1}{2}$。根据最大似然准则进行译码，译码函数为

$$F(\beta_j)=\alpha_1 \quad (j=1,2,3,5)$$

$$F(\beta_j)=\alpha_2 \quad (j=4,6,7,8)$$

所以，当输入等概，$p=0.01$ 时，纠 1 位错码的 $n=3$ 的重复码的译码错误概率为

$$P_E=\sum_{C-\alpha^*,Y^3}P(\alpha_i)P(\beta_j\mid\alpha_i)=\frac{1}{2}\sum_{C-\alpha^*,Y^3}P(\beta_j\mid\alpha_i)$$

$$=\frac{1}{2}\left[p^3+\bar{p}p^2+\bar{p}p^2+\bar{p}p^2+\bar{p}p^2+\bar{p}p^2+\bar{p}p^2+p^3\right]\approx 3\times10^{-4}$$

可见，采用简单重复编码，即使只能纠正这种码字中的 1 个错码，当 $p=0.01$ 时，可以使平均错误概率从 0.01 下降到 3×10^{-4}。这表明信道编码具有较大的实用价值。

如果进一步增大重复次数 n，则会继续降低平均错误概率 P_E。可以算出

$$n=5 \quad P_E \approx 10^{-5}$$

$$n=7 \quad P_E \approx 4\times10^{-7}$$

$$n=9 \quad P_E \approx 10^{-8}$$

当 n 很大时，平均错误概率很小，但同时带来了一个新问题，信息传输率将大大减小。编码后的信息传输率（也称码率）表示为

$$R=\frac{\log M}{n} \text{（比特/码元）} \tag{6.1.12}$$

式中，M 表示许用码字的个数（即输入信道编码器的消息个数），$\log M$ 表示消息集在等概条件下每个消息携带的平均信息量（底数为 2 时，单位为比特）。n 是编码后码字的长度。

当 $M=2$ 时，采用 n 位重复码，得到的码率为

$$n=3 \quad R=1/3 \text{（比特/码元）}$$

$$n=5 \quad R=1/5 \text{（比特/码元）}$$

$$n=7 \quad R=1/7 \text{（比特/码元）}$$

$$n=9 \quad R=1/9 \text{（比特/码元）}$$

可见信息传输有效性和可靠性是矛盾的。这个矛盾有没有可以解决的方法？即能否找到一种编码方法，使得平均错误概率 P_E 充分小，而信息传输率 R 又可以保持在一定水平（甚至于达到信道容量 C）？这就是有噪信道编码定理所要回答的问题。

6.2 有噪信道编码定理

设有 M 种信源码字要在信道中传送，码字 $C=(x_{n-1},x_{n-2},\cdots,x_0)$，其中码元 $x_i(i=n-1, n-2,\cdots,0)$ 为 r 元码。如何在 r^n 个码字中选用 M 个许用码字来代表信源输出的消息，才能以任意小的错误概率传送，这就需要编码。这种编码实质上是针对信道特性对信源输出进行编码，以使信源与信道相匹配，所以称为信道编码。

定理 6.1（有噪信道编码定理） 若一个离散无记忆信道 $[X,P(y|x),Y]$ 的信道容量为 C，当信息传输率 $R<C$ 时，只要码长 n 足够大，总可以找到一种编码和相应的译码规则，使平均错误概率 P_E 任意小。

定理 6.1 又称为香农第二定理，其含义是：设信道有 r 个输入符号和 s 个输出符号，其信道容量为 C。对信道进行 n 次扩展，输入到扩展信道的码字（即经过信道编码得到的码字）长度为 n，因此有 r^n 个可供选择的码字。从 r^n 个符号集中找到 M 个码字（即 M 个许用码字，用来代表 M 个等概出现的消息，且 $M\leqslant 2^{n(C-\varepsilon)}$，$\varepsilon$ 为任意小的正数）组成一码表。需要指明的是，定理中的等概消息数应理解为信源扩展后经信道编码输出的码字数；定理中的信道容量 C 应该以“比特/码元”为单位（即对数底为 2），它与 $2^{n(C-\varepsilon)}$ 中的底数 2 相对应。这样编码后，信息传输率为

$$R=\frac{\log M}{n}\leqslant C-\varepsilon \text{（比特/码元）} \tag{6.2.1}$$

则存在相应的译码规则，使有噪信道中传输信息的平均错误概率任意小。

定理 6.1 说明信道容量 C 是保证无差错传输信息传输率 R 的理论极限值。对于一个固定的信道，信道容量 C 是一定的，它是衡量信道质量的一个重要物理量。

有噪信道编码定理的证明过程可以参考相关文献，这里只进行几点说明：

① 有噪信道编码定理指出高效率和高可靠性的编码是存在的，并给出了信道编码的理想极限性能，为编码理论和技术的研究指明了方向；

② 定理证明过程中采用随机编码，在信道输入端的 X^n 集中随机地选取经常出现的 2^{nR} 个高概率序列作为码字，数量很大，难以寻找到好码；

③ 定理证明过程中采用最大似然译码准则，在接收端，序列 Y^n 集将映射到 M 个消息集中；

④ 可以证明：当 $R<C$ 时，平均错误概率 P_E 满足不等式

$$P_E\leqslant \mathrm{e}^{-nE(R)} \tag{6.2.2}$$

式中，n 为码长；$E(R)$ 称为可靠性函数或随机编码指数，它在 $0<R<C$ 范围内是一个非增的非负函数。可见，为了实现可靠通信，可以采用增大可靠性函数 $E(R)$ 或增加码长 n 的方法；而且随着码长 n 的增加，P_E 按指数规律下降到任意小的值。

定理 6.2（有噪信道编码逆定理） 若一个离散无记忆信道 $[X,P(y|x),Y]$ 的信道容量为 C，当信息传输率 $R>C$ 时，无论码长 n 多么大，总也找不到一种编码和相应的译码规则，使平均错误概率 P_E 为任意小。

需要指明的是，有噪信道编码定理及其逆定理对连续信道和有记忆信道同样成立。

定理 6.3（连续信道编码定理） 对于带宽为 B 的加性高斯白噪声信道，信号平均功率为 S，噪声功率为 σ^2，即信道容量 $C_t=B\log\left(1+\frac{S}{\sigma^2}\right)$。当信息传输速率 $R_t<C_t$ 时，总可以找到一种信道编码和相应的译码规则，使平均错误概率 P_E 任意小。反之，当 $R_t>C_t$ 时，找不到一种信道编码使平均错误概率 P_E 任意小。

香农公式给出了 AWGN 信道中可靠传输的最大信息传输速率，即信息传输速率的理论极限值，称为香农极限。在实际通信系统中，为了可靠通信，必须使 $R_t<C_t$。在带限 AWGN 信道条件下，要求

$$R_t<B\log\left(1+\frac{S}{n_0B}\right) \tag{6.2.3}$$

利用关系式 $S=R_tE_b$，式中 E_b 代表每比特的能量，可得

$$\frac{R_t}{B}<\log_2\left(1+\frac{R_t}{B}\frac{E_b}{n_0}\right) \tag{6.2.4}$$

式中，R_t/B 为频带利用率，E_b/n_0 为比特信噪比。

因此，为了保证可靠通信，实际通信系统的频带利用率 R_t/B 和比特信噪比 E_b/n_0 应满足

$$\frac{E_b}{n_0}>\frac{2^{R_t/B}-1}{R_t/B} \tag{6.2.5}$$

该关系式对任何通信系统都成立，当 $R_t/B \to 0$ 时，得到可靠通信所要求的 E_b/n_0 的最小值，即−1.6dB 香农限，频带利用率 R_t/B 随着比特信噪比 E_b/n_0 变化的曲线如图 6.3 所示。理论上，在该曲线以下的任何点通信都是可能的，而在其上的任何点通信都是不可能的。

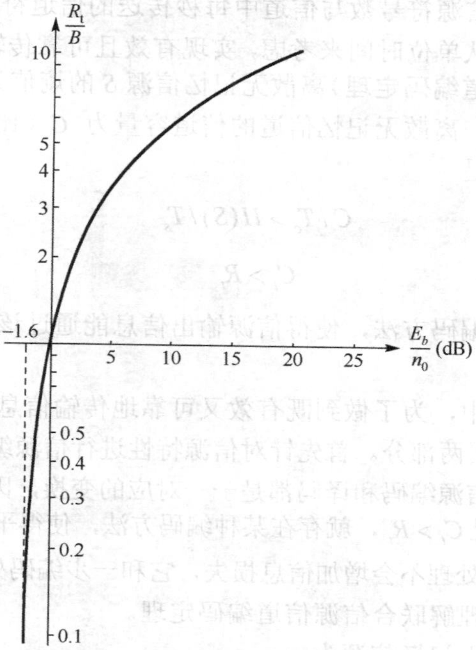

图 6.3 频带利用率与比特信噪比的关系曲线

综上所述，在任何信道中，信道容量是一个明显的分界点，它是保证信息可靠传输的最大信息传输率。香农第二定理从理论上指出：任何信道，只要信息传输率 R 接近于 C，就有可能近似无差错传输，此差错可通过适当的编码来实现。也就是说，存在一种编码方式，可通过不可靠的信道实现可靠的传输，且有可能使信息传输速率接近于香农容量。这对实际信息传输工程有着重要的理论指导意义。

多年来，编码理论家一直在探索逼近香农极限的实用码，即以接近香农信道容量的信息速率进行通信，而且近似无差错。近二十年来，信道编码取得了可喜进展，信道编码采用 Turbo 码或 LDPC 码的通信系统，信息速率接近于香农容量的同时，在近似无差错（误比特率为 10^{-5}）条件下，它所要求的 E_b/n_0 值仅与理想值相差不到 1dB，且其编译码可实现。

【例 6.2】 给定比特信噪比 $\frac{E_b}{n_0}=22\text{dB}$，信道带宽为 1MHz 时，理论上能否可靠传输信息速率为 10Mbit/s 的数据？

解： 根据式（6.2.5），当信息速率为 10Mbit/s 、信道带宽为 1MHz 时，$\frac{E_b}{n_0}$ 的最小值为

$$\frac{E_b}{n_0} > \frac{2^{R_t/B}-1}{R_t/B} = \frac{2^{10}-1}{10} = 102.3 = 20.09(\text{dB})$$

所以通过适当的编码方式可以实现无差错传输。

6.3 联合信源信道编码定理

由于信源每秒产生的信源符号数与信道中每秒传送的信道符号数通常不一样，因此实际信息传输系统往往需要从单位时间来考虑，实现有效且可靠传输的条件由定理 6.4 给出。

定理 6.4（联合信源信道编码定理）离散无记忆信源 S 的熵值为 $H(S)$（比特/信源符号），每秒输出 $1/T_s$ 个信源符号；离散无记忆信道的信道容量为 C（比特/信道符号），每秒输出 $1/T_c$ 个信道符号。如果满足

$$C/T_c > H(S)/T_s \tag{6.3.1}$$

或

$$C_t > R_t \tag{6.3.2}$$

则总可以找到信源和信道编码方法，使得信源输出信息能通过该信道传输后，平均错误概率 P_E 任意小。

在实际通信系统设计中，为了做到既有效又可靠地传输信息，通常将通信系统的编码设计为信源编码和信道编码两部分。首先针对信源特性进行信源编码，然后针对信道特性设计信道编码。由于无失真信源编码和译码都是一一对应的变换，因此它不会带来任何的信息损失；而信道编码只要满足 $C_t > R_t$，就存在某种编码方法，使得平均错误概率 P_E 任意小。因此满足式（6.3.2），分两步处理不会增加信息损失，它和一步编码处理方法同样有效。

下面通过一个例子来理解联合信源信道编码定理。

【例 6.3】 设某二元无记忆信源为

$$\begin{bmatrix} S \\ P(s) \end{bmatrix} = \begin{bmatrix} s_1 & s_2 \\ \dfrac{3}{4} & \dfrac{1}{4} \end{bmatrix}$$

（1）如果信源每秒发出 2.3 个信源符号，将此信源的输出符号送入无噪信道中进行传输，而信道每秒只传送两个二元符号。通过适当编码，信源是否能够在此信道中进行无失真传输？试说明如何进行编码。

（2）如果信源每秒发出 2.3 个信源符号，送入二元对称信道中进行传输，而信道每秒传送 25 个二元符号。已知信道矩阵为

$$\boldsymbol{P} = \begin{bmatrix} \dfrac{2}{3} & \dfrac{1}{3} \\ \dfrac{1}{3} & \dfrac{2}{3} \end{bmatrix}$$

是否存在一种编码方法，使得信源输出信息能通过该信道传输后，平均错误概率 P_E 任意小？

解：信源熵 $H(S) = \dfrac{1}{4}\log 4 + \dfrac{3}{4}\log\dfrac{4}{3} = 0.811$（比特/信源符号）

（1）二元无噪信道的最大信息传输率为

$$C = 1 \quad \text{（比特/信道符号）}$$

而信道每秒传送 2 个符号，所以该信道的最大信息传输速率为

$$C_t = 2 \quad \text{（比特/秒）}$$

如果信源每秒发送 2.3 个信源符号，则信源输出 0 的信息速率为

$$R_t = 2.3 \times H(S) = 1.8653 \text{（比特/秒）}$$

则

$$R_t < C_t$$

所以，通过适当编码，信源能够在此信道中进行无失真传输。如何进行编码呢？可以对 N 次扩展信源进行霍夫曼编码，然后再送入信道。当 $N=2$ 时，编码结果如表 6.1 所示。

表 6.1　$N=2$ 时的编码结果

信源序列 α_i	$P(\alpha_i)$	霍夫曼码
s_1s_1	9/16	1
s_1s_2	3/16	01
s_2s_1	3/16	001
s_2s_2	1/16	000

当 $N=2$ 时，单个符号的平均码长为

$$\overline{L} = \frac{\overline{L}_2}{2} = \frac{27}{32} \text{（二元码符号/信源符号）}$$

所以，二次扩展编码后，送入信道的传输速率为

$$\frac{27}{32} \times 2.3 = 1.94 \text{（二元码符号/秒）}$$

信源编码得到的二元码符号进入信道，即信道符号就是二元码符号，由题意可知，信道每秒可以传送两个符号。因为 $1.94 < 2$，此时可以在信道中进行无失真传输。

（2）该二元对称信道的信道容量为

$$C = 0.082 \text{（比特/信道符号）}$$

而信道每秒传送 25 个符号，所以该信道的最大信息传输速率为

$$C_t = 25 \times 0.082 = 2.05 \text{（比特/秒）}$$

如果信源每秒发送 2.3 个信源符号，则信源输出的信息速率为

$$R_t = 2.3 \times H(S) = 1.8653 \text{（比特/秒）}$$

则

$$R_t < C_t$$

由联合无失真信源信道编码定理可知：理论上存在一种编码方法，使得信源输出信息能通过该信道传输后，平均错误概率 P_E 任意小。

6.4　信道编码的基本概念

从信道编码的构造方法看，其基本思路是根据一定的规律在待发送的信息码元中加入一些冗余的码元，这些码元称为监督码元，也叫校验码元。这样接收端就可以利用监督码元与信息码元的关系来发现或纠正错误，以使受损或出错的信息仍能在接收端恢复。一般来说，增加的监督码元越多，检错或纠错的能力就越强。所以，信道编码的实质就是通过牺牲有效性来换取可靠性的提高。在信息码元中加入监督码元的多少可以通过冗余度 ξ 来衡量。例如，每 3 个信息码元中加入 1 个监督码元，这时冗余度 $\xi = 1/4$。信道编码的任务就是构造出以最小冗余度代价换取最大可靠性的“好码”。

6.4.1 信道编码的分类

在无记忆信道中，噪声独立随机地影响着每个传输码元，因此接收的码元序列中的错误是独立随机出现的，以高斯白噪声为主体的信道属于这类信道。在有记忆信道中，噪声和干扰的影响往往前后相关，错误成串出现。还有些信道既有独立随机差错也有突发性成串差错，称为混合信道。对不同类型的信道，需要设计不同类型的信道编码，才能收到良好的效果。按照信道特性和设计的码字类型进行划分，信道编码可以分为纠独立随机差错码、纠突发差错码和纠混合差错码。

信道编码还有以下几种分类方式。

① 按码元的进制分类，有二元码和多元码。如果码元采用二进制，则称为二元码。

② 按码字的功能分类，有检错码和纠错码。检错码只能检测错误，但是不能判断到底是哪一位出错，因而不能纠正错误。纠错码不仅能发现错误还能纠正错误。

③ 按监督码元与信息码元之间的关系分类，有线性码和非线性码。线性码是指监督码元与信息码元之间的关系是线性关系，即它们的关系可用一组线性代数方程联系起来；非线性码是指二者具有非线性关系。

④ 按照信息码元在编码后是否保持原来的形式分类，有系统码和非系统码。系统码是指编码后的信息码元保持原样不变；而在非系统码则改变了原来的信息码元形式。

⑤ 按照对信息码元和监督码元的约束关系不同分类，信道编码可以分为分组码和卷积码。分组码是指把信源输出的信息序列，每 k 个信息码元划分为一组，然后由这 k 个码元按照一定的规则产生 r 个监督码元，从而组成长度为 $n=k+r$ 的码字（也称为码组）。在分组码中，监督码元仅与本组的信息码元有关，一般用符号（n,k）表示。编码效率 $\eta=k/n$，它表示码字中信息码元所占的比重。编码效率 η 有时又简称为码率，严格说来，只有二元码的编码效率和码率在数值上才相等。编码效率 η 是衡量分组码有效性的一个基本参数。编码效率和冗余度的关系为 $\eta=1-\xi$。

卷积码是指把信源输出的信息序列，每 k_0 个信息码元划分为一组，通过编码器输出长度为 n_0（$\geqslant k_0$）的码段。与分组码不同的是，该码段的（n_0-k_0）个监督码元不仅与本组的信息码元有关，而且与前面的 m 组信息码元有关。卷积码一般用 (n_0,k_0,m) 表示，编码效率 $\eta=k_0/n_0$。

分组码又可分为循环码和非循环码。循环码是指任一码字的码元循环移位后仍是该码的一个码字；否则为非循环码。

6.4.2 线性分组码的检错和纠错能力

信道编码的检错和纠错能力是通过信息量的冗余度来换取的。下面首先介绍编码中的几个定义，再讨论线性分组码的检错和纠错能力。

1. 码字的汉明重量

在信道编码中，码字的汉明重量定义为码字中非零码元的数目，简称码重。例如“10101”码字的码重为 3，“01111”码字的码重为 4。

在二元码中，码字的汉明重量为码字中含“1”的个数。令码字 $\boldsymbol{C}=(c_{n-1},c_{n-2},\cdots,c_0)$，

码字的汉明重量为

$$W(\boldsymbol{C})=\sum_{i=0}^{n-1} c_i \qquad c_i \in \{0,1\} \tag{6.4.1}$$

2．码字的汉明距离

两个 n 长码字 $\boldsymbol{C}_k$ 和 $\boldsymbol{C}_j$ 对应码元取值不同的个数定义为码字的汉明距离，简称码距，用 $D(\boldsymbol{C}_k,\boldsymbol{C}_j)$ 表示。汉明距离可以表示为

$$D(\boldsymbol{C}_k,\boldsymbol{C}_j)=W(\boldsymbol{C}_k \oplus \boldsymbol{C}_j) \tag{6.4.2}$$

式中，$\oplus$ 表示模二加。

在一种编码中，码字集合中任意两码字间的最小距离称为该编码的**最小汉明距离**，简称为**最小码距**，用 $d_{\min}$ 表示。

$$d_{\min}=\min\{D(\boldsymbol{C}_k,\boldsymbol{C}_j)\},\quad \boldsymbol{C}_k \neq \boldsymbol{C}_j,\quad \boldsymbol{C}_k,\boldsymbol{C}_j \in \boldsymbol{C} \tag{6.4.3}$$

式中，$\boldsymbol{C}$ 表示由所有许用码字组成的集合，称为**码书**。

例如码长 n=3 的重复码，只有 2 个许用码字，即 000 和 111，显然 $d_{\min}$ =3。

3．线性分组码中最小汉明距离与检、纠错能力的关系

编码的最小汉明距离 $d_{\min}$ 是 (n,k) 分组码的一个重要参数。它表明了码的检错和纠错能力，$d_{\min}$ 越大，检、纠错能力越强。下面来具体讨论分组码的检、纠错能力与最小码距 $d_{\min}$ 之间的关系。

① 为了检测 e 个错码，则要求最小码距：

$$d_{\min} \geqslant e+1 \tag{6.4.4}$$

式（6.4.4）可以通过图 6.4（a）来说明。图中 A 表示某码字，当误码不超过 e 个时，该码字的位置将不超出以码字 A 为圆心、以 e 为半径的圆。只要其他许用码字（如码字 B）都不落入此圆内，则 A 码字发生 e 个误码时就不可能与许用码字 B 相混。

② 为了纠正 t 个错码，则要求最小码距为

$$d_{\min} \geqslant 2t+1 \tag{6.4.5}$$

式（6.4.5）可以用图 6.4（b）来说明。图中 A 和 B 分别表示任意两个许用码字，当各自错码不超过 t 个时，发生错码后两个许用码字的位置将不会超出以 A 和 B 为圆心、以 t 为半径的圆。只要这两个圆不相交，可以根据它们落在哪个圆内来判断为 A 或 B，即可以纠正错误。而以 A 和 B 为圆心的两个圆不相交的最近圆心距离为 $2t+1$，这就是纠正 t 个错误的最小码距了。

③ 为了纠正 t 个错码，同时能检测 $e(e>t)$ 个错码（简称为纠检结合），则要求最小码距

$$d_{\min} \geqslant e+t+1 \qquad (e>t) \tag{6.4.6}$$

能纠正 t 个错码，同时能检测 e 个错码的含义：当错码不超过 t 个时，能自动纠正错码；而当错码超过 t 个时，则不可能纠正错误，但仍可检测 e 个错码。式（6.4.6）可以用图 6.4（c）来说明。如果码的检错能力为 e，则当码字 A 中存在 e 个错码时，该码字与任一许用码字 B 的距离至少应为 $t+1$，否则将进入许用码字 B 的纠错能力范围内，被错纠为 B。

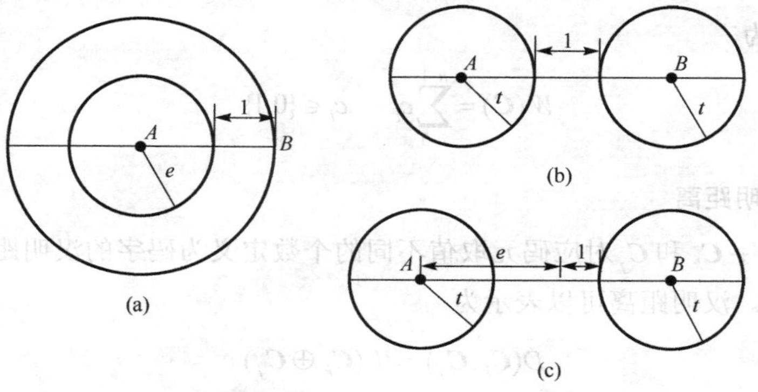

图 6.4 最小码距与检、纠错能力的关系

最小码距 $d_{\min}$ 与编码效率 η 是线性分组码的两个最主要参数。一般说来，这两个参数是相互矛盾的，码的检、纠错能力越强，最小码距 $d_{\min}$ 越大，编码效率 η 越小。纠错编码的任务就是构造出 η 一定且 $d_{\min}$ 尽可能大的码，或 $d_{\min}$ 一定且 η 尽可能大的码。

【例 6.4】 分析（7，1）重复码的最小距离，并说明其检错、纠错能力和纠检结合能力。

解： 假定信源发出两种符号 A 和 B，分别用“0000000”和“1111111”表示。它的最小距离 $d_{\min}=7$。如果单独考虑检错或纠错能力，容易理解它可以检测 6 个差错或纠正 3 个差错。

纠检结合时，（7,1）重复码的纠错能力和检错能力如何呢？如果发送码 A 而发生 3 个差错，可以根据“大数法则”将错码纠正过来。如果发送码 A 而发生 4 个差错，译码器将错误地译为码 B。此时译码器自认为检测并纠正了 3 个差错，而没能发现实际出现的第 4 个差错。所以此时（7,1）重复码的纠错能力为 3，检错能力也是 3。如果要检测 4 个差错，只有将纠错能力减少为 2，即将球 A 的半径减小到 2。此时的译码规则为：如果码字中“0 的个数”比“1 的个数”多两个或以上，则译码结果为码 A；如果码字中“1 的个数”比“0 的个数”多 2 个或以上，则译码结果为码 B；否则认为有差错发生。

因此，纠检结合时，（7,1）重复码的纠错能力和检错能力可以描述为：

① 纠 3 个差错，同时检 3 个差错；

② 纠 2 个差错，同时检 4 个差错；

③ 纠 1 个差错，同时检 5 个差错。

6.4.3 最小汉明距离译码

一般说来，最大似然译码准则和最小汉明距离译码准则之间存在密切的联系。设信道输入端作为消息的码字为 α_i，输出端所有可能的接收码字为 β_j。如前所述，最大似然准则表述如下：

选择译码函数

$$F(\beta_j)=\alpha^* \quad (\alpha^* \in C;\ \ \beta_j \in Y^n)$$

使它满足

$$P(\beta_j \mid \alpha^*) \geqslant P(\beta_j \mid \alpha_i) \quad \alpha_i \in C,\ \ \alpha_i \neq \alpha^* \tag{6.4.7}$$

若 α_i 和 β_j 之间的距离为 $D(\alpha_i,\beta_j)$，它表示传输过程中，α_i 到 β_j 有 $D(\alpha_i,\beta_j)$ 个位置发

生了错误。在二元对称信道中，设信道错误传递概率为 p，则当信道无记忆时，n 次扩展信道的传递概率为

$$P(\beta_j \mid \alpha_i) = P(b_{j_1} \mid a_{i_1})P(b_{j_2} \mid a_{i_2}) \cdots P(b_{j_n} \mid a_{i_n}) = p^{D(\alpha_i,\beta_j)}\bar{p}^{[n-D(\alpha_i,\beta_j)]} \quad (6.4.8)$$

通常情况下，错误信道传递概率 $p<0.5$，所以在传输过程中没有错误的可能性比出现一个错误的可能性大，出现一个错误的可能性比出现两个错误的可能性大，以此类推。即 $D(\alpha_i,\beta_j)$ 越大，$P(\beta_j \mid \alpha_i)$ 越小；反之越大。因此，对于二元对称信道，最大似然译码准则可用最小汉明距离准则来表述。

定义 6.3 选择译码函数

$$F(\beta_j)=\alpha^* \quad (\alpha^* \in C;\ \ \beta_j \in Y^n)$$

使满足

$$D(\alpha^*,\beta_j) \leqslant D(\alpha_k,\beta_j),\ \ \alpha_k \in C,\ \ \alpha_k \neq \alpha^* \quad (6.4.9)$$

或者

$$D(\alpha^*,\beta_j) = \min D(\alpha_k,\beta_j),\ \ \alpha_k \in C,\ \ \alpha_k \neq \alpha^* \quad (6.4.10)$$

记作

$$\alpha^* = \arg_{\alpha_k} \min D(\alpha_k,\beta_j) \quad (\alpha_k \in C,\ \ \beta_j \in Y^n)$$

即寻求与接收码字的汉明距离最小的许用码字，将其作为最可能的发送码字，这就是**最小汉明距离译码**。

如上所述，在二元对称信道（BSC）中，当错误信道传递概率 $p<0.5$ 时，最大似然译码就是最小汉明距离译码。在任意信道中都可采用最小汉明距离译码，但是它不一定等同于最大似然译码准则。容易看出：在重复码情况下，大数法则就是最小汉明距离译码。

在二元对称信道中，设输入码字数为 M，并且等概率分布，则平均错误概率可用汉明距离表示为

$$P_E = \frac{1}{M}\sum_{C-\alpha^*,Y^n} P(\beta_j \mid \alpha_i) = \frac{1}{M}\sum_j \sum_{i\neq *} p^{D(\alpha_i,\beta_j)}\bar{p}^{[n-D(\alpha_i,\beta_j)]} \quad (6.4.11)$$

可见，应尽量设法使选取的 M 个码字中任意两两不同码字的距离 $D(\alpha_i,\alpha_k)$ 尽量大，这样就可做到保持一定信息传输率 R，而使平均错误概率 P_E 尽可能小。

综上所述，在有噪信道中，传输的平均错误概率 P_E 与各种编、译码方法有关。编码可采用选择 M 个消息所对应的码字间最小距离 $d_{\min}$ 尽可能大的编码方法，而译码采用将接收序列 β_j 译成与之距离最近的那个许用码字 α^* 的译码规则，则只要码长 n 足够长，合适地选择 M 个消息所对应的码字，就可以使错误概率 P_E 很小，而信息传输率 R 保持一定。

6.4.4 差错控制的三种方式

具有检错或纠错功能的信道编码可用于不同的差错控制系统中，如图 6.5 所示。

1. 前向纠错方式

前向纠错记作 FEC（Forward Error- Correction）。发送端发送能够纠正错误的码，接收端收到码后自动纠正传输中的错误。其特点是单向传输、实时性好，但译码设备较复杂。

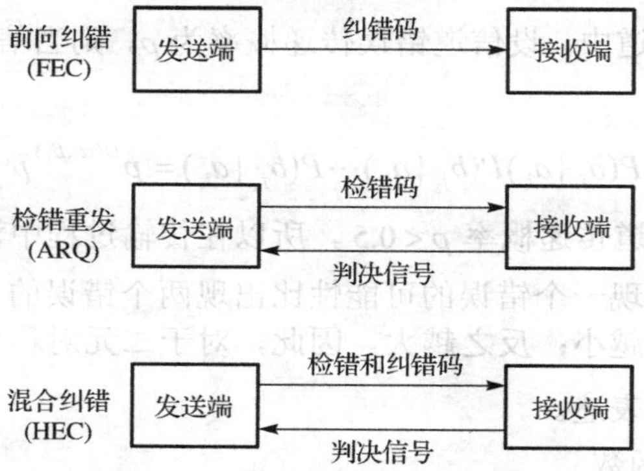

图 6.5　3 种差错控制方式

2. 检错重发方式

检错重发又称自动请求重传方式，记作 ARQ（Automatic Repeat Request）。由发送端送出能够发现错误的码，由接收端判决传输中有无错误产生，如果发现错误，则通过反向信道把这一判决结果反馈给发送端，然后，发送端将错误的信息再次重发，从而达到正确传输的目的。其特点是需要反馈信道、译码设备简单、在突发错误和信道干扰较严重时有效，但实时性差，主要应用在计算机数据通信中。

3. 混合纠错

混合纠错记作 HEC（Hybrid Error-Correction）是 FEC 和 ARQ 方式的结合。发送端发送具有自动纠错同时又具有检错能力的码。接收端收到码后，检查差错情况，如果错误在码的纠错能力范围以内，则自动纠错；如果超出了码的纠错能力，但能检测出来，则经过反馈信道请求发送端重发。这种方式具有自动纠错和检错重发的优点，误码率较低，因此，近年来得到广泛应用。

6.4.5 差错控制的途径

实现可靠通信，减少平均错误概率 P_E，有以下几种常见的方法。

1. 增大可靠性函数

由式（6.2.2）可知，通过减少码率 R 来增大可靠性函数 $E(R)$，从而减小 P_E。

对于 r 进制（n，k）码，k 位 r 进制信息码元编成 n 位 r 进制码元组成的码字，码率 $R=\dfrac{k\log_2 r}{n}$（比特/码元）。所以，可以采用减少信息码元位数 k、增加码长 n 或减少进制数 r 的方法来降低码率。例如重复码就是通过降低码率 R 来提高可靠性的。

在一定的信道容量 C 下减小 R，因此这是采用增加信道的冗余度来换取可靠性的提高。冗余度就是在信息流中插入冗余比特，这些冗余比特和信息比特之间存在特定的相关性。这样，在传输过程中，即使个别信息比特出错，也可以利用相关性检测或纠正错码，保证信息的可靠性。从 20 世纪 50 年代到 70 年代，主要的纠错编码方法都是以这种冗余度为基础的。

2. 增加码长

由式（6.2.2）可知，在码率 R 一定的情况下，增加分组码长 n，可使平均错误概率 P_E 随码长 n 的增加而呈指数下降。但由于码长 n 的增加，当 R 保持一定时，可能发送的码字数目将按指数规律增加，从而增加了译码设备的复杂度。这种方法就是信道编码定理所指出减少误码率的另一方向，它为通信设计工作者提供了一条新的途径。当前通过增加码长 n 来提高可靠性已成为纠错编码的主要途径之一，这实际上是以设备的复杂度来换取可靠性。

3. 差错随机化

信道编码还有一条重要途径是差错随机化（或噪声均化），以便更符合编码定理的条件，从而得到符合编码定理的结果。集中的噪声干扰（称为突发差错）的危害甚于分散的噪声干扰（称为随机差错）。噪声均化的基本思想是：设法将较为集中的噪声干扰分摊，使不可恢复的信息损伤最小，从而达到提高总体差错控制能力的目的，如采用交织码。交织对编码器输出的码流与信道上的符号流做顺序上的变换，从而将突发差错均化，达到噪声均化的目的。

6.5 线性分组码

线性分组码既是分组码又是线性码。分组码的编码包括两个基本步骤：首先将信源输出的信息序列按 k 个信息码元划分为一组；然后根据一定的编码规则由这 k 个信息码元产生 r 个监督码元（或校验码元），构成 $n(=k+r)$ 个码元组成的码字。线性码中的监督码元与信息码元之间的关系是线性关系，它们的关系可用一组线性代数方程联系起来。

线性分组码一般用符号 (n,k) 表示，其中 k 是每个码字中二进制信息码元的数目；n 是码字的长度，简称为码长。每个二进制码元可能有两种取值，n 个码元可能有 2^n 种组合，(n,k) 线性分组码只准许使用 2^k 种码字来传送信息，还有 (2^n-2^k) 种码字作为禁用码字。如果在接收端收到禁用码字，则认为发现了错码。

一个 n 长的码字 $\boldsymbol{C}$ 可用矢量 $\boldsymbol{C}=(c_{n-1},c_{n-2},\cdots,c_1,c_0)$ 表示。当线性分组码 (n,k) 为系统码时，其结构如图 6.6 所示，码字的前 k 位为信息码元，与编码前原样不变，后 r 位为监督码元。

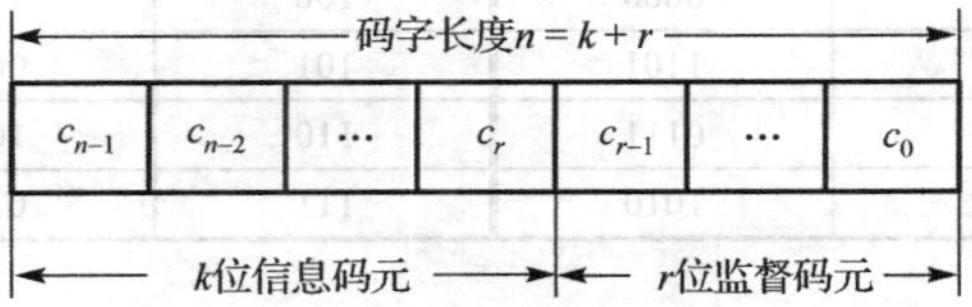

图 6.6　系统码的结构

6.5.1 线性分组码的编码

在介绍线性分组码的原理之前，首先来看一种简单而又常用的线性分组码——偶监督码（也称为偶校验码）。无论信息码元有多少，监督码元只有一位。监督码元的加入使得每个码字中“1”的数目为偶数。它是一种 $(n,n-1)$ 线性分组码，最小码距 $d_{\min}=2$，能够检一位错码。

偶监督码 $\boldsymbol{C}=(c_{n-1},c_{n-2},\cdots,c_1,c_0)$ 满足

$$c_{n-1}\oplus c_{n-2}\oplus\cdots\oplus c_0=0 \tag{6.5.1}$$

式（6.5.1）中，c_0 为监督码元，$(c_{n-1},c_{n-2},\cdots,c_1)$ 为信息码元，“$\oplus$”表示模 2 加。

接收端对偶监督码进行译码，实际上就是根据接收码字 $\boldsymbol{R}=(r_{n-1},r_{n-2},\cdots,r_1,r_0)$ 来计算

$$\boldsymbol{S}=r_{n-1}\oplus r_{n-2}\oplus\cdots\oplus r_0 \tag{6.5.2}$$

如果 $\boldsymbol{S}=0$，则认为无错，反之有错。式（6.5.2）称为**监督关系式（或校验关系式）**，$\boldsymbol{S}$ 称为**伴随式（或监督子，或校验子）**。由于只有一个监督码元，则只有一个监督关系式，$\boldsymbol{S}$ 的取值只有两种，只能代表有错和无错这两种信息，不能进一步指明错码的位置。可以推测，如果将监督码元增加一位，则有两个监督关系式，伴随式 $\boldsymbol{S}=S_1S_0$ 的可能值就有 4 种组合，故能表示 4 种不同的信息，如果用其中一种表示无错，则其余 3 种就可以用来指示一位错码的 3 种不同位置。同理，伴随式 $\boldsymbol{S}=S_{r-1}S_{r-2}\cdots S_0$ 的可能值就有 2^r 种组合，可以用其中一种表示无错，其余 (2^r-1) 种用来指示一个错码的 (2^r-1) 个可能的位置。

因此，如果希望用 r 个监督码元构造的 (n,k) 线性分组码能够纠正一位错码，则要求

$$2^r-1\geqslant n \tag{6.5.3}$$

下面通过一个例子来说明线性分组码的编码原理。

例如一个（7, 3）线性分组码，码字表示为（$c_6,c_5,\cdots,c_1,c_0$），其中 c_6,c_5,c_4 为信息码元，c_3,c_2,c_1,c_0 为监督码元，监督码元由式（6.5.4）所示的线性方程组产生。

$$\begin{cases}c_3=c_6\oplus c_4\\ c_2=c_6\oplus c_5\oplus c_4\\ c_1=c_6\oplus c_5\\ c_0=c_5\oplus c_4\end{cases} \tag{6.5.4}$$

式（6.5.4）确定了由信息元得到监督元的规则，所以称为一致监督方程（或一致校验方程）。利用监督方程，每给出一个 3 位的信息组，就可编出对应的监督码元，如表 6.2 所示。

表 6.2　(7,3) 分组码的信息码元和监督码元

信息码元	监督码元	信息码元	监督码元
000	0000	100	1110
001	1101	101	0011
010	0111	110	1001
011	1010	111	0100

1. 监督矩阵

将式（6.5.4）改写成

$$\begin{cases}c_6\oplus c_4\oplus c_3=0\\ c_6\oplus c_5\oplus c_4\oplus c_2=0\\ c_6\oplus c_5\oplus c_1=0\\ c_5\oplus c_4\oplus c_0=0\end{cases} \tag{6.5.5}$$

上式可以用矩阵形式表示为

$$\begin{bmatrix}1&0&1&1&0&0&0\\1&1&1&0&1&0&0\\1&1&0&0&0&1&0\\0&1&1&0&0&0&1\end{bmatrix}\begin{bmatrix}c_6\\c_5\\c_4\\c_3\\c_2\\c_1\\c_0\end{bmatrix}=\begin{bmatrix}0\\0\\0\\0\end{bmatrix} \tag{6.5.6}$$

一般地，在 (n,k) 线性分组码中，如果

$$\boldsymbol{H}\boldsymbol{C}^{\mathrm{T}}=\boldsymbol{0}^{\mathrm{T}} \quad 或 \quad \boldsymbol{C}\boldsymbol{H}^{\mathrm{T}}=\boldsymbol{0} \tag{6.5.7}$$

则 $\boldsymbol{H}$ 称为 (n,k) 线性分组码的监督矩阵（或校验矩阵）。式中，$\boldsymbol{C}=(c_{n-1},c_{n-2},\cdots,c_1,c_0)$ 表示编码器的输出码字；$\boldsymbol{0}$ 表示 r 个 0 元素组成的行向量。$\boldsymbol{C}^{\mathrm{T}}$、$\boldsymbol{0}^{\mathrm{T}}$ 或 $\boldsymbol{H}^{\mathrm{T}}$ 分别为 $\boldsymbol{C}$、$\boldsymbol{0}$、$\boldsymbol{H}$ 的转置矩阵。

本例中，对照式（6.5.6）和式（6.5.7）可知，该（7, 3）线性分组码的监督矩阵为

$$\boldsymbol{H}=\begin{bmatrix}1&0&1&1&0&0&0\\1&1&1&0&1&0&0\\1&1&0&0&0&1&0\\0&1&1&0&0&0&1\end{bmatrix} \tag{6.5.8}$$

显然，$\boldsymbol{H}$ 阵共有 $(n-k)$ 行 n 列。$\boldsymbol{H}$ 阵的每一行都代表一个监督方程，它表示与该行中“1”对应的码元的和为 0。只要监督矩阵 $\boldsymbol{H}$ 给定，编码时监督码元和信息码元的关系就完全确定了。$\boldsymbol{H}$ 阵的各行是线性无关的，否则将得不到 r 个独立的监督位。

应当指出，相同的编码可以对应不同的监督矩阵 $\boldsymbol{H}$，当然这些监督矩阵之间存在一定的变换关系，它们可以通过初等变换得到。如果监督矩阵 $\boldsymbol{H}$ 的后 r 列为单位方阵，则称为监督矩阵 $\boldsymbol{H}$ 的标准形式，简称为标准的监督矩阵。式（6.5.8）所示的监督矩阵就是一个标准的监督矩阵。标准的监督矩阵可用分块矩阵表示为

$$\boldsymbol{H}=[\boldsymbol{Q},\boldsymbol{I}_r] \tag{6.5.9}$$

式中，$\boldsymbol{I}_r$ 为 $r\times r$ 阶单位方阵，$\boldsymbol{Q}$ 为 $r\times(n-r)$ 阶矩阵。

例如，式（6.5.4）也可以改写为

$$\begin{cases}c_5\oplus c_3\oplus c_2=0\\c_6\oplus c_5\oplus c_4\oplus c_2=0\\c_6\oplus c_5\oplus c_1=0\\c_5\oplus c_4\oplus c_0=0\end{cases} \tag{6.5.10}$$

根据式（6.5.7），这时监督矩阵 $\boldsymbol{H}$ 为

$$\boldsymbol{H}=\begin{bmatrix}0&1&0&1&1&0&0\\1&1&1&0&1&0&0\\1&1&0&0&0&1&0\\0&1&1&0&0&0&1\end{bmatrix} \tag{6.5.11}$$

式（6.5.11）的监督矩阵 $\boldsymbol{H}$ 不是标准的监督矩阵，它可通过初等变换化成标准的 $\boldsymbol{H}$ 阵，

如式（6.5.8）所示。相同的编码只能对应唯一的标准监督矩阵。利用标准形式的 $\boldsymbol{H}$ 阵进行编译码较方便，所以 $\boldsymbol{H}$ 阵的标准形式是一种常用形式。

2．生成矩阵

线性分组码的编码器输入为 k 个信息码元，输出为码长为 n 的码字。虽然给定监督矩阵 $\boldsymbol{H}$，编码规则就确定了，能够由信息码元得出监督码元。但是信息码元与码字之间的关系并不直观。因此将式（6.5.4）改写成

$$\begin{cases} c_6 = c_6 \\ c_5 = c_5 \\ c_4 = c_4 \\ c_3 = c_6 \oplus c_4 \\ c_2 = c_6 \oplus c_5 \oplus c_4 \\ c_1 = c_6 \oplus c_5 \\ c_0 = c_5 \oplus c_4 \end{cases} \tag{6.5.12}$$

上式用矩阵形式表示为

$$[c_6, c_5, c_4, c_3, c_2, c_1, c_0] = [c_6, c_5, c_4] \cdot \begin{bmatrix} 1 & 0 & 0 & 1 & 1 & 1 & 0 \\ 0 & 1 & 0 & 0 & 1 & 1 & 1 \\ 0 & 0 & 1 & 1 & 1 & 0 & 1 \end{bmatrix} \tag{6.5.13}$$

一般地，在 (n,k) 线性分组码中，设 $\boldsymbol{M}$ 是编码器的输入信息码元序列，如果编码器的输出码字 $\boldsymbol{C}$ 表示为

$$\boldsymbol{C} = \boldsymbol{MG} \tag{6.5.14}$$

则 $\boldsymbol{G}$ 为该线性分组码 (n,k) 码的生成矩阵。生成矩阵 $\boldsymbol{G}$ 为 $k \times n$ 矩阵。$\boldsymbol{G}$ 阵的 k 行应该是线性无关的，因为任一码字都是 $\boldsymbol{G}$ 的行向量的线性组合，如果各行线性无关，则可以组合出 2^k 种不同的码字，它恰好是有 k 位信息码元的全部码字空间。如果 $\boldsymbol{G}$ 的各行线性相关，则不可能组合出 2^k 种不同的码字。

本例中，对照式（6.5.13）和式（6.5.14）可知，该（7, 3）线性分组码的生成矩阵为

$$\boldsymbol{G} = \begin{bmatrix} 1 & 0 & 0 & 1 & 1 & 1 & 0 \\ 0 & 1 & 0 & 0 & 1 & 1 & 1 \\ 0 & 0 & 1 & 1 & 1 & 0 & 1 \end{bmatrix} \tag{6.5.15}$$

生成矩阵 $\boldsymbol{G}$ 一旦给定，给出信息码元就容易得到码字。例如信息码元为 $[c_6, c_5, c_4] = 110$，则根据式（6.5.14）得到码字 $[c_6, c_5, c_4, c_3, c_2, c_1, c_0] = [110]\boldsymbol{G} = [1101001]$。（7,3）分组码的信息码元和用生成矩阵 $\boldsymbol{G}$ 得到的码字之间的对应关系如表 6.3 第 1 列和第 2 列所示。

表 6.3 （7,3）分组码的信息码元和码字

信息码元	用生成矩阵 $\boldsymbol{G}$ 得到的码字	用生成矩阵 $\boldsymbol{G}_2$ 得到的码字
000	0000000	0000000
001	0011101	1110100
010	0100111	0100111

续表

信息码元	用生成矩阵 G 得到的码字	用生成矩阵 G_2 得到的码字
011	0111010	1010011
100	1001110	1001110
101	1010011	0111010
110	1101001	1101001
111	1110100	0011101

生成矩阵 $\boldsymbol{G}$ 起着编码器的变换作用，它建立了编码器输入的信息码元与输出的码字之间的一一对应关系。容易看出，$\boldsymbol{G}$ 的各行本身就是一个码字。如果能够找到 k 个线性无关的码字，就能构成线性分组码的生成矩阵 $\boldsymbol{G}$。

应该指出，不同形式的生成矩阵 $\boldsymbol{G}$ 仅表示信息码元与码字之间不同的一一对应关系，不同的生成矩阵 $\boldsymbol{G}$ 可以对应相同的 (n,k) 码的码字集合。例如采用生成矩阵

$$\boldsymbol{G}_2=\begin{bmatrix}1&0&0&1&1&1&0\\0&1&0&0&1&1&1\\1&1&1&0&1&0&0\end{bmatrix}\tag{6.5.16}$$

得到的码字集合如表 6.3 第 3 列所示，而采用式（6.5.15）所示的生成矩阵 $\boldsymbol{G}$ 得到的码字集合如表 6.3 第 2 列所示。通过比较可知，虽然用了不同形式的生成矩阵，但都属于同一个 (n,k) 码的码字集合，因此它们的检错和纠错能力是一样的。

系统码的生成矩阵可用分块矩阵表示为

$$\boldsymbol{G}=[\boldsymbol{I}_k,\boldsymbol{P}]\tag{6.5.17}$$

式中，$\boldsymbol{I}_k$ ——$k\times k$ 阶单位方阵；

$\boldsymbol{P}$ ——$k\times(n-k)$矩阵。

式（6.5.17）所示的生成矩阵 $\boldsymbol{G}$ 的前 k 列为单位方阵，称为生成矩阵的标准形式，简称为标准的生成矩阵。相同的码字空间只对应唯一的标准生成矩阵，而一般的生成矩阵可通过初等变换化成标准的生成矩阵。例如式（6.5.16）所示的生成矩阵 $\boldsymbol{G}_2$ 经过初等变换可化成式（6.5.15）所示的标准生成矩阵 $\boldsymbol{G}$。

3．监督矩阵和生成矩阵的关系

前面讨论了线性分组码的生成矩阵和监督矩阵，二者之间有无联系呢？回答是肯定的。(n,k) 线性分组码的 $\boldsymbol{G}$ 阵和 $\boldsymbol{H}$ 阵之间有非常密切的关系。由于生成矩阵 $\boldsymbol{G}$ 的每一行都是一个码字，所以 $\boldsymbol{G}$ 的每行都满足

$$\boldsymbol{H}\boldsymbol{C}^{\mathrm{T}}=\boldsymbol{0}^{\mathrm{T}}\quad 或\quad \boldsymbol{G}\boldsymbol{H}^{\mathrm{T}}=\boldsymbol{0}\tag{6.5.18}$$

将式（6.5.9）所示的标准监督矩阵和式（6.5.17）所示的标准生成矩阵代入，可得

$$\boldsymbol{G}\boldsymbol{H}^{\mathrm{T}}=[\boldsymbol{I},\boldsymbol{P}]\begin{bmatrix}\boldsymbol{Q}^{\mathrm{T}}\\\boldsymbol{I}\end{bmatrix}=\boldsymbol{Q}^{\mathrm{T}}+\boldsymbol{P}=\boldsymbol{0}\tag{6.5.19}$$

对于二元码，只有当 $\boldsymbol{P}=\boldsymbol{Q}^{\mathrm{T}}$ 或 $\boldsymbol{P}^{\mathrm{T}}=\boldsymbol{Q}$ 时上式才成立。因此线性分组码中，标准的监督矩阵 $\boldsymbol{H}$ 和标准的生成矩阵 $\boldsymbol{G}$ 之间可以方便地相互转换。

4．线性分组码的性质

综上所述，线性分组码可由其生成矩阵$\boldsymbol{G}$或监督矩阵$\boldsymbol{H}$确定。容易验证，(n,k)线性分组码还具有如下性质。

① 封闭性。

如果$\boldsymbol{C}_1$和$\boldsymbol{C}_2$为线性分组码的任意两个码字，则$\boldsymbol{C}_1 \oplus \boldsymbol{C}_2$也是这种线性码中的一个码字。这一性质称为线性码的封闭性。

这是因为，如果$\boldsymbol{C}_1$和$\boldsymbol{C}_2$为线性分组码的任意两个码字，则

$$\boldsymbol{C}_1\boldsymbol{H}^{\mathrm{T}}=\boldsymbol{0}；\ \boldsymbol{C}_2\boldsymbol{H}^{\mathrm{T}}=\boldsymbol{0}$$

将两式相加，可得

$$(\boldsymbol{C}_1 \oplus \boldsymbol{C}_2)\boldsymbol{H}^{\mathrm{T}}=\boldsymbol{0}$$

② 码的最小距离等于非零码字的最小码重。

由于线性码任意两个码字之和仍是一个码字，所以两个码字之间的距离必定是另一码字的码重。

③ 包含全零的码字

因为信息码元全为零时，监督码元肯定也全为零。

5．线性分组码的监督矩阵$\boldsymbol{H}$与最小距离的关系

线性分组码的纠错能力与码的最小距离$d_{\min}$有关，$d_{\min}$是线性分组码的一个重要参数。通常用$(n,k,d_{\min})$来表示最小距离为$d_{\min}$的(n,k)线性分组码。

定理 6.5 (n,k)线性分组码的最小距离为$d_{\min}$的充要条件是监督矩阵$\boldsymbol{H}$中任意$d_{\min}-1$个列矢量线性无关，且存在$d_{\min}$个列矢量线性相关。

该定理可以这样来理解：因为监督矩阵$\boldsymbol{H}$可以表示成n个列矢量，即

$$\boldsymbol{H}=(\boldsymbol{h}_{n-1},\boldsymbol{h}_{n-2},\cdots,\boldsymbol{h}_0)$$

因为对于任意码字$\boldsymbol{C}=(c_{n-1},c_{n-2},\cdots,c_0)$都有$\boldsymbol{C}\boldsymbol{H}^{\mathrm{T}}=\boldsymbol{0}$，则

$$c_{n-1}\boldsymbol{h}_{n-1}+c_{n-2}\boldsymbol{h}_{n-2}+\cdots+c_0\boldsymbol{h}_0=\boldsymbol{0}^{\mathrm{T}} \tag{6.5.20}$$

如果码的最小距离为$d_{\min}$，因为码的最小距离等于非零码字的最小码重，则式（6.5.20）中的系数$c_{n-1},c_{n-2},\cdots,c_0$的非零元素至少为$d_{\min}$。因此$d_{\min}-1$个列矢量必定线性无关。

定理 6.6 (n,k)线性分组码的最小距离为

$$d_{\min}\leqslant n-k+1 \tag{6.5.21}$$

由于(n,k)线性分组码的监督矩阵$\boldsymbol{H}$是$(n-k)\times n$矩阵，该矩阵的秩不会超过$(n-k)$，即线性无关的列数不会超过$(n-k)$，由定理 6.5 可知$d_{\min}-1\leqslant n-k$。定理 6.6 得证。

如果一种线性分组码的最小距离$d_{\min}=n-k+1$，达到了可能取得的最大值，则该(n,k)线性分组码称为**极大最小距离码**，简称为 **MDC 码**（Maximized Distance Code）。在(n,k)线性分组码中，MDC 码具有最大的检错和纠错能力，具有这样性能的码并不多。在二元码中，只有$(n,1)$重复码是 MDC 码；在非二元码中，循环码中的 RS 码是 MDC 码。

【例 6.5】 已知(n,k)线性分组码的监督矩阵为

$$\boldsymbol{H}=\begin{bmatrix}1&1&1&0&1&0&0\\1&0&0&1&1&1&0\\0&1&0&0&1&1&1\end{bmatrix}$$

（1）确定(n,k)码中的 n 和 k。

（2）写出对应的生成矩阵。

（3）当编码器的输入序列为 10010110 时，写出编码器的输出序列。

（4）试分析该码的检错能力和纠错能力。

解：（1）因为监督矩阵为 3 行 7 列的矩阵，所以 $n=7$，$n-k=3$，即 $k=4$。

（2）因为

$$\boldsymbol{H}=\begin{bmatrix}1&1&1&0&1&0&0\\1&0&0&1&1&1&0\\0&1&0&0&1&1&1\end{bmatrix}$$

所以

$$\boldsymbol{H}_{标准}=\begin{bmatrix}1&1&1&0&1&0&0\\0&1&1&1&0&1&0\\1&1&0&1&0&0&1\end{bmatrix}$$

所以生成矩阵为

$$\boldsymbol{G}=\begin{bmatrix}1&0&0&0&1&0&1\\0&1&0&0&1&1&1\\0&0&1&0&1&1&0\\0&0&0&1&0&1&1\end{bmatrix}$$

（3）因为

$$\boldsymbol{C}=\boldsymbol{mG}=(1001)\begin{bmatrix}1&0&0&0&1&0&1\\0&1&0&0&1&1&1\\0&0&1&0&1&1&0\\0&0&0&1&0&1&1\end{bmatrix}=(1001110)$$

$$\boldsymbol{C}=\boldsymbol{mG}(0110)\begin{bmatrix}1&0&0&0&1&0&1\\0&1&0&0&1&1&1\\0&0&1&0&1&1&0\\0&0&0&1&0&1&1\end{bmatrix}=(0110001)$$

所以，当编码器的输入序列为 1001 0110 时，编码器的输出序列为 1001110 0110001。

（4）因为监督矩阵的任意两列矢量之和不为零矢量，即线性无关；存在三列之和（如 h_6，h_5，h_1之和）等于零矢量，即线性相关，所以最小码距 $d_{\min}=3$，则纠 1 位码，或者检 2 位码。

最小码距还可以这样得到：列出该(n,k)线性分组码的所有码字，因为非零码字的最小码重就是最小码距，同样可得出该码的最小码距 $d_{\min}=3$。

6.5.2 线性分组码的译码

在介绍线性分组码的译码之前，先引入错误图样的概念。

设发送端进入信道的码字 $\boldsymbol{C}=(c_{n-1},c_{n-2},\cdots,c_1,c_0)$，信道译码器接收到的 n 长的码字 $\boldsymbol{R}=(r_{n-1},r_{n-2},\cdots,r_1,r_0)$。由于信道中存在干扰，$\boldsymbol{R}$ 中的某些码元可能与 $\boldsymbol{C}$ 中对应码元的值不同，也就是说产生了错误。由于二进制序列中的错误不外乎是“1”错成“0”或“0”错成“1”，因此，如果把信道中的干扰造成的错误也用二进制序列 $\boldsymbol{E}=(e_{n-1},e_{n-2},\cdots,e_1,e_0)$ 表示，则有错的 e_i 值为“1”，无错的 $\mathrm{e_i}$ 值为“0”，称 $\boldsymbol{E}$ 为**错误图样**。接收码字 $\boldsymbol{R}$ 是发送的码字 $\boldsymbol{C}$ 与错误图样 $\boldsymbol{E}$ 模 2 相加的结果，可表示为

$$\boldsymbol{R}=\boldsymbol{C}\oplus\boldsymbol{E} \tag{6.5.22}$$

例如，发送码字 $\boldsymbol{C}=(10111000)$，接收码字 $\boldsymbol{R}=(10010100)$，即从左向右数第三、五、六位产生了错误，因此错误图样 $\boldsymbol{E}$ 的第三、五、六位取值为 1，其余位取值为 0，这时错误图样 $\boldsymbol{E}=(00101100)$。

1．伴随式和译码

在发送端可以通过监督矩阵确定监督码元和信息码元的关系，那么在接收端是否可以利用此关系，采用监督矩阵来进行译码呢？答案是肯定的。

定义 6.4

$$\boldsymbol{S}=\boldsymbol{R}\boldsymbol{H}^{\mathrm{T}} \quad 或 \quad \boldsymbol{S}^{\mathrm{T}}=\boldsymbol{H}\boldsymbol{R}^{\mathrm{T}} \tag{6.5.23}$$

称 $\boldsymbol{S}=(S_{\mathrm{r}-1}S_{\mathrm{r}-2}\cdots S_0)$ 为接收码字 $\boldsymbol{R}$ 的伴随式（或校验子、监督子）。如果 $\boldsymbol{S}^{\mathrm{T}}=\boldsymbol{H}\boldsymbol{R}^{\mathrm{T}}=\boldsymbol{0}^{\mathrm{T}}$，则认为接收码字无错码，否则有错。

因为 $\boldsymbol{H}\boldsymbol{C}^{\mathrm{T}}=\boldsymbol{0}^{\mathrm{T}}$ 和 $\boldsymbol{R}=\boldsymbol{C}\oplus\boldsymbol{E}$，所以

$$\boldsymbol{S}^{\mathrm{T}}=\boldsymbol{H}\boldsymbol{R}^{\mathrm{T}}=\boldsymbol{H}(\boldsymbol{C}\oplus\boldsymbol{E})^{\mathrm{T}}=\boldsymbol{H}\boldsymbol{C}^{\mathrm{T}}\oplus\boldsymbol{H}\boldsymbol{E}^{\mathrm{T}}=\boldsymbol{H}\boldsymbol{E}^{\mathrm{T}} \tag{6.5.24}$$

将 $\boldsymbol{H}=(\boldsymbol{h}_{n-1},\boldsymbol{h}_{n-2},\cdots,\boldsymbol{h}_0)$ 代入式（6.5.24），可以得到

$$\boldsymbol{S}^{\mathrm{T}}=e_{n-1}\boldsymbol{h}_{n-1}+e_{n-2}\boldsymbol{h}_{n-2}+\cdots+e_0\boldsymbol{h}_0 \tag{6.5.25}$$

式中，$\boldsymbol{h}_{n-1},\boldsymbol{h}_{n-2},\cdots,\boldsymbol{h}_0$ 表示监督矩阵 $\boldsymbol{H}$ 的列矢量。对于给定的伴随式 $\boldsymbol{S}$，可能的错误图样一定是式（6.5.25）的解，但其解不是唯一的。最佳译码选择许用码字 $\boldsymbol{C}$ 中距离接收码字 $\boldsymbol{R}$ 最近的一个，即选择错误个数最少的那个错误图样来纠正错误，这就是前面介绍的最小距离译码准则。

伴随式有如下几个结论。

① 伴随式仅与错误图样有关，而与发送的具体码字无关，即伴随式仅由错误图样决定。

② 若 $\boldsymbol{S}=\boldsymbol{0}$，则判断没有错码出现，它表明接收的码字是一个许用码字，当然如果错码数目超过了检错能力，由一个许用码字错成另一个许用码字，也检测不出错码。若 $\boldsymbol{S}\neq\boldsymbol{0}$，则判断有错码出现。

③ 伴随式是 $\boldsymbol{H}$ 阵中“与错误码元相对应”的各列之和。不同的错误图样可能具有相同的伴随式。如果只错一位码，伴随式就是 $\boldsymbol{H}$ 阵中与错误码元位置对应的那一列。

【例 6.6】 设（7, 3）线性分组码的监督矩阵为

$$\boldsymbol{H}=\begin{bmatrix}1&0&1&1&0&0&0\\1&1&1&0&1&0&0\\1&1&0&0&0&1&0\\0&1&1&0&0&0&1\end{bmatrix}$$

（1）写出对应的生成矩阵，计算（7,3）码的所有码字，并说明该码集合的最小码距 $d_{\min}$。

（2）当接收码字 $\boldsymbol{R}_1=(1010011)$，$\boldsymbol{R}_2=(1110011)$，$\boldsymbol{R}_3=(0011011)$ 时，分别计算接收码字的伴随式，并讨论之。

（3）如果发送码字为 (1010011)，假设第 1，2，3 位同时出错（从左向右数），即 $\boldsymbol{R}_4=(0100011)$。计算接收码字的伴随式，并讨论之。

（4）如果发送码字为 (1010011)，假设第 1，2，3，5 位同时出错，即 $\boldsymbol{R}_5=(0100111)$。计算接收码字的伴随式，并讨论之。

解：（1）由监督矩阵可以得到生成矩阵

$$\boldsymbol{G}=\begin{bmatrix}1&0&0&1&1&1&0\\0&1&0&0&1&1&1\\0&0&1&1&1&0&1\end{bmatrix}$$

由式（6.5.14）可得

$$[c_6,c_5,c_4,c_3,c_2,c_1,c_0]=[c_6,c_5,c_4]\begin{bmatrix}1&0&0&1&1&1&0\\0&1&0&0&1&1&1\\0&0&1&1&1&0&1\end{bmatrix}$$

从而得到所有的码字，如表 6.4 所示。

表 6.4 （7, 3）分组码的信息码元和码字

信息码元	码字	信息码元	码字
000	000 0000	100	100 1110
001	001 1101	101	101 0011
010	010 0111	110	110 1001
011	011 1010	111	111 0100

因为线性码的最小距离等于非零码字的最小码重，所以最小码距 $d_{\min}$ 为 4。

（2）接收码字 $\boldsymbol{R}_1=(1010011)$，接收端译码器根据接收码字计算伴随式

$$\boldsymbol{S}=\boldsymbol{R}_1\boldsymbol{H}^{\mathrm{T}}=\boldsymbol{0}$$

因此，译码器判接收字无错，即传输中没有发生错误。

若接收码字 $\boldsymbol{R}_2=(1110011)$，其伴随式为

$$\boldsymbol{S}=\boldsymbol{R}_2\boldsymbol{H}^{\mathrm{T}}=[0111]$$

由于 $\boldsymbol{S}\neq\boldsymbol{0}$，译码器判为有错，即传输中有错误发生。由于 $\boldsymbol{S}^{\mathrm{T}}$ 等于 $\boldsymbol{H}$ 的列矢量 $\boldsymbol{h}_5$，因此判定接收码字 $\boldsymbol{R}$ 的第二位（从左向右的顺序）是错的。

设接收码字 $\boldsymbol{R}_3=(0011011)$，其伴随式为

$$S = R_3 H^{\mathrm{T}} = [0110]$$

S^{T}不等于 H 的任意一列。但是 S^{T}既可以认为是 H 阵第一列和第四列之和，也可以认为是第二列和第七列之和，这时无法判定错误出在哪些位上，可见它无法纠正 2 位错码，只能检测 2 位错码。对应地，观察监督矩阵 H 可以发现，任何两列相加都不可能等于 H 的任意一列，即能够检测出两个错误。

（3）设接收码字 $R_4 = (0100011)$，其伴随式为

$$S = R_4 H^{\mathrm{T}} = [0100]$$

S^{T} 等于 H 的列矢量 h_2，因此判定接收码字 R 的第 5 位是错的，即认为发送码字为 (0100111)，与实际不相符。这是因为最小码距 $d_{\min}$ 为 4，若用于纠正 1 位差错时，则无法再检测出发生 3 位错误；若用于检测差错，则可以检测出任意小于或等于 3 位的差错。

（4）设接收码字 $R_5 = (0100111)$，其伴随式为

$$S = R_5 H^{\mathrm{T}} = [0000]$$

因此，译码器判接收字无错，这是因为 4 个差错超过了该码的检错能力，未能检测出来。

本例中的（7,3）码的最小码距 $d_{\min} = 4$，可以纠单个差错，同时检测 2 位差错；作为检错码，可以检测出任意小于或等于 3 位的差错。需要指出的是，大于 3 位的差错也可能被检测出来，如发送码字为 (1010011)，假设第 1，2，3，4 位同时出错，即 $R_6 = (0101011)$，因为 $S = R_6 H^{\mathrm{T}} \neq [0000]$，所以译码器判接收字有错。

2．标准阵列译码

接收端并不知道发送码字 C，但可以知道监督矩阵 H 和接收码字 R。由式（6.5.23），通过 H 和 R 可以算出伴随式 S。如果能够得到伴随式 S 和错误图样 E 的对应关系，由 $C=R+E$，就可以估计出发送码字 C。可见，译码的关键之处在于如何从 S 找出 E。

伴随式 $S = (S_{r-1}S_{r-2}\cdots S_0)$ 有 2^r 种可能的组合；而错误图样 $E = (e_{n-1}, e_{n-2}, \cdots, e_1, e_0)$ 有 2^n 种可能的组合。因此同一伴随式 S 可能对应若干个不同的错误图样 E。根据最小汉明距离译码规则，应该取与接收码字距离最小的码字作为发送码字的估值，即取 1 的个数最少的错误图样 E。

可以通过解线性方程组来计算 E。因为 $S = EH^{\mathrm{T}}$，即

$$\begin{aligned} S &= (s_{n-k-1}, \cdots, s_1, s_0) = EH^{\mathrm{T}} \\ &= (e_{n-1}, \cdots, e_1, e_0) \begin{bmatrix} h_{(n-k-1)(n-1)} & \cdots & h_{(n-k-1)1} & h_{(n-k-1)0} \\ \vdots & & \vdots & \vdots \\ h_{1(n-1)} & \cdots & h_{11} & h_{10} \\ h_{0(n-1)} & \cdots & h_{01} & h_{00} \end{bmatrix} \end{aligned} \tag{6.5.26}$$

展成方程组为

$$\begin{cases} s_{n-k-1} = e_{n-1} h_{(n-k-1)(n-1)} + \cdots + e_1 h_{(n-k-1)1} + e_0 h_{(n-k-1)0} \\ \quad \vdots \\ s_1 = e_{n-1} h_{1(n-1)} + \cdots + e_1 h_{11} + e_0 h_{10} \\ s_0 = e_{n-1} h_{0(n-1)} + \cdots + e_1 h_{01} + e_0 h_{00} \end{cases}$$

方程组中有 n 个未知数 $e_{n-1}, \cdots, e_1, e_0$，却只有 $n-k$ 个方程，可知方程组有多解。在二元

域中，少 1 个方程导致 2 个解，少 2 个方程导致 2^2 个解，以此类推，少 k 个方程导致 2^k 个解，即每个伴随式对应的错误图样有 2^k 个解。究竟取哪一个作为错误图样的解呢？根据最小汉明距离译码规则，应该取重量最小者作为 $\boldsymbol{E}$ 的估值。但是如果每接收一个码字就要解一次线性方程，太麻烦。当 $n-k$ 不大时，通常预先把不同 $\boldsymbol{S}$ 下的方程组都解出来，把各种情况下的最小汉明距离译码输出列成一个码表，称为**标准阵列译码表**。在实时译码时就不必解方程组，而只要查标准阵列译码表就可以了。

标准阵列译码表为一个 2^{n-k} 行 2^k 列的码表，用来存放接收码字 $\boldsymbol{R}=(r_{n-1},r_{n-2},\cdots,r_1,r_0)$ 可能的 2^n 种组合。一般可以采用以下几个步骤构造标准阵列译码表。

① 根据最小汉明距离译码规则，确定各伴随式对应的差错图样。理论上，将 $\boldsymbol{S}$ 的 2^{n-k} 个可能值逐一代入方程组，对应每个 $\boldsymbol{S}$ 都有 $\boldsymbol{E}$ 的 2^k 个解，取重量最小者作为 $\boldsymbol{E}$ 的估值。实际上，可以将重量最小的 $\boldsymbol{E}$（即错码个数最少的 $\boldsymbol{E}$）代入式（9.3-23）计算得到对应的 $\boldsymbol{S}$。

② 确定标准阵列译码表的第一行和第一列。在第一行的 2^k 格放置 2^k 个许用码字，即发送码字 $\boldsymbol{C}_i(i=0,1,\cdots,2^k-1)$（或无差错时的接收码字 $\boldsymbol{R}_i$）；在第一列的 2^{n-k} 格中放置 $\boldsymbol{S}_j\ (j=0,1,\cdots,2^{n-k}-1)$ 所对应的最轻解，即 $\boldsymbol{E}_j\ (j=0,1,\cdots,2^{n-k}-1)$ 的估值，存放位置通常是重量轻者在上、重者在下。

③ 在标准阵列译码表中的第 i 行第 j 列填入 $\boldsymbol{C}_i+\boldsymbol{E}_j$。

按照以上步骤所得的标准阵列译码表如表 6.5 所示。

表 6.5　标准阵列译码表

伴随式 $\boldsymbol{S}_0$	陪集首 $\boldsymbol{E}_0+\boldsymbol{C}_0=\boldsymbol{0}+\boldsymbol{0}=\boldsymbol{0}$	$\boldsymbol{E}_0+\boldsymbol{C}_1=\boldsymbol{C}_1$	…	$\boldsymbol{E}_0+\boldsymbol{C}_{2^k-1}=\boldsymbol{C}_{2^k-1}$
$\boldsymbol{S}_1$	$\boldsymbol{E}_1+\boldsymbol{C}_0=\boldsymbol{E}_1$	$\boldsymbol{E}_1+\boldsymbol{C}_1$	…	$\boldsymbol{E}_1+\boldsymbol{C}_{2^k-1}$
$\boldsymbol{S}_2$	$\boldsymbol{E}_2+\boldsymbol{C}_0=\boldsymbol{E}_2$	$\boldsymbol{E}_2+\boldsymbol{C}_1$	…	$\boldsymbol{E}_2+\boldsymbol{C}_{2^k-1}$
⋮	⋮	⋮		⋮
$\boldsymbol{S}_{2^{n-k}-1}$	$\boldsymbol{E}_{2^{n-k}-1}+\boldsymbol{C}_0=\boldsymbol{E}_{2^{n-k}-1}$	$\boldsymbol{E}_{2^{n-k}-1}+\boldsymbol{C}_1$	…	$\boldsymbol{E}_{2^{n-k}-1}+\boldsymbol{C}_{2^k-1}$

如上所述，标准阵列译码表为一个 2^{n-k} 行 2^k 列的码表，用来存放 2^n 个元素。可以证明：标准阵列译码表的 2^n 个元素互不相同，正是接收码字 $\boldsymbol{R}=(r_{n-1},r_{n-2},\cdots,r_1,r_0)$ 可能的 2^n 种组合，无一重复，无一遗漏。表中的每一行称为一个**陪集**，该行的首位元素 $\boldsymbol{E}_i\ (i=0,1,\cdots,2^{n-k}-1)$ 称为**陪集首**。分析标准阵列译码表，可以发现：码表的每一行具有相同的差错图样；每一列具有相同的发送码字，因此可将标准阵列译码表简化：**只构造标准阵列表的第 0 列和第 1 列，得到伴随式与错误图样的对应关系，即可得到译码简表**。这样译码器只需要存储 2^{n-k} 个 $(n-k)$ 重矢量 $\boldsymbol{S}_i$ 和 2^{n-k} 个 n 重矢量 $\boldsymbol{E}_i$，存储量可大大减少，使译码器简化。

得到标准阵列译码表后，如何通过查表法来进行译码呢？如果已知接收码字，可以先计算出伴随式，接收码字肯定在伴随式对应的那一行，然后顺着接收码字所在的列向上找出第一行的码字即发送码字的估值。

下面通过一个例子来说明如何构造标准阵列译码表及如何译码。

【例 6.7】 一个（5,2）线性分组码的监督矩阵为

$$\boldsymbol{H}=\begin{bmatrix}1&1&1&0&0\\1&0&0&1&0\\1&1&0&0&1\end{bmatrix}$$

试构造该码的标准阵列译码表。

分析：伴随式 $\boldsymbol{S}$ 共有 8 种可能的组合；而错误图样 $\boldsymbol{E}$ 共有 32 种可能的组合，其中代表无差错的错误图样 1 种，代表 1 个差错的错误图样 5 种，代表 2 个差错的错误图样 10 种，代表 3 个差错的错误图样 10 种，代表 4 个差错的错误图样 5 种，代表 5 个差错的错误图样 1 种。要把 8 个伴随式对应到 8 个重量最小的错误图样，无疑应先选择全零错误图样和 5 种一个差错的图样，剩下的 2 个伴随式则在 10 种两个差错的图样中选取 2 个。

解：

由式（6.5.26）得出线性方程组

$$\begin{cases} s_2 = e_4 + e_3 + e_2 \\ s_1 = e_4 + e_1 \\ s_0 = e_4 + e_3 + e_0 \end{cases}$$

将重量为 1 的 5 种错误图样 $\boldsymbol{E} = (00000)$，(10000)，(01000)，(00100)，(00010)，(00001) 代入上面的方程组（或计算 $\boldsymbol{S} = \boldsymbol{E}\boldsymbol{H}^{\mathrm{T}}$），解得对应的伴随式 $\boldsymbol{S}$ 分别为 (000)，(111)，(101)，(100)，(010)，(001)。

剩下的 2 个伴随式为(011)，(110)，代入上面的方程组，每个伴随式有 4 种解，即每个伴随式对应 4 个错误图样。本例中，伴随式为(011)时的 4 个解为 (00011)，(10100)，(01110)，(11001)，选择其中重量最小的解，在 (10100) 和 (00011) 两者中选其一，如选择 (00011)。同理可以得到伴随式为 (110) 所对应的重量最小的错误图样为 (00110)。因为伴随式是 $\boldsymbol{H}$ 阵中“与错误码元相对应”的各列之和，该步骤也可用通过观察 $\boldsymbol{H}$ 阵的哪 2 列之和刚好为伴随式为 (011) 或 (110) 来确定对应的错误图样。

表 6.6　译码简表

伴随式 $\boldsymbol{S}$	错误图样（陪集首）$\boldsymbol{E}$
(000)	(00000)
(111)	(10000)
(101)	(01000)
(100)	(00100)
(010)	(00010)
(001)	(00001)
(011)	(00011)
(110)	(00110)

因此译码简表（即简化的标准阵列）如表 6.6 所示，容易得到标准阵列译码表的第 1 列 $\boldsymbol{E}_j$ $(j = 0,1,\cdots,2^{n-k}-1)$。

由已知条件，可知该线性分组码的生成矩阵为

$$\boldsymbol{G} = \begin{bmatrix} 1 & 0 & 1 & 1 & 1 \\ 0 & 1 & 1 & 0 & 1 \end{bmatrix}$$

将信息组 $\boldsymbol{M}$ =(00), (01), (10), (11)代入 $\boldsymbol{C} = \boldsymbol{M}\boldsymbol{G}$ 中，得到 4 个许用码字，分别为 (00000)，(10111)，(01101)，(11010)，由此得到标准阵列译码表的第 1 行 $\boldsymbol{C}_i (i = 0,1,\cdots,2^k-1)$。

在标准阵列译码表中的第 i 行第 j 列填入 $\boldsymbol{C}_i + \boldsymbol{E}_j$，由此得到标准阵列译码表如表 6.7 所示。

得到标准阵列译码表后，可通过查表法进行译码。例如接收码字 $\boldsymbol{R} = (10101)$，伴随式 $\boldsymbol{S} = \boldsymbol{R}\boldsymbol{H}^{\mathrm{T}} = (010)$。对应的错误图样为 $\boldsymbol{E}_4$ = (00010)，在码表的第 5 行找到码字（10101），最后顺着该列得到发送码字的估值 $\boldsymbol{C}_1$ = (10111)。当然在得到错误图样 $\boldsymbol{E}_4$ 后，将它与接收码字相加，也可得到发送码字的估值，即 $\boldsymbol{R} + \boldsymbol{E}_4 = (10111)$。

表 6.7 标准阵列译码表

伴随式	陪集首			
S_0=(000)	C_0 = (00000)	C_1 = (10111)	C_2 = (01101)	C_3 = (11010)
S_1=(111)	(10000)	(00111)	(11101)	(01010)
S_2=(101)	(01000)	(11111)	(00101)	(10010)
S_3=(100)	(00100)	(10011)	(010001)	(11110)
S_4=(010)	(00010)	(10101)	(01111)	(11000)
S_5=(001)	(00001)	(10110)	(01100)	(11011)
S_6=(011)	(00011)	(10100)	(01110)	(11001)
S_7=(110)	(00110)	(10001)	(01011)	(11100)

需要说明的是，例 6.7 中的（5，2）线性分组码，当伴随式为 (011) 时，如果选择 (10100) 为伴随式的解，将会影响译码结果。这是因为错误图样包含两个 1，超过了该（5，2）线性分组码的纠错能力。这种问题如何解决呢？这个问题不在于出现这种问题后如何解决，而在于设计编码时根本不应让这种问题发生。这就引出后面将要介绍的完备码。

6.5.3 完备码和汉明码

(n,k)线性分组码的伴随式有 2^{n-k} 个可能的组合。设该码的纠错能力为 t，则对于任何一个重量不大于 t 的错误图样，都应有一个伴随式与之对应。即伴随式的数目满足：

$$2^{n-k} \geqslant \binom{n}{0}+\binom{n}{1}+\cdots+\binom{n}{t}=\sum_{i=0}^{t}\binom{n}{i} \qquad (6.5.27)$$

这个条件称为**汉明限**。如果式（6.5.27）中的等号成立，即伴随式和可纠错图样一一对应，这时的线性分组码称为**完备码**。此时，正好重量为 $0,1,2,\cdots,t$ 的 2^{n-k} 个错误图样 $\boldsymbol{E}_j$ 将阵列表中的 2^{n-k} 行排满，即所有伴随式与可纠正的小于等于 t 个差错的全部错误图样一一对应。这时标准阵列表中的第 1 列的陪集首恰好是重量小于等于 t 的全部错误图样，不再会有其他重量大于 t 的错误图样列入。

纠错能力 t=1 的完备码称为**汉明码**。它是 1950 年由 Hamming 提出的一种能纠正单个错误而且编码效率较高的一种线性分组码。它不仅性能好而且编译码电路非常简单，易于工程实现，因此是工程中常用的一种纠错码，特别是在计算机的存储和运算系统中更常用到。此外，它与循环码中的 BCH 码的关系很密切，因此这是一类特别引人注意的码。汉明码属于线性分组码，前面关于线性分组码的分析方法全部适用于汉明码。同时汉明码又是一种特殊的(n,k)线性分组码，它的最小码距 $d_{\min}=3$，能够纠正一个错码。设(n,k)线性分组码中 $k=4$，为了纠正一位错码，要求监督位数 $r\geqslant 3$。如果取 $r=3$，则码字长度 $n=k+r=7$。

完备码并不多见，迄今发现的二进制完备码有 t=1 的汉明码，t=3 的（23，12，7）高莱码，以及长度 n 为奇数的（n,1）重复码；三元码中的完备码有 t=2 的（11，6，5）高莱码。除此以外，已证明不存在其他的完备码。

必须指出，从伴随式与差错图案关系的角度来看，完备码是“好码”，标准阵列最规则，译码最简单；而且在相同纠错能力下，编码效率最高。但完备码不一定是纠错能力最强的码，因为它并未使得 $d_{\min}$ 最大化，即完备码未必是 MDC 码。

6.6 循 环 码

在线性分组码中，有一种重要的码称为循环码。它除了具有线性分组码的一般特点外，还具有循环性，即循环码中任一码字的码元循环移位（左移或右移）后仍是该码的一个码字。由于循环码是在严密的现代代数理论的基础上发展起来的，其编码和译码电路较简单，且它的检错和纠错能力较强，目前它已成为研究最深入、理论最成熟、应用最广泛的一类线性分组码。

如果码字 $\boldsymbol{C}=(c_{n-1},c_{n-2},c_{n-3},\cdots,c_1,c_0)$ 是一个循环码的码字，则将码字中的码元左循环移位 i 次或右循环移位（$n-i$）次后得到的 $(c_{n-i-1},c_{n-i-2},\cdots,c_0,c_{n-1},\cdots,c_{n-i})$ 也是该码中的码字。

例如，表 6.8 给出的（7,4）线性分组码的所有 16 个码字在移位之下都是封闭的，所以它是一个循环码，从图 6.7 可以直观看到以序号标注的码字之间的循环关系。

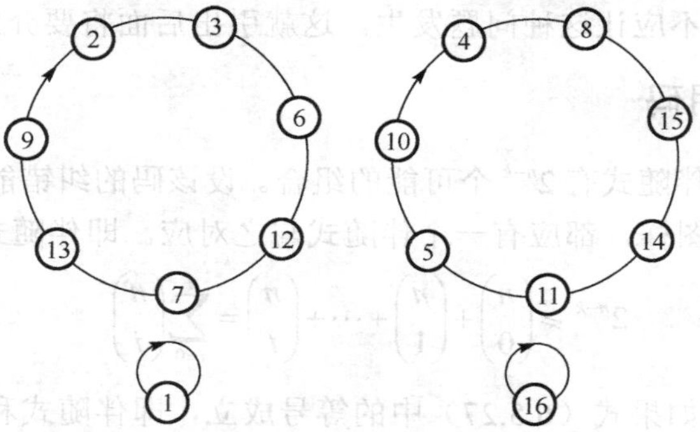

图 6.7 （7,4）循环码的码字循环关系

表 6.8 （7,4）循环码

序号	码字	序号	码字	序号	码字	序号	码字
1	0000000	5	0100111	9	1000101	13	1100010
2	0001011	6	0101100	10	1001110	14	1101001
3	0010110	7	0110001	11	1010011	15	1110100
4	0011101	8	0111010	12	1011000	16	1111111

6.6.1 循环码的码多项式

循环码可用多种方式进行描述。在代数编码理论中，通常用多项式去描述循环码，它把码字中各码元当作一个多项式的系数，即把一个 n 长的码字 $\boldsymbol{C}=(c_{n-1},c_{n-2},c_{n-3},\cdots,c_1,c_0)$ 用一个次数不超过（$n-1$）的多项式表示为

$$C(x)=c_{n-1}x^{n-1}+c_{n-2}x^{n-2}+\cdots+c_1x+c_0 \tag{6.6.1}$$

称 $C(x)$ 为码字 $\boldsymbol{C}$ 的码多项式，显然 $\boldsymbol{C}$ 与 $C(x)$ 是一一对应的。在这种多项式中，x 的幂次仅是码元位置的标记，并不需要关心 x 的取值。

需要指明的是，如果为二元码，多项式系数 c_i $(i=n-1,n-2,\cdots,1,0)$ 取 0 或 1。码多项式中系数按模 2 运算，模 2 加法和乘法如表 6.9 所示。

表 6.9　二元码的加法和乘法

（a）模 2 加法

⊕	0	1
0	0	1
1	1	0

（b）模 2 乘法

⊗	0	1
0	0	0
1	0	1

研究循环码时通常会涉及多项式的按模运算，下面将对它进行介绍。

如果一个多项式 $F(x)$ 被另一个 n 次多项式 $N(x)$ 除，得到一个商式 $Q(x)$ 和一个次数小于 n 的余式 $R(x)$，即

$$F(x)=N(x)Q(x)+R(x) \tag{6.6.2}$$

记作

$$F(x)\equiv R(x) \quad [\bmod N(x)] \tag{6.6.3}$$

则称在模 $N(x)$ 运算下，$F(x)\equiv R(x)$。需要指明的是，如果为二元码，则系数按模 2 运算。

例如，x^4+1 被 x^3+1 除，因为

$$\frac{x^4+1}{x^3+1}=x+\frac{x+1}{x^3+1}$$

所以

$$x^4+1\equiv x+1 \quad [\bmod(x^3+1)]$$

注意：系数采用模 2 运算，只能为“0”或“1”，因此用加法代替减法，故余式不是 $-x+1$，而是 $x+1$。

设循环码的一个码字为 $\boldsymbol{C}=(c_{n-1},c_{n-2},c_{n-3},\cdots,c_1,c_0)$，左移一位得到循环码的另一码字 $\boldsymbol{C}_2=(c_{n-2},c_{n-3},\cdots,c_0,c_{n-1})$。将 $\boldsymbol{C}$ 的码多项式乘以 x，再除以 (x^n+1)，得到

$$\frac{xC(x)}{x^n+1}=c_{n-1}+\frac{c_{n-2}x^{n-1}+\cdots+c_1x^2+c_0x+c_{n-1}}{x^n+1} \tag{6.6.4}$$

可见，码多项式 $C(x)$ 乘以 x 再除以 (x^n+1) 所得的余式就是码字左循环移位一次的码多项式。可以推知，$C(x)$ 的 i 次左循环移位对应的码多项式 $C'(x)$ 是 $C(x)$ 乘以 x^i 再除以 (x^n+1) 所得的余式。即

$$x^iC(x)\equiv C'(x) \quad [\bmod(x^n+1)] \tag{6.6.5}$$

6.6.2　循环码的生成多项式和生成矩阵

循环码属于线性分组码，前面讲过，如果能够找到 k 个线性无关的已知码字，就能构成线性分组码的生成矩阵 $\boldsymbol{G}$。根据循环码的循环特性，可由一个码字的循环移位得到其他非 0 码字。在 (n,k) 循环码的 2^k 个码多项式中，取前 $(k-1)$ 位皆为 0 的码多项式 $g(x)$（次数为 $n-k$），再经 $(k-1)$ 次左循环移位，共得到 k 个码多项式：$g(x)$，$xg(x)$，…，$x^{k-1}g(x)$。这 k 个码多项式显然是线性无关的，可作为码生成矩阵的 k 行，于是得到 (n,k) 循环码的码生成矩阵 $\boldsymbol{G}(x)$ 为

$$\boldsymbol{G}(x)=\begin{bmatrix} x^{k-1}g(x) \\ \vdots \\ xg(x) \\ g(x) \end{bmatrix} \tag{6.6.6}$$

码生成矩阵一旦确定，码就确定了。这就说明，(n,k) 循环码可由它的一个 $(n-k)$ 次码多项式 $g(x)$ 来确定，称 $g(x)$ 为循环码的**生成多项式**。

1．成多项式的性质

在 (n,k) 循环码中，码的生成多项式 $g(x)$ 有如下性质。

① $g(x)$ 是一个常数项不为 0 的 $(n-k)$ 次码多项式。

在循环码中，除全“0”码字外，再没有连续 k 均为 0 的码字，即连“0”的长度最多只有 $(k-1)$ 位。否则，经过若干次的循环移位后将得到 k 个信息码元全为 0 而监督码元不为 0 的码字，这对线性码来说是不可能的。因此 $g(x)$ 是一个常数项不为 0 的 $(n-k)$ 次码多项式。

② $g(x)$ 是唯一的 $(n-k)$ 次多项式。

如果存在另一个 $(n-k)$ 次码多项式，设为 $g'(x)$，根据线性码的封闭性，则 $g(x)+g'(x)$ 也必为一个码多项式。由于 $g(x)$ 和 $g'(x)$ 的次数相同，它们的和式的 $(n-k)$ 次项系数为 0，那么 $g(x)+g'(x)$ 是一个次数低于 $(n-k)$ 次的码多项式，即连“0”的个数多于 $(k-1)$。显然这与前面的结论是矛盾的，所以在 (n,k) 循环码的 2^k 个码多项式中，$g(x)$ 是唯一的 $(n-k)$ 次码多项式。

③ 所有码多项式 $C(x)$ 都可被 $g(x)$ 整除，而且任一次数不大于 $(k-1)$ 的多项式乘 $g(x)$ 都是码多项式。根据线性分组码编码器的输入、输出和生成矩阵的关系，如式（6.5.14）所示。设 $\boldsymbol{M}=(m_{k-1},m_{k-2},\cdots,m_0)$ 为 k 个息码元，$\boldsymbol{G}(x)$ 为该 (n,k) 循环码的生成矩阵，则相应的码多项式为

$$C(x)=\boldsymbol{MG}(x)=(m_{k-1},\cdots m_1,m_0)\begin{bmatrix}x^{k-1}g(x)\\ \vdots\\ xg(x)\\ g(x)\end{bmatrix} \tag{6.6.7}$$

$$=(m_{k-1}x^{k-1}+\cdots+m_1x+m_0)g(x)=M(x)g(x)$$

式中，$C(x)$ 的次数不大于 $n-1$，$M(x)$ 是 2^k 个信息码元的多项式，$C(x)$ 为相应的 2^k 个码多项式。

④ (n,k) 循环码的生成多项式 $g(x)$ 是 (x^n+1) 的一个 $(n-k)$ 次因式。

由于 $g(x)$ 是一个 $(n-k)$ 次的多项式，所以 $x^k g(x)$ 为一个 n 次多项式，由于生成多项式 $g(x)$ 本身是一个码字，由式（6.6.5）可知 $x^k g(x)$ 在模 (x^n+1) 运算下仍为一个码字 $C(x)$，所以

$$\frac{x^k g(x)}{x^n+1}=Q(x)+\frac{C(x)}{x^n+1} \tag{6.6.8}$$

由于左端的分子和分母都是 n 次多项式，所以 $Q(x)=1$，因此

$$x^k g(x)=(x^n+1)+C(x)$$

由式（6.6.7）可知，任意的循环码多项式 $C(x)$ 都是 $g(x)$ 的倍式，即

$$C(x)=M(x)g(x) \tag{6.6.9}$$

所以

$$(x^n+1)=g(x)\,[x^k+M(x)] \tag{6.6.10}$$

可见，(n,k) 循环码的生成多项式 $g(x)$ 是 (x^n+1) 的一个 $(n-k)$ 次因式。这一结论为寻找循环码的生成多项式指出了方向。

如何寻找一个 (n,k) 循环码的生成多项式 $g(x)$？首先需要对 x^n+1 做因式分解，化为若干个既约多项式之积，然后直接采用其中的 $(n-k)$ 次多项式，或几个既约多项式合并成的 (n,k) 次多项式，作为生成多项式 $g(x)$。既约多项式又称为不可约多项式，它不能写成两个低次多项式的乘积。表 6.10 给出了一些常见的 x^n+1 的因式分解，该表是用八进制形式来表示多项式系数的，比如 x^3+x^2+1 的系数二进制表示为 001101，相当于八进制表示的 15。

表 6.10 x^n+1 的因式分解

n	x^n+1 的因式分解
7	3.15.13
9	3.7.111
15	3.7.31.23.37
17	3.471.727
21	3.7.15.13.165.127
23	3.6165.5343
25	3.37.4102041
27	3.7.111.1001001
31	3.51.45.75.73.67.57
63	3.7.15.13.141.111.165.155.103.163.133.147.127

例如对于 $n=7$，由于

$$x^7+1=(x+1)(x^3+x^2+1)(x^3+x+1) \tag{6.6.11}$$

所以，可以构成的所有长度为 $n=7$ 的 $(7,k)$ 循环码如表 6.11 所示。有了这张表，选择适当的因式来形成生成多项式 $g(x)$，就可以构成需要的循环码。

表 6.11 长度 n=7 的几种循环码的生成多项式

(n,k) 码	$g(x)$
（7,6）	$x+1$
（7,4）	x^3+x+1 或 x^3+x^2+1
（7,3）	$(x+1)(x^3+x+1)$ 或 $(x+1)(x^3+x^2+1)$
（7,1）	$(x^3+x^2+1)(x^3+x+1)$

【例 6.8】 求表 6.8 所示的（7,4）循环码的生成多项式，并在此基础上得到其生成矩阵 $\boldsymbol{G}$。

解： 由码字 0001011 得到生成多项式 $g(x)=x^3+x+1$，所以生成矩阵

$$\boldsymbol{G}(x)=\begin{bmatrix} x^3g(x) \\ x^2g(x) \\ xg(x) \\ g(x) \end{bmatrix}=\begin{bmatrix} x^6+x^4+x^3 \\ x^5+x^3+x^2 \\ x^4+x^2+x \\ x^3+x+1 \end{bmatrix}$$

或者记为

$$G=\begin{bmatrix}1&0&1&1&0&0&0\\0&1&0&1&1&0&0\\0&0&1&0&1&1&0\\0&0&0&1&0&1&1\end{bmatrix}$$

一般地，这样得到的生成矩阵不是标准阵，可以通过初等变换将它化为标准生成矩阵。

2．系统循环码的构造

对于循环码，可以利用其循环特性来构造系统码。下面将讨论如何来构造系统循环码。

系统码是指信息码元在前 k 位，监督码元在后 r 位，系统循环码可以用以下思路来产生：将信息码元的多项式 $M(x)$（次数不大于 $k-1$）乘以 x^{n-k}，即将信息码元左移 $(n-k)$ 位，这时 $x^{n-k}M(x)$ 是码多项式（次数不大于 $n-1$）开始的前 k 项，在其后排列监督码元的多项式，就可得到循环码的码多项式。

由于码多项式 $C(x)$ 必定能够为 $g(x)$ 整除，根据这条原则，就可以对给定的信息码元进行编码。用 $g(x)$ 除 $x^{n-k}M(x)$，得到余式 $b(x)$，$b(x)$ 的次数必不大于 $(n-k-1)$。如果将余式 $b(x)$ 加在信息码元的后面作为监督码元，即将 $b(x)$ 与 $x^{n-k}M(x)$ 相加，得到的多项式表示为

$$C(x)=x^{n-k}M(x)+b(x) \tag{6.6.12}$$

它必然为一个码多项式，因为它能够被 $g(x)$ 整除，而且商的次数不大于 $(k-1)$。

在选定生成多项式 $g(x)$ 之后，编码步骤可归纳如下。

① 用信息码元的多项式 $M(x)$ 表示信息码元。例如，信息码元为 1010，它相当于 $M(x)=x^3+x$。

② 用 $M(x)$ 乘以 x^{n-k}，得到 $x^{n-k}M(x)$。如果需要构造（7，4）循环码，即 $(n-k)=3$，这时，$x^{n-k}M(x)=x^6+x^4$。

③ 用 $g(x)$ 除 $x^{n-k}M(x)$，得到余式 $b(x)$。如果（7，4）循环码的生成多项式选用 $g(x)=x^3+x+1$，计算 $\dfrac{x^6+x^4}{g(x)}=\dfrac{x^6+x^4}{x^3+x+1}=x^3+1+\dfrac{x+1}{x^3+x+1}$ 得到余式 $b(x)=x+1$。

④ 编出码字 $C(x)=x^{n-k}M(x)+b(x)$。在本例中，码字为 1010011。

因此，分别对 k 个信息码组 $(1\ \ 0\ \ \cdots\ \ 0)$，$(0\ \ 1\ \ \cdots\ \ 0)$，…，$(0\ \ 0\ \ \cdots\ \ 1)$ 进行系统循环码的编码，可以得到 k 个线性无关的码字，将这 k 个线性无关的码字作为生成矩阵的行矢量，就可以得到系统循环码的生成矩阵。

6.6.3 循环码的伴随式

假设发送的码多项式为 $C(x)$，错误图样为 $E(x)$，则接收端收到的码多项式 $R(x)=C(x)+E(x)$，由于 $C(x)$ 必被 $g(x)$ 整除，则

$$\frac{R(x)}{g(x)}=\frac{C(x)+E(x)}{g(x)}=\frac{E(x)}{g(x)} \tag{6.6.13}$$

定义 $g(x)$ 除 $E(x)$ 所得的余式为伴随式（或校验子、监督子），用 $S(x)$ 表示，则

$$S(x)\equiv E(x)\equiv R(x)\quad 模\ g(x) \tag{6.6.14}$$

1. **检错**

在接收端达到检错目的的译码原理十分简单。将接收码字 $R(x)$ 用生成多项式 $g(x)$ 去除，求得余式，即伴随式 $S(x)$，以它是否为“0”来判别码字中有无错误。

循环码的检错能力是很强的，下面来简单讨论循环码的检错能力。

① 循环码能检测出全部单个错误。设单个错码出现在第 i 位，即错码多项式为 x^i，而生成多项式 $g(x)$ 的常数项不为 0，所以 x^i 必定不能整除 $g(x)$。

② 循环码能检测所有长度不超过 $(n-k)$ 的突发错误。因为错误图样多项式 $E(x)$ 的次数不会超过 $(n-k-1)$ 次，即生成多项式 $g(x)$ 的最高次数高于 $E(x)$ 的最高次数，所以 $E(x)$ 不能整除 $g(x)$。

③ 通过适当的设计，循环码能检查全部分散的二位错码。设码字中第 i 和第 j 位错码，且 $i<j<n$，因为 $x^j+x^i=x^i(x^{j-i}+1)$，只要选取 $g(x)$ 不能除尽 $(x^{j-i}+1)$，且其阶 $(n-k)>(j-i)$，就能检查出全部分散的两位错码。

④ 通过适当的设计，循环码能检查全部奇数个错码。由于具有奇数项错码的多项式必定不含因子 $(x+1)$，所以只要选取 $g(x)$ 含有 $(x+1)$ 因子，错码多项式就不能被 $g(x)$ 整除，从而检错。

【例 6.9】 已知一个循环码的生成多项式为 $g(x)=(x+1)(x^4+x+1)$，如果编码效率 $R=2/3$。

（1）计算码长 n 和信息位数 k;

（2）写出所有非全零码中的次数最低的码多项式 $C(x)$；

（3）写出信息码组为 1010110110 时，系统循环码的编码输出。

（4）如果该码用于检错，则怎样的错误图样多项式 $E(x)$ 不能被收端检出？

解：（1）因为生成多项式 $g(x)$ 是一个 $(n-k)$ 次的码多项式，由题意可知

$$n-k=5$$

又因为

$$R=k/n=2/3$$

所以

$$n=15,\ k=10$$

（2）因为次数最低的码多项式就是生成多项式，所以

$$C(x)=g(x)=(x+1)(x^4+x+1)=x^5+x^4+x^2+1$$

（3）编码步骤可归纳如下。

① 用信息码元的多项式 $M(x)$ 表示信息码元。当信息码组为 1010110110 时，信息码元多项式

$$M(x)=x^9+x^7+x^5+x^4+x^2+x$$

② 用 $M(x)$ 乘以 x^{n-k}，得到 $x^{n-k}M(x)$。本例中，$x^{n-k}=x^5$。

③ 用 $g(x)=x^5+x^4+x^2+1$ 除 $x^{n-k}M(x)$，得到余式 $b(x)=x^3+x^2$。

④ 编出码字

$$C(x)=x^{n-k}M(x)+b(x)=x^{14}+x^{12}+x^{10}+x^9+x^7+x^6+x^3+x^2$$

所以编码输出为 101011011001100。

（4）因为循环码在接收端以伴随式 $S(x)$ 是否为“0”来判别码字中有无错误。而伴随式 $S(x)$ 就是将接收码字 $R(x)$ 用生成多项式 $g(x)$ 去除求得的余式。

又因为

$$S(x) \equiv E(x) \equiv R(x) \quad \text{模 } g(x)$$

所以，当错误图样多项式 $E(x)$ 能被生成多项式 $g(x)$ 整除时，错码不能被接收端检出。

2．纠错

和线性分组码相似，循环码的译码可采用以下几步来进行。

① 根据接收码字 $R(x)$ 计算伴随式 $S(x)$（可采用 $g(x)$ 除法电路）。

② 由伴随式 $S(x)$ 得到差错图案 $E(x)$ 的估值。

③ 利用关系式 $C(x) = R(x) + E(x)$，由差错图案 $E(x)$ 求出发送码字 $C(x)$ 的估值。

译码器的实现复杂度往往是一个纠错码是否实用的关键。相对于一般的线性分组码，循环码利用其循环特性，经常会使其译码运算变得简单，尤其是数字集成电路高度发展的今天，循环码在实际通信系统中应用广泛。

6.6.4 BCH 码和 RS 码

BCH 码是 1959 年博斯（Bose）、查德胡里（Chaudhuri）和霍昆格姆（Hocgenghem）分别独立提出的纠正多个随机错误的循环码，人们用他们三人名字的字头命名，称为 BCH 码。而 RS 码是 BCH 码最重要的一个子类，也是以发现者里德-所罗门（Reed-Solomon）的名字字头命名的。

BCH 码是循环码的重要子类，类似于一般的循环码，寻找 BCH 码的生成多项式是构造 BCH 码的关键。如何构造一个循环码以满足纠错能力为 t 的要求，这是编码理论中的一个重要课题，BCH 码就是针对这一问题提出的。在已提出的许多纠正随机错误的分组码中，BCH 码是迄今所发现的一类很好的码。该码具有严格的代数结构，生成多项式 $g(x)$ 与最小码距 $d_{\min}$ 之间具有密切关系，设计者可以根据对 $d_{\min}$ 的要求，轻易地构造出具有预定纠错能力的码。BCH 编码和译码电路比较简单，易于工程实现，在中短码长的情况下性能接近理论最佳值。因此 BCH 码不仅在编码理论上占有重要地位，也是实际使用最广泛的码之一。

在工程上，人们可能并不关注 BCH 码深厚的理论基础，更感兴趣的是如何构造 BCH 码，在工程上学会查阅已有的 BCH 码生成多项式的表格是非常有用的。

BCH 码分为本原 BCH 码与非本原 BCH 码。表 6.12 中列出了码长 $7 \leqslant n \leqslant 63$，即 $3 \leqslant m \leqslant 6$ 的二进制本原 BCH 码生成多项式 $g(x)$的系数，系数以八进制形式给出，最左边的数字表示 $g(x)$最高次的项，如 t=1 的(15,11)BCH 码的生成多项式系数为 23，转换成二进制形式是 010011，即 $g(x)=x^4+x+1$。

表 6.13 中列出了部分二进制非本原 BCH 码生成多项式 $g(x)$的系数，系数依然以 8 进制形式给出，最左边的数字表示 $g(x)$最高次的项。例如(23,12)的二元非本原 BCH 码生成多项式 $g(x)=x^{11}+x^9+x^7+x^6+x^5+x+1$，这就是著名的二元高莱（Golay）码，其生成多项式 $g(x)$ 的重量是 7，最小距离 $d_{\min}$=7，纠错能力为 t=3，它是唯一已知的 GF(2)上的纠多个随机独

立差错的完备码，其监督位得到了最充分的应用。该码复杂度适中而且纠错能力强，在实践中得到了广泛的应用，其扩展高莱码更是得到广泛应用。

表 6.12　二进制本原 BCH 码生成多项式

n	k	t	$g(x)$（八进制形式）
7	4	1	13
15	11	1	23
	7	2	721
	5	3	2426
31	26	1	45
	21	2	3551
	16	3	107657
	11	5	5423325
	6	7	313365047
63	57	1	103
	51	2	12471
	45	3	1701317
	39	4	166623567
	36	5	1033500423
	30	6	157464165547
	24	7	17323260404441
	18	10	1363026512351725
	16	11	6331141367235453
	10	13	472622305527250155
	7	15	5231045543503271737

表 6.13　二进制非本原 BCH 码生成多项式

n	k	t	$g(x)$（八进制形式）
17	9	2	727
21	12	2	1663
23	12	3	5343
33	22	2	5145
41	21	4	6647133
47	24	5	43073357
65	53	2	10761
	40	4	354300067
73	46	4	1717773537

RS 码是一种特殊的非二进制 BCH 码。对于任意选取的正整数 s，可构造一个相应码长为 $n=p^s-1$ 的 p 进制 BCH 码，其中 p 为某个素数或素数的幂。实际应用中 p 一般取 2 的幂次，表示为 $p=2^m$，当 $s=1$，$m>2$ 时所建立的码长为 $n=p-1=2^m-1$ 的 p 进制 BCH 码就是 RS 码。RS 码具有纠随机差错和突发差错的优越性能，在光纤通信、卫星通信、移动通信、深空通信及高密度磁记录系统等领域具有广泛的应用。例如一个（255,223）的 RS 码，每个码元由 8 比特构成，纠错能力 t=16。该码可以纠正 16 个错误的 256 进制码元，即可以

纠正 121 个连续的错误比特，其中 121=16×8−7。可见相对于二进制码，RS 码具有对抗突发噪声的优势，这就是它在无线通信中被广泛采用的原因。

RS 码一般具有如下参数。

① 码长：$n=p-1$ 符号（实际应用中 $p=2^m$，即码长为 $m(2^m-1)$比特）。

② 信息段：k 符号或 km 比特。

③ 校验段：$n-k=2t$ 符号（t 是 RS 能够纠正的错码个数）。

④ 最小距离：$d_{\min}=2t+1=n-k+1$（表明 RS 码是 MDC 码）。

6.7 卷 积 码

卷积码又称**连环码**，由埃里亚斯（Elias）于 1955 年最早提出，它是一种非分组码。不同于分组码之处在于：在分组码中，监督码元仅与本组的信息码元有关；而在卷积码中，监督码元不仅与本组的信息码元有关，而且与其前 m 组的信息码元也有关,卷积码一般用（n_0，k_0，m）表示，其中 m 称为**编码存储**，它表示输入信息组在编码器中需存储的单位时间。通常称 $m+1=N$ 为**编码约束度**，说明编码过程中互相约束的码段个数；称 $n_c=n_0(m+1)$为**编码约束长度**，说明编码过程中互相约束的码元个数。

和分组码的研究方法类似，卷积码可以采用解析表示法，即采用码的生成矩阵、监督矩阵和码的多项式来研究。此外，由于卷积码的特点，还可以采用图形表示法来研究卷积码，即采用树状图、网格图和状态图来进行研究。

6.7.1 卷积码的解析表示

图 6.8 所示为（3, 1, 2）卷积码编码器。每一个单位时间，输入一个信息码元 m_i，且移位寄存器内的数据往右移一位。编码器有 3 个输出，一个输出是输入信息码元 m_i 的直接输出；另两个输出为监督码元 $p_{i,1}$ 和 $p_{i,2}$，是输入 m_i 与前两个单位时间送入的信息元 m_{i-1} 和 m_{i-2} 按照一定规则通过运算得到的。卷积码码字中的每一个子码 $C_i=(m_i, p_{i,1}, p_{i,2})$最左边 k_0（这里 $k_0=1$）个码元是输入的信息码元，其余的是监督码元，这是系统码的形式。

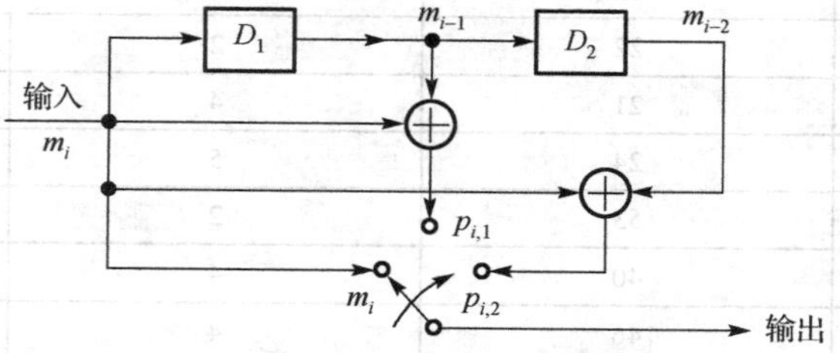

图 6.8 (3, 1, 2)卷积码编码器

1. 生成矩阵和监督矩阵

设编码器输出的码段（或称为子码）表示为 $C=(c_{i,1},c_{i,2},c_{i,3})$，由图 6.8 容易得到

$$\begin{cases} c_{i,1}=m_i \\ c_{i,2}=p_{i,1}=m_{i-1}\oplus m_i \\ c_{i,3}=p_{i,2}=m_{i-2}\oplus m_i \end{cases} \tag{6.7.1}$$

上式可写成矩阵形式

$$\left[c_{i,1},c_{i,2}c_{i,3}\right]=[m_{i-2}m_{i-1}m_i]\boldsymbol{A} \tag{6.7.2}$$

其中系数矩阵 $\boldsymbol{A}=\begin{bmatrix}0&0&1\\0&1&0\\1&1&1\end{bmatrix}$。

设编码器的初始状态全为 0，在第一信息码元 m_0 和第二信息码元 m_1 输入时，存在过渡过程，此时有

$$[c_{0,1},\ c_{0,2},\ c_{0,3}]=[m_0,\ 0,\ 0]\boldsymbol{T}_1 \tag{6.7.3}$$

$$[c_{1,1},\ c_{1,2}\ c_{1,3}]=[m_0,m_1,\ 0]\boldsymbol{T}_2 \tag{6.7.4}$$

式中，$\boldsymbol{T}_1=\begin{bmatrix}1&1&1\\0&0&0\\0&0&0\end{bmatrix}$，$\boldsymbol{T}_2=\begin{bmatrix}0&1&0\\1&1&1\\0&0&0\end{bmatrix}$。

设编码器的输入序列为 $\boldsymbol{M}=[m_0, m_1, m_2, \cdots]$，编码器的输出序列表示为 $\boldsymbol{C}=[c_{0,1}, c_{0,2}, c_{0,3}, c_{1,1}, c_{1,2}, c_{1,3}, c_{2,1}, c_{2,2}, c_{2,3},\cdots]$。类似于线性分组码，用生成矩阵 $\boldsymbol{G}_\infty$ 来表示卷积码的输入序列和输出序列之间的关系

$$\boldsymbol{C}=\boldsymbol{M}\boldsymbol{G}_\infty \tag{6.7.5}$$

本例中，生成矩阵 $\boldsymbol{G}_\infty$ 为

$$\boldsymbol{G}_\infty=\begin{bmatrix}\boldsymbol{T}_1&\boldsymbol{T}_2&\boldsymbol{A}&\boldsymbol{0}\\&&\boldsymbol{A}&\\&\boldsymbol{0}&&\boldsymbol{A}\ \cdots\end{bmatrix}$$

$$=\begin{bmatrix}111&010&001&&&&\\000&111&010&001&&0&\\000&000&111&010&001&&\\&&&111&010&001&\\&&&&111&010&001\\&0&&&&111&010\\&&&&&&\cdots\end{bmatrix} \tag{6.7.6}$$

式（6.7.6）中，矩阵空白元素都为 0。当输入的信息序列是一个半无限的序列时，卷积码的编码器输出序列也是一个半无限的序列。显然，卷积码的生成矩阵为半无限矩阵，它有无限多的行和列，通常记为 $\boldsymbol{G}_\infty$。仔细观察该(3,1,2)卷积码的 $\boldsymbol{G}_\infty$ 可知，每一行都是前一行右移 n_0 位的结果，即 $\boldsymbol{G}_\infty$ 完全由第一行决定，因此将第一行取出，称为该码的**基本生成矩阵**，并表示为

$$\boldsymbol{g}_\infty=[111\quad 010\quad 001\quad 000\quad 000\quad \cdots] \tag{6.7.7}$$

该(3,1,2)卷积码的基本生成矩阵 $\boldsymbol{g}_\infty$ 其实就是信息序列为(1,0,0,0,⋯)时，卷积码编码器的输出，即编码器的冲激响应。

讨论了卷积码的生成矩阵之后，通常还需要研究它的监督矩阵。仍以图 6.8 中的卷积

码为例来讨论监督矩阵。假设移位寄存器的初始状态为 0，码字中的监督码元和信息码元的关系可用矩阵形式表示为

$$\begin{bmatrix} 110 & & & \\ 101 & & & \\ 100 & 110 & & \\ 000 & 101 & & \\ 000 & 100 & 110 & \cdots \\ 100 & 000 & 101 & \cdots \\ & & & \cdots \end{bmatrix} [m_0, c_{0,2}, c_{0,3}, m_1, c_{1,2}, c_{1,3}, m_2, c_{2,2}, c_{2,3} \cdots]^{\mathrm{T}} = \mathbf{0}^{\mathrm{T}} \qquad (6.7.8)$$

类似于线性分组码，与 $\boldsymbol{H}_{\infty} \boldsymbol{C}^{\mathrm{T}}=0^{\mathrm{T}}$ 相比较，可见式（6.8.8）左边的矩阵就是卷积码的监督矩阵 $\boldsymbol{H}_{\infty}$。显然，$\boldsymbol{H}_{\infty}$ 和 $\boldsymbol{G}_{\infty}$ 一样，也是一个半无限矩阵。

和线性分组码一样，生成矩阵 $\boldsymbol{G}_{\infty}$ 和监督矩阵 $\boldsymbol{H}_{\infty}$ 之间满足

$$\boldsymbol{H}_{\infty} \cdot \boldsymbol{G}_{\infty}^{\mathrm{T}}=\mathbf{0}^{\mathrm{T}} \quad \text{或} \; \boldsymbol{H}_{\infty} \cdot \boldsymbol{H}_{\infty}^{\mathrm{T}}=\mathbf{0} \qquad (6.7.9)$$

2．多项式表示

编码器中移位寄存器与模 2 加的连接关系及编码器的输入序列、输出序列可以用时延算子 D 的多项式来表示。例如输入序列 $\boldsymbol{M}=[m_0, m_1, m_2, \cdots]$，则输入序列多项式为

$$M(D) = m_0 + m_1 D + m_2 D^2 + \cdots \qquad (6.7.10)$$

式中，D 的幂次表示时间起点的单位时延数。需要指出的是，由于卷积码是一个近似无限长的序列，在多项式表达上与分组码略有不同，在分组码的信息多项式中，先输入到编码器的码元的幂次高，而卷积码则刚好相反。

用时延算子多项式来表示编码器中移位寄存器与模 2 加的连接关系时，称为**生成多项式**。如果某级寄存器与某个模 2 加法器相连接，则生成多项式对应项的系数取 1，无连接时取 0。图 6.8 中的生成多项式为

$$\begin{cases} g_1(D) = 1 \\ g_2(D) = 1 + D \\ g_3(D) = 1 + D^2 \end{cases} \qquad (6.7.11)$$

生成多项式通常可用二进制或八进制表示为

$$g_1 = (100)_2 = (4)_8, g_2 = (110)_2 = (6)_8, \; g_3 = (101)_2 = (5)_8$$

利用生成多项式与输入序列多项式相乘，可以产生输出序列多项式，从而得到输出序列。

设输入序列为 1101，即 $M(D)=1+D+D^3$，则

$$Y_1(D) = M(D) g_1(D) = 1 + D + D^3 \qquad (6.7.12)$$

$$Y_2(D) = M(D) g_2(D) = 1 + D^2 + D^3 + D^4 \qquad (6.7.13)$$

$$Y_3(D) = M(D) g_3(D) = 1 + D + D^2 + D^5 \qquad (6.7.14)$$

所以

$$y_1=(c_{0,1},c_{1,1},\cdots,c_{5,1})=110100$$
$$y_2=(c_{0,2},c_{1,2},\cdots,c_{5,2})=101110$$
$$y_3=(c_{0,3},c_{1,3},\cdots,c_{5,3})=111001$$

于是编码器输出的码字序列为

$$y=(c_{0,1},c_{0,2},c_{0,3},c_{1,1},c_{1,2},c_{1,3},\cdots,c_{5,1},c_{5,2},c_{5,3})$$
$$=111\ \ 101\ \ 011\ \ 110\ \ 010\ \ 001$$

生成多项式也可以用生成多项式矩阵来表示

$$\boldsymbol{G}(D)=[1\ \ 1+D\ \ 1+D^2] \tag{6.7.15}$$

3．离散卷积

编码器的输入序列 $\boldsymbol{M}$ 和输出序列 $\boldsymbol{Y}_i$ 之间的关系还可以用离散卷积来表示，上例中式（6.7.12）、式（6.7.13）和式（6.7.14）表示如下

$$\boldsymbol{Y}_1=\boldsymbol{M}*g_1 \tag{6.7.16}$$
$$\boldsymbol{Y}_2=\boldsymbol{M}*g_2 \tag{6.7.17}$$
$$\boldsymbol{Y}_3=\boldsymbol{M}*g_3 \tag{6.7.18}$$

其中，$*$表示卷积运算；$g_i\,(i=1,2,3)$表示编码器 3 个输出的单位冲激响应，即输入信息序列 $M=(100\cdots)$ 时编码器的输出序列。由于编码器有 $m=2$ 级寄存器，故脉冲响应至多可持续到 $m+1=3$ 位，这里 $\boldsymbol{g}_1=(100)$，$\boldsymbol{g}_2=(110)$，$\boldsymbol{g}_3=(101)$，可见它与生成多项式一一对应。

当输入序列为 1101 时，输出序列为

$$\boldsymbol{Y}_1=\boldsymbol{M}*\boldsymbol{g}_1=(1101)*(100)=110100$$
$$\boldsymbol{Y}_2=\boldsymbol{M}*\boldsymbol{g}_2=(1101)*(110)=101110$$
$$\boldsymbol{Y}_3=\boldsymbol{M}*\boldsymbol{g}_3=(1101)*(101)=111001$$

与多项式表示方法的分析结果相同。可见编码输出可由输入的信息序列和编码器的冲激响应卷积得到，故得名卷积码。

4．生成多项式和生成矩阵的关系

可以注意到，生成多项式和生成矩阵存在对应关系。图 6.8 中的（3, 1, 2）卷积码的生成多项式写作

$$\begin{cases} g_1=(100)=(g_1^1g_1^2g_1^3) \\ g_2=(110)=(g_2^1g_2^2g_2^3) \\ g_3=(101)=(g_3^1g_3^2g_3^3) \end{cases} \tag{6.7.19}$$

则生成矩阵可以表示为

$$\boldsymbol{G}_\infty=\begin{bmatrix} g_1^1 & g_2^1 & g_3^1 & g_1^2 & g_2^2 & g_3^2 & g_1^3 & g_2^3 & g_3^3 & 0\cdots & & & & & \\ & & & g_1^1 & g_2^1 & g_3^1 & g_1^2 & g_2^2 & g_3^2 & g_1^3 & g_2^3 & g_3^3 & & & \\ & & & & & & g_1^1 & g_2^1 & g_3^1 & g_1^2 & g_2^2 & g_3^2 & g_1^3 & g_2^3 & g_3^3 \\ 0 & & & & & & & & & \cdots & & & \cdots & & \end{bmatrix}$$

上式还可以表示为

$$\boldsymbol{G}_{\infty}=\begin{bmatrix} \boldsymbol{G}_1 & \boldsymbol{G}_2 & \boldsymbol{G}_3 & & 0 \\ & \boldsymbol{G}_1 & \boldsymbol{G}_2 & \boldsymbol{G}_3 & \\ & & \boldsymbol{G}_1 & \boldsymbol{G}_2 & \boldsymbol{G}_3 \\ 0 & & & \cdots & \cdots \end{bmatrix} \tag{6.7.20}$$

式中，$\boldsymbol{G}_1=(g_1^1\ \ g_2^1\ \ g_3^1)$，$\boldsymbol{G}_2=(g_1^2\ \ g_2^2\ \ g_3^2)$，$\boldsymbol{G}_3=(g_1^3\ \ g_2^3\ \ g_3^3)$。这样，基本生成矩阵就可以表示为

$$\boldsymbol{g}_{\infty}=[\boldsymbol{G}_1\quad \boldsymbol{G}_2\quad \boldsymbol{G}_3\quad \boldsymbol{0}\quad \boldsymbol{0}\quad \cdots] \tag{6.7.21}$$

式中，$\boldsymbol{G}_L(L=1, 2, 3)$称为生成子矩阵，均为 1×3 阶的矩阵。对于$(n_0, k_0, m)$卷积码，生成子矩阵 $\boldsymbol{G}_L(L=1, 2, \cdots, m+1)$则为 $k_0\times n_0$ 阶的矩阵。

如果用延迟算子 D^{n_0} 表示 n_0 个码元的延迟，则生成矩阵可写成

$$\boldsymbol{G}_{\infty}=\begin{bmatrix} \boldsymbol{g}_{\infty} \\ D^{n_0}\boldsymbol{g}_{\infty} \\ D^{2n_0}\boldsymbol{g}_{\infty} \\ \vdots \end{bmatrix} \tag{6.7.22}$$

6.7.2 卷积码的图形描述

卷积码除了用解析表示外，还可用树状图、状态图和网格图来描述。网格图和状态图可以看作树状图的紧凑形式。

树状图是一种重要的描述卷积码的方法。下面以图 6.8 所示的（3，1，2）卷积码编码器为例来说明其工作过程。假设初始时刻移位寄存器存储 D_2D_1 的内容为 0，即起始状态 D_2D_1=00。当第一个输入比特为“0”时，输出的子码为 000；若当第一个输入比特为“1”时，输出的子码为 111。当输入第二比特时，第一比特右移一位，此时的输出比特显然与当前输入比特和前一输入比特有关。当输入第三比特时，第一比特和第二比特都右移一位，此时的输出比特显然与当前输入比特和前二位输入比特有关。当输入第四比特时，第二比特和第三比特都右移一位，此时的输出比特与当前输入比特和前二个输入比特有关，而这时第一比特已经不再影响当前的输入比特了。编码器在移位过程中可能产生的各种序列可用树状图来描述。

图 6.9 给出了图 6.8 所示的卷积码的树状图。按照习惯的做法，码树的起始节点位于左边；移位寄存器的起始状态全为零，即 D_2D_1=00，用 a 来表示，标注在起始节点处。当输入码元是 0 时，则由节点出发走上支路；当输入码元是 1 时，则由节点出发走下支路。树状图中的 b 表示 D_2D_1=01，c 表示 D_2D_1=10，d 表示 D_2D_1=11。可见，卷积码在本时刻的输出取决于编码器前一状态和此时的输入；而在下一个时刻的输出取决于编码器当前状态和下一时刻的输入，可以将编码器输出看作马尔可夫过程，而编码器的当前状态取决于此时各移位寄存器所存储的内容，共 $2^{k_0 m}$ 种可能的状态。

根据树状图，已知输入信息序列就可以得到输出序列，如当输入编码器的信息序列为 0110…时，输出的序列为 000 111 101 011 …。

由树状图可见，随着信息序列不断送入，编码器就不断由一个状态转移到另一个状态，并输出相应的码序列。如果把这种状态画成一个流程图，这种图就称为状态图。图 6.10 给出了如图 6.8 所示卷积码的状态图。图中，实线表示 0 输入时的状态转移，虚线表示 1 输入时的状态转移。假设原状态为 b，输入信息码元为 1 时，状态转移到 d，编码器输出子码为（101）。从状态图容易看出卷积编码器输出是一种有限状态的马尔可夫过程，可以用信号流图来分析卷积码的结构及其性能。

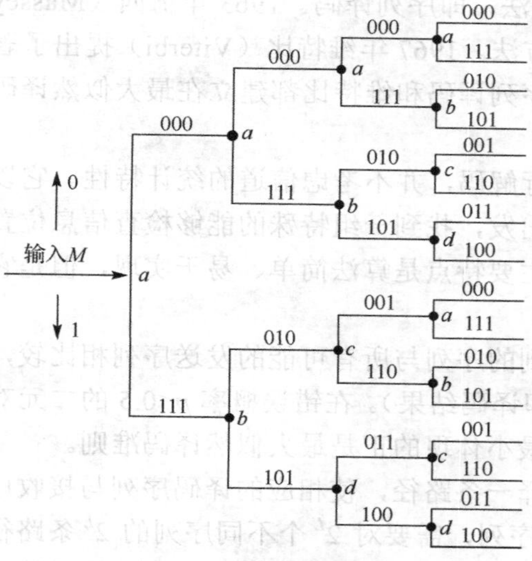

图 6.9　卷积码的树状图

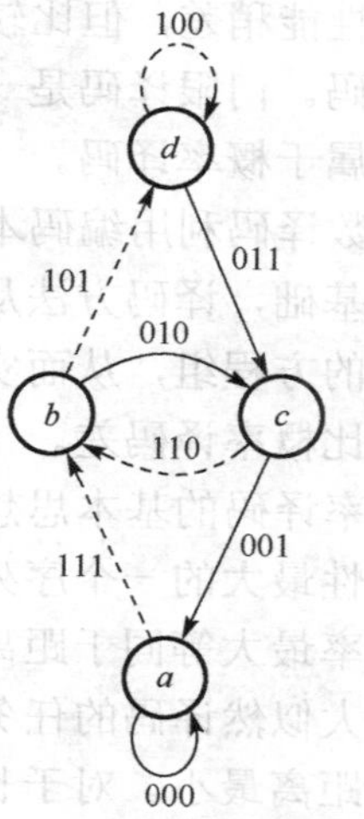

图 6.10　卷积码的状态图

状态图不能表示出编码器状态转移与时间之间的关系，为了表示这种状态与时间的关系，可以用和树状图相似的网格图来表示。注意到树状图中状态的重复性，为了使图形变得紧凑，把树状图中具有相同状态的节点合并在一起，由此得到卷积码的网格图。图 6.11 给出了图 6.8 所示的卷积码的网格图。图中，树状图中的上支路用实线表示，下支路用虚线表示；支路上标注的码元为编码器的输出码元。假设编码器的起始状态全为零，由图 6.11 可见，从第（m+1）个节点开始，网格图达到稳定状态，开始重复。

根据网格图，如果已知编码器的输入序列，容易得到卷积编码器的输出序列。例如，当输入序列为 011010…时，输出序列为 000 111 101 011 110 010…。

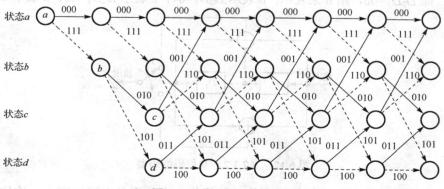

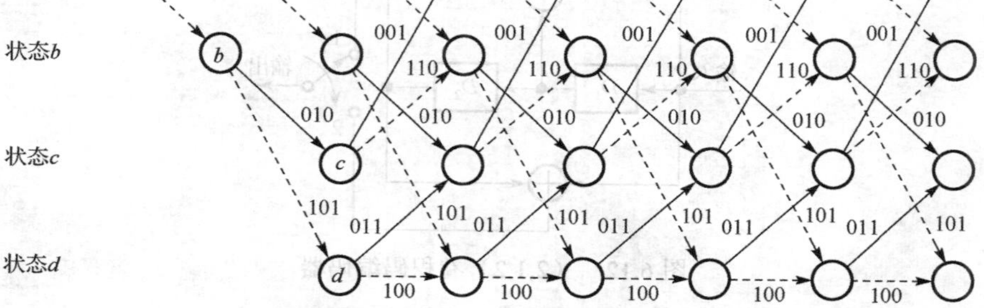

图 6.11　卷积码的网格图

6.7.3 卷积码的译码方法

前面介绍的是采用解析分析法和图形分析法来研究卷积码。采用何种方法来描述卷积码，与其译码方法有很大关系。例如，在代数译码时采用解析表示法对译码原理的理解较方便。而借助图形表示法则能更清晰地分析概率译码的过程。

卷积码有三种主要的译码方法：序列译码、门限译码和维特比译码。1957 年伍成克拉夫（Wozencraft）提出了一种有效的译码方法，即序列译码。1963 年梅西（Massey）提出了一种性能稍差，但比较实用的门限译码方法。1967 年维特比（Viterbi）提出了著名的维特比译码。门限译码是一种代数译码法，序列译码和维特比都建立在最大似然译码的基础上，都属于概率译码。

代数译码利用编码本身的代数结构进行解码，并不考虑信道的统计特性。它以分组码理论为基础，译码方法从线性码的伴随式出发，找到一组特殊的能够检查信息位置是否发生错误的方程组，从而实现纠错译码。其主要特点是算法简单、易于实现，但是它的误码性能要比概率译码差。

概率译码的基本思想是：把已经接收到的序列与所有可能的发送序列相比较，选择其中可能性最大的一个序列作为发送序列（即译码结果）。在错误概率 $p<0.5$ 的二元对称信道下，概率最大等同于距离最小，这种距离最小体现的正是最大似然译码准则。

最大似然译码的任务是在网格图中选择一条路径，使相应的译码序列与接收序列之间的汉明距离最小。对于长度为 L 的二进制序列，需要对 2^L 个不同序列的 2^L 条路径进行比较，选择其中最小距离（最大似然）的一条作为译码结果，可见译码的计算量随着 L 的增加而呈指数规律增长，这在实际中难以实现，而维特比译码（VB 译码）使得最大似然译码实用化，是目前用得较多的一种译码方法。

下面以图 6.12 所示的（2,1,2）卷积码为例来介绍如何对卷积码进行维特比译码。若编码器从零状态开始，并且结束于零状态，所输出的码序列就称为**结尾卷积码**（或称为归零卷积码）序列，则最先的 m 个时间单位，对应于编码器由零状态出发往各个状态行进，而最后 m 个时间单位，对应于编码器由各状态返回到零状态。因此，当送完 L 段信息序列后，还必须向编码器再送入 m 段全 0 序列，以迫使编码器回到零状态。假设进入编码器的信息码元数目 L=5，图 6.12 中的卷积码对应的结尾卷积码网格图如图 6.13 所示。图中，移位寄存器的起始状态取 00，即 D_2D_1=00，用 a 来表示；b 表示 D_2D_1=01；c 表示 D_2D_1=10；d 表示 D_2D_1=11。

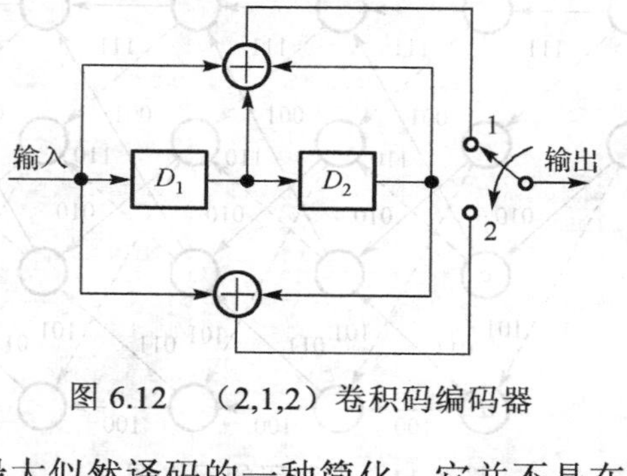

图 6.12 （2,1,2）卷积码编码器

维特比译码算法是对最大似然译码的一种简化，它并不是在网格图上一次比较所有可

能路径，而是接收一段，比较一段，选择一段有最大似然值（最小汉明距离）的码段，从而达到整个码序列是一个有最大似然值的序列。由于这种方法较早地丢弃了那些不可能的路径，从而大大减少了计算量，目前维特比译码已经得到广泛的应用。

维特比译码算法的步骤可以简述如下。

① 从第$(m+1)$个节点（时间单位）开始，选择接收序列的前 $n_0(m+1)$个码元，分别与到达第 m 个节点的 $2^{k_0(m+1)}$ 个码序列进行比较，计算它们的码距，并选择码距最小的路径作为留选路径。网格图中的每一个状态都只有一条留选路径，共有 $2^{k_0 m}$ 条留选路径。

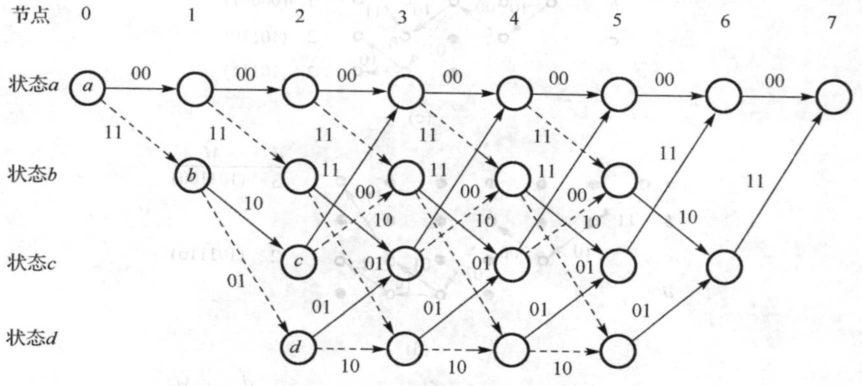

图 6.13　(2,1.2) 卷积码的网格图

② 观察下一个节点，把此时刻进入每一状态的所有子码和接收的子码比较，得到码距，将该码距和同这些状态相连的前一时刻的留选路径的码距相加，然后比较选择，得到此时刻进入每一状态的留选路径。注意每一个状态都只保留一条码距最小的路径。依此类推，直到达到第 L 个节点。该步骤的基本操作可以归纳为“加-比-选”。

③ 在 L 个节点后，网格图上的状态数目减少，留选路径也相应减少。最后到第 $L+m$ 节点，网格图归到全零状态，仅剩下一条留选路径，这条路径就是要找的具有最大似然函数的路径。

【例 6.10】 输入编码器的信息序列 $\boldsymbol{M}$=(10111)，由编码器输出的结尾卷积码序列 $\boldsymbol{C}$=(11, 10, 00, 01, 10, 01, 11)，通过二元对称信道（BSC）送入译码器的序列 $\boldsymbol{R}$=(10, 10, 00, 01, 11, 01, 11)有两个错误，对照图 6.13 所示的网格图来说明如何利用维特比译码算法得出译码器输出的估值码序列 $\hat{\boldsymbol{C}}$ 和信息序列 $\hat{\boldsymbol{M}}$ 。

解： 分析网格图，在第 3 节点，到达状态 a 的路径有 2 条，即（00 00 00）和（11 10 11），分别计算它们与接收序列的前 6 个码元(10, 10, 00)的码距，得到状态 a 的留选路径(00 00 00)。同理得到状态 b、c 和 d 的留存路径分别为（11 10 00）、（00 11 10）、（00 11 01），如图 6.14（a）所示。

第 4、5、6 和 7 节点的留选路径和对应的信息序列分别如图 6.14（b）、（c）、（d）和（e）所示。

因此译码器输出的估值码序列 $\hat{\boldsymbol{C}}$=(11,10,00,01,10,01,11)，信息序列 $\hat{\boldsymbol{M}}$=(1011100)，可见通过 VB 译码，在译码过程中纠正了接收码字的两个错误。

需要指明的是，对于某一个状态而言，比较两条路径与接收序列的累积码距时，如果两个码距相等，则可以任选一条路径作为留选路径，它不会影响最终的译码结果。

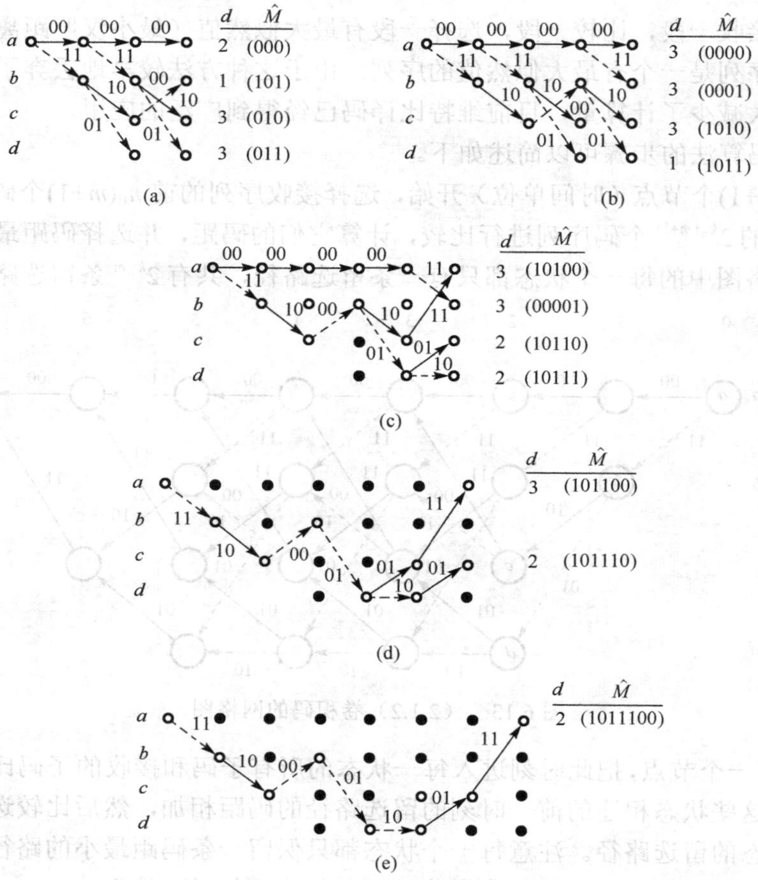

图 6.14　维特比译码图解

6.7.4　递归型系统卷积码

系统卷积码（SC，Systematic Convolutional code）是最常用的卷积码，它是卷积码的一个子类。一个（n_0，k_0，m）系统卷积码的主要特征是某时刻的输出由两部分组成：前 k_0 位是当前时刻输入的信息组，后(n_0-k_0)位是校验位，是前 m 个单位时刻及当前时刻输入的信息比特的线性组合。

系统码之所以流行，在于它具有的一些优点。第一个优点是系统码的前 k_0 位无须编码，简单易行。第二个优点是由接收码字估计出发送码字后无须计算，只需取出前 k_0 个信息位即可。系统卷积码的第三个优点在于它的差错在译码中不会无限传播，一定是非恶性的。

卷积码中，一个码段的译码差错将影响下一个码段的译码准确性，一个又影响下一个。如果这些差错的影响无限延续，将使译码器永远不能正确译码，则称为差错的恶性传播。这种可能产生恶性差错传播的码称为**恶性码**。恶性码是不能容忍的，必须千方百计地设法识别并摒弃。

系统卷积码是安全的，但一般不是最优的。在一定的码率下，具有最大自由距离的卷积码通常都是非系统码（NSC，Non Systematic Convolutional code）。特别是随着码率的增加，非系统码在性能上的优越性变得比较明显。因此目前实用的卷积码绝大多数都是非系统卷积码。

1993 年 Berro 等在提出 Turbo 码的同时提出了一类新的**递归型系统卷积码**（RSC，Recursive Systematic Convolutional code），该码在高码率时比最好的 NSC 还要好。实用的 RSC 码可以由实用的 NSC 码转化而来。方法是将 NSC 码生成多项式矩阵的各项都除以首项而使之归一，其余项成为分式，其分母体现了递归。

下面通过一个例子来说明如何从 NSC 码转化到 RSC 码。

【例 6.11】 一个（2,1,4）NSC 码的生成多项式矩阵为

$$\boldsymbol{G}(D)=[1+D+D^2+D^3+D^4 \quad 1+D^4]$$

试画出对应的 RSC 编码电路图。

解：

对 NSC 码的生成多项式矩阵各项乘以 $\dfrac{1}{1+D+D^2+D^3+D^4}$，得到 RSC 码的生成多项式矩阵

$$\boldsymbol{G}_2(D)=\left[1 \quad \frac{1+D^4}{1+D+D^2+D^3+D^4}\right]$$

NSC 编码电路图和对应的 RSC 编码电路图如图 6.15 所示。

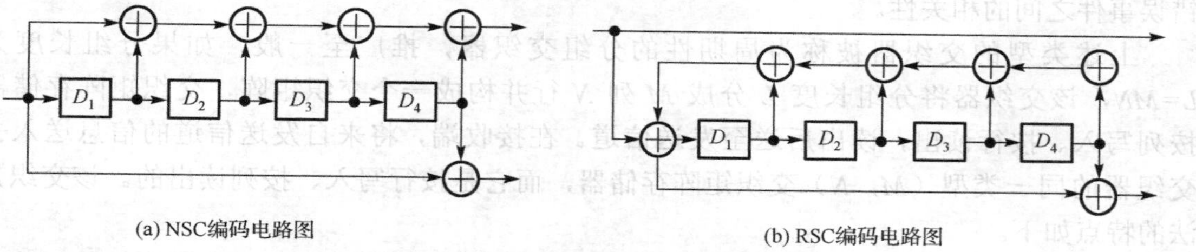

图 6.15　递归系统卷积码的电路图

6.8　交　织　码

许多实际通信系统中，如移动通信中，多径传播造成的衰落可能会产生一系列突发差错。前面讨论的纠错码（除 RS 码以外）主要针对随机错误，这里将讨论针对突发差错的交织码。

交织技术对编码器输出的码流与信道上传输的符号流做顺序上的变换，从而将突发差错均化，达到噪声均化的目的。在某种意义上说，交织是一种信道改造技术，将一个原来属于突发差错的有记忆信道改造为基本上是独立差错的随机无记忆信道。交织编码原理框图如图 6.16 所示。

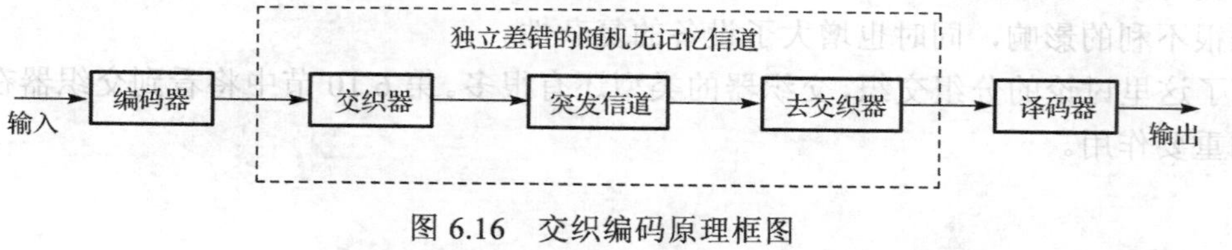

图 6.16　交织编码原理框图

最简单的交织器就是一个 M 列 N 行的存储阵列，码流按列输入后按行输出。如果信道传输时出现突发差错，去交织（按行输入按列输出）后，将使突发差错均化。

举例说明。假设交织器设计成 5 行 4 列，交织器的输入为

$$\boldsymbol{X}=[x_1,x_2,x_3,x_4,x_5,x_6,x_7,x_8,x_9,x_{10},x_{11},x_{12},x_{13},x_{14},x_{15},x_{16},x_{17},x_{18},x_{19},x_{20}]$$

交织矩阵为

$$\begin{bmatrix} x_1 & x_6 & x_{11} & x_{16} \\ x_2 & x_7 & x_{12} & x_{17} \\ x_3 & x_8 & x_{13} & x_{18} \\ x_4 & x_9 & x_{14} & x_{19} \\ x_5 & x_{10} & x_{15} & x_{20} \end{bmatrix}$$

则交织器的输出为

$$[x_1, x_6, x_{11}, x_{16}, x_2, x_7, x_{12}, x_{17}, x_3, x_8, x_{13}, x_{18}, x_4, x_9, x_{14}, x_{19}, x_5, x_{10}, x_{15}, x_{20}]$$

然后送入突发差错的有记忆信道，假设突发信道在传送时连错 4 个，由 x_3, x_8, x_{13}, x_{18} 变成 x'_3，x'_8，x'_{13} , x'_{18} 。则去交织器的输出为

$$[x_1, x_2, x'_3, x_4, x_5, x_6, x_7, x'_8, x_9, x_{10}, x_{11}, x_{12}, x'_{13}, x_{14}, x_{15}, x_{16}, x_{17}, x'_{18}, x_{19}, x_{20}]$$

可见送入译码器的序列已不是突发差错。即交织码的作用是将突发错误随机化，从而减小错误事件之间的相关性。

上述类型的交织器被称为周期性的分组交织器，推广至一般，如果分组长度为 $L=MN$，该交织器将分组长度 L 分成 M 列 N 行并构成一个交织矩阵，交织矩阵存储器按列写入、按行读出，读出后送至发送信道。在接收端，将来自发送信道的信息送入去交织器的同一类型（M，N）交织矩阵存储器，而它是按行写入、按列读出的。该交织方法的特点如下。

① 任何长度 $l\leqslant M$ 的突发差错，经去交织变换后，成为至少被 $N-1$ 位隔开后的一些单个独立差错。

② 任何长度 $l>M$ 的突发性差错，经去交织变换后，可将长突发变换成短突发，长度为$[1/M]$。

③ 在不计信道时延的条件下，完成交织与去交织变换的时延为 $2MN$ 个符号；而交织与去交织各占 MN 个符号，即要求各存储 MN 个符号。

④ 在特殊情况下，周期为 M 个符号的单个独立差错序列，经去交织后，可能会产生突发错误序列。

交织编码是克服衰落信道中突发性干扰的有效方法，目前已在移动通信中得到广泛的应用。但是交织编码的主要缺点正如特点③所指出的，它会带来较大的 $2MN$ 个符号的迟延。而为了更有效地改造突发差错为独立差错，MN 应足够大。大的附加时延会给实时语音通信带来很不利的影响，同时也增大了设备的复杂性。

除了这里讨论的分组交织，交织器的类型还有很多。第 6.10 节中将看到交织器在 Turbo 码中的重要作用。

6.9 级 联 码

信道编码定理指出：随着码长 n 的增加，译码错误概率按指数规律接近于零。但是，随着码长的增加，译码器的复杂性和计算量也相应增加了。为了解决性能与复杂性之间的矛盾，1966 年 Forney 首先提出级联码的概念，利用两个短码串联来构成一种长码。级联码的结构如图 6.17 所示。连接信息源的称为外编码器，连接信道的称为内编码器。如果外码是码率为 R_o 的（N, K）分组码，内码为 R_i 的（n, k）分组码，则两者合起来相当于码长为 Nn、信息为 Kk、码率为 $R_c=R_oR_i$ 的分组码。

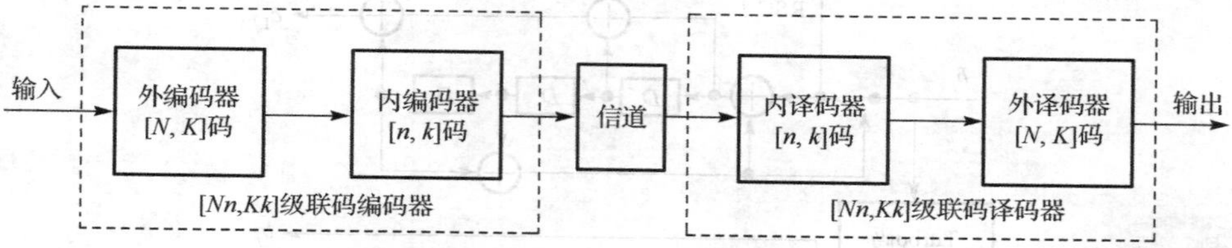

图 6.17 串行级联码

由于维特比最大似然译码算法适合约束度较小的卷积码，因此级联码的内码常采用卷积码。当卷积码为内码时，要么不出错，一旦出错就是一个序列的差错，相当于一个突发差错，因此，具有良好纠突发差错的 RS 码成为外码的首选。当 RS 码纠突发差错能力超过卷积码最可能的差错序列长度时，则卷积码的译码差错在大多数情况下能被 RS 码纠正。符合这种关系的卷积码内码加 RS 外码成为级联码的黄金搭配，它特别适合高斯白噪声信道，如卫星通信和宇航通信。

1984 年美国国家航空航天局（NASA，National Aeronautics and Space Administration）给出了一种用于空间飞行数据网的级联码方案，以后被人们称为标准级联码系统，如图 6.18 所示。由于这种码的优良特性，在某种程度上被认为是一种工业标准而广泛应用，称为"NASA 码"。内码采用转移函数矩阵为 $\boldsymbol{G}(D)=(1+D+D^3+D^4+D^6 \quad 1+D^3+D^4+D^5+D^6)$的（2,1,6）卷积码；外码采用（255,223）RS 码，且在内码和外码中间插入 5×255 的交织器，码元是 GF(2^8)扩域的域元素，每个码元对应一个 8 比特。与不编码相比，该级联码可产生约 7dB 编码增益。

级联码码长是内外码之积，而复杂度是内外码之和，具有极强的纠突发错误和纠随机错误的能力，更重要的是，利用级联码的构造方法，能达到信道编码定理所给出的码限，引起了很多学者的浓厚兴趣。

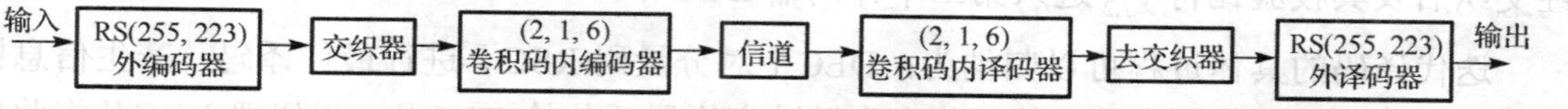

图 6.18 标准级联码系统

6.10 Turbo 码

信道编码定理指出：只要码字长度足够大，随机编码也能保证错误概率任意小，但由于码字数量巨大，使得译码不可能实现。很久以来人们一直在寻找码率接近香农理论值、错误概率小的好码，并提出了许多构造好码的方法。1993 年 C. Berro 等人提出了并行级联码，即 Turbo 码。它是级联码研究的里程碑式成果，巧妙地将卷积码和随机交织器结合在一起，实现了随机编码的思想；同时，采用软输入、软输出（SISO）的迭代译码来逼近最大似然译码，无论是在 AWGN 信道还是在衰落信道中，Turbo 码都取得了良好的性能，为真正达到香农限开辟了一条新的途径。

Turbo 码是一种带有内部交织器的并行级联码，它由两个结构相同的 **RSC 分量码编码器**并行级联而成，如图 6.19 所示。Turbo 码**内部交织器**在 RSCⅡ之前将信息序列中的 J 比特的位置进行了随机置换，使得突发错误随机化。

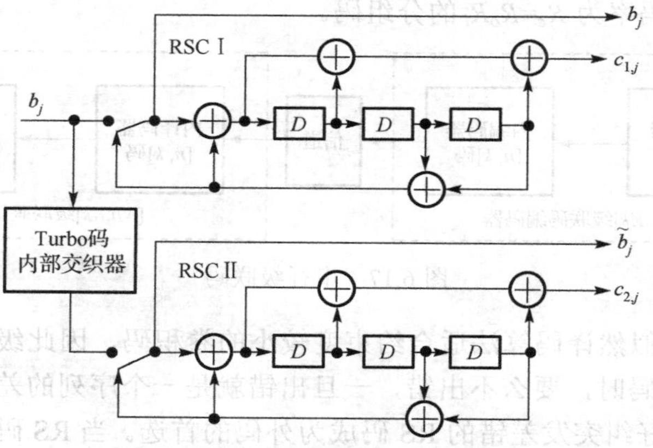

图 6.19 Turbo 编码器

由于交织器的出现，导致 Turbo 码的最优（最大似然）译码变得非常复杂，不可能实现。而一种次优迭代译码算法在降低了复杂度的同时又具有较好的性能，使得 Turbo 码的应用成为可能。译码算法中的迭代思想已经作为“Turbo 原理”广泛用于编码、调制、信号检测等领域。

迭代译码的基本思想是分别对两个 RSC 分量码进行最优译码，以迭代的方式使两者分享共同的信息，并利用反馈环路来改善译码器的译码性能。Turbo 码译码器的基本结构如图 6.20 所示。它是两个软输入、软输出（SISO, Soft Input Soft Output）译码器 DECⅠ和 DECⅡ的串行级联，交织器与编码器中使用的交织器相同。Turbo 码编码器输出比特(b_j, $c_{1,j}$, $c_{2,j}$)转换为双极性值，通过离散无记忆信道后，在译码器输入端得到接收序列 $\boldsymbol{y}_i=(y_{j,1},y_{j,2}^{(1)},y_{j,2}^{(2)})$，信息比特 $y_{j,1}$ 及其校验比特 $y_{j,2}^{(1)}$ 进入第一个译码器 DECⅠ，信息比特 $y_{j,1}$ 经交织后及其校验比特 $y_{j,2}^{(2)}$ 进入第二个译码器 DECⅡ。

迭代译码的具体过程可以归纳为：DECⅠ对分量码 RSCⅠ进行最佳译码，产生信息比特的似然信息，并将其中的“外部信息”经过交织器后传给 DECⅡ；译码器 DECⅡ将此信息作为先验信息，对分量码 RSCⅡ进行最佳译码，产生交织后的信息比特的似然信息，并将其中的“外部信息”经过解交织器后传给 DECⅠ，译码器 DECⅠ将此信息作为先验信息，进行下一回合的译码。整个译码过程犹如两个译码器在打乒乓球，经过若干回合，DECⅠ或 DECⅡ的“外部信息”趋于稳定，似然比渐近值逼近整个码的最大似然译码，然后对此似然比进行硬判决，即可得到信息序列 $\{b_j\}$ 的最佳估值序列 $\{\hat{b}_j\}$。

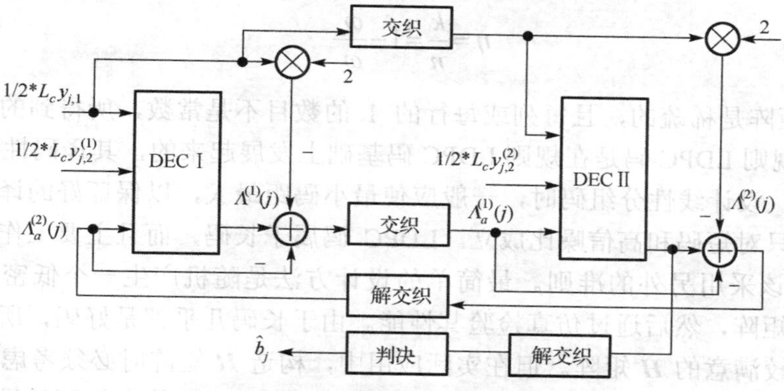

图 6.20　Turbo 码译码器的结构

由于出色的纠错性能、可接受的复杂度和实现的灵活性，Turbo 码在各种通信系统中获得大量应用，如移动通信系统、卫星通信系统等。移动信道存在多径瑞利衰落、多普勒频移及多址接入干扰（MAI）等不利因素，而且带宽和功率均受限，信道环境十分恶劣，因此对信道编码有着严格的要求，Turbo 码在移动通信中的应用尤其令人关注。

6.11　LDPC 码

根据信道编码定理，逼近香农极限的一个必要条件是码长 n 充分长。低密度奇偶校验（LDPC，Low-Density Parity-Check）码就是一种码长 n 非常大的线性分组码，码长一般成千上万，甚至更大。码长的增加一般能进一步提高性能，但是同时必然会增加译码的复杂度。LDPC 码早在 1962 年已经由 Gallager 提出，但由于该码在码组很长时才具有优良性能，而当时计算机处理能力有限，因此并没有引起人们的重视，在此后的三十多年时间几乎再无人提起，逐渐被人们遗忘。但是随着硬件处理能力的不断提高及各种高效编译码技术的进展，LDPC 码的缺点逐渐减弱，而且 LDPC 码的性能可逼近香农极限。在获得巨大成功的具有相似特征和性能的 Turbo 码的启发下，1995 年 LDPC 码由 Mackey 和 Neal 重新发现，并且引起了广泛的关注。

LDPC 码是一类特殊的(n,k)线性分组码，可以由 n 列$(n-k)$行的监督矩阵 $\boldsymbol{H}$ 确定。但是和一般的线性分组码有所不同：首先 LDPC 码的 $\boldsymbol{H}$ 矩阵是稀疏矩阵，矩阵中“1”的个数很少，故称为低密度（LD）；其次 $\boldsymbol{H}$ 矩阵的任意两行的元素不能在相同的位置为“1”。在编码时，设计好 $\boldsymbol{H}$ 矩阵后，由 $\boldsymbol{H}$ 矩阵可以得到 $\boldsymbol{G}$ 矩阵，这样对于给定的信息位，不难算出码组。不过，$\boldsymbol{H}$ 很大时，$\boldsymbol{G}$ 自然也很大，矩阵乘法 $\boldsymbol{MG}$ 的运算复杂度相当大。通过巧妙设计 LDPC 的 $\boldsymbol{H}$ 矩阵可以避免采用 $\boldsymbol{C}=\boldsymbol{MG}$ 这种方法来进行编码，从而降低复杂度。

LDPC 码分为规则 LDPC 码和非规则 LDPC 码两类。其中一类特殊的码长为 n 的规则 LDPC 码，$\boldsymbol{H}$ 矩阵中每列含有 ω_c 个 1，每行中含有 ω_r 个 1，表示为(n,ω_c,ω_r)。也就是说，每个编码比特会参与 ω_c 个监督方程，而每个监督方程含有 ω_r 个编码比特。因为 $\boldsymbol{H}$ 矩阵为$(n-k)\times n$ 阶的，容易得到

$$\omega_r = n\omega_c/(n-k) \tag{6.11.1}$$

则码率为

$$\eta = \frac{k}{n} = 1 - \frac{\omega_c}{\omega_r} \tag{6.11.2}$$

如果 $\boldsymbol{H}$ 矩阵是稀疏的，且每列或每行的 1 的数目不是常数，所得到的码称为非规则 LDPC 码。非规则 LDPC 码是在规则 LDPC 码基础上发展起来的，其译码性能更好。

如前所述，设计线性分组码时，一般应使最小码距最大，以保证好的译码性能，这种设计准则一般只对短码和高信噪比成立。LDPC 码属于长码，而且主要工作在低信噪比范围，设计时应该采用另外的准则。最简单的设计方法是随机产生一个低密度的矩阵作为 LDPC 码的 $\boldsymbol{H}$ 矩阵，然后通过仿真检验其性能。由于长码几乎都是好码，所以通过随机产生可得到性能较满意的 $\boldsymbol{H}$ 矩阵。但在实际应用中，构造 $\boldsymbol{H}$ 矩阵时必须考虑 LDPC 码的编译码复杂度、存储量和译码性能等因素，一般都采用有一定结构和规则的设计。LDPC 码的 $\boldsymbol{H}$ 矩阵构造问题是目前应用领域的一个研究热点，有兴趣的读者可以查阅相关文献。

LDPC 码的译码方法和一般的线性分组码不同，基本的译码算法称为置信传播（BP, Blief Propagation）算法，该特殊的译码算法解决了长码“不可译”的问题，它要求 $\boldsymbol{H}$ 矩阵具有低密度的特性，否则无法保证译码有较低的复杂度和良好的性能。BP 算法类似于一般的最大似然准则译码算法，但是它需要进行多次迭代，逐步逼近最优的译码值，译码延迟较长。

相比于 Turbo 码，如果码长 n 大于 10^4，LDPC 码的误码率性能比 Turbo 码还好，n 越大，性能好得越多；而且 LDPC 码的译码更简单，易于实现。目前 LDPC 码已经较广泛地应用于移动通信、无线局域网和光纤通信等领域，还将广泛应用在新一代的卫星和航天航空通信中。

习　题

6.1　设某数字通信系统的先验概率 $P(a_1)=P(a_2)=\frac{1}{4}$，$P(a_3)=\frac{1}{2}$，离散信道的信道传递矩阵

$$\boldsymbol{P} = \begin{bmatrix} 0.5 & 0.3 & 0.2 \\ 0.2 & 0.6 & 0.2 \\ 0.1 & 0.2 & 0.7 \end{bmatrix}$$

（1）试按照“最大后验译码准则”确定译码规则，并计算相应的译码错误概率。

（2）试按照“最大似然译码准则”确定译码规则，并计算相应的译码错误概率。

6.2　设某二元无记忆信源的概率空间为 $\begin{bmatrix} S \\ P(s) \end{bmatrix} = \begin{bmatrix} s_1 & s_2 \\ 0.8 & 0.2 \end{bmatrix}$，将此信源的输出符号送入有噪信道中进行传输。如果信源每秒发出 5 个信源符号，信道每秒传送 30 个二元符号。设信道矩阵 $\boldsymbol{P} = \begin{bmatrix} \frac{3}{4} & \frac{1}{4} \\ \frac{1}{4} & \frac{3}{4} \end{bmatrix}$，试问通过适当编码，信源符号是否能够在此信道中以任意小的错误概率进行传输？

6.3　(6,3) 线性分组码的输入信息组是 $M=(m_2 m_1 m_0)$，输出码字为 $C=(c_5 c_4 c_3 c_2 c_1 c_0)$。已知输入信息组和输出码字之间的关系式为

$$
\begin{cases}
c_5 = m_2 \\
c_4 = m_1 \\
c_3 = m_0 \\
c_2 = m_2 + m_1 \\
c_1 = m_2 + m_1 + m_0 \\
c_0 = m_2 + m_0
\end{cases}
$$

（1）写出该线性分组码的生成矩阵。

（2）写出该线性分组码的监督矩阵。

（3）写出信息码元与码字的对应关系。

（4）若用于检错，能检出几位错码？若用于纠错，能纠正几位错码？

（5）若接收码字为（001101），检验它是否出错。

6.4　一个码长 n=15 的汉明码，监督位数 r 应为多少？编码效率为多少？

6.5　已知(n, k)线性分组码的监督矩阵为

$$
\boldsymbol{H}=\begin{bmatrix} 1 & 1 & 1 & 0 & 1 & 0 & 0 \\ 1 & 0 & 0 & 1 & 1 & 1 & 0 \\ 0 & 1 & 0 & 0 & 1 & 1 & 1 \end{bmatrix}
$$

（1）写出生成矩阵。

（2）当编码器的输入序列为 110101101010……时，写出编码器的输出序列。

（3）当接收码字为 1101101 和 0110001 时，试说明是否出错，哪位错了。

6.6　已知一线性分组码的全部码字为（000000）、（001110）、（010101）、（011011）、（100011）、（101101）、（110110）、（111000）。

（1）计算编码效率（假设码字等概率分布）。

（2）计算最小汉明距离。

（3）若用于检错，能检出几位错码？

（4）若用于纠错，能纠正几位错码？

6.7　设线性分组码的生成矩阵为

$$
\boldsymbol{G}=\begin{bmatrix} 0 & 0 & 1 & 0 & 1 & 1 \\ 1 & 0 & 0 & 1 & 0 & 1 \\ 0 & 1 & 0 & 1 & 1 & 0 \end{bmatrix}
$$

（1）确定 (n,k) 码中的 n 和 k。

（2）写出监督矩阵。

（3）写出该 (n,k) 码的全部码字。

（4）说明纠错能力。

6.8　已知（7,4）线性分组码的生成矩阵为

$$
\boldsymbol{G}=\begin{bmatrix} 0 & 0 & 0 & 1 & 0 & 1 & 1 \\ 0 & 0 & 1 & 0 & 1 & 1 & 0 \\ 0 & 1 & 0 & 1 & 1 & 0 & 0 \\ 1 & 0 & 1 & 1 & 0 & 0 & 0 \end{bmatrix}
$$

（1）写出标准的生成矩阵和监督矩阵。

（2）写出伴随式与错码位置的对应关系。

（3）如果接收码字为（1111111），（1010111），试计算伴随式，并进行译码。

（4）如果发送码字为（1111111），但接收码字为（1111001），计算伴随式，并指出该伴随式表示错码位置在什么地方，为什么与实际错误不同。

6.9 某（7,3）线性分组码的生成多项式为

$$\boldsymbol{G}=\begin{bmatrix}1&0&0&1&0&1&1\\0&1&0&1&1&1&0\\0&0&1&0&1&1&1\end{bmatrix}$$

（1）计算可纠差错图样。

（2）写出差错图样和对应的伴随式。

（3）构建译码简表。

6.10 已知（7,3）循环码的生成多项式 $g(x)=x^4+x^3+x^2+1$。

（1）写出（7,3）循环码的生成矩阵 $\boldsymbol{G}_1$。

（2）写出信息码组为 011 时，系统循环码的编码输出。

6.11 已知（7,4）循环码的全部码字为(0000000)、(0001011)、(0010110)、(0101100)、（1011000）、（0110001）、（1100010）、（1000101）、（1001110）、（1010011）、（0011101）、（0100111）、（1101001）、（1110100）、（0111010）、（1111111）。试写出该循环码的生成多项式和生成矩阵 $\boldsymbol{G}(x)$，并将 $\boldsymbol{G}(x)$ 化成标准矩阵。

6.12 已知（7,4）循环码的生成多项式为 $g(x)=x^3+x+1$，当收到一个循环码字为（0010111）或（1000101）时，根据监督子判断有无错码，哪一位错了。

6.13 已知(3,1,2)卷积编码器可以表述为

$$g_1(D)=1+D+D^2, g_2(D)=1+D+D^2, g_3(D)=1+D^2$$

（1）画出该码的编码器框图。

（2）画出状态图和树图。

6.14 已知（3,1,3）卷积码的基本生成矩阵为 $\boldsymbol{g}=(111\quad 001\quad 010\quad 011)$，画出该卷积码的编码电路图，并写出其生成矩阵。

6.15 CDMA 移动通信 IS-95 的下行信道采用（2,1,8）卷积码，其生成多项式为

$$g_1=(753)_8, g_2=(561)_8$$

画出该编码器的电路图。

6.16 已知（2,1,2）卷积码编码器如图 6.12 所示。

（1）计算它的生成矩阵。

（2）画出树状图。

（3）如果输入信息序列为 110100…，写出它的输出码序列。

（4）如果接收码序列为（10，10，00，01，00，01，11），试利用维特比译码算法得出译码器输出的估值码序列 $\hat{\boldsymbol{C}}$ 和信息序列 $\hat{\boldsymbol{M}}$。

6.17 某 NSC 码的生成多项式矩阵为（7,5），将其转化为 RSC 码。

（1）写出 RSC 码的生成多项式矩阵。

（2）画出 RSC 码的编码电路图。

（3）以 RSC 码为分量码，画出 Turbo 码的编码电路图。

6.18　已知（n,k,m）卷积编码器的转移函数矩阵

$$G(D)=[1 \ \ 1+D \ \ 1+D+D^2]$$

（1）卷积编码器的 n、k 和 m 分别为多少？

（2）画出该码的编码器。

（3）画出该码的状态转移图。

6.19　如果一个 Turbo 码的 RSC 分量码的生成多项式矩阵为

$$G(D)=\left[1 \ \ \frac{1+D^4}{1+D+D^2+D^3+D^4}\right]$$

画出对应的 Turbo 码的编码电路图。

第 7 章 限失真信源编码

无失真信源编码定理讨论了在不失真条件下，如何用尽可能少的码符号来传送信源信息。无失真信源编码定理表明：平均码长的极限是信源的熵值，超过这一极限就不可能实现无失真的译码。但在实际信息处理过程中，往往允许一定的失真，这是因为：

（1）连续信源输出的信息量为无穷大，不可能实现无失真信源编码；

（2）如果信息传输率 R 大于信道容量 C，则不可能实现无失真的传输。这时必须对信源进行压缩，使得压缩后的信息传输率小于信道容量，然后送入信道中传输；

（3）接收信息的最终器官——耳朵（对声音而言）和眼睛（对图像而言）区分信号细微变化的灵敏度也是有限的，即视觉和听觉允许一定的失真。

因此，不需要也不可能无失真地恢复信息，而只要求引入的失真不超过规定的限度（即满足保真度准则），近似地再现原来的信息。那么，在允许一定失真存在的条件下，能够把信源信息压缩到什么程度呢？至少需要多大的信息率 R' 才能描述信源？这是香农信息论研究的又一个重点，限失真信源编码定理回答了这个问题。

限失真信源编码的研究较无失真信源编码和信道编码落后 10 年左右，但这个问题在香农 1948 年最初发表的经典论文中已有所体现。1959 年，香农发表论文“保真度准则下的离散信源编码定理”，首先提出了信息率失真函数及限失真信源编码定理。1971 年，伯格尔的《信息率失真理论》是一本较全面论述限失真理论的专著。限失真信源编码理论是信源编码的核心问题，它是数模转换、频带压缩和数据压缩的理论基础。

本章主要介绍信息率失真理论的基本内容，首先给出信源的失真测度，然后讨论信息率失真函数的定义、性质及其计算，最后论述限失真信源编码定理，指出一定程度的失真情况下所需的最小信息率，即信息率失真函数 $R(D)$。

7.1 失 真 测 度

一个典型的信息传输系统如图 7.1 所示。编码包含信源编码和信道编码两大类，而信源编码又分为限失真信源编码和无失真信源编码。

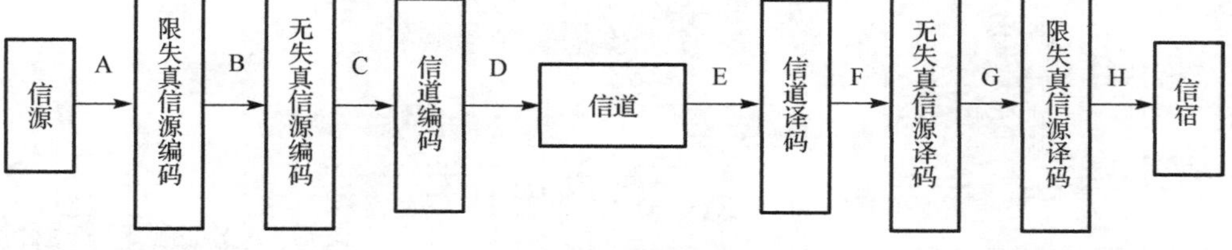

图 7.1 典型的信息传输系统

由于本章主要研究限失真信源编码，故将图 7.1 中的无失真信源编码、信道编码、信道、信道译码和无失真信源译码看作一个没有任何干扰的广义信道。为了定量地描述信息率和失真的关系，略去此广义信道，即 B 至 G 全部略去不考虑，只保留限失真信源编码和译码器。

在限失真信源编码情况下，信源的编译码会引起接收信息的错误，这一点与信道干扰引起的错误可作类比，为便于讨论，将信源的限失真编译码效果等同于一个“试验信道”。由于是失真编码，所以信道的输入和输出不是一一对应的，用信道转移概率描述编译码的前后关系，这样信息传输系统可简化为图 7.2。

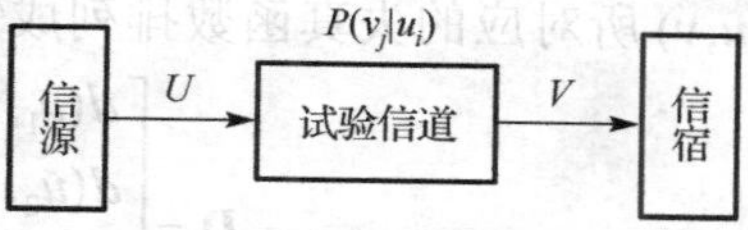

图 7.2　限失真信源编译码系统的等效框图

图中，信源发出符号 $U=\{u_1,u_2,\cdots,u_r\}$，经过试验信道后，信宿接收符号 $V=\{v_1,v_2,\cdots,v_s\}$。限失真信源编译码引起的错误可看作试验信道的转移概率 $P(v_j|u_i)$ 产生的结果，各种不同信源编码方法的失真效果可通过试验信道的不同信道转移矩阵反映出来，或者说，不同的信道转移概率对应不同的编译码方法。

在满足一定失真的情况下，总希望通过信源编码使得信源传输给信宿的信息率 $I(U;V)$ 越小越好，这个下限值与允许失真有关。因此首先来讨论信源的失真测度。

7.1.1　失真函数

对于每一对输入、输出符号 (u_i,v_j)，定义单符号失真函数

$$d(u_i,v_j)\geqslant 0 \qquad u_i\in U, v_j\in V \tag{7.1.1}$$

来测度信源发出一个符号 u_i 而在接收端再现成接收符号 v_j 时引起的误差或失真。失真函数又称为**失真度**，它可有多种形式，但应尽可能符合信宿的主观特性，主观上的失真感觉应与 $d(u_i,v_j)$ 的值相对应，即 $d(u_i,v_j)=0$ 表示没有失真；较小的 $d(u_i,v_j)$ 值代表较小的失真；而 $d(u_i,v_j)$ 越大，所感觉到的失真也越大，而且最好成正比。

失真函数 $d(u_i,v_j)$ 可有多种不同的定义方法，常用失真函数有

（1）均方失真

$$d(u_i,v_j)=(u_i-v_j)^2 \tag{7.1.2}$$

（2）绝对失真

$$d(u_i,v_j)=\left|u_i-v_j\right| \tag{7.1.3}$$

（3）相对失真

$$d(u_i,v_j)=\frac{\left|u_i-v_j\right|}{\left|u_i\right|} \tag{7.1.4}$$

（4）汉明失真

$$d(u_i,v_j)=\delta(u_i,v_j)=\begin{cases}0 & u_i=v_j\\ 1 & u_i\neq v_j\end{cases} \tag{7.1.5}$$

前 3 种方法通常适用于连续信源。其中，均方失真和绝对失真只与 (u_i-v_j) 有关，这在数学处理上比较方便；相对失真与主观特性比较匹配，但其数学处理困难得多。汉明失真

通常适用于离散信源，它表明：当接收符号与发送符号相同时，就不存在失真和错误，即失真度为零；当接收符号与发送符号不同时，就存在失真，而且认为只要发送符号与接收符号不同，由此引起的失真都相同，失真度为常数 1。如果对于任意的一个 u_i，$\min d(u_i,v_j)=0$，则称这时的失真测度是**规范的**。

由于信源 U 有 r 个符号，而接收变量 V 有 s 个符号，所以 $d(u_i,v_j)$ 就有 $r\times s$ 个，将不同的 (u,v) 所对应的失真函数排列成矩阵形式，即

$$\boldsymbol{D}=\begin{bmatrix} d(u_1,v_1) & d(u_1,v_2) & \cdots & d(u_1,v_s) \\ d(u_2,v_1) & d(u_2,v_2) & \cdots & d(u_2,v_s) \\ \vdots & \vdots & & \vdots \\ d(u_r,v_1) & d(u_r,v_2) & \cdots & d(u_r,v_s) \end{bmatrix} \tag{7.1.6}$$

矩阵 $\boldsymbol{D}$ 称为**失真矩阵**，它是 $r\times s$ 阶矩阵。如果失真测度是规范的，则失真矩阵中每行至少有一个零元素。

如果失真矩阵 $\boldsymbol{D}$ 中的每一行都是其他行相同元素的不同排列，并且每一列也都是其他列相同元素的不同排列，则称失真矩阵 $\boldsymbol{D}$ 具有对称性。用这种对称性的失真矩阵度量失真的信源称为失真对称信源，简称为**对称信源**。

从单符号失真函数出发，失真函数的定义可以推广到长度为 N 的信源序列的失真函数。设离散无记忆信源输出 N 维随机序列 $\boldsymbol{U}=(U_1U_2\cdots U_N)$，其中 U_l $(l=1,2,\cdots,N)$ 取自符号集 $U=\{u_1,u_2,\cdots,u_r\}$，$\boldsymbol{U}$ 共有 r^N 个不同的符号序列 α_i，$\alpha_i=\{u_{i_1},u_{i_2},\cdots,u_{i_N}\}$。通过信道传输到信宿，接收 N 维随机序列 $\boldsymbol{V}=(V_1V_2\cdots V_N)$，其中 V_l $(l=1,2,\cdots,N)$ 取自符号集 $V=\{v_1,v_2,\cdots,v_s\}$，$\boldsymbol{V}$ 共有 s^N 个不同的符号序列 β_j，$\beta_j=\{v_{j_1},v_{j_2},\cdots,v_{j_N}\}$。则失真函数定义为

$$d_N(\boldsymbol{u},\boldsymbol{v})=d_N(\alpha_i,\beta_j)=\frac{1}{N}\sum_{l=1}^{N}d(u_{i_l},v_{j_l}) \qquad \boldsymbol{u}\in\boldsymbol{U},\boldsymbol{v}\in\boldsymbol{V} \tag{7.1.7}$$

由于不同的 α_i 和 β_j 对应不同的 $d(\alpha_i,\beta_j)$，所以 N 维信源序列的失真矩阵是一个 $r^N\times s^N$ 阶矩阵。

【例 7.1】 二元对称信源，信源 $U=\{0,1\}$，接收变量 $V=\{0,1\}$，在汉明失真定义下，失真函数为

$$d(0,0)=d(1,1)=0\,,\quad d(0,1)=d(1,0)=1$$

其失真矩阵为

$$\boldsymbol{D}=\begin{bmatrix} 0 & 1 \\ 1 & 0 \end{bmatrix}$$

容易看出：对于离散对称信源，其汉明失真矩阵 $\boldsymbol{D}$ 为一个方阵，且对角线上的元素为零，即

$$\boldsymbol{D}=\begin{bmatrix} 0 & 1 & 1 & \cdots & 1 \\ 1 & 0 & 1 & \cdots & 1 \\ 1 & 1 & 0 & \cdots & 1 \\ \vdots & \vdots & \vdots & \ddots & \vdots \\ 1 & 1 & 1 & \cdots & 0 \end{bmatrix}$$

【例 7.2】 信源 $U=\{0,1,2\}$，接收变量 $V=\{0,1,2\}$，失真函数为 $d(u_i,v_j)=(u_i-v_j)^2$，求失真矩阵。

解： 由失真定义得

$$d(0,0)=d(1,1)=d(2,2)=0$$

$$d(0,1)=d(1,0)=d(1,2)=d(2,1)=1$$

$$d(0,2)=d(2,0)=4$$

所以失真矩阵 $\boldsymbol{D}$ 为

$$\boldsymbol{D}=\begin{bmatrix}0 & 1 & 4\\ 1 & 0 & 1\\ 4 & 1 & 0\end{bmatrix}$$

【例 7.3】 离散无记忆信源输出二维随机序列 $\boldsymbol{U}=(U_1U_2)$，其中 $U_i\ (i=1,2)$ 取自符号集 $\{0,1\}$，通过信道传输到信宿，接收二维随机序列 $\boldsymbol{V}=(V_1V_2)$，其中 $V_i\ (i=1,2)$ 取自符号集 $\{0,1\}$，定义失真函数

$$d(0,0)=d(1,1)=0$$

$$d(0,1)=d(1,0)=1$$

求符号序列的失真矩阵。

解： 由 N 维信源序列的失真函数的定义式（7.1.7）得

$$d_N(00,00)=\frac{1}{2}\left[d(0,0)+d(0,0)\right]=0$$

$$d_N(00,01)=\frac{1}{2}\left[d(0,0)+d(0,1)\right]=\frac{1}{2}$$

类似地计算其他元素值，得到信源序列的失真矩阵为

$$\boldsymbol{D}_N=\begin{bmatrix}0 & \frac{1}{2} & \frac{1}{2} & 1\\ \frac{1}{2} & 0 & 1 & \frac{1}{2}\\ \frac{1}{2} & 1 & 0 & \frac{1}{2}\\ 1 & \frac{1}{2} & \frac{1}{2} & 0\end{bmatrix}$$

7.1.2　平均失真

因为信源发送符号 U 和信宿接收符号 V 都是随机变量，失真函数也是随机变量。为了从总体上描述整个系统的失真情况，通常需要研究平均失真。

1．单符号的平均失真

单符号的失真函数 $d(u_i,v_j)$ 描述了某个信源符号通过传输后失真的大小。对于不同的信源符号和不同的接收符号，失真度 $d(u_i,v_j)$ 是随机变量。为了从总体上描述整个系统的失真情况，定义平均失真为

$$\bar{D}=E\left[d(u_i,v_j)\right] \tag{7.1.8}$$

设离散无记忆信源的概率空间为

$$\begin{bmatrix} U \\ P(u) \end{bmatrix}=\begin{bmatrix} u_1 & u_2 & \cdots & u_r \\ P(u_1) & P(u_2) & \cdots & P(u_r) \end{bmatrix}$$

通过试验信道传输到信宿，接收的随机变量为 $V=\{v_1,v_2,\cdots,v_s\}$，则离散信源平均失真定义为

$$\bar{D}=E\left[d(u,v)\right]=\sum_{i=1}^{r}\sum_{j=1}^{s}P(u_i)P(v_j\,|\,u_i)d(u_i,v_j) \tag{7.1.9}$$

可见，平均失真已对信源和试验信道进行了统计平均，此值描述了某一信源在试验信道传输下的失真大小。

2．信源序列的平均失真

长度为 N 的信源序列的平均失真定义为

$$\bar{D}_N=E\left[d_N(\alpha_i,\beta_j)\right]=\frac{1}{N}\sum_{l=1}^{N}E\left[d(u_{i_l},v_{j_l})\right]=\frac{1}{N}\sum_{l=1}^{N}\bar{D}_l \tag{7.1.10}$$

式中，$\bar{D}_l$ 是信源序列第 l 个分量的平均失真。

3．连续信源的平均失真

设连续信源输出随机变量 U，U 取值于实数域 $\boldsymbol{R}$，其概率密度分布为 $p(u)$。通过转移概率密度为 $p(v|u)$ 的连续信道传输到信宿，接收的随机变量为 V，V 取值于实数域 $\boldsymbol{R}$，则连续信源平均失真定义为

$$\bar{D}=E\left[d(u,v)\right]=\int_{-\infty}^{\infty}\int_{-\infty}^{\infty}p(u)p(v\,|\,u)d(u,v)\mathrm{d}u\mathrm{d}v \tag{7.1.11}$$

7.1.3 保真度准则

如果要求平均失真不大于某个定值，该定值定义则称为允许失真度 D。

信源压缩后的平均失真 $\bar{D}$ 不大于允许失真度 D 的准则称为保真度准则。即保真度准则满足

$$\bar{D}\leqslant D \tag{7.1.12}$$

当 $P(u)$ 给定、$d(u_i,v_j)$ 给定时，选择不同的试验信道，相当于不同的编译码方法，其所得的平均失真 $\bar{D}$ 不同。有些试验信道满足 $\bar{D}\leqslant D$，而有些试验信道不满足。满足保真度准则的这些信道称为 D 失真许可的试验信道。把所有 D 失真许可的试验信道组成一个集合，用符号 B_D 表示，即

$$B_D=\left\{P(v_j\,|\,u_i):\bar{D}\leqslant D\right\} \tag{7.1.13}$$

在这个集合中，将任意一个试验信道矩阵 $[P(v_j\,|\,u_i)]$ 带入式（7.1.9）计算，得到的平均失真 $\bar{D}$ 都不大于允许失真度 D。

7.2　信息率失真函数

对于给定信源，当规定允许失真度 D 以后，就可以研究限失真编码的实质问题了。前面介绍的无失真信源编码定理表明：只要编码后的信息率 R' 不小于信源的熵值 $H(U)$，就可以找到无失真信源编码的方法，即 R' 的最小值为 $H(U)$。那么，当限失真编码时，信息率 R' 最小值为多少呢？这就是将要介绍的信息率失真函数。

7.2.1　信息率失真函数的定义

由第 3 章知道，信息率 $I(U;V)$ 是试验信道转移概率 $P(v_j|u_i)$ 的 $\cup$ 形凸函数，此处 $P(v_j|u_i)$ 表示编码器输入与译码器输出之间的转移概率，因此在保真度的条件下（$\bar{D}\leqslant D$），对于各种 $P(v_j|u_i)$ 分布（不同转移概率对应不同的编码方法），信息率 $I(U;V)$ 能取到最小值。将这个最小值定义为**信息率失真函数**。

定义 7.1　信息率失真函数定义为

$$R(D)=\min_{\{P(v_j|u_i):\,\bar{D}\leqslant D\}}\{I(U;V)\}=\min_{P(v_j|u_i)\in B_D}\{I(U;V)\}\tag{7.2.1}$$

$R(D)$ 函数简称为**率失真函数**，单位为"比特/信源符号"。它表示在满足保真度准则的前提下，所有可能的信源编码方法的信息率下限。根据前面的讨论，希望存在最佳的限失真编码方法，能够使编码后的信息率为最小值 $R(D)$，而且希望译码的平均失真 $\bar{D}$ 不超过给定的允许失真值 D。第 7.3 节的限失真信源编码定理表明：这样的码是存在的。

对比率失真函数 $R(D)$ 的定义式和信道容量 C 的定义式，容易注意到两者呈现出对偶性。信道容量 C 是对特定的信道而言的，它以信源分布 $\{p(x)\}$ 为参变量，是在信源取得最佳分布时信道所能传输的最大信息率。而率失真函数 $R(D)$ 是对特定的信源而言的，它是在满足 $\bar{D}\leqslant D$ 前提下以试验信道的转移概率 $P(v_j|u_i)$ 为参变量，当出现最佳的信道转移特性（即最佳的信源编码方法）时信源必须输出的最小信息率。

类似地，可以定义连续信源的率失真函数

$$R(D)=\operatorname*{Inf}_{\{P(v|u):\,\bar{D}\leqslant D\}}\{I(U;V)\}\tag{7.2.2}$$

式中，Inf 表示下确界，它相当于离散信源中的极小值。严格地说，连续集合中可能不存在极小值，但下确界肯定存在。

7.2.2　$R(D)$函数的性质

$R(D)$ 是允许失真度 D 的函数，不同的 D 对应不同的 $R(D)$。下面通过 $R(D)$ 函数的定义来讨论它的一些性质。

1. $R(D)$函数的定义域

由于平均失真 $\bar{D}$ 是失真函数 $d(u_i,v_j)$ 的数学期望，且 $d(u_i,v_j)\geqslant 0$，所以平均失真 $\bar{D}$ 是一个非负的实数，即 $\bar{D}\geqslant 0$。那么，允许失真度 D 的下限也必然是零。

由式（7.1.9）可知，信源的最小平均失真为

$$D_{\min}=\min\left[\sum_{i=1}^{r}\sum_{j=1}^{s}P(u_i)P(v_j\mid u_i)d(u_i,v_j)\right]$$
$$=\sum_{i=1}^{r}P(u_i)\min\left[\sum_{j=1}^{s}P(v_j\mid u_i)d(u_i,v_j)\right] \tag{7.2.3}$$

选择如式（7.2.4）所示的试验信道

$$\begin{cases}\sum_{j=1}^{s}P(v_j\mid u_i)=1 & \text{所有}d(u_i,v_j)=\text{最小值}\quad v_j\in V\\ P(v_j\mid u_i)=0 & d(u_i,v_j)\neq\text{最小值}\quad v_j\in V\end{cases} \tag{7.2.4}$$

当给定失真矩阵时，可得信源$[U,P(u)]$的最小平均失真为

$$D_{\min}=\sum_{i=1}^{r}P(u_i)\min_j d(u_i,v_j) \tag{7.2.5}$$

如果失真测度是规范的，即失真矩阵中每行至少有一个零元素时，信源的平均失真$\bar{D}=0$。当$D=0$时，表示信源不允许任何失真存在，一般可算得

$$R(0)=H(U) \tag{7.2.6}$$

需要注意的是，只有当失真矩阵中每行至少有一个零，而且每一列最多只有一个零时，式（7.2.6）才成立；否则$R(0)$可以小于$H(U)$。感兴趣的读者可以通过本章习题 7.6 加深对这个问题的理解。

对于连续信源，一般$H(U)\to\infty$，所以连续信源

$$\lim_{D\to 0}R(0)=\infty \tag{7.2.7}$$

由于平均互信息量$I(U;V)\geqslant 0$，而$R(D)$函数是在一定约束条件下$I(U;V)$的极小值。所以$R(D)\geqslant 0$，其下限值为 0。取满足$R(D)=0$的所有D中最小的，定义为$R(D)$函数的定义域的上界值$D_{\max}$，即$D_{\max}$是满足$R(D)=0$的所有平均失真$\bar{D}$的最小值。

令P_D是使$I(U;V)=0$的全体试验信道转移概率集合，即

$$P_D=\{P(v_j\mid u_i):\quad I(U,V)=0\} \tag{7.2.8}$$

$D_{\max}$可以这样定义：

$$D_{\max}=\min_{P(v_j|u_i)\in P_D}E[d(u_i,v_j)] \tag{7.2.9}$$

根据前面的分析，可以得到$R(D)$函数的定义域为 $D\in(0,D_{\max})$。

可以根据下述方法来求上界值$D_{\max}$。当U，V统计独立时，平均互信息量$I(U;V)=0$，可见，当$D\geqslant D_{\max}$时，信源U和接收符号V已经统计独立了。此时

$$P(v\mid u)=Q(v),\quad \text{且}\quad \sum_{v}Q(v)=1\qquad u\in U \tag{7.2.10}$$

所以$D_{\max}$就是在$R(D)=0$的条件下，取$\bar{D}$的最小值，即

$$D_{\max}=\min_{Q(v)}\sum_{U}\sum_{V}P(u)Q(v)d(u,v) \tag{7.2.11}$$

可得

$$D_{\max}=\min_{Q(v)}\sum_{V}Q(v)\sum_{U}P(u)d(u,v) \tag{7.2.12}$$

由于信源概率分布 $P(u)$ 和失真函数 $d(u,v)$ 已经给定，因此求 $D_{\max}$ 相当于寻找分布 $Q(v)$ 使 $\sum_{U}P(u)d(u,v)$ 最小。如果选取 $\sum_{U}P(u)d(u,v)$ 最小时的分布 $Q(v_j)=1$，而其他的 $Q(v_j)=0$，则有

$$D_{\max}=\min_{V}\sum_{U}P(u)d(u,v) \tag{7.2.13}$$

综上所述，$R(D)$ 的定义域一般为 $(0,D_{\max})$。一般情况下 $D_{\min}=0$ 时，$R(D_{\min})=H(U)$（有条件）；当 $D\geqslant D_{\max}$ 时，$R(D)=0$；而当 $D_{\min}<D<D_{\max}$ 时，$H(U)>R(D)>0$。

【例 7.4】 设二元对称信源 $U=\{0,1\}$，其概率分布 $\begin{bmatrix}U\\P(u)\end{bmatrix}=\begin{bmatrix}0 & 1\\ \omega & \bar{\omega}\end{bmatrix}$，$\omega\leqslant\frac{1}{2}$。而接收变量 $V=\{0,1\}$，设汉明失真矩阵为

$$\boldsymbol{D}=\begin{bmatrix}0 & 1\\1 & 0\end{bmatrix}$$

计算这个信源的 $D_{\min}$ 和 $R(D_{\min})$。

解： 因为最小允许失真度为

$$D_{\min}=\sum_{i=1}^{r}P(u_i)\min_{j}d(u_i,v_j)=0$$

并能找到满足该最小失真的试验信道，且是一个无噪的试验信道，信道矩阵为

$$\boldsymbol{P}=\begin{bmatrix}1 & 0\\0 & 1\end{bmatrix}$$

因此

$$R(D_{\min})=R(0)=\min_{P(v_j|u_i)\in B_D}\{I(U;V)\}=H(U)=H(\omega)$$

【例 7.5】 设二元对称信源 $U=\{0,1\}$，其概率分布 $P(u)=[\omega\quad\bar{\omega}]$，$\omega\leqslant\frac{1}{2}$。而接收变量 $V=\{0,1\}$，采用汉明失真测度，计算 $D_{\max}$ 和 $R(D_{\max})$。

解： 可计算出最大允许失真度为

$$\begin{aligned}D_{\max}&=\min_{V}\sum_{U}P(u)d(u,v)\\&=\min[P(0)d(0,0)+P(1)d(1,0);P(0)d(0,1)+P(1)d(1,1)]\\&=\min[(1-\omega);\quad\omega]=\omega\end{aligned}$$

要达到最大允许失真度的试验信道，唯一确定为

$$\boldsymbol{P}=\begin{bmatrix}0 & 1\\0 & 1\end{bmatrix}$$

即这个试验信道能正确传送信源符号 $u=1$，而传送 $u=0$ 时，接收信号一定为 $v=1$。那么，凡发送符号 $u=0$ 时，一定都错了。而 $u=0$ 出现的概率为 ω，所以信道平均失真为 ω。在这种试验信道条件下，可计算得

$$R(D_{\max})=R(\omega)=I(U;V)=0$$

2．$R(D)$函数是允许失真度 D 的下凸函数

在允许失真度 D 的定义域，$R(D)$ 是允许失真度 D 的下凸函数。即对于任意 θ（$\bar{\theta}\geqslant 0$，$\bar{\theta}+\theta=1$）和任意失真度 D'、$D''(\leqslant D_{\max})$，有

$$R(\theta D'+\bar{\theta}D'')\leqslant \theta R(D')+\bar{\theta}R(D'') \tag{7.2.14}$$

3．$R(D)$函数的连续性和单调递减性

由于 $R(D)$ 具有下凸性，这就意味着它在定义域内是连续的。$R(D)$ 的连续性可由平均互信息 $I(U;V)$ 是信道转移概率 $P(v_j|u_i)$ 的连续函数来证得。

$R(D)$ 的严格单调递减是指：对任意失真度 D'，D''，且在 $D_{\min}\leqslant D'<D''\leqslant D_{\max}$ 范围内，则 $R(D')>R(D'')$，即 $R(D)$ 在 $[D_{\min},D_{\max}]$ 区间上不可能是常数。因此在 B_D 中平均信息量 $I(U;V)$ 为最小的试验信道 $P(v_j|u_i)$ 必须在 B_D 的边界上，即必须有

$$\bar{D}=\sum_U\sum_V P(u_i)d(v_j|u_i)d(u_i,v_j)=D \tag{7.2.15}$$

故选择在 $\bar{D}=D$ 的条件下来计算信息率失真函数 $R(D)$。

这里未具体证明 $R(D)$ 函数的严格单调递减性。它可以这样理解：允许的失真越大，所要求的信息率可以越小。根据 $R(D)$ 函数的定义可以证明 $R(D)$ 是非增的；而利用它的下凸性可以证明它是严格递减的。

根据以上的性质，可画出 $R(D)$ 函数曲线如图 7.3 所示。对于离散信源，$R(D_{\min})=H(U)$ 和 $R(D_{\max})=0$ 决定了曲线边缘处的两个点，如图 7.3 实线所示。而对于连续信源，当 $R(0)\to\infty$ 时，曲线将不与纵轴相交，如图 7.3 虚线所示。

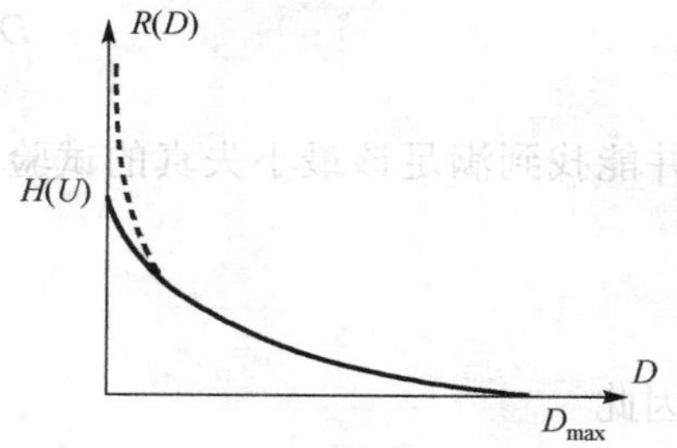

图 7.3　$R(D)$ 函数曲线

7.3　常见信源的 $R(D)$ 函数

对于给定的信源和允许的失真 D 及相应的失真测度，率失真函数 $R(D)$ 总是存在的。与计算信道容量类似，求解 $R(D)$ 函数实质上就是求解互信息的极限问题。由于互信息是条件转移概率的下凸函数，所以互信息的极小值肯定存在，即 $R(D)$ 可解。

离散信源和连续信源的 $R(D)$ 函数的计算可以采用参量表示法，下面将以离散对称信源为例来介绍。而后简单介绍高斯信源的 $R(D)$ 函数。

7.3.1　$R(D)$函数的参量表示法

根据 $R(D)$ 函数的定义

$$R(D)=\min_{\{P(v_j|u_i):\,\bar{D}\leqslant D\}}\{I(U;V)\}$$

给定信源先验概率 $P(u_i)$ 和失真函数 $d(u_i,v_j)$，求解 $R(D)$ 函数可以采用求条件极值的拉格朗日乘子法，即在约束条件下

$$P(v_j\,|\,u_i)\geqslant 0\qquad (i=1,2,\cdots,r;\ j=1,2,\cdots,s)\tag{7.3.1}$$

$$\sum_{j=1}^{s}P(v_j\,|\,u_i)=1,\qquad (i=1,2,\cdots,r)\tag{7.3.2}$$

$$\sum_{i=1}^{r}\sum_{j=1}^{s}P(u_i)P(v_j\,|\,u_i)d(u_i,v_j)=D\tag{7.3.3}$$

计算式（7.3.4）的平均互信息的极小值。

$$I(U;V)=\sum_{i=1}^{r}\sum_{j=1}^{s}P(u_i)P(v_j\,|\,u_i)\log\frac{P(v_j\,|\,u_i)}{\sum_{i=1}^{r}P(u_i)P(v_j\,|\,u_i)}\tag{7.3.4}$$

先暂不考虑条件式（7.3.1），首先引入乘子 S 和 μ_i（$i=1,2,\cdots,r$）来构造辅助函数

$$F=I(U;V)-\mu_i\left(\sum_{j=1}^{s}P(v_j\,|\,u_i)-1\right)-S\left(\sum_{i=1}^{r}\sum_{j=1}^{s}P(u_i)P(v_j\,|\,u_i)d(u_i,v_j)-D\right)$$

对 F 求一阶偏导，得

$$\frac{\partial F}{\partial P(v_j\,|\,u_i)}=\frac{\partial}{\partial P(v_j\,|\,u_i)}\left[I(U;V)-\mu_i\left(\sum_{j=1}^{s}P(v_j\,|\,u_i)-1\right)-S\left(\sum_{i=1}^{r}\sum_{j=1}^{s}P(u_i)P(v_j\,|\,u_i)d(u_i,v_j)-D\right)\right]$$

式中，

（1）$$\frac{\partial I(U;V)}{\partial P(v_j\,|\,u_i)}=\frac{\partial}{\partial P(v_j\,|\,u_i)}\sum_{i=1}^{r}\sum_{j=1}^{s}P(u_i)P(v_j\,|\,u_i)\log\frac{P(v_j\,|\,u_i)}{\sum_{i=1}^{r}P(u_i)P(v_j\,|\,u_i)}$$
$$=\frac{\partial}{\partial P(v_j\,|\,u_i)}\sum_{i=1}^{r}\sum_{j=1}^{s}P(u_i)P(v_j\,|\,u_i)\log\frac{P(v_j\,|\,u_i)}{P(v_j)}=P(u_i)\log\frac{P(v_j\,|\,u_i)}{P(v_j)}$$

（2）$$\frac{\partial}{\partial P(v_j\,|\,u_i)}S\left(\sum_{i=1}^{r}\sum_{j=1}^{s}P(u_i)P(v_j\,|\,u_i)d(u_i,v_j)-D\right)=SP(u_i)d(u_i,v_j)$$

对偏导置零，得

$$P(u_i)\log\frac{P(v_j\,|\,u_i)}{P(v_j)}-SP(u_i)d(u_i,v_j)-\mu_i=0\ \left(i=1,2,\cdots,r;\ j=1,2,\cdots,s\right)\tag{7.3.5}$$

联立式(7.3.2)、式(7.3.3)和式(7.3.5)，即可求出未知数 $P(v_j\,|\,u_i)$、μ_i 和 S，再将 $P(v_j\,|\,u_i)$ 代入式（7.3.4）即可求出 $I(U;V)$ 在约束条件下的极小值。

然而求解上述共 $(r\times s+r+1)$ 个方程的解非常困难，因此，通常将 S 作为参量来表达率失真函数 $R(D)$ 和失真函数 $D(S)$，步骤如下所示。

1．求解方程组

整理式（7.3.5），可求解出

$$P(v_j|u_i)=P(v_j)\exp\left(Sd(u_i,v_j)+\frac{\mu_i}{P(u_i)}\right)\quad(i=1,2,\cdots,r;j=1,2,\cdots,s)\tag{7.3.6}$$

将式（7.3.6）左右两边对 j 求和，得

$$\sum_{j=1}^{s}P(v_j|u_i)=\sum_{j=1}^{s}P(v_j)\exp\left(Sd(u_i,v_j)+\frac{\mu_i}{P(u_i)}\right)$$

$$=\exp\left(\frac{\mu_i}{P(u_i)}\right)\sum_{j=1}^{s}P(v_j)\exp(Sd(u_i,v_j))=1$$

因此，求解出 μ_i，得

$$\mu_i=P(u_i)\log\frac{1}{\sum_{j=1}^{s}P(v_j)\exp(Sd(u_i,v_j))}\quad(i=1,2,\cdots,r)\tag{7.3.7}$$

再将式（7.3.6）左右乘以 $P(u_i)$，再对 i 求和，得

$$\sum_{i=1}^{r}P(u_i)P(v_j|u_i)=\sum_{i=1}^{r}P(u_i)P(v_j)\exp\left(Sd(u_i,v_j)+\frac{\mu_i}{P(u_i)}\right)$$

若 $P(v_j)\neq0$，则有

$$\sum_{i=1}^{r}P(u_i)\exp\left(Sd(u_i,v_j)+\frac{\mu_i}{P(u_i)}\right)=1\quad(j=1,2,\cdots,s)\tag{7.3.8}$$

将式（7.3.7）代入式（7.3.8），得

$$c_j\triangleq\sum_{i=1}^{r}\frac{P(u_i)\exp\left[Sd(u_i,v_j)\right]}{\sum_{j=1}^{s}P(v_j)\exp\left[Sd(u_i,v_j)\right]}=1\quad(j=1,2,\cdots,s)\tag{7.3.9}$$

式（7.3.9）实际是 s 个方程组，联立即可解得 $P(v_j)$。注意，当 $P(v_j)=0$ 时，$c_j\leqslant1$。

然后，将式（7.3.7）代入式（7.3.6）可得

$$P(v_j|u_i)=\frac{P(v_j)\exp\left[Sd(u_i,v_j)\right]}{\sum_{j=1}^{s}P(v_j)\exp\left[Sd(u_i,v_j)\right]}\quad(i=1,2,\cdots,r;j=1,2,\cdots,s)\tag{7.3.10}$$

再将求解出的 $P(v_j)$ 代入式(7.3.10)，即可求出达到最小值时的试验信道传递函数 $P(v_j|u_i)$。

2．计算 $D(S)$ 和 $R(S)$

注意，以上求出的结果都是以 S 作为参量的表达式，而最终需要的解应该是关于失真度 D 的函数。因此需要寻求 D 和 S 之间的函数表达。将式（7.3.6）代入式（7.3.3），可得

$$D(S)=\sum_{i=1}^{r}\sum_{j=1}^{s}P(u_i)P(v_j)\exp\left(Sd(u_i,v_j)+\frac{\mu_i}{P(u_i)}\right)d(u_i,v_j)\tag{7.3.11}$$

将式（7.3.6）代入式（7.3.4），得到需要导出的信息率失真函数为

$$R(S)=\sum_{i=1}^{r}\sum_{j=1}^{s}P(u_i)P(v_j)\exp\left(Sd(u_i,v_j)+\frac{\mu_i}{P(u_i)}\right)\left(Sd(u_i,v_j)+\frac{\mu_i}{P(u_i)}\right)$$

$$=\sum_{i=1}^{r}\sum_{j=1}^{s}P(u_i)P(v_j)\exp\left(Sd(u_i,v_j)+\frac{\mu_i}{P(u_i)}\right)Sd(u_i,v_j)+$$

$$\sum_{i=1}^{r}\sum_{j=1}^{s}P(v_j)\exp(Sd(u_i,v_j))\exp\left(\frac{\mu_i}{P(u_i)}\right)\mu_i$$

$$=SD(S)+\sum_{i=1}^{r}\mu_i \tag{7.3.12}$$

可见，当给定参数 S 时，可代入式（7.3.9），求出 $P(v_j)$；再由式（7.3.8）求出 μ_i；然后代入式（7.3.11）和式（7.3.12）就可以求出 $R(D)$。

下面，将对参量 S 的物理意义进行讨论。根据前面的讨论，μ_i、$P(v_j)$ 以及 D 和 $R(D)$ 都是 S 的函数，因此有必要分析 S 的物理意义。首先，将式（7.3.8）对 S 求导，则得

$$\sum_{i=1}^{r}P(u_i)\exp\left(Sd(u_i,v_j)+\frac{\mu_i}{P(u_i)}\right)\left(d(u_i,v_j)+\frac{1}{P(u_i)}\frac{\mathrm{d}\mu_i}{\mathrm{d}S}\right)=0 \quad (j=1,2,\cdots,s)$$

将上式两边乘以 $P(v_j)$，并对 j 求和，得

$$\sum_{i=1}^{r}\sum_{j=1}^{s}P(u_i)P(v_j)\exp\left(Sd(u_i,v_j)+\frac{\mu_i}{P(u_i)}\right)\left(d(u_i,v_j)+\frac{1}{P(u_i)}\frac{\mathrm{d}\mu_i}{\mathrm{d}S}\right)=0 \quad (j=1,2,\cdots,s)$$

将式（7.3.11）代入上式，得

$$\sum_{i=1}^{r}\exp\left(\frac{\mu_i}{P(u_i)}\right)\frac{\mathrm{d}\mu_i}{\mathrm{d}S}\sum_{j=1}^{s}P(v_j)\exp(Sd(u_i,v_j))+D(S)=0 \quad (j=1,2,\cdots,s)$$

将式（7.3.7）代入上式，有

$$\sum_{i=1}^{r}\frac{\mathrm{d}\mu_i}{\mathrm{d}S}+D(S)=0 \quad (j=1,2,\cdots,s) \tag{7.3.13}$$

接下来，将 $R(S)$ 对 D 求导，得

$$\frac{\mathrm{d}R(D)}{\mathrm{d}D}=\frac{\partial R}{\partial S}\frac{\mathrm{d}S}{\mathrm{d}D}=\frac{\partial}{\partial S}\left[SD(S)+\sum_{i=1}^{r}\mu_i\right]\frac{\mathrm{d}S}{\mathrm{d}D}$$

$$=\left[D(S)+S\frac{\mathrm{d}D}{\mathrm{d}S}+\sum_{i=1}^{r}\frac{\mathrm{d}\mu_i}{\mathrm{d}S}\right]\frac{\mathrm{d}S}{\mathrm{d}D} \tag{7.3.14}$$

$$=S+\left[D(S)+\sum_{i=1}^{r}\frac{\mathrm{d}\mu_i}{\mathrm{d}S}\right]\frac{\mathrm{d}S}{\mathrm{d}D}$$

将式（7.3.13）代入式（7.3.14）可得

$$\left.\frac{\mathrm{d}R(D)}{\mathrm{d}D}\right|_{D(S)}=S \tag{7.3.15}$$

式（7.3.15）表明，参量 S 是 $R(D)$ 的斜率。由 $R(D)$ 的性质可知，$R(D)$ 在定义域以内

是 D 的单调递减函数，因此 S 是非正的。又因为 $R(D)$ 是∪型凸函数，因此 S 是递增的。现在探讨 S 的取值区域。由式（7.3.11）可知，当 $D_{\min}=0$ 时，因为 $P(u_i)$、$P(v_j)$ 和 μ_i 都是非负的，而 $d(u_i,v_j)$ 也不能处处为零，因此，只能是 $S_{\min}$ 趋近于 $-\infty$ 才能满足。而当 D 逐渐增大时，S 也随之增大。当 D 达到 $D_{\max}$，S 也达到 $S_{\max}$。随后，$R(D)$ 保持为零不变，因此，S 的取值也跳变到零。因此，参量 S 的取值为 $(-\infty,0)$。

7.3.2 离散对称信源的 $R(D)$ 函数

1. 二元对称信源

设二元信源概率空间为 $\begin{bmatrix} U \\ P(u) \end{bmatrix}=\begin{bmatrix} 0 & 1 \\ \omega & 1-\omega \end{bmatrix}$，接收变量为 $V=\{0,1\}$，定义汉明失真矩阵 $\boldsymbol{D}=\begin{bmatrix} 0 & 1 \\ 1 & 0 \end{bmatrix}$，显然，最小允许失真度 $D_{\min}=0$。试验信道为一个理想信道，信道矩阵为

$$\boldsymbol{P}=\begin{bmatrix} 1 & 0 \\ 0 & 1 \end{bmatrix}$$

由式（7.2.13），可得

$$\begin{aligned} D_{\max} &= \min_V \sum_U P(u)d(u,v) \\ &= \min\left[P(0)d(0,0)+P(1)d(1,0); P(0)d(0,1)+P(1)d(1,1)\right] \\ &= \min[(1-\omega);\quad \omega]=\omega \end{aligned}$$

因此，对应的试验信道为

$$\boldsymbol{P}=\begin{bmatrix} 0 & 1 \\ 0 & 1 \end{bmatrix} \tag{7.3.16}$$

现在求 $0 \leqslant D \leqslant \omega$ 时，信源的率失真函数 $R(D)$。

根据式（7.3.8），有

$$\begin{cases} \omega\exp\left(\dfrac{\mu_0}{\omega}\right)+(1-\omega)\exp\left(S+\dfrac{\mu_1}{1-\omega}\right)=1 \\ \omega\exp\left(S+\dfrac{\mu_0}{\omega}\right)+(1-\omega)\exp\left(\dfrac{\mu_1}{1-\omega}\right)=1 \end{cases}$$

求解，得

$$\mu_0=\omega\log\frac{1}{\omega(e^S+1)},\quad \mu_1=(1-\omega)\log\frac{1}{(1-\omega)(e^S+1)} \tag{7.3.17}$$

又根据式（7.3.7）

$$\mu_0=P(u_0)\log\frac{1}{\sum\limits_{j=1}^{s}P(v_j)\exp(Sd(u_0,v_j))}=\omega\log\frac{1}{P(v_0)+P(v_1)e^S}$$

$$\mu_1=P(u_1)\log\frac{1}{\sum\limits_{j=1}^{s}P(v_j)\exp(Sd(u_1,v_j))}=(1-\omega)\log\frac{1}{P(v_0)e^S+P(v_1)}$$

求解，可得

$$P(v_0)=\frac{\omega e^S+\omega-e^S}{1-e^S}，\ P(v_1)=\frac{1-\omega e^S-\omega}{1-e^S} \tag{7.3.18}$$

已知 S 的取值范围是 $(-\infty,0)$，则 e^S 取值范围为 $(0,1)$。显然，在这个取值范围中，$P(v_0)$ 不能保持非负。因此，只有当 e^S 小于某值时，式（7.3.18）才是有效的。由式（7.3.18）可知，必须满足

$$e^S \leqslant \frac{\omega}{1-\omega} \tag{7.3.19}$$

将 μ_i 和 $P(v_i)$ 代入式（7.3.11），得

$$\begin{aligned}
D(S)&=\sum_{i=1}^{r}\sum_{j=1}^{s}P(u_i)P(v_j)\exp\left(Sd(u_i,v_j)+\frac{\mu_i}{P(u_i)}\right)d(u_i,v_j)\\
&=\omega\frac{1-\omega e^S-\omega}{1-e^S}e^{S+\log\frac{1}{\omega(e^S+1)}}+(1-\omega)\frac{\omega e^S+\omega-e^S}{1-e^S}e^{S+\log\frac{1}{(1-\omega)(e^S+1)}}\\
&=\frac{e^S}{e^S+1}
\end{aligned}$$

因此

$$e^S=\frac{D}{1-D} \tag{7.3.20}$$

$$S(D)=\log\frac{D}{1-D} \tag{7.3.21}$$

将式（7.3.20）代入式（7.3.19）得

$$D\leqslant\omega \tag{7.3.22}$$

因为 $D_{\max}=\omega$，因此，式（7.3.22）在 D 的定义域内总是满足的，因此式（7.3.19）也总是满足的。

将式（7.3.20）、式（7.3.21）、式（7.3.17）代入式（7.3.12）得

$$\begin{aligned}
R(D)&=SD(S)+\sum_{i=1}^{r}\mu_i\\
&=D\log\frac{D}{1-D}+\omega\log\frac{1}{\omega\left(\frac{D}{1-D}+1\right)}+(1-\omega)\log\frac{1}{(1-\omega)\left(\frac{D}{1-D}+1\right)}\\
&=D\log\frac{D}{1-D}+\omega\log\frac{1-D}{\omega}+(1-\omega)\log\frac{1-D}{1-\omega}\\
&=D\log D-D\log(1-D)+\omega\log(1-D)-\omega\log\omega+(1-\omega)\log(1-D)-(1-\omega)\log(1-\omega)\\
&=D\log D+(1-D)\log(1-D)-\omega\log\omega-(1-\omega)\log(1-\omega)\\
&=H(\omega)-H(D)
\end{aligned}$$

因此，采用汉明失真时，二元对称信源的信息率失真函数为

$$R(D)=\begin{cases}H(\omega)-H(D), & 0\leqslant D\leqslant\omega\\ 0, & D>\omega\end{cases} \tag{7.3.23}$$

根据式（7.3.23）可以绘制信息率失真函数的曲线如图 7.4 所示。可见，对于给定的允许失真度 D，信源分布越均匀，即 ω 值接近 $\frac{1}{2}$，$R(D)$ 越大，可压缩性越小。反之，信源分布越不均匀，可压缩性越大。

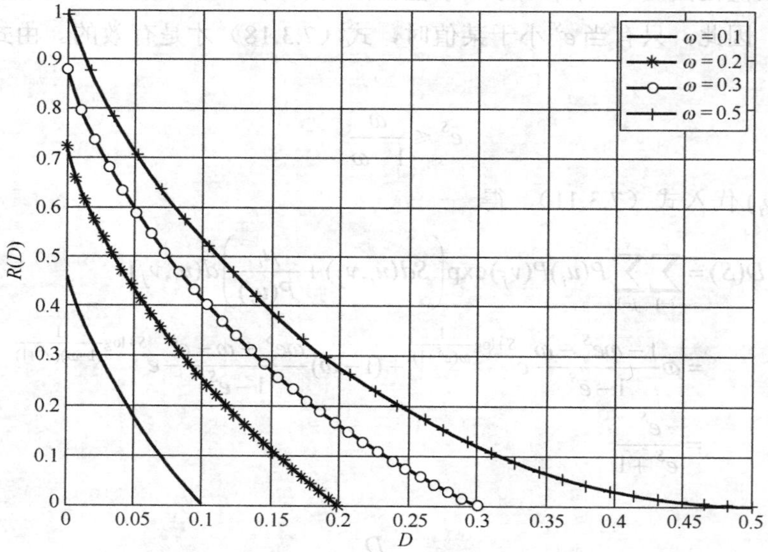

图 7.4　ω 取不同值时的 $R(D)$

将式（7.3.20）代入式（7.3.18），得

$$P(v_0)=\frac{\omega-D}{1-2D},\quad P(v_1)=\frac{1-\omega-D}{1-2D} \tag{7.3.24}$$

将式（7.3.24）、式（7.3.21）代入式（7.3.10）得

$$P(v_0\mid u_0)=\frac{\dfrac{\omega-D}{1-2D}}{\dfrac{\omega-D}{1-2D}+\dfrac{1-D-\omega}{1-2D}\cdot\dfrac{D}{1-D}}=\frac{(\omega-D)(1-D)}{\omega(1-2D)}$$

同理，可以求得所有的试验信道转移概率为

$$\begin{cases}P(v_0\mid u_0)=\dfrac{(\omega-D)(1-D)}{\omega(1-2D)}\\ P(v_1\mid u_0)=\dfrac{1-D-\omega}{\omega(1-2D)}\\ P(v_0\mid u_1)=\dfrac{D(\omega-D)}{(1-\omega)(1-2D)}\\ P(v_1\mid u_1)=\dfrac{(1-D)(1-D-\omega)}{(1-\omega)(1-2D)}\end{cases} \tag{7.3.25}$$

式（7.3.25）描述了取得 $R(D)$ 时的试验信道的传递函数。图 7.5 展示了当 $\omega=0.4$ 时，信道转移概率随失真度 D 的变化趋势。

由图 7.5 可见，当 $D=0$ 时，$P(0|0)=P(1|1)=1$，$P(1|0)=P(0|1)=0$，这就是理想信道的情况；而当 $D=D_{\max}=\omega$ 时，$P(1|0)=P(1|1)=1$，$P(0|0)=P(0|1)=0$，这与式（7.3.16）吻合。

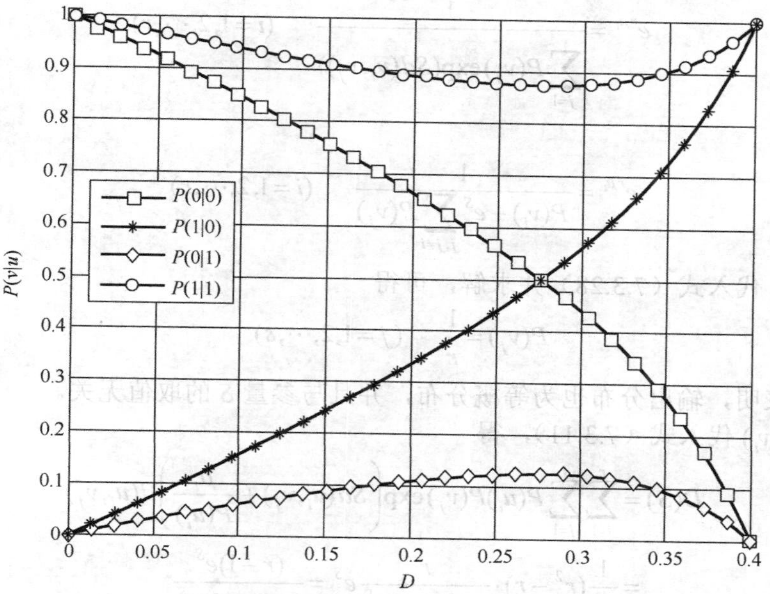

图 7.5　试验信道传递函数 ($\omega=0.4$)

2．离散对称信源的 $R(D)$ 函数

设 r 元离散信源 $U=\{u_1,u_2,\cdots,u_r\}$，其信源符号等概，概率分布 $P(u)=\dfrac{1}{r}$，接收变量为 $V=\{v_1,v_2,\cdots,v_s\}$，其中 $s=r$。定义汉明失真

$$d(u_i,v_j)=\begin{cases}1 & i\neq j\\ 0 & i=j\end{cases}$$

显然，最小允许失真度 $D_{\min}=0$，其试验信道为一个理想信道，其信道矩阵为一个 r 阶单位阵，且 $R(0)=H(U)$。

由式（7.3.26），得

$$D_{\max}=\min_V\sum_U P(u)d(u,v)=\frac{r-1}{r}$$

此时，有 $R(D_{\max})=0$。

现在求 $0\leqslant D\leqslant\dfrac{r-1}{r}$ 时信源的率失真函数 $R(D)$。

根据式（7.3.8），有

$$e^{r\mu_j}+e^S\sum_{i,i\neq j}e^{r\mu_i}=r\qquad (j=1,2,\cdots,s)\tag{7.3.26}$$

求解，可得

$$e^{r\mu_i}=\frac{r}{1+(r-1)e^S}\quad(i=1,2,\cdots,r)\tag{7.3.27}$$

又根据式（7.3.7），得

$$e^{r\mu_i}=\frac{1}{\sum_{j=1}^{s}P(v_j)\exp(Sd(u_i,v_j))}\quad(i=1,2,\cdots,r)$$

即

$$e^{r\mu_i}=\frac{1}{P(v_i)+e^S\sum_{j,j\neq i}P(v_j)}\quad(i=1,2,\cdots,r)\tag{7.3.28}$$

将式（7.3.27）代入式（7.3.28）并求解，可得

$$P(v_j)=\frac{1}{r}\quad(j=1,2,\cdots,s)\tag{7.3.29}$$

式（7.3.29）表明，输出分布也为等概分布，并且与参量 S 的取值无关。

将 μ_i 和 $P(v_i)$ 代入式（7.3.11），得

$$\begin{aligned}D(S)&=\sum_{i=1}^{r}\sum_{j=1}^{s}P(u_i)P(v_j)\exp\left(Sd(u_i,v_j)+\frac{\mu_i}{P(u_i)}\right)d(u_i,v_j)\\&=\frac{1}{r^2}(r^2-r)\cdot\frac{r}{1+(r-1)e^S}e^S=\frac{(r-1)e^S}{1+(r-1)e^S}\end{aligned}$$

因此

$$e^S=\frac{D}{(1-D)(r-1)}\tag{7.3.30}$$

将式（7.3.27）、式（7.3.29）、式（7.3.30）代入式（7.3.12）得

$$\begin{aligned}R(D)&=SD(S)+\sum_{i=1}^{r}\mu_i\\&=\frac{\frac{(r-1)D}{(1-D)(r-1)}}{1+\frac{(r-1)D}{(1-D)(r-1)}}\log\frac{D}{(1-D)(r-1)}+\log\frac{r}{1+\frac{(r-1)D}{(1-D)(r-1)}}\\&=D\log\frac{D}{(1-D)(r-1)}+\log r(1-D)\\&=\log r-D\log(r-1)-H(D)\end{aligned}$$

因此，如果信源等概分布，失真函数采用汉明失真，则该离散对称信源的信息率失真函数为

$$R(D)=\begin{cases}\log r-D\log(r-1)-H(D), & 0\leqslant D\leqslant\frac{r-1}{r}\\0, & D>\frac{r-1}{r}\end{cases}\tag{7.3.31}$$

特殊地，当二元信源等概分布时，信源的 $R(D)$ 函数为

$$R(D)=\begin{cases}1-H(D), & 0\leqslant D\leqslant \dfrac{1}{2}\\ 0, & D\geqslant \dfrac{1}{2}\end{cases} \tag{7.3.32}$$

根据式（7.3.31）绘制不同 r 时的 $R(D)$ 曲线，如图 7.6 所示。可见，对于给定的允许失真度 D，r 越大，$R(D)$ 越大，可压缩性越小。可以理解为在相同的允许失真度下，信源分层数越多，信源的可压缩性就越小。这些规律对实际信源量化分层和数据压缩有深刻的指导意义。

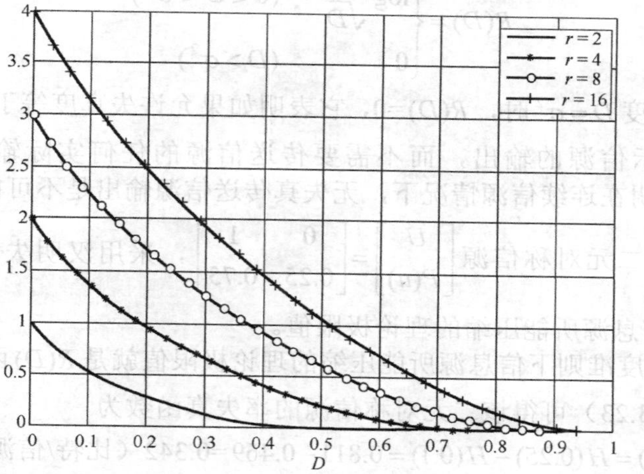

图 7.6 不同 r 时的 $R(D)$

将式（7.3.29）、式（7.3.30）代入式（7.3.10）得

$$P(v_j\,|\,u_i)=\frac{P(v_j)\exp\left[Sd(u_i,v_j)\right]}{\sum\limits_{j=1}^{s}P(v_j)\exp\left[Sd(u_i,v_j)\right]}=\frac{\left[\dfrac{D}{(1-D)(r-1)}\right]^{d(u_i,v_j)}}{\sum\limits_{j=1}^{s}\left[\dfrac{D}{(1-D)(r-1)}\right]^{d(u_i,v_j)}}$$

$$=\frac{\left[\dfrac{D}{(1-D)(r-1)}\right]^{d(u_i,v_j)}}{1+\dfrac{D}{(1-D)}}=(1-D)\left[\frac{D}{(1-D)(r-1)}\right]^{d(u_i,v_j)}$$

因此，试验信道的传递函数为

$$P(v_j\,|\,u_i)=\begin{cases}1-D, & i=j\\ \dfrac{D}{r-1}, & i\neq j\end{cases} \tag{7.3.33}$$

7.3.3 高斯信源的 $R(D)$函数

如果连续信源 U 的概率密度函数为正态分布，即 $p(x)=\dfrac{1}{\sqrt{2\pi\sigma^2}}\exp\left[-\dfrac{(x-\mu)^2}{2\sigma^2}\right]$，则称这种信源为高斯信源。

设连续信源 U 发出一个符号 u，在接收端再现成接收符号 v，在 U 和 V 之间确定一个非负的二元实函数为失真函数，如果失真函数采用绝对失真，即 $d(u,v)=|u-v|$，则高斯信源的 $R(D)$ 函数为

$$R(D)\geqslant\frac{1}{2}\log\frac{\pi\sigma^2}{2eD^2}\qquad\left(0\leqslant D\leqslant\sqrt{\frac{\pi\sigma^2}{2e}}\right)\tag{7.3.34}$$

如果失真函数采用均方失真，即 $d(u,v)=(u-v)^2$，则高斯信源的 $R(D)$ 函数为

$$R(D)=\begin{cases}\log\dfrac{\sigma}{\sqrt{D}} & (0\leqslant D\leqslant\sigma^2)\\ 0 & (D>\sigma^2)\end{cases}\tag{7.3.35}$$

可见，当允许失真度 $D=\sigma^2$ 时，$R(D)=0$，它表明如果允许失真度等于信源方差，则只需用确知的均值来表示信源的输出，而不需要传送信源的任何实际输出。而当 $D=0$ 时，$R(D)\to\infty$，它表明在连续信源情况下，无失真传送信源输出是不可能的。

【例 7.6】 某二元对称信源 $\begin{bmatrix}U\\P(u)\end{bmatrix}=\begin{bmatrix}0 & 1\\0.25 & 0.75\end{bmatrix}$，采用汉明失真。假设允许失真度 $D=0.1$，试分析信息源所能压缩的理论极限值。

分析：在保真度准则下信息源所能压缩的理论极限值就是 $R(D)$ 函数。

解：由式（7.3.23）可得该二元对称信源的率失真函数为

$R(D)=H(0.25)-H(0.1)=0.811-0.469=0.342$（比特/信源符号）

【例 7.7】 设信源符号有 8 种，而且等概率，即 $P(u_i)=\dfrac{1}{8}$。失真函数定义为

$$d(u_i,v_j)=\begin{cases}0, & i=j\\1, & i\neq j\end{cases}$$

假如允许失真度 $D=\dfrac{1}{2}$，即只要求收到的符号平均有一半是正确的。可以设想如下的方案。

方案一：对于 u_1,u_2,u_3,u_4 这四个信源符号照原样发送，而对于 u_5,u_6,u_7,u_8 都以 u_4 发送。如图 7.7（a）所示。

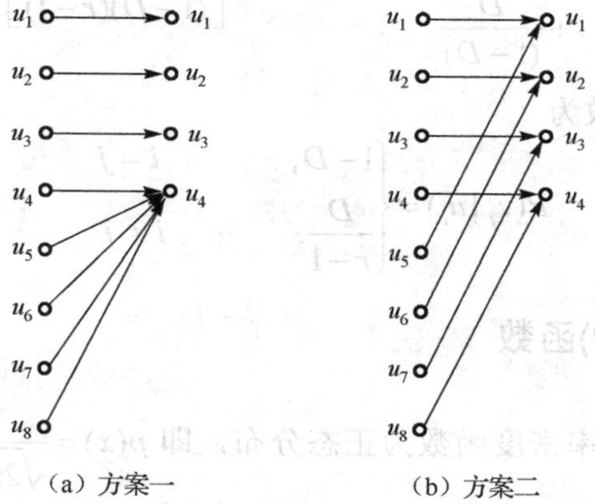

图 7.7 例 7.7 有失真信源编码方案

方案二：对于 u_1,u_2,u_3,u_4 这四个符号照原样发送，而对于 u_5,u_6,u_7,u_8 分别以 u_1,u_2,u_3,u_4 发送，如图 7.7（b）所示。

试回答：

（1）方案一和方案二编码后所需要的信息率分别为多少？

（2）在允许失真度 $D=\frac{1}{2}$ 的情况下，所需的信息率最小为多少？

解：

（1）方案一编码后需要的信息率为

$$R'=I(U;V)=H\left(\frac{1}{8},\ \frac{1}{8},\ \frac{1}{8},\ \frac{5}{8}\right)=1.549\ （比特/信源符号）$$

方案二编码后需要的信息率为

$$R'=I(U;V)=H\left(\frac{1}{4},\ \frac{1}{4},\ \frac{1}{4},\ \frac{1}{4}\right)=2\ （比特/信源符号）$$

（2）在允许失真度 $D=\frac{1}{2}$ 的情况下，所需的最小信息率就是 $R(D)$ 函数，由式（7.3.31）可得

$$R(D)=\log 8-0.5\log 7-H(0.5)=0.6\ （比特/信源符号）$$

如果进行无失真编码，即无失真传送这个信源，信息率为 $\log_2 8=3$ 比特/信源符号。可见，限失真信源编码需要的信息率小于信源熵 $H(U)$，而且不同的编码方案可能得到不同的信息率 R'。在保真度准则下的理论最小信息率就是 $R(D)$ 函数。

7.4　限失真信源编码定理

在许多实际问题中，译码输出与信源输出之间有一定的失真是可以容忍的，信息率失真函数 $R(D)$ 就是失真小于 D 时必须具有的最小信息率。限失真信源编码定理表明：只要信息率大于 $R(D)$，一定存在一种编码方法，使得译码后的失真小于 D。

定理 7.1（离散无记忆信源的限失真编码定理） 若一个离散无记忆平稳信源的率失真函数是 $R(D)$，则编码后每个信源符号的信息率 $R'>R(D)$ 时，只要信源序列长度 N 足够长，对于任意 $D\geqslant 0$，$\varepsilon>0$，一定存在一种编码方式，使编码后码的平均失真 $\bar{D}$ 小于或等于 $D+\varepsilon$。

定理 7.1 又称为香农第三定理，其含义是：只要信源序列长度 N 足够长，总可以找到一种信源编码，使编码后的信息率略大于（直至无限逼近）率失真函数 $R(D)$，而平均失真不大于给定的允许失真度，即 $\bar{D}\leqslant D$。由于 $R(D)$ 为给定允许失真 D 前提下信源编码可能达到的下限，所以香农第三定理说明了达到此下限的最佳信源编码是存在的。

可以这样理解：N 维扩展信源 $U=[U_1U_2\cdots U_N]$ 发送序列 α_i 和信宿接收序列 β_j 均为 N 长序列，即 $\alpha_i\in U^N$，$\beta_j\in V^N$，并在 V^N 空间中按照一定原则选取 $M=2^{N[R(D)+\varepsilon]}$ 个码字。信源编码时，就从 M 个码字中选取一个码字 β_j 来表示信源序列 α_i，满足一定条件时，可以使编码后码的平均失真 $\bar{D}\leqslant D$。此时，编码后每个信源符号的信息率为

$$R' = \frac{\log M}{N} = R(D) + \varepsilon \tag{7.4.1}$$

即 R' 不小于信息率失真函数 $R(D)$。需要指明的是，R' 和 $R(D)$ 都是以“比特/信源符号”为单位的。

定理 7.2（离散无记忆信源的限失真编码逆定理） 若一个离散无记忆平稳信源的率失真函数是 $R(D)$，编码后信息率 $R' < R(D)$，则保真度准则 $\bar{D} \leqslant D$ 不再满足。

限失真编码定理及其逆定理是有失真信源压缩的理论基础。这两个定理证实了允许失真 D 确定后，总存在一种编码方法，使编码的信息率 R' 可任意接近于 $R(D)$ 函数，而平均失真 $\bar{D} \leqslant D$。反之如果 R' 小于 $R(D)$，那么编码的平均失真将大于 D。如果用二元码符号来进行编码，在允许一定量失真 D 的情况下，平均每个信源符号所需的二元码符号的下限值就是 $R(D)$。可见，从香农第三定理可知，$R(D)$ 确实是允许失真度为 D 的情况下信源信息压缩的下限值。

比较香农第一定理和香农第三定理可知，当信源给定时，无失真信源编码的极限值就是信源熵 $H(S)$，而限信源编码的极限值就是信息率失真函数 $R(D)$。在给定允许失真度 D 之后，一般 $R(D) < H(S)$。

对于连续平稳无记忆信源，虽然无法进行无失真信源编码。但是在限失真情况下，有与离散信源相同的编码定理。限失真编码定理只说明了最佳编码是存在的，但是构造编码的具体方法未涉及。实际上迄今尚无合适的可实现的编码方法接近 $R(D)$ 这个界。

7.5 联合限失真信源信道编码定理

类似于第 6 章的联合无失真信源信道编码定理，对于限失真编码，有联合限失真信源信道编码定理。

定理 7.3（联合限失真信源信道编码定理） 离散无记忆信源 S，其信息率失真函数为 $R(D)$（比特/信源符号），每秒输出 $\frac{1}{T_s}$ 个信源符号；离散无记忆信道的信道容量为 C（比特/信道符号），每秒输出 $\frac{1}{T_c}$ 个信道符号。如果满足

$$\frac{C}{T_c} > \frac{R(D)}{T_s} \tag{7.5.1}$$

或

$$C_t > R_t(D) \tag{7.5.2}$$

则总可以找到一种信源信道编码方法，使得信源输出信息能通过该信道传输后，其失真不大于允许失真 D。

定理 7.3 可以推广到有记忆和连续信源情况。下面通过一个例子来理解联合限失真信源信道编码定理。

【例 7.8】 设某二元无记忆信源

$$\begin{bmatrix} S \\ P(s) \end{bmatrix} = \begin{bmatrix} s_1 & s_2 \\ \frac{3}{4} & \frac{1}{4} \end{bmatrix}$$

将此信源的输出符号送入无噪信道中进行传输，而信道每秒只传送两个二元符号。如果信源每秒发出 3 个信源符号，信源是否能够在此信道中进行无失真传输？如果不能，允许失真度为多少时，信源就可以在此信道中传输（假设失真函数采用汉明失真）？

解：二元无噪信道的最大信息传输速率为

$$C_t = 2 \quad (\text{比特/秒})$$

信源熵为

$$H(S) = \frac{1}{4}\log 4 + \frac{3}{4}\log\frac{4}{3} = 0.811 \quad (\text{比特/信源符号})$$

如果信源每秒发送 3 个信源符号，则信源输出的信息速率为

$$R_t = 3 \times H(S) = 2.433 \quad (\text{比特/秒})$$

则

$$R_t > C_t$$

所以，信源不能在此信道中进行无失真传输。下面讨论限失真信源编码后进入信道进行传输。

由联合限失真信源信道编码定理可知，当 $R_t(D) \leqslant C_t$ 时，此信源不会因为信道而增加新的失真，总的失真就是信源压缩而造成的允许失真 D。

因为该信源为二元信源，当失真函数采用汉明失真时，信息率失真函数为

$$R(D) = H\left(\frac{1}{4}, \frac{3}{4}\right) - H(D) = 0.811 - H(D) \quad (\text{比特/信源符号})$$

$$R_t(D) = 3R(D) \quad (\text{比特/秒})$$

即

$$3 \times \left[0.811 - H(D)\right] \leqslant C_t = 2$$

所以 $H(D) \approx 0.144$，即得 $D \approx 0.02$。可见，允许失真度 $D \approx 0.02$ 时，信源就可以在此信道中传输。

习　题

7.1　设信源 $U=\{0,1\}$，接收变量 $V=\{0,1,2\}$，定义失真函数为 $d(0,0)=d(1,1)=0$，$d(0,1)=d(1,0)=1$，$d(0,2)=d(1,2)=0.5$，计算失真矩阵。

7.2　设有删除信源符号集 $U = \{u_1, u_2, \cdots, u_r\}$，接收符号集 $V = \{v_1, v_2, \cdots, v_s\}$，$s = r + 1$。定义它的单符号失真度为

$$d(u_i, v_j) = \begin{cases} 0, & i = j \\ 1, & i \neq j, j \neq s \\ 1/2, & i \neq j, j = s \end{cases}$$

式中，接收信号 v_s 作为一个删除符号，计算 $r=3$ 时的失真矩阵。

7.3 设有对称信源（$r=s=4$），其失真函数 $d(u_i,v_j)=(u_i-v_j)^2$，求失真矩阵。

7.4 有一个二元等概率信源 $X=\{0,1\}$，通过一个二元对称信道，其失真函数为

$$d(u_i,v_j)=\begin{cases}1, & i\neq j\\ 0, & i=j\end{cases}$$

信道转移概率为

$$P(v_j\mid u_i)=\begin{cases}\varepsilon, & i\neq j\\ 1-\varepsilon, & i=j\end{cases}$$

试计算失真矩阵和平均失真。

7.5 已知无记忆信源为

$$\begin{bmatrix}U\\ P(u)\end{bmatrix}=\begin{bmatrix}0 & 1 & 2\\ 0.2 & 0.3 & 0.5\end{bmatrix}$$

失真矩阵为

$$\boldsymbol{D}=\begin{bmatrix}4 & 2 & 1\\ 0 & 3 & 2\\ 2 & 0 & 1\end{bmatrix}$$

计算 $D_{\min}$ 和 $D_{\max}$。

7.6 已知无记忆信源为

$$\begin{bmatrix}U\\ P(u)\end{bmatrix}=\begin{bmatrix}0 & 1 & 2\\ \dfrac{1}{3} & \dfrac{1}{3} & \dfrac{1}{3}\end{bmatrix}$$

信宿 V 取值于 $\{0,1\}$，失真矩阵为

$$\boldsymbol{D}=\begin{bmatrix}0 & 1\\ 0 & 0\\ 1 & 0\end{bmatrix}$$

试检验 $R(D_{\min})$ 小于信源熵 $H(U)$。

7.7 假设离散无记忆信源输出 N 维随机序列 $\boldsymbol{U}=(U_1U_2U_3)$，其中 $U_i(i=1,2,3)$ 取自符号集 $\{0,1\}$，通过信道传输到信宿，接收 N 维随机序列 $\boldsymbol{V}=(V_1V_2V_3)$，其中 $V_i(i=1,2,3)$ 取自符号集 $\{0,1\}$，定义失真函数

$$d(0,0)=d(1,1)=0$$
$$d(0,1)=d(1,0)=\alpha$$

求符号序列的失真矩阵。

7.8 设某二元无记忆信源为

$$\begin{bmatrix} U \\ P(u) \end{bmatrix} = \begin{bmatrix} 0 & 1 \\ 0.8 & 0.2 \end{bmatrix}$$

其失真矩阵为

$$\boldsymbol{D} = \begin{bmatrix} 0 & 1 \\ 1 & 0 \end{bmatrix}$$

求率失真函数 $R(D)$。

7.9　一个四元对称信源为

$$\begin{bmatrix} U \\ P(u) \end{bmatrix} = \begin{bmatrix} u_1 & u_2 & u_3 & u_4 \\ \frac{1}{4} & \frac{1}{4} & \frac{1}{4} & \frac{1}{4} \end{bmatrix}$$

失真函数为

$$\boldsymbol{D} = \begin{bmatrix} 0 & 1 & 1 & 1 \\ 1 & 0 & 1 & 1 \\ 1 & 1 & 0 & 1 \\ 1 & 1 & 1 & 0 \end{bmatrix}$$

求这个信源的 $D_{\min}$、$D_{\max}$ 和率失真函数 $R(D)$。

7.10　设一个离散无记忆信源的概率空间为 $\begin{bmatrix} U \\ P(u) \end{bmatrix} = \begin{bmatrix} 0 & 1 \\ \frac{1}{2} & \frac{1}{2} \end{bmatrix}$，假设此信源再现时允许失真存在，并定义失真函数为汉明失真。经过有失真信源编码后，将发送码字通过广义无噪信道传输，经译码后到达信宿，如图 7.8 所示。

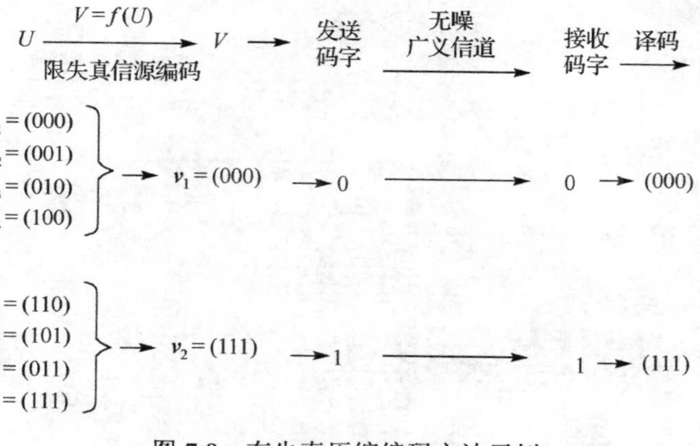

图 7.8　有失真压缩编码方法示例

（1）图 7.8 所示的有失真编码方案的信息传输率 R' 和平均失真 D 为多少？

（2）图 7.8 所示的有失真压缩编码是否为最佳方案？

7.11　设某二元无记忆信源为

$$\begin{bmatrix} S \\ P(s) \end{bmatrix} = \begin{bmatrix} s_1 & s_2 \\ \dfrac{1}{2} & \dfrac{1}{2} \end{bmatrix}$$

每秒发出 2.5 个信源符号。将此信源的输出符号送入无噪信道中进行传输，而信道每秒只传送两个二元符号。

（1）信源能否在此信道中进行无失真传输？试说明理由。

（2）允许信源平均失真多少时，此信源就可以在此信道中传输？（信源失真度采用汉明失真。）

第 8 章　网络信息论初步

前面章节主要针对单信源和单信宿，对应的通信系统称为单用户通信系统。当多个用户之间构成网络相互通信时，通常需要考虑网络中的多信源和多信宿，还需要考虑中间节点，这时的通信系统称为多用户通信系统。

研究多用户通信系统中信息传递的理论称为网络信息论或多用户信息论。网络信息论研究在一个通信网中多个节点之间如何实现有效而可靠信息传输的理论问题。和单用户信息论类似，网络信息论研究的主要问题有网络信源及其编码定理、网络信道的信道容量、网络信源和网络信道的联合/分离。单用户信息论对点对点通信具有重要的理论指导意义，同样，网络信息论对现有和未来的网络通信的规划和设计也有着广泛的、重要的指导意义。

本章首先介绍网络信源和网络信道的相关问题，然后针对网络的中间节点考虑网络编码的相关问题，最后简单介绍协作通信。

8.1　网 络 信 源

网络信源一般指通信系统含有两个及两个以上的信源。如果信源之间相互独立，则称为非相关信源，否则称为相关信源。当网络信源为非相关信源时，各个信源可以分别进行信源编码，此时多个信源的信源编码问题可以简化为多个单信源的信源编码问题。当网络信源为相关信源时，各信源之间有一定的相关性，如果仍然采用传统的方法对各个信源单独压缩编码，就不能实现信息传输的高效率，而必须采用相关信源编码方法。

由单用户信息论中的离散无失真信源编码定理可以推知，只要编码后的信源信息率 R' 大于单符号信源熵 $H(U)$，就可以无失真编码单符号无记忆信源 U。如果对两个信源 U_1 和 U_2 分别编码，选择 $R_1' > H(U_1)$，$R_2' > H(U_2)$，即总的编码信息率 $R' = R'_1 + R'_2 > H(U_1) + H(U_2)$，肯定能无失真编码。当两个信源相关时，能否利用信源的相关性来压缩信息率？信息率为多少？这就是相关信源编码定理所关心的问题。

为了理解网络信源编码理论，这里先介绍边信息的概念。

假定两个信源 U_1 和 U_2 存在相关性，如果 $H(U_1) = H(U_2) = 1$ 比特/符号，联合熵 $H(U_1U_2) = 1.5$ 比特/符号对，条件熵 $H(U_1|U_2) = 0.5$ 比特/符号，则在已知 U_2 的条件下，只需获得大于 $H(U_1|U_2) = 0.5$ 比特/符号的信息量，就能完全确定 U_1。因此在编码时，只要 $R_2' > H(U_2)$，$R_1' > H(U_1|U_2)$ 就能完全确定 U_1。这种 U_2 所提供关于 U_1 的信息称为**边信息**。

图 8.1 所示是两个相关信源的编码模型。其中 U_1 和 U_2 是相关信源，$\hat{U}_1$ 和 $\hat{U}_2$ 是 U_1 和 U_2 在接收端的估计值。图中有四条交叉连接线，共有 16 种组合。这里只研究最有意义的一种，也是多用户信源编码中最基本的结构，如图 8.2 所示。对两个相关信源输出的 U_1 和 U_2 分别独立编码，独立传输，而接收端只有一个译码器，分别译出 U_1 和 U_2 的估计值 $\hat{U}_1$ 和 $\hat{U}_2$，图中 R_1' 和 R_2' 分别表示各信源的编码信息率。如果通过信源编码能使差错概率任意小，则称（R_1'，R_2'）为可达速率对，所有可达速率对构成的闭包称为可达速率区域。

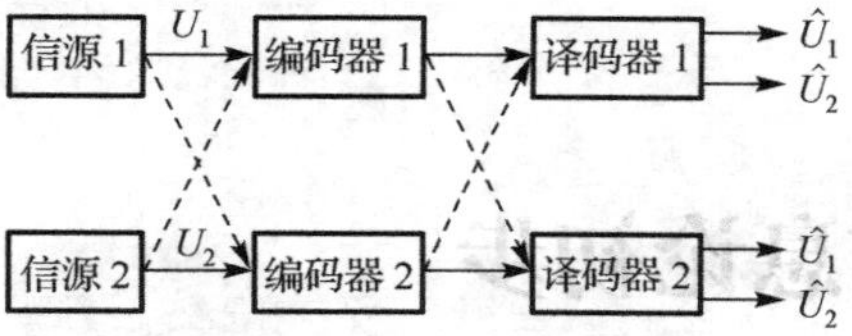

图 8.1　两个相关信源的编码模型

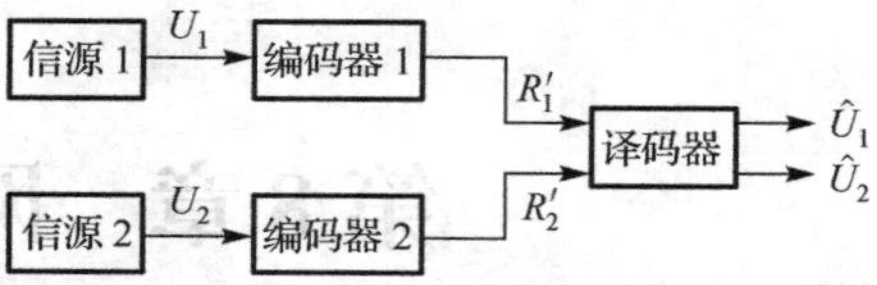

图 8.2　两个相关信源编码的最基本结构

下面要讨论的问题是，当各信源的熵 $H(U_1)$，$H(U_2)$ 和 $H(U_1U_2)$ 已知时，R_1' 和 R_2' 最小为多少？

由于信源的相关性，必有

$$H(U_1)+H(U_2)\geqslant H(U_1U_2) \tag{8.1.1}$$

及

$$H(U_1)\geqslant H(U_1|U_2),\quad H(U_2)\geqslant H(U_2|U_1) \tag{8.1.2}$$

可以证明，图 8.2 中的这种连接方式下，只要

$$\begin{cases} R'_1 > H(U_1|U_2) \\ R'_2 > H(U_2|U_1) \\ R'_1+R'_2 > H(U_1U_2) \end{cases} \tag{8.1.3}$$

就能无差错地传送 U_1 和 U_2。式（8.1.3）可用图 8.3 表示。图中阴影区域表示传送相关信源所需的联合编码信息率 (R_1',R_2')，阴影区域的边界是传送相关信源所必需的最小的联合编码信息率。从图中可以看出，若一个信源的编码信息率大一些，另一个信源的编码信息率就可以小一些。

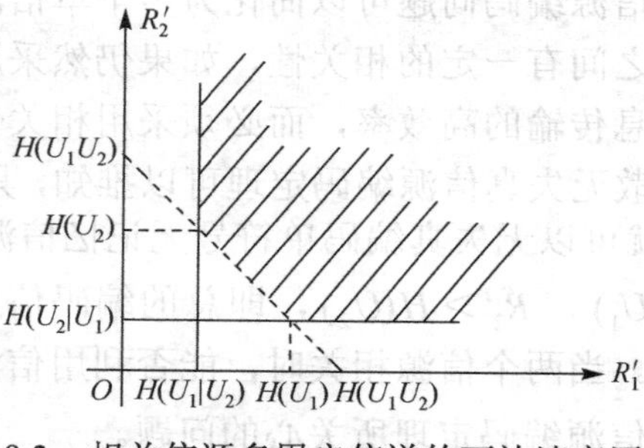

图 8.3　相关信源多用户信道的可达速率区域

定理 8.1（相关信源编码定理） 对于任意离散无记忆信源，所有可达联合编码信息率满足

$$R'=(R'_1,R'_2):\begin{Bmatrix} R'_1 > H(U_1|U_2), R'_2 > H(U_2|U_1) \\ R'_1+R'_2 > H(U_1U_2) \end{Bmatrix} \tag{8.1.4}$$

相关信源编码定理是由 Slepain 和 Wolf 给出的网络信源编码理论的第一个基本结果。该定理指出即使对两个统计相关的信源 U_1 和 U_2 分别独立编码，只要总的信源编码信息率 $R'=R'_1+R'_2>H(U_1U_2)$，就能保证译码器以任意小的错误概率恢复两个信源的输出，实现无失真信源编码。需要注意的是，编码器 1 的编码信息率 R_1' 并不一定需要大于 $H(U_1)$，而是只需要 $R_1'>H(U_1|U_2)$ 即可无差错地译码。这是因为两个信源 U_1 和 U_2 存在相关性，在获取的 U_2 中可以取得关于 U_1 的边信息 $H(U_1|U_2)$。

8.2 网络信道

网络信道又称为多用户信道，它是构成有线和无线通信网的基础，如计算网络、卫星网络、有线电视网和移动通信网的信道都属于多用户信道。多用户信道可以分成几种最基本的类型，即多址接入信道、广播信道、中继信道、串扰信道、双向信道、反馈信道和一般多端信道等。本节重点介绍多址接入信道和广播信道。

多址接入信道是多输入单输出信道，多个用户的信息用多个编码器分别编码以后，送入同一信道传输，在接收端只用一个译码器进行译码，然后分送给不同的用户。

广播信道与多址接入信道相反，是单输入多输出信道。多个信源的信息进行统一编码后送入信道，而输出端接到多个译码器，分别译出所需的信息。

8.2.1 多址接入信道

多址接入信道是研究最早的一类多用户信道。为了研究的简便，这里主要讨论最简单的多址接入信道，即只有两个输入端和一个输出端的二址接入信道，如图 8.4 所示。两个编码器分别将两个原始信源 U_1 和 U_2 的符号编成适合信道传输的信号 X_1 和 X_2；译码器把信道输出 Y 译成相应的信源符号 $\hat{U}_1$ 和 $\hat{U}_2$。

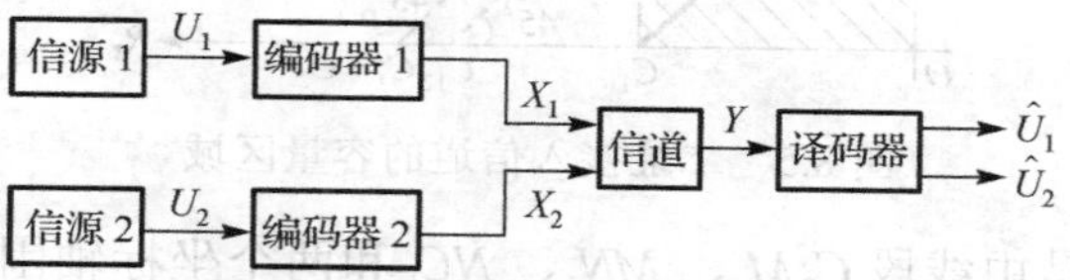

图 8.4 二址接入信道模型

设信道的两个输入端分别由随机变量 X_1 和 X_2 表示，信道的信宿由随机变量 Y 表示，二址接入信道的信道特性可用信道转移概率 $P(y|x_1x_2)$ 表示。

设信源 1 和信源 2 编码后进入二址接入信道中的信息传输速率分别为 R_1 和 R_2，如果通过信道编码能使差错概率任意小，则称（R_1，R_2）为可达速率对。所有可达速率对构成的闭包称为可达速率区域，该区域的上限称为信道容量区域。

设 U_1 传至 $\hat{U}_1$ 的信息率以 R_1 表示，它是从 Y 中获取关于 X_1 的平均信息量，即 $R_1 = I(X_1;Y)$。如果 X_2 已知，则可排除 X_2 的不确定性对传输 X_1 造成的干扰，使 R_1 达到最大，即有

$$R_1 = I(X_1;Y) \leqslant \max_{P(x_1),P(x_2)} I(X_1;Y|X_2) \tag{8.2.1}$$

通过改变编码器 1 和编码器 2，选择最合适的 X_1 和 X_2 的概率分布 $P(X_1)$ 和 $P(X_2)$，从而使条件互信息量 $I(X_1;Y|X_2)$ 达到最大值。其中 $I(X_1;Y|X_2)$ 表示 X_2 已知情况下，从 Y 中获取关于 X_1 的平均信息量。同理

$$R_2 = I(X_2,Y) \leqslant \max_{P(x_1),P(x_2)} I(X_2;Y|X_1) \tag{8.2.2}$$

式中，$I(X_2;Y|X_1)$ 表示 X_1 已知情况下，从 Y 中获取关于 X_2 的平均信息量。

同时，由 $I(X_1X_2;Y)=I(X_1;Y)+I(X_2;Y|X_1)$ 可知

$$R_1+R_2=I(X_1;Y)+I(X_2;Y)\leqslant \max_{P(x_1),P(x_2)} I(X_1X_2;Y) \tag{8.2.3}$$

其中，$I(X_1X_2;Y)$ 表示从 Y 中获取的关于 (X_1X_2) 的平均联合信息量。

令

$$\begin{cases} R_1<C_1=\max\limits_{P(x_1),P(x_2)} I(X_1;Y|X_2) \\ R_2<C_2=\max\limits_{P(x_1),P(x_2)} I(X_2;Y|X_1) \\ R_{12}<C_{12}=\max\limits_{P(x_1),P(x_2)} I(X_1X_2;Y) \end{cases} \tag{8.2.4}$$

式（8.2.1）～式（8.2.4）可以确定二址接入信道的容量区域是以 R_1 和 R_2 为坐标的二维空间中的某个区域，如图 8.5 的阴影部分所示。

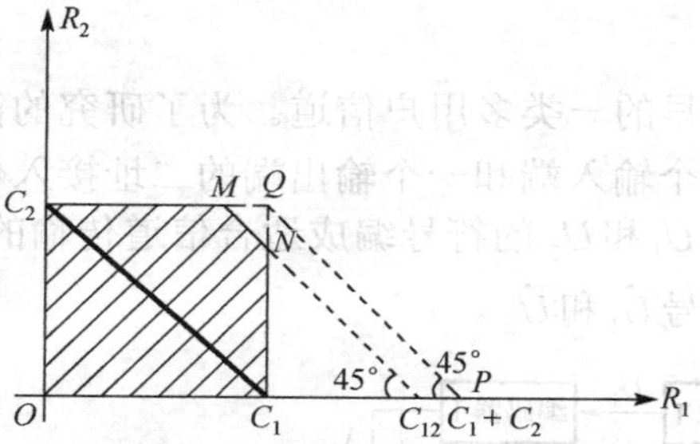

图 8.5　二址接入信道的容量区域

图 8.5 中的阴影区是由线段 C_2M 、MN 、NC_1 和两个坐标轴围成的截角四边形。直线 MN 与两个坐标轴的夹角都是45°，在两个坐标轴上的截距是 C_{12}，所以 MN 的直线方程是 $R_1+R_2=C_{12}$。包含这些截角四边形的凸区域即是二址接入的可达速率区域，该区域的上界即为信道容量。

由于线段 NC_1 与线段 C_1C_{12} 相等，即 C_1C_{12} 表示 R_2 的实际取值，所以直线 MN 只能在直线 QP 的左边，最多与之重叠。这在几何上体现了 $C_{12}\leqslant C_1+C_2$ 的条件。为了满足 $C_{12}\geqslant \max(C_1,C_2)$ 的条件，直线 MN 与 R_1 轴的交点 C_{12} 必须在点 C_1 的右边（当 $C_1\geqslant C_2$ 时），或者与 R_2 轴的交点必须在点 C_2 的上方（当 $C_2\geqslant C_1$ 时）。

通过对二址接入信道的信道容量的一般理论分析，可以得到这样一个明显的结论，像二址接入信道这样的多用户信道的信道容量，不能与单用户信道一样用一个数字来表示，而要由二维空间（或多维空间）中的某一个区域的界限来表示，这就是多用户信道与单用户信道不同的一个重要特征。

二址接入信道的结论很容易推广到多址接入信道的情况。若信道有 N 个输入端和一个输出端，第 i 个编码器输出消息的信息率为 R_i，相应的条件信道容量为 C_i，信道总容量为 C_Σ，则信息率和信道容量之间应满足如下限制条件。

$$\begin{cases} R_i\leqslant C_i=\max\limits_{P(x_1),\cdots,P(x_N)} I(X_i;Y|X_1\cdots X_{i-1}X_{i+1}\cdots X_N) \\ \sum\limits_{i=1}^{N} R_i\leqslant C_\Sigma=\max\limits_{P(x_1),\cdots,P(x_N)} I(X_1\cdots X_N;Y) \end{cases} \tag{8.2.5}$$

当输入各信源相互独立时，有

$$\sum_{i=1}^{N} C_i \geqslant C_{\Sigma} \geqslant \max_i C_i \tag{8.2.6}$$

这些限制条件规定了一个在 N 维空间中的体积，这个体积的外形是一个截去角的多面体，多面体是可达速率区域，多面体的上界就是多址接入信道的容量。

8.2.2 广播信道

具有一个输入和多个输出的信道称为广播信道。卫星通信系统的下行线路可以看成是广播信道。转发卫星把从各地面站发来的消息经过统一编码后发回到地面站，各接收地面站应用各种译码器译出所需的信息；另外，广播电台或广播电视传输系统在一定范围内只有一个发射台但是有许多接收机，也可视为典型的广播信道。最简单的广播信道是单输入双输出的广播信道，如图 8.6 所示，其信道特性用 $P(y_1y_2|x)$ 来表示。

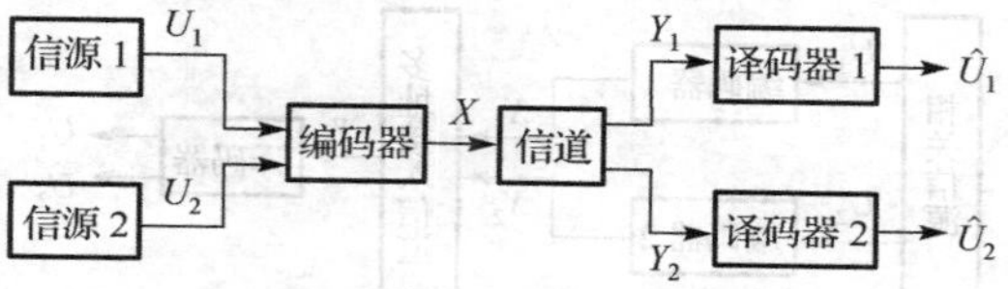

图 8.6 单输入双输出的广播信道模型

当前对于一般的广播信道的信道容量问题还没有完全解决，只能在某些特殊的情况下证明信道的容量界限是可以达到的。例如下面将讨论的退化广播信道。

如果对于一个广播信道，所有的 $x_1 \in X_1$，$y_2 \in Y_2$，存在信道转移概率 $P(y_2|x)$ 满足

$$P(y_2|x) = \sum_{Y_1} P(y_1y_2|x) = \sum_{Y_1} P(y_1|x)P(y_2|y_1) \tag{8.2.7}$$

则该信道为退化的广播信道。因为

$$P(y_2|x) = \sum_{Y_1} P(y_1y_2|x) = \sum_{Y_1} P(y_1|x)P(y_2|y_1x) \tag{8.2.8}$$

所以退化的广播信道满足

$$P(y_2|y_1x) = P(y_2|y_1) \tag{8.2.9}$$

这意味着 Y_2 的条件概率密度与 X 无关，或者说 X, Y_1, Y_2 构成一个马尔可夫链。

退化的广播信道模型如图 8.7 所示，可看成是两个信道的串联。信道 1 和信道 2 的特性分别由 $P(y_1|x)$ 和 $P(y_2|y_1)$ 两个条件概率来描述。Y_1 是第一个信道的输出，Y_2 是第二个信道的输出。

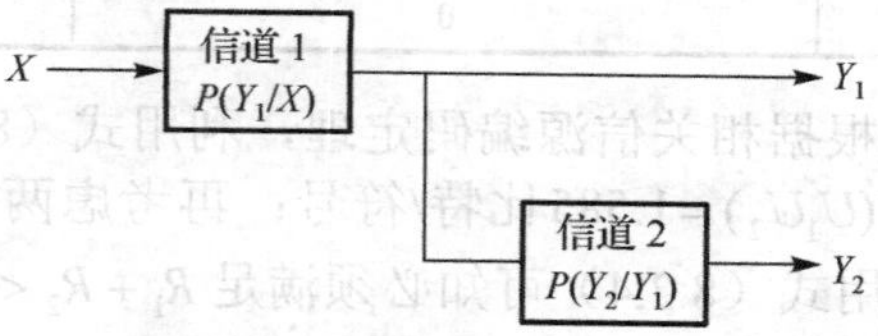

图 8.7 退化的广播信道模型

可以证明，离散无记忆退化广播信道的可达速率区域为

$$\begin{cases}R_1 \leqslant I(U_1;Y_1)=I(X;Y_1|U_2)\\R_2 \leqslant I(U_2;Y_2)=I(X;Y_2|U_1)\\R_1+R_2 \leqslant I(X;Y_1)\end{cases} \tag{8.2.10}$$

8.3 网络信源和网络信道的联合/分离

在单用户信息论中，联合信源信道编码定理指出，只要信道的信道容量大于信源每秒输出的信息量，即满足 $C_t > R_t$，则将信源编码和信道编码独立处理（两步编码），与将信源编码和信道编码联合起来处理（一步编码）的效果是一致的。

那么在网络信息论中是否存在相似的结论呢？这里将最简单的两个相关信源和二址接入信道联合起来考虑，采用图 8.8 所示的信源信道模型，图中的信源 U_1 和 U_2 具有相关性。

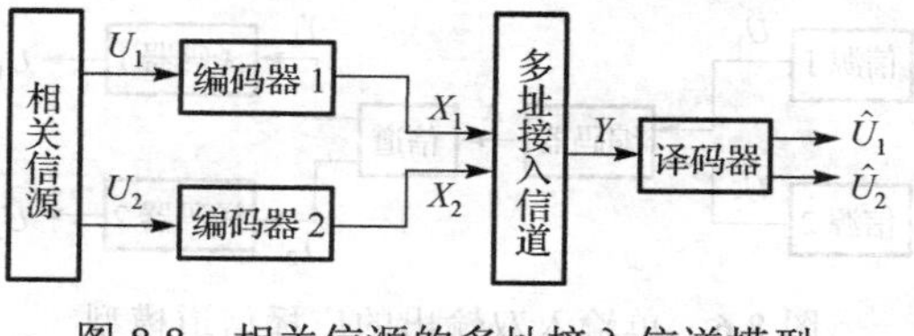

图 8.8 相关信源的多址接入信道模型

由式（8.1.4）和式（8.2.4）可知，只要满足

$$\begin{cases}H(U_1|U_2)<R_1<\max\limits_{P(x_1),P(x_2)} I(X_1;Y|X_2)\\H(U_2|U_1)<R_2<\max\limits_{P(x_1),P(x_2)} I(X_2;Y|X_1)\\H(U_1U_2)<R_{12}<\max\limits_{P(x_1),P(x_2)} I(X_1X_2;Y)\end{cases} \tag{8.3.1}$$

即相关信源的可达速率区域处于二址接入信道的信道容量区域之内，那么信源就能在信道中传输，并以任意小的错误概率重现。但是式（8.3.1）并不是必要的，下面通过一个实例来说明。

设相关信源 U_1 和 U_2 的联合概率分布如表 8.1 所示，多址接入信道的输出和输入的关系为 $Y=X_1+X_2$。

表 8.1 信源 U_1 和 U_2 的联合概率分布

U_1 \ U_2	0	1
0	1/3	1/3
1	0	1/3

假设采用两步编码。先根据相关信源编码定理，利用式（8.1.4）可知要实现无失真信源编码，则需要 $R_1+R_2>H(U_1U_2)=1.585$ 比特/符号；再考虑两个独立信源 X_1 和 X_2 在多址接入信道中无差错传输，利用式（8.2.4）可知必须满足 $R_1+R_2<\max\limits_{P(x_1)P(x_2)} I(X_1X_2;Y)=1.5$ 比特/符号。可见将上述相关信源送入多址接入信道，因为上面两个不等式无法同时满足，所以

采用两步编码是不可能实现无差错传输的。但是实际上，如果直接令 $X_1=U_1$，$X_2=U_2$，即不进行相关信源编码，而直接采用信道编码，则信源符号可以在信道中无差错传输。

可见，在网络信息论中，分别进行信源编码和信道编码并不是最佳的方法。因为在多址接入信道中要使信道容量最大化，需要保留信道输入之间的相关性，而在信源编码时却去除了信源之间的相关性。即独立进行信源编码和信道编码时，信源 U_2（或 U_1）所包含的另一信源 U_1（或 U_2）的那部分信息被丢弃了。

8.4 网络编码

2000 年，香港中文大学的 R.Ahlswede 等人在 IEEE 上发表了“Network Information Flow（网络信息流）”，在文章中提出了“网络编码”这一概念，也就是允许网络中间节点对接收到的来自多个源的信息进行编码后再转发，在接收端，目的节点通过一定的译码算法译出所需的信息。可以证明网络编码达到通信网络的最大容量，从而最大限度地利用现有的网络资源。

网络编码是网络信息论的一个突破性进展，彻底改变了通信网络中信息处理和传输的方式，是信息理论研究领域的重大突破，已经引起学术界的广泛关注和高度重视。

8.4.1 网络编码原理

实际上，香农定理解决了点对点信道的容量极限问题，而网络编码则解决了如何达到单源到多点及多源到多点的网络容量的极限问题。

下面通过一个经典的例子对网络编码的基本思想进行解释，如图 8.9 所示。

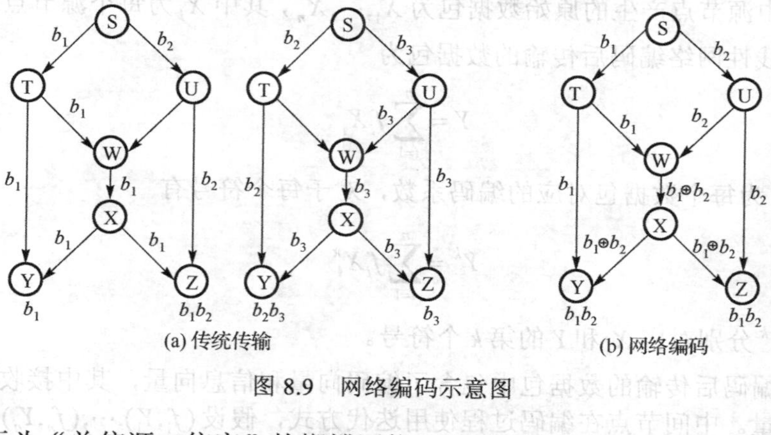

图 8.9　网络编码示意图

图 8.9 所示为“单信源二信宿”的蝴蝶网络。设链路容量为 1 比特，S 是信源节点，Y 和 Z 是信宿节点，其余均为中间节点。根据“最大流最小割”定理，该组播的最大理论传输容量为 2 比特，即理论上信宿 Y 和 Z 能够同时收到信源 S 发出的 2 比特的信息 b_1 和 b_2。图 8.9（a）表示传统的路由传输方式。节点 W 执行存储转发操作，为了保证不发生信息碰撞，每个节点每次只能收或发一单位的信息。如果 W 转发信息 b_1，则链路 WX、XY 和 XZ 上传输的信息均为 b_1，因此一个单位时间后，第一传输的结果是：Y 收到 b_1 而 Z 收到 b_1 和 b_2。再经过第二次传输，Y 收到 b_2 和 b_3，Z 收到 b_3。由此可见，每个节点用两个单位时间收到

的信息量是 3 比特，因此，最大传输速率为 1.5 比特，并不能达到最大流的上界 2 比特。

图 8.9（b）表示的是网络编码方法，节点 W 对输入的信息进行模二加操作，然后将操作结果 $b_1 \oplus b_2$ 发送至输出链路 WX，然后又通过链路 XY 和 XZ，最终达到信宿 Y 和 Z。Y 收到 b_1 和 $b_1 \oplus b_2$ 后，通过译码操作 $b_1 \oplus (b_1 \oplus b_2)$ 就能解出 b_2，因此，信宿 Y 同时收到了 b_1 和 b_2。同理，信宿 Z 也同时收到了 b_1（通过译码操作 $b_2 \oplus (b_1 \oplus b_2)$）和 b_2。由此，每个节点用一个单位时间收到的信息量均为 2 比特，所以基于网络编码的多播传输实现了理论上的最大传输容量。

由此可见，网络编码的核心思想是：具备编码条件的网络节点（至少有两路输入信号）对接收到的来自多个源的信息进行编码处理，然后传输给下一级网络节点。如果下一级节点同样具备编码条件，则同样对其接收到的信息进行编码处理，如此反复。在信宿节点，通过译码操作，就可以恢复出信源发送的原始信息。网络编码是在有限域 $\mathrm{GF}(q)$ 上的操作，如果有限域 $\mathrm{GF}(q)$ 选取充分大，则通过网络编码可以达到的最大传输速率（熵率）为信源到各个信宿的相应最大流值中的最小值 $h = \min\{\max \mathrm{flow}(t): tT\}$，其中 T 为信宿集合。

8.4.2 线性网络编码原理

网络编码根据编码方案的不同可分为线性网络编码和非线性网络编码两种。线性网络编码方案使用的编码函数和译码函数都是线性函数。线性网络编码方案多在中间节点采用简单的乘法和加法运算，目的节点只需在有限域中采用简单的逆运算即可解码信息。假设每个信息数据包的长度为 L 比特，若与它组合的信息数据包长度不匹配时，在较短的数据包后附加一串“0”，使组合的数据包长度相同。将信息数据包中的连续 S 个比特看成域上的一个符号，则一个数据包中含有 L/S 个符号。

假设网络中源节点产生的原始数据包为 $X_1,\cdots,X_n$，其中 X_i 为每个源节点发送的信息向量，中间节点线性网络编码后传输的数据包为

$$Y = \sum_{i=1}^{n} f_i X_i \tag{8.4.1}$$

式中，$f_1,\cdots,f_n$ 为每个数据包对应的编码系数，对于每个符号有

$$Y^k = \sum_{i=1}^{n} f_i X_i^k \tag{8.4.2}$$

式中，X_i^k 和 Y^k 分别对应 X_i 和 Y 的第 k 个符号。

中间节点编码后传输的数据包中包含了编码向量和信息向量，其中接收端在译码过程中用到编码向量。中间节点在编码过程使用迭代方式，假设 $(f_1,Y_1),\cdots,(f_n,Y_n)$ 是一个节点已接收和存储的数据包信息集合，那么该节点通过选择新的编码系数 $h_1,\cdots,h_m$ 和译码算式可以获得新的数据包信息 Y' 为

$$Y' = \sum_{j=1}^{m} h_j Y_j \tag{8.4.3}$$

编码向量 f' 通过代数计算获得，此过程可以在若干节点中重复操作。

假设 $(f_1,Y_1),\cdots,(f_n,Y_n)$ 为节点收集到的信息集合，为了恢复原始数据包信息，需对

$$Y_j = \sum_{i=1}^{n} f_j^i X_i \tag{8.4.4}$$

中的 m 个等式中的 n 个未知数 X_i 求解，因此只有当 $m \geqslant n$ 时才能恢复出所有数据，即接收端接收到的数据包个数至少要等于原始数据包发送的个数。由于线性组合有可能具有相关性，所以 $m \geqslant n$ 只是网络编码的必要条件而非充分条件。

线性网络编码的译码过程是求解一组线性方程，在实际操作中常用的方法是高斯消去法，即节点将编码向量和编码后的结果以行向量的形式存储在解码矩阵中。最初仅有未经该节点编码的数据包和与之对应的编码向量存储在解码矩阵中。当节点收到已编码的数据包后，从中抽取出该数据包的编码向量和编码结果放入解码矩阵。之后通过等价变换将解码矩阵变换成阶梯矩阵，并化成行最简形式。若在接收到一个数据包后矩阵的秩增加，则该数据包为更新包；若接收到的数据包为非更新包，则可通过等价变换成全零将该数据包忽略。当 n 个线性独立的编码向量被接收后，通过等价变换将解码矩阵化为最简形式，求解出方程组。

8.4.3 网络编码的优势

理论研究表明，网络编码可以提高网络吞吐量和健壮性，同时可以通过分散信息流以平衡网络负载，在某种程度上还可以提高网络的安全性。但任何的增益都是有代价的，网络编码对信息传输时延等要求更高，也加大了节点处理复杂度。

1. 提升网络吞吐量

提升吞吐量是网络编码最主要的优点。无论是均匀链路还是非均匀链路，网络编码均能够获得更高的多播容量，而且节点平均度数越大，网络编码在网络吞吐量上的优势越明显。从理论上可以证明：如果 Ω 为信源节点的符号空间，$|V|$ 为通信网络中的节点数目，则对于每条链路都是单位容量的通信网络，基于网络编码多播的吞吐量是路由多播的 Ω（$\log|V|$）倍。

2. 均衡网络负载

网络编码多播可有效利用除多播树路径外其他的网络链路，可将网络流量分布于更广泛的网络上，从而均衡网络负载。图 8.10（a）所示的通信网络的各链路容量为 2。图 8.10（b）表示的是基于多播树的路由多播，为使各个信宿节点达到最大传输容量，该多播共使用 SU、UX、UY、SW 和 WZ 共 5 条链路，且每条链路上传输的可行流为 2；图 8.10（c）表示的是基于网络编码的多播，假定信源节点 S 对发送至链路 SV 的信息进行模二加操作，则链路 SV、VX 和 VZ 上传输的信息均为 $a \oplus b$，最终信宿 X、Y 和 Z 均能同时收到 a 和 b。容易看出，图 8.10（c）所示的网络编码多播所用的传输链路为 9 条，比图 8.10（b）中的多播树多传输 4 条链路，利用了更广泛的通信链路，均衡了网络负载。网络编码的这种特性有助于解决网络拥塞等问题。

3. 提高带宽利用率

提高网络带宽利用率是网络编码的一个显著优点。在图 8.10（b）中的路由多播中，为了使得信宿 X，Y 和 Z 能够同时收到 2 个单位的信息，共使用了 5 条通信链路，每条链路传输可行流为 2，因此其消耗的总带宽为 5×2=10。在图 8.10（c）表示的网络编码多播中，共使用了 9 条链路，每条链路传输可行流为 1，其消耗总带宽为 9×1=9，因此带宽消耗节省了 10%，提高了网络带宽利用率。

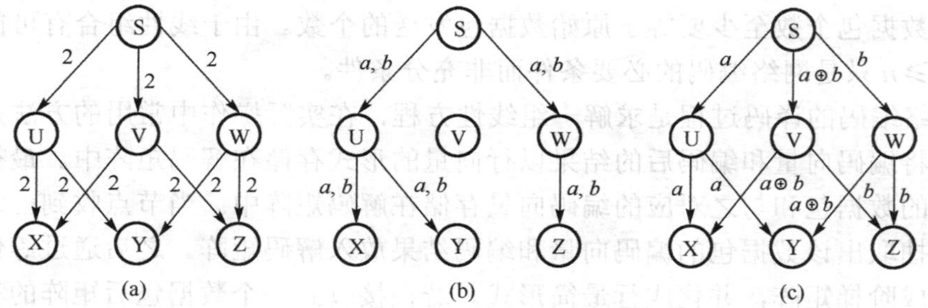

图 8.10 网络编码多播的示意图

此外，通过网络编码能抵抗网络链路和节点的非各态历经失败对网络链接的影响，提高网络链接的健壮性，减小网络管理的开销。如果用在无线网络中，还能节省传输能耗，增加传输的安全性等；如果用在 P2P 文件共享系统中，除了能够显著提高下载效率，还能有效应对节点动态加入和离开、链路失效和网络带宽吞噬等问题。

虽然网络编码优点突出，但运用网络编码增加了计算的复杂性，而且网络节点需要缓存足够的输入信息，因此编码操作增加了传输时延和节点额外的 I/O、CPU 消耗。在研究网络编码的综合性能过程中，统计数据表明，即使应用最有效的随机网络编码，其编码和译码的时间也不容忽视。另外，由于信宿节点必须等待收到足够多的编码信息，才能开始译码，因此网络编码中还存在同步问题，它对在实时系统中应用网络编码提出了挑战。

8.5 协 作 通 信

无线通信由于传播的开放性，其信道的传输条件恶劣，严重影响接收信号的质量，从而使通信系统的性能大大降低。而中继技术能够有效地对抗多径衰落，借助中继站的转发来改善信号传输质量、提高频谱效率的协作通信技术应运而生。

协作通信技术融合了分集技术与中继传输技术的优势，形成了虚拟 MIMO 系统，在不增加天线数目的基础上，可获得多天线及多跳传输情况下相近的传输增益。所谓虚拟 MIMO 指的是：在协作通信系统中，多个中继节点本身可自然形成虚拟的天线阵列，节点间通过相互配合和信息互通，模拟传统 MIMO 技术的应用环境，从而实现联合空时编码的传输方案。与此同时，目的节点不仅接收来自源节点直接发送的信号，还接收来自中继节点转发的信号，并根据无线链路传输状况和信号质量，选取不同的合并方式进行处理，从而最大限度地利用有效信息，获得分集增益并有效地提高数据传输速率。根据中继节点在协作过程中对信号的处理方式不同，可以分为固定中继模式、选择中继模式和增量中继模式三种协作策略。

三节点中继信道模型最初由 Van der Meulen 引入研究并分析，Cover 和 El Gamal 基于分时的方法推导了离散无记忆中继信道容量的上界和下界，以及退化中继信道（其源至中继信道质量优于中继至目的的信道质量）容量的精确表达式。以上的研究工作都假设中继器工作在全双工模式下，即中继器可以同时接收和转发信息。但目前实际系统中全双工终端是不能实现的，中继被迫工作在半双工模式下，即在时域频域内，中继接收（中继接收时隙）和中继转发（中继转发时隙）是相互正交的。由于在每个中继接收和中继转发时隙具有不同的广播和接收，定义了四种主要的中继协议，分别为协议Ⅰ、协议Ⅱ、协议Ⅲ和转发协议，如图 8.11 所示。

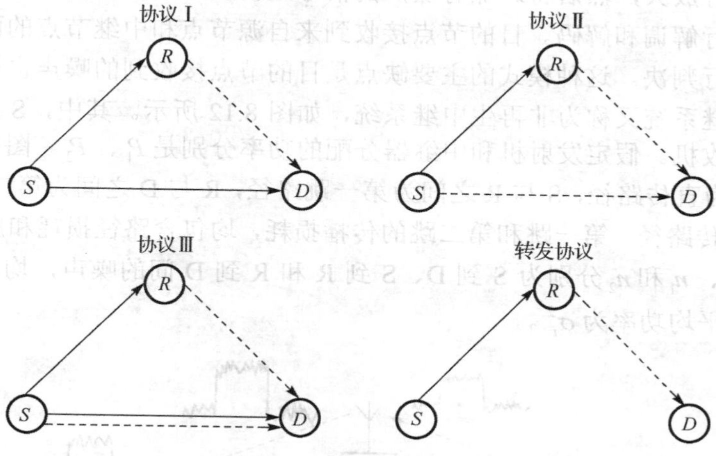

图 8.11　半双工中继协议

协议Ⅰ（protocolⅠ）：在中继接收时隙，源节点同时与中继器和目的节点进行通信（见图 8.11 中实线）；中继转发时隙，只有中继器与目的节点进行通信（见图 8.11 中虚线）。此协议表明，在中继接收时隙采用的是广播信道。在协作传输和中继协作传输中都采用此协议。

协议Ⅱ（protocolⅡ）：在中继接收时隙，源节点只与中继器进行通信（见图 8.11 中实线）。假设在中继接收时隙中，目的节点不能接收到源节点发送的信息。在中继转发时隙，源节点和中继器同时发送信号给目的节点（见图 8.11 中虚线）。因此，在中继转发时隙，信道变成了多址接入信道。

协议Ⅲ（protocol Ⅲ）：可以看作协议Ⅰ和协议Ⅱ的结合。在中继接收时隙，源节点同时发送信号给中继器和目的节点（见图 8.11 中实线）；在中继转发时隙，源节点和中继器同时发送信号给目的节点（见图 8.11 中虚线）。值得注意的是，在第二时隙，中继器也发送信号给目的节点，因此不能认为信号只是由源节点发送的。协议Ⅲ比前两个协议具有更好的频谱效率。在考察中继信道可达速率和协作方案中都采用了类似协议Ⅲ的协议，因为目的节点在两个时隙中接收到的信号是来自源节点的译码信息。

转发协议（forwarding）：在中继接收时隙源节点发送信号给中继（见图 8.11 中实线）；在中继转发时隙中继发送信号给目的节点（见图 8.11 中虚线）。相较于转发协议，前面三种半双工中继协议很好地利用了源-目的链路。同样地，如果直传链路的信道质量远差于源-中继链路和中继-目的链路，则协议Ⅰ、协议Ⅱ和协议Ⅲ获得的性能接近于转发协议。

8.5.1　中继网络中协作策略及其容量

最基本的协作通信方式有三种：放大转发协作模式（Amplify and Forward，AF）、解码转发协作模式（Decode and Forward，DF）和编码协作模式（Code Cooperation，CC），其他形式都是在这三者基础上所做的改进和变形。

1．放大转发协作模式

放大转发（Amplify and Forward，AF）是指中继节点直接将接收到的来自源节点的加有噪声的信号进行放大，然后将这加有噪声的信号重新发送给目的节点，而中继节点不对接收到的信号进行解调和解码。目的节点接收到来自源节点和中继节点的两路信号，并对合并后的信号进行判决。这种模式的主要缺点是目的节点接收到的噪声也被放大了。

放大转发中继系统又称为非再生中继系统，如图 8.12 所示。其中，S 为发射机，R 为中继器，D 为接收机。假定发射机和中继器分配的功率分别是 P_1、P_2。图中表示了三个无线信道：S 与 D 为直传路径，S 与 R 之间为第一跳路径，R 与 D 之间为第二跳路径。设 h_0、h_1 和 h_2 分别为直传路径、第一跳和第二跳的传播损耗，均包含路径损耗和服从 Rayleigh 分布的快衰落。n_0、n_1 和 n_2 分别为 S 到 D、S 到 R 和 R 到 D 间的噪声，均为服从零均值的复高斯分布，其平均功率为 σ_i^2。

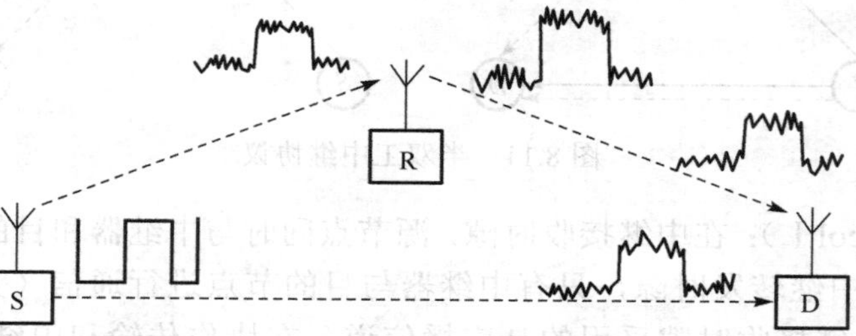

图 8.12　放大转发中继系统

第一时隙，S 将信号 x 广播给 R 和 D，R 收到的信号为 y_1，D 收到的信号为 y_0；对于非再生系统，R 将接收到的信号简单放大然后转发给 D，因此第二时隙，R 将 y_1 放大 α 倍后发给 D，设 D 收到的信号为 y_2。

由图 8.12 可知，D 从直达径接收到的信号为

$$y_0(n)=\sqrt{P_1}h_0(n)x(n)+n_o(n) \tag{8.5.1}$$

R 收到的信号为

$$y_1(n)=\sqrt{P_1}h_1(n)x(n)+n_1(n) \tag{8.5.2}$$

D 通过中继接收到的信号为

$$\begin{aligned} y_2(n)&=\alpha h_2(n)y_1(n)+n_2(n) \\ &=\alpha h_2(n)\left(\sqrt{P_1}h(n)x(n)+n(n)\right)+n_2(n) \end{aligned} \tag{8.5.3}$$

因为第二跳的发送信号必须满足 $E\left\{\left|\alpha y_1\right|^2\right\}\leqslant P_2$，所以放大因子 α 必须满足

$$\alpha\leqslant\sqrt{\frac{P_2}{P_1\left|h_1(n)\right|^2+\sigma_i^2}}$$

所以，非再生中继系统的信道容量满足

$$C_{\mathrm{AF}}=\frac{1}{2}\log_2\left(1+\frac{P_1h_0^2}{\sigma^2}+\frac{P_1h_1^2P_2h_2^2}{\sigma^2(P_1h_1^2+P_2h_2^2+\sigma^2)}\right) \tag{8.5.4}$$

2. 解码转发协作模式

解码转发（Decode and Forward，DF）是指中继节点要先对接收到的来自源节点的信号进行解调、解码和估计，然后将数据进行编码调制后传输给目的节点。该模式设计的初衷是避免 AF 模式中中继对噪声功率的放大，而在中继节点处消去高斯白噪声。但是，中继采用的解码往往是接收信号的非线性变换，虽然可以减少接收噪声的影响，但是也会因为引入衰落而使性能受到限制。另外，如果中继对数据作出错误的判决，那么这个错误将被前向传播。

解码转发中继系统又称为再生中继系统，如图 8.13 所示，与非再生中继系统不同，R 从第一跳路径接收到信号 y_1 后不是简单放大，而是进行解码，然后重新编码得到 x_2，并将 x_2 发送至 D。尽管 R 转发 x_2 时不包括本身的噪声 n_1，但在解码的过程中可能引起误码，并将错误传播至 D。

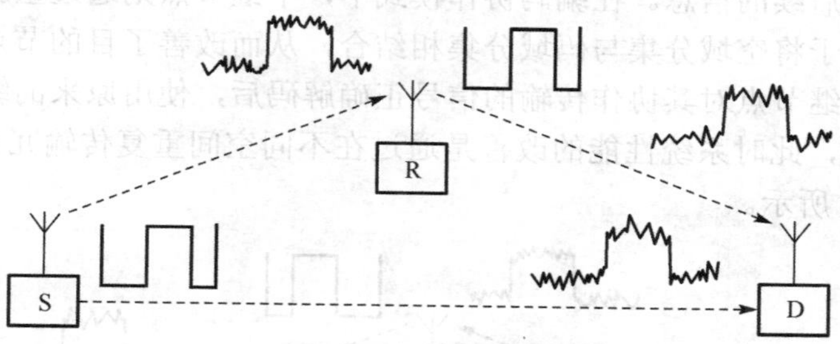

图 8.13　解码转发中继系统

由图 8.13 可知，D 从直达径接收到的信号为

$$y_0(n)=\sqrt{P_1}h_0(n)x(n)+n_0(n) \tag{8.5.5}$$

R 收到的信号为

$$y_1(n)=\sqrt{P_1}h_1(n)x(n)+n_1(n) \tag{8.5.6}$$

D 通过中继接收到的信号为

$$y_2(n)=\sqrt{P_2}h_2(n)x_2(n)+n_2(n) \tag{8.5.7}$$

其中，x_2 是对 y_1 解码后的重编码。

根据香农理论，再生中继系统的信道容量定义为

$$C_{\mathrm{DF}}=\frac{1}{2}\min\left\{C_{\mathrm{DF}}^1,C_{\mathrm{DF}}^2\right\} \tag{8.5.8}$$

式中，C_{DF}^1、C_{DF}^2 分别为发射机和中继器之间的信道容量，第二项表示接收机将发射端信号和中继器转发的信号最大比合并后的信道容量，满足

$$C_{\mathrm{DF}}^1=\log_2\left(1+\frac{P_1h_1^2}{\sigma^2}\right) \tag{8.5.9}$$

$$C_{\mathrm{DF}}^2=\log_2\left(1+\frac{P_1h_0^2}{\sigma^2}+\frac{P_2h_2^2}{\sigma^2}\right) \tag{8.5.10}$$

所以，再生中继系统的信道容量满足

$$C_{\mathrm{DF}}=\frac{1}{2}\min\left\{\log_2\left(1+\frac{P_1h_1^2}{\sigma^2}\right),\log_2\left(1+\frac{P_1h_0^2}{\sigma^2}+\frac{P_2h_2^2}{\sigma^2}\right)\right\} \tag{8.5.11}$$

3. 编码协作模式

编码协作（Code Cooperation，CC）是将协作技术和信道编码技术相结合的产物，它是由有校验 DF 模式衍生而出的。其设计的初衷是在协作中提供比有校验 DF 使用的重复码更高效的编码，从而带来编码的增益。编码协作有效性的关键是：所有这些操作都在编码设计下自动实现，中继节点间无须传送反馈信息，即无须知道中继节点间的信道状态信息。其基本思想是：每个源节点都试图为它的中继传送冗余信息。它通过两条不同的衰落路径发送每个码字的不同部分。当这一操作无法实现时，中继节点就自动返回到非编码协作模式，传输自己后续的信息。在编码协作模式下，中继节点则通过重新编码传送了不同的冗余信息，相当于将空域分集与码域分集相结合，从而改善了目的节点的解码性能。而在 DF 模式下，中继节点对其协作传输的信号正确解码后，使用原来的编码方式在下一时段向目的节点传送，此时系统性能的改善是通过在不同空间重复传输冗余获得的。CC 模式的原理如图 8.14 所示。

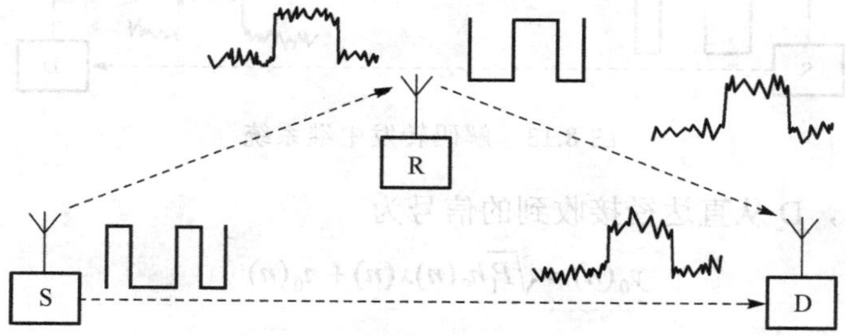

图 8.14 编码协作模式

8.5.2 多中继高斯信道的容量

多节点高斯协作中继信道模型如图 8.15 所示。假设源节点 S 的发射信号为 X，发射功率为 P；共有 n 个中继节点，中继节点 R_i 的接收信号为 Y_i，发射信号为 X_i，功率为 $P_i\ (i=1,2,\cdots,n)$；目的接收节点 D 的接收信号为 Y；各中继节点 R_i 处的高斯白噪声为 Z_i，目的接收节点 D 处的高斯白噪声为 Z，其中，$Z_i\sim N(0,N_r)$，$Z\sim N(0,N)$。

中继节点采用半双工的工作模式，假设传输带宽归一化为 1，传输时间也归一化为 1。此时，由于存在 n 个中继节点，为了能够在目的接收节点 D 处获得分集增益，可以将传输时间平均分为 n+1 个时隙：在第 1 个时隙，源节点 S 向各个中继节点 R_i 和目的接收节点 D 同时以广播的方式发送信息数据；在第 $i+1$ 个时隙（i=1,2,3,⋯, n），中继节点 R_i 向目的节点 D 发送信息数据。目的节点 D 将接收到的所有来自源节点 S 和中继节点 $R_i(i=1,2,\cdots,n)$ 的信号进行合并、解码处理，从而获得分集增益。同样，中继节点既可以采用解码-转发中继（DF），也可以采用放大-转发中继（AF）。其分析方法与三节点高斯协作中继信道类似。

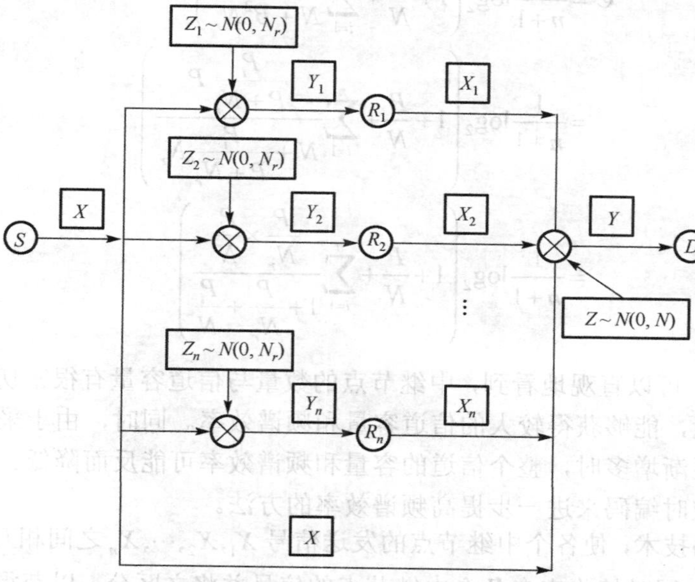

图 8.15　多节点高斯协作中继信道模型

对于 DF 方式，由于传输时间为 $\frac{1}{n+1}$，传输带宽归一化为 1，其广播信道容量 C_1 为

$$C_1 = \frac{1}{n+1}\log_2\left(1+\frac{P}{N_r}\right) \tag{8.5.12}$$

其多接入信道容量 C_2 为

$$C_2 = \frac{1}{n+1}\log_2\left(1+\frac{P}{N}+\sum_{i=1}^{n}\frac{P_i}{N}\right) \tag{8.5.13}$$

所以，多节点高斯协作 DF 中继信道的容量 C 为

$$\begin{aligned} C &= \min\{C_1, C_2\} \\ &= \min\left\{\frac{1}{n+1}\log_2\left(1+\frac{P}{N_r}\right), \frac{1}{n+1}\log_2\left(1+\frac{P}{N}+\sum_{i=1}^{n}\frac{P_i}{N}\right)\right\} \end{aligned} \tag{8.5.14}$$

对于 AF 中继协作策略来说，中继节点协作策略不像 DF，即不再解码，而是将接收到的信号进行放大转发。

在第 $i+1$ 个时隙中，中继节点 R_i 的输出 X_i 为

$$X_i = b(Y_i) = b(X+Z_i) \tag{8.5.15}$$

源节点 D 的发射功率为 P，中继节点 R_i 的发射功率为 P_i，所以

$$\beta^2(P+N_r) = P_i \tag{8.5.16}$$

$$\beta^2 = \frac{P_i}{P+N_r} \tag{8.5.17}$$

所以，多节点高斯协作中继 AF 策略的信道容量 C 为

$$\begin{aligned}C&=\frac{1}{n+1}\log_2\left(1+\frac{P}{N}+\sum_{i=1}^{n}\frac{\beta^2P}{N+\beta^2N_r}\right)\\&=\frac{1}{n+1}\log_2\left(1+\frac{P}{N}+\sum_{i=1}^{n}\frac{\frac{P_i}{P+N_r}P}{N+\frac{P_i}{P+N_r}N_r}\right)\\&=\frac{1}{n+1}\log_2\left(1+\frac{P}{N}+\sum_{i=1}^{n}\frac{\frac{P}{N_r}\times\frac{P_i}{N}}{1+\frac{P}{N_r}+\frac{P_i}{N}}\right)\end{aligned}\tag{8.5.18}$$

从式（8.5.18）可以直观地看到，中继节点的数量与信道容量有很密切的联系。选择合适的中继节点数量，能够获得较大的信道容量和频谱效率。同时，由于采用时间分集，当中继节点的数量逐渐增多时，整个信道的容量和频谱效率可能反而降低。为了解决这一问题，提出了利用空时编码来进一步提高频谱效率的方法。

利用空时编码技术，使各个中继节点的发送信号 $X_1,X_2,\cdots,X_n$ 之间相互正交，这样就能使目的接收节点 D 同时接收来自各个中继节点的信号并将之区分，以获得分集增益，能进一步提高信道的容量和频谱效率。

在此种情况下，中继节点仍然采用半双工的工作模式，假设传输带宽归一化为 1，传输时间也归一化为 1。此时，虽然存在着 n 个中继节点，由于采用了空时编码技术，可以将传输时间平均分为 2 个时隙；在第 1 个时隙，源节点 S 向各个中继节点 R_i 和目的节点 D 同时以广播的方式发送数据；在第 2 个时隙，各个中继节点 R_i 将在第 1 个时隙接收到的信号进行解码，采用空时编码技术重新编码，使各个中继节点发送的信号相互正交，同时向目的节点 D 发送数据信息。而目的接收节点 D 将所有接收到的来自源节点 S 和中继节点 R_i（i=1,2,⋯, n）的信号进行合并、解码，从而获得分集增益。

由于传输时间为 $\frac{1}{2}$，传输带宽为 1，其广播信道容量 C_1 为

$$C_1=\frac{1}{2}\log_2\left(1+\frac{P}{N_r}\right)\tag{8.5.19}$$

多址接入信道容量 C_2 为

$$C_2=\frac{1}{2}\log_2\left(1+\frac{P}{N}+\sum_{i=1}^{n}\frac{P_i}{N}\right)\tag{8.5.20}$$

所以，此时多节点高斯协作中继（DF）信道容量 C 为

$$\begin{aligned}C&=\min\{C_1,C_2\}\\&=\min\left\{\frac{1}{2}\log_2\left(1+\frac{P}{N_r}\right),\frac{1}{2}\log_2\left(1+\frac{P}{N}+\sum_{i=1}^{n}\frac{P_i}{N}\right)\right\}\end{aligned}\tag{8.5.21}$$

附录 A　詹森不等式及其应用

A1. 詹森不等式

（1）若 $f(x)$ 是$\cup$形凸函数（即下凸函数），则

$$E[f(x)] \geqslant f[f(x)]$$

几何意义：$E[f(x)]$可视为重心，重心在函数 $f(x)$ 的上方。

（2）若 $f(x)$ 是$\cap$形凸函数（即上凸函数），则

$$E[f(x)] \leqslant f[f(x)]$$

詹森不等式证明过程可参阅参考文献[2][4]。

A2. 利用詹森不等式证明的性质和定理

（1）求证：式（2.3.13）（即离散信源的最大熵定理）。

证明：因为对数 $\log(\cdot)$ 是$\cap$形凸函数，所以利用詹森不等式，得

$$\begin{aligned} H(x) &= \sum_{i=1}^{q} P(a_i)\log\frac{1}{P(a_i)} \\ &\leqslant \log\sum_{i=1}^{q} P(a_i)\frac{1}{P(a_i)} = \log q \end{aligned}$$

[证毕]

（2）求证：式（2.3.33）（即条件熵不大于无条件熵）。

证明：设 $f(x) = -x\log x$，则 $f(x)$ 是区域（0，1）上的$\cap$形凸函数。再设 $x_j = P(a_i\,|\,b_j)$，根据詹森不等式

$$\sum_{j=1}^{s} P(b_j)f(x_j) \leqslant f\left(\sum_{j=1}^{s} P(b_j)x_j\right)$$

可得

$$-\sum_{j=1}^{s} P(b_j)x_j\log x_j \leqslant -\sum_{j=1}^{s} P(b_j)x_j\log\left(\sum_{j=1}^{s} P(b_j)x_j\right)$$

即

$$-\sum_{j=1}^{s} P(b_j)P(a_i\,|\,b_j)\log P(a_i\,|\,b_j) \leqslant -\sum_{j=1}^{s} P(b_j)P(a_i\,|\,b_j)\log\left(\sum_{j=1}^{s} P(b_j)P(a_i\,|\,b_j)\right)$$

又因为

$$\sum_{j=1}^{s} P(b_j)P(a_i\,|\,b_j) = \sum_{j=1}^{s} P(a_ib_j) = P(a_i)$$

于是可得

$$-\sum_{j=1}^{s} P(a_i b_j)\log P(a_i \mid b_j) \leqslant -P(a_i)\log P(a_i)$$

上式两边对所有 i 求和，可得

$$-\sum_{i=1}^{r}\sum_{j=1}^{s} P(a_i b_j)\log P(a_i \mid b_j) \leqslant -\sum_{i=1}^{r} P(a_i)\log P(a_i)$$

即

$$H(X \mid Y) \leqslant H(X)$$

并且仅当 $P(a_i \mid b_j) = P(a_i)$ 时，即 X 和 Y 统计独立时等式成立。

[证毕]

（3）求证：式（3.3.10）（即 $I(X;Y)$ 的非负性）。

证明：因为对数 $\log(\cdot)$ 是 $\cap$ 形凸函数，所以利用詹森不等式 $E[f(x)] \leqslant f[f(x)]$，得

$$\begin{aligned}
-I(X;b_j) &= \sum_{i=1}^{r} P(a_i \mid b_j)\log\frac{P(a_i)}{P(a_i \mid b_j)} \\
&\leqslant \log\sum_{i=1}^{r} P(a_i \mid b_j)\frac{P(a_i)}{P(a_i \mid b_j)} \\
&= \log\sum_{i=1}^{r} P(a_i) = 0
\end{aligned}$$

所以

$$I(X;b_j) \geqslant 0$$

当且仅当 b_j 和集合 X 中的所有事件都独立时，等号成立。

对 $I(X;b_j) \geqslant 0$ 两边关于集合 Y 进行统计平均，得

$$I(X;Y) = \sum_{j=1}^{s} P(b_j) I(X;b_j) \geqslant 0$$

当且仅当对一切 i, j 都有 $P(a_i b_j) = P(a_i)P(b_j)$（$i = 1,2,\cdots,r;\ j = 1,2,\cdots,s$），即当 X 和 Y 统计独立时，等式才成立，即有 $I(X;Y) = 0$。

[证毕]

（4）求证：定理 3.1　在 $P(y \mid x)$ 给定的条件下，平均互信息 $I(X;Y)$ 是概率分布 $P(x)$ 的 $\cap$ 形凸函数。

证明：当条件概率 $P(y \mid x)$ 固定时，平均互信息 $I(X;Y)$ 只是 $P(x)$ 的函数。简写成 $I[P(x)]$。现选择输入信源 X 的两种已知的概率分布 $P_1(x)$ 和 $P_2(x)$。其对应的联合概率分布为 $P_1(xy) = P_1(x)P(y \mid x)$ 和 $P_2(xy) = P_2(x)P(y \mid x)$，因而平均互信息分别为 $I[P_1(x)]$ 和 $I[P_2(x)]$。再选择输入变量 X 的另一种概率分布 $P(x)$，令 $0 < \theta < 1$，$\theta + \bar{\theta} = 1$，而 $P(x) = \theta P_1(x) + \bar{\theta} P_2(x)$，因而得其相应的平均互信息为 $I[P(x)]$。

根据平均互信息的定义得

$$\theta I[P_1(x)]+\bar{\theta}I[P_2(x)]-I[P(x)]$$
$$=\sum_{X,Y}\theta P_1(xy)\log\frac{P(y|x)}{P_1(y)}+\sum_{X,Y}\bar{\theta}P_2(xy)\log\frac{P(y|x)}{P_2(y)}-\sum_{X,Y}P(xy)\log\frac{P(y|x)}{P(y)}$$
$$=\sum_{X,Y}\theta P_1(xy)\log\frac{P(y|x)}{P_1(y)}+\sum_{X,Y}\bar{\theta}P_2(xy)\log\frac{P(y|x)}{P_2(y)}-\sum_{X,Y}[\theta P_1(xy)+\bar{\theta}P_2(xy)]\log\frac{P(y|x)}{P(y)}$$

根据概率关系

$$P(xy)=P(x)P(y|x)=\theta P_1(x)P(y|x)+\bar{\theta}P_2(x)P(y|x)=\theta P_1(xy)+\bar{\theta}P_2(xy)$$

得

$$\theta I[P_1(x)]+\bar{\theta}I[P_2(x)]-I[P(x)]=\theta\sum_{X,Y}P_1(xy)\log\frac{P(y)}{P_1(y)}+\bar{\theta}\sum_{X,Y}P_2(xy)\log\frac{P(y)}{P_2(y)}$$

因为 $\log x$ 是 x 的 $\cap$ 形凸函数，所以对于上式中第一项，根据詹森不等式得

$$\sum_{X,Y}P_1(xy)\log\frac{P(y)}{P_1(y)}\leqslant\log\sum_{X,Y}P_1(xy)\frac{P(y)}{P_1(y)}$$
$$=\log\sum_{Y}\frac{P(y)}{P_1(y)}\sum_{X}P_1(xy)=\log\sum_{Y}\frac{P(y)}{P_1(y)}P_1(y)=\log\sum_{Y}P_1(y)=0$$

同理

$$\sum_{X,Y}P_2(xy)\log\frac{P(y)}{P_2(y)}\leqslant 0$$

又因为 θ 和 $\bar{\theta}$ 都是小于 1 且大于 0 的正数，即得

$$\theta I[P_1(x)]+\bar{\theta}I[P_2(x)]-I[P(x)]\leqslant 0$$

因而

$$I[\theta P_1(x)+\bar{\theta}P_2(x)]\geqslant\theta I[P_1(x)]+\bar{\theta}I[P_2(x)]$$

因此根据凸函数定义知，$I(X;Y)$ 是概率分布 $P(x)$ 的 $\cap$ 形凸函数。

[证毕]

（5）求证：定理 3.2　在概率分布 $P(x)$ 给定的条件下，平均互信息 $I(X;Y)$ 是条件概率 $P(y|x)$ 的 $\cup$ 形凸函数。

证明： 当概率分布 $P(x)$ 固定时，平均互信息 $I(X;Y)$ 只是条件概率 $P(y|x)$ 的函数。简写成 $I[P(y/x)]$。选择两种条件概率分别为 $P_1(y|x)$ 和 $P_2(y|x)$。相对应的平均互信息分别为 $I[P_1(y|x)]$ 和 $I[P_2(y|x)]$。再选择第三种条件概率满足 $P(y|x)=\theta P_1(y|x)+\bar{\theta}P_2(y|x)$。设相应的平均互信息为 $I[P(y/x)]$，其中 $0<\theta<1$，$\theta+\bar{\theta}=1$。因而求得

$$I[P(y|x)]-\theta I[P_1(y|x)]-\bar{\theta}I[P_2(y|x)]$$
$$=\sum_{X,Y}[\theta P_1(xy)+\bar{\theta}P_2(xy)]\log\frac{P(x|y)}{P(x)}-\sum_{X,Y}\theta P_1(xy)\log\frac{P_1(x|y)}{P(x)}$$
$$-\sum_{X,Y}\bar{\theta}P_2(xy)\log\frac{P_2(x|y)}{P(x)}$$

$$=\theta\sum_{X,Y}P_1(xy)\log\frac{P(x|y)}{P_1(x|y)}+\sum_{X,Y}\bar{\theta}P_2(xy)\log\frac{P(x|y)}{P_2(x|y)}$$

运用詹森不等式，上式中第一项为

$$\theta\sum_{X,Y}P_1(xy)\log\frac{P(x|y)}{P_1(x|y)}\leqslant\theta\log\left[\sum_{X,Y}P_1(xy)\frac{P(x|y)}{P_1(x|y)}\right]$$

$$=\theta\log\left[\sum_{X,Y}P_1(y)P(x|y)\right]=\theta\log\left[\sum_{Y}P_1(y)\sum_{X}P(x|y)\right]$$

$$=\theta\log\sum_{Y}P_1(y)=\theta\log 1=0$$

同理

$$\sum_{X,Y}\bar{\theta}P_2(xy)\log\frac{P(x|y)}{P_2(x|y)}\leqslant 0$$

所以

$$I[P(y|x)]-\theta I[P_1(y|x)]-\bar{\theta}I[P_2(y|x)]\leqslant 0$$

即

$$I[\theta P_1(y/x)+\bar{\theta}P_2(y/x)]\leqslant\theta I[P_1(y/x)]+\bar{\theta}I[P_2(y/x)]$$

根据凸函数的定义证得 $I(X;Y)$ 是条件概率 $P(y|x)$ 的 $\cup$ 形凸函数。

[证毕]

（6）求证：式（3.6.2）（即定理 3.7）。

证明：设信道输入和输出随机序列 $\boldsymbol{X}$ 和 $\boldsymbol{Y}$ 的一个取值为 $\alpha_k=(x_1x_2\cdots x_N)$， $x_l\in\{a_1,a_2,\cdots,a_r\}$ $(l=1,\cdots,N)$ 和 $\beta_h=(y_1y_2\cdots y_N)$， $y_l\in\{b_1,b_2,\cdots,b_s\}$ $(l=1,\cdots,N)$ 。

根据平均互信息量的定义得 $\boldsymbol{X}$ 和 $\boldsymbol{Y}$ 的平均互信息为

$$I(\boldsymbol{X};\boldsymbol{Y})=\sum_{\boldsymbol{X},\boldsymbol{Y}}P(\alpha_k\beta_h)\log\frac{P(\beta_h|\alpha_k)}{P(\beta_h)}=E\left[\log\frac{P(\beta_h|\alpha_k)}{P(\beta_h)}\right]$$

式中 $E[\cdot]$ 表示在 $\boldsymbol{XY}$ 的联合空间中求统计平均。

因信道是无记忆的，即信道转移概率

$$P(\boldsymbol{y}|\boldsymbol{x})=P(y_1y_2\cdots y_N|x_1x_2\cdots x_N)=\prod_{l=1}^{N}P(y_l|x_l)$$

得
$$I(\boldsymbol{X};\boldsymbol{Y})=E\left[\log\frac{P(y_1|x_1)P(y_2|x_2)\cdots P(y_N|x_N)}{P(y_1y_2\cdots y_N)}\right]$$

另一方面

$$\sum_{l=1}^{N}I(X_l;Y_l)=\sum_{l=1}^{N}\sum_{X_l,Y_l}P(x_ly_l)\log\frac{P(y_l|x_l)}{P(y_l)}$$

$$=\sum_{X_1,Y_1}P(x_1y_1)\log\frac{P(y_1|x_1)}{P(y_1)}+\sum_{X_2,Y_2}P(x_2y_2)\log\frac{P(y_2|x_2)}{P(y_2)}+\cdots+$$

$$\sum_{X_N,Y_N} P(x_N y_N)\log\frac{P(y_N|x_N)}{P(y_N)}$$

$$=\sum_{X_1,Y_1}\cdots\sum_{X_N,Y_N} P(x_1\cdots x_N y_1\cdots y_N)\log\frac{P(y_1|x_1)\cdot P(y_2|x_2)\cdots P(y_N|x_N)}{P(y_1)\cdot P(y_2)\cdots P(y_N)}$$

$$=E\left[\log\frac{P(y_1|x_1)\cdot P(y_2|x_2)\cdots P(y_N|x_N)}{P(y_1)\cdot P(y_2)\cdots P(y_N)}\right]$$

上式中的$E[\cdot]$也是对$\boldsymbol{XY}$的联合空间求均值。所以

$$I(\boldsymbol{X};\boldsymbol{Y})-\sum_{l=1}^{N} I(X_l;Y_l)$$

$$=E\left[\log\frac{P(y_1|x_1)P(y_2|x_2)\cdots P(y_N|x_N)}{P(y_1y_2\cdots y_N)}\right]-E\left[\log\frac{P(y_1|x_1)\cdot P(y_2|x_2)\cdots P(y_N|x_N)}{P(y_1)\cdot P(y_2)\cdots P(y_N)}\right]$$

$$=E\left[\log\frac{P(y_1)P(y_2)\cdots P(y_N)}{P(y_1y_2\cdots y_N)}\right]$$

根据詹森不等式，得

$$E\left[\log\frac{P(y_1)P(y_2)\cdots P(y_N)}{P(y_1y_2\cdots y_N)}\right]\leqslant\log E\left[\frac{P(y_1)P(y_2)\cdots P(y_N)}{P(y_1y_2\cdots y_N)}\right]$$

$$=\log\sum_{X,Y} P(\alpha_k\beta_h)\frac{P(y_1)P(y_2)\cdots P(y_N)}{P(\beta_h)}$$

$$=\log\sum_{X,Y} P(\alpha_k|\beta_h)P(y_1)P(y_2)\cdots P(y_N)$$

$$=\log\sum_{Y} P(y_1)P(y_2)\cdots P(y_N)=\log 1=0$$

证得

$$I(\boldsymbol{X};\boldsymbol{Y})\leqslant\sum_{l=1}^{N} I(X_l;Y_l)$$

当信源是无记忆信源时，有

$$P(\alpha_k)=P(x_1)P(x_2)\cdots P(x_N)$$

而

$$P(\beta_h)=\sum_{X} P(\alpha_k\beta_h)=\sum_{X} P(\alpha_k)\cdot P(\beta_h|\alpha_k)$$

$$=\sum_{X} P(x_1)P(x_2)\cdots P(x_N)\cdot P(y_1|x_1)P(y_2|x_2)\cdots P(y_N|x_N)$$

$$=\sum_{X_1} P(x_1y_1)\sum_{X_2} P(x_2y_2)\cdots\sum_{X_N} P(x_Ny_N)=P(y_1)P(y_2)\cdots P(y_N)$$

因此式（3.6.2）中的等号成立。

[证毕]

（7）求证：式（3.6.3）（即定理3.8）。

证明：根据平均互信息的定义得 $\boldsymbol{X}$ 和 $\boldsymbol{Y}$ 的平均互信息为

$$I(\boldsymbol{X};\boldsymbol{Y})=\sum_{\boldsymbol{X},\boldsymbol{Y}}P(\alpha_k\beta_h)\log\frac{P(\alpha_k|\beta_h)}{P(\alpha_k)}=E\left[\log\frac{P(\alpha_k|\beta_h)}{P(\alpha_k)}\right]$$

式中 α_k 和 β_h 是随机矢量 $\boldsymbol{X}$ 和 $\boldsymbol{Y}$ 的一个取值，$\alpha_k=(x_1x_2\cdots x_N)$，$x_l\in\{a_1,a_2,\cdots,a_r\}$ $(l=1,\cdots,N)$，而 $\beta_h=(y_1y_2\cdots y_N)$，$y_l\in\{b_1,b_2,\cdots,b_s\}$ $(l=1,\cdots,N)$。因为信源是无记忆的，即随机序列 $\boldsymbol{X}$ 中每一分量是相互独立的，因而

$$P(\alpha_k)=P(x_1x_2\cdots x_N)=\prod_{l=1}^{N}P(x_l)$$

因此得
$$I(\boldsymbol{X};\boldsymbol{Y})=E\left[\log\frac{P(\alpha_k|\beta_h)}{P(x_1)P(x_2)\cdots P(x_N)}\right]$$

式中 $E[\cdot]$ 表示对 $\boldsymbol{XY}$ 的联合空间求均值。

另一方面

$$\begin{aligned}\sum_{l=1}^{N}I(X_l;Y_l)&=\sum_{l=1}^{N}\sum_{X_l,Y_l}P(x_ly_l)\log\frac{P(x_l\mid y_l)}{P(x_l)}\\&=\sum_{X_1,Y_1}\cdots\sum_{X_N,Y_N}P(x_1x_2\cdots x_Ny_1y_2\cdots y_N)\log\frac{P(x_1|y_1)P(x_2|y_2)\cdots P(x_N|y_N)}{P(x_1)P(x_2)\cdots P(x_N)}\\&=E\left[\log\frac{P(x_1|y_1)P(x_2|y_2)\cdots P(x_N|y_N)}{P(x_1)P(x_2)\cdots P(x_N)}\right]\end{aligned}$$

上式中 $E[\cdot]$ 也是对 $\boldsymbol{XY}$ 的联合空间求均值。因此

$$\sum_{l=1}^{N}I(X_l;Y_l)-I(\boldsymbol{X};\boldsymbol{Y})=E\left[\log\frac{P(x_1|y_1)P(x_2|y_2)\cdots P(x_N|y_N)}{P(x_1x_2\cdots x_N\mid y_1y_2\cdots y_N)}\right]$$

根据詹森不等式有

$$\begin{aligned}E\left[\log\frac{P(x_1|y_1)P(x_2|y_2)\cdots P(x_N|y_N)}{P(x_1x_2\cdots x_N\mid y_1y_2\cdots y_N)}\right]&\leqslant\log E\left[\frac{P(x_1|y_1)P(x_2|y_2)\cdots P(x_N|y_N)}{P(x_1x_2\cdots x_N\mid y_1y_2\cdots y_N)}\right]\\&=\log\left[\sum_{\boldsymbol{X},\boldsymbol{Y}}P(\alpha_k\beta_h)\frac{P(x_1|y_1)P(x_2|y_2)\cdots P(x_N|y_N)}{P(x_1x_2\cdots x_N\mid y_1y_2\cdots y_N)}\right]\\&=\log\left[\sum_{\boldsymbol{X},\boldsymbol{Y}}P(\beta_h)P(x_1|y_1)P(x_2|y_2)\cdots P(x_N|y_N)\right]\\&=\log\sum_{\boldsymbol{Y}}P(\beta_h)=0\end{aligned}$$

所以证得
$$I(X;Y)\geqslant\sum_{l=1}^{N}I(X_l;Y_l)$$

当信道是无记忆信道时，有

$$P(\boldsymbol{y}|\boldsymbol{x})=P(y_1y_2\cdots y_N|x_1x_2\cdots x_N)$$

所以

$$P(\alpha_k\beta_h)=P(\alpha_k)P(\beta_h|\alpha_k)=\prod_{l=1}^{N}P(x_l)\prod_{l=1}^{N}P(y_l|x_l)=\prod_{l=1}^{N}P(x_l y_l)$$

及

$$P(\beta_h)=\sum_{X}P(\alpha_k\beta_h)=\sum_{X}\prod_{l=1}^{N}P(x_l y_l)=\prod_{l=1}^{N}\sum_{X_l}P(x_l y_l)=\prod_{l=1}^{N}P(y_l)$$

因此得

$$P(\alpha_k|\beta_h)=\frac{P(\alpha_k\beta_h)}{P(\beta_h)}=\frac{\prod_{l=1}^{N}P(x_l y_l)}{\prod_{l=1}^{N}P(y_l)}=\prod_{l=1}^{N}P(x_l\,|\,y_l)$$

所以式（3.6.3）中的等号成立。

[证毕]

附录 B　信息度量的常用公式

附表 B-1 为离散随机变量的信息度量；附表 B-2 为离散信源的熵；附表 B-3 为连续随机变量的信息度量。

附表 B-1　离散随机变量的信息度量

<table>
<tr><th>物理量</th><th>定义式</th><th>物理意义</th><th>相互关系</th></tr>
<tr><td>自信息</td><td>$I(a_i)=-\log P(a_i)$</td><td>① 在事件 a_i 发生以前，$I(a_i)$ 表示事件 a_i 发生的不确定性。
② 在事件 a_i 发生以后，$I(a_i)$ 表示事件 a_i 所提供的信息量</td><td rowspan="4">① $I(a_ib_j)=I(b_j)+I(a_i\mid b_j)$
$=I(a_i)+I(b_j\mid a_i)$
② $I(a_i;b_j)=I(a_i)-I(a_i\mid b_j)$
$=I(b_j)-I(b_j\mid a_i)$
③ $I(a_i;b_j)\leqslant I(a_i)$</td></tr>
<tr><td>联合自信息</td><td>$I(a_ib_j)=-\log P(a_ib_j)$</td><td>① 两个事件 a_i 和 b_j 都发生的不确定性。
② 两个事件 a_i 和 b_j 都发生后提供的信息量</td></tr>
<tr><td>条件自信息</td><td>$I(a_i\mid b_j)=-\log P(a_i\mid b_j)$</td><td>① 在 b_j 已知条件下，随机事件 a_i 发生所提供的信息量。
② 在 b_j 已知条件下，仍对随机事件 a_i 存在的不确定性</td></tr>
<tr><td>互信息</td><td>$I(a_i;b_j)=\log\dfrac{P(a_i\mid b_j)}{P(a_i)}$</td><td>互信息量 $I(a_i;b_j)$ 是已知事件 b_j 后所消除的关于事件 a_i 的不确定性，即事件 b_j 出现给出关于事件 a_i 的信息量</td></tr>
<tr><td>信息熵</td><td>$H(X)=E[I(a_i)]$
$=-\sum_{i=1}^{q}P(a_i)\log P(a_i)$</td><td>① 信源输出前，$H(X)$ 表示信源的平均不确定度。
② 信源输出后，$H(X)$ 表示信源输出一个离散消息符号所提供的平均信息量。如果信道无噪声干扰，信宿获得的平均信息量就等于信息熵</td><td rowspan="4">① $H(XY)=H(Y)+H(X\mid Y)$
$=H(X)+H(Y\mid X)$
② $I(X;Y)=H(X)-H(X\mid Y)$
$=H(Y)-H(Y\mid X)$
$=H(X)+H(Y)-H(XY)$
③ $0\leqslant I(X;Y)\leqslant\min\left[H(X),H(Y)\right]$
当 X 和 Y 相互独立时，$I(X;Y)=0$。
④ $H(X)\geqslant H(X\mid Y)$
$H(Y)\geqslant H(Y\mid X)$
当 X 和 Y 相互独立时，等号成立</td></tr>
<tr><td>联合熵</td><td>$H(XY)=E[I(a_ib_j)]$
$=-\sum_{i=1}^{r}\sum_{j=1}^{s}P(a_ib_j)\log P(a_ib_j)$</td><td>① 联合离散符号集 XY 上的每个元素对平均提供的信息量。
② 联合离散符号集 XY 上的每个元素对出现的平均不确定性</td></tr>
<tr><td>条件熵</td><td>① $H(Y\mid X)=\sum_{i=1}^{r}P(a_i)H(Y\mid a_i)$
其中
$H(Y\mid a_i)=-\sum_{j=1}^{s}P(b_j\mid a_i)\log P(b_j\mid a_i)$
② $H(X\mid Y)=\sum_{j=1}^{s}P(b_j)H(X\mid b_j)$</td><td>$H(X\mid Y)$ 表示在 Y 已知条件下，信源 X 每输出一个符号提供的平均信息量。
特殊地，当 X 表示信道输入、Y 表示信道输出时，$H(X\mid Y)$ 表示收到消息 Y 后仍对信源是否输出 X 尚存在的平均不确定性，即信道疑义度；$H(Y\mid X)$ 则表示已知信道输入 X 仍对信道输出 Y 尚存在的平均不确定性，即信道散布度</td></tr>
<tr><td>平均互信息</td><td>$I(X;Y)=\sum_{i=1}^{r}\sum_{j=1}^{s}P\left(a_ib_j\right)I(a_i;b_j)$
其中 $I(a_i;b_j)=\log\dfrac{P(a_i\mid b_j)}{P(a_i)}$</td><td>$I(X;Y)$ 表示一个随机变量 Y 所给出的关于另一个随机变量 X 的平均信息量。
特殊地，当 X 表示信道输入、Y 表示信道输出时，$I(X;Y)$ 表示收到 Y 后获得的关于 X 的信息量</td></tr>
</table>

附表 B-2 离散信源的熵

物理量		定义式	物理意义
单符号离散信源的熵		$H(X)=-\sum_{i=1}^{q}P(a_i)\log P(a_i)$	每符号平均包含的信息量，单位为"比特/符号"
离散信源的 N 次扩展信源	信源熵	$H(\boldsymbol{X})=H(X^N)=H(X_1X_2\cdots X_N)$	每扩展信源符号平均包含的信息量，单位为"比特//扩展信源"或"比特/N个符号"
	平均符号熵	$H_N(\boldsymbol{X})=H_N(X^N)=\dfrac{H(X_1X_2\cdots X_N)}{N}$	每符号平均包含的信息量，单位为"比特/符号"
离散无记忆平稳信源的 N 次扩展信源	信源熵	$H(\boldsymbol{X})=NH(X)$	每扩展信源符号平均包含的信息量，单位为"比特/N个符号"
	平均符号熵	$H_N(\boldsymbol{X})=H(X)$	每符号平均包含的信息量，单位为"比特/符号"
离散信源的极限熵		$H_\infty=\lim\limits_{N\to\infty}\dfrac{H(X_1X_2\cdots X_N)}{N}$	当离散平稳信源符号序列长度 $N\to\infty$ 时，此时的平均符号熵就是极限熵，它是信源的实际熵，表示每符号平均包含的信息量，单位为"比特/符号"
离散平稳信源的极限熵		$H_\infty=\lim\limits_{N\to\infty}\dfrac{H(X_1X_2\cdots X_N)}{N}=\lim\limits_{N\to\infty}H(X_N\mid X_1X_2\cdots X_{N-1})$	
(m+1)维离散平稳信源的极限熵		$H_\infty=H_{m+1}=H(X_{m+1}\mid X_1X_2\cdots X_m)$	每符号平均包含的信息量，单位为"比特/符号"
齐次遍历马尔可夫信源的极限熵		$H_\infty=\sum_{i}P(E_i)H(X\mid E_i)$ 其中，$P(E_i)$ 表示状态的极限概率； $H(X\mid E_i)=-\sum_{k}P(a_k\mid E_i)\log P(a_k\mid E_i)$	

附表 B-3 连续随机变量的信息度量

物理量	定义式	性质	相互关系或其他
绝对熵	$H(X)=\lim\limits_{n\to\infty}H(X_n)=-\int_R p(x)\log p(x)\mathrm{d}x-\lim\limits_{\Delta\to0}\log\Delta$	绝对熵具有离散熵的全部含义和性质。绝对熵为连续信源的实际熵，为无穷大	① $h(XY)=h(X)+h(Y\mid X)=h(Y)+h(X\mid Y)$
相对熵	$h(X)=-\int_R p(x)\log p(x)\mathrm{d}x$	相对熵只具有离散熵的部分含义和性质，仍然具有可加性、上凸性和极值性，但不存在非负性	② $h(X\mid Y)\leqslant h(X)$ ③ $h(XY)\leqslant h(X)+h(Y)$ ④ $I(X;Y)=H(X)-H(X\mid Y)=h(X)-h(X\mid Y)=h(Y)-h(Y\mid X)=h(X)+h(Y)-h(XY)$
条件熵	$h(X\mid Y)=-\iint_R p(y)p(x\mid y)\log p(x\mid y)\mathrm{d}x\mathrm{d}y$		
联合熵	$h(XY)=-\iint_R p(xy)\log p(xy)\mathrm{d}x\mathrm{d}y$		
平均互信息	$I(X;Y)=\int_{-\infty}^{\infty}\int_{-\infty}^{\infty}p(xy)\log\dfrac{p(x\mid y)}{p(x)}\mathrm{d}x\mathrm{d}y$	连续随机变量的平均互信息保留了离散随机变量的平均互信息的所有含义和性质	
均匀分布随机变量的熵	$h(X)=\log(b-a)$	—	若连续信源输出的幅度被限定在 [a,b] 区域内，则当输出信号的概率密度是均匀分布时，信源具有最大熵，其值等于 $\log(b-a)$

续表

物理量	定义式	性质	相互关系或其他
高斯分布随机变量的熵	$h(X)=\log\sqrt{2\pi e\sigma^2}$	—	若连续信源输出信号的平均功率为 P，则其输出信号服从高斯分布 $X\sim N(0,P)$ 时，信源具有最大熵，其值为 $\log\sqrt{2\pi eP}$
单符号加性连续信道的平均互信息	$I(X;Y)=h(Y)-h(Y\|X)=h(Y)-h(Z)$	—	加性信道中，条件熵 $h(Y\|X)=h(Z)$
单符号高斯加性信道的容量	$C=\log\sqrt{2\pi eP}-\log\sqrt{2\pi e\sigma^2}=\log\sqrt{1+\frac{S}{\sigma^2}}$	—	加性信道中，在给定噪声功率情况下，高斯噪声信道的容量最小

参考文献

[1] 周炯槃. 信息理论基础. 北京：人民邮电出版社，1983.

[2] 王育民，等. 信息论与编码理论. 北京：高等教育出版社，2005.

[3] 田宝玉，等. 信息论基础. 北京：人民邮电出版社，2008.

[4] 傅祖芸. 信息论——基础理论与应用（3 版）. 北京：电子工业出版社，2011.

[5] 陈前斌，等. 信息论基础. 北京：高等教育出版社，2007.

[6] 于秀兰，等. 信息论与编码. 北京：人民邮电出版社，2014.

[7] 姜楠，等. 信息论与编码理论. 北京：清华大学出版社，2010.

[8] 曹雪虹，等. 信息论与编码（2 版）. 北京：清华大学出版社，2009.

[9] 沈世镒，等. 信息论与编码理论（2 版）. 北京：科学出版社，2010.

[10] 周荫清. 信息理论基础（3 版）. 北京：北京航空航天大学出版社，2006.

[11] 仇佩亮. 信息论与编码. 北京：高等教育出版社，2003.

[12] 周炯槃，等. 通信原理. （3 版）. 北京：北京邮电大学出版社，2008.

[13] 王新梅，等. 纠错码——原理与方法（修订版）. 西安：西安电子科技大学出版社，2001.

[14] John G Proakis. Digital Communications (5th Edition). 北京：电子工业出版社，2009.

[15] 张宗橙. 纠错编码原理和应用. 北京：电子工业出版社，2005.

[16] C. E. Shannon. A Mathematical Theory of Communication. Bell Syst. Tech. J. 1948, 27:379-423.

[17] 田丽华. 编码理论（2 版）. 西安：西安电子科技大学出版社，2007.

[18] 蒋青，等. 通信原理. （3 版）. 北京：人民邮电出版社，2011.

[19] Gareth A. Jones and J. Mary Jones. Information and Coding Theory. Springer-Verlag London Limited, 2000.

[20] 樊平毅. 网络信息论. 北京：清华大学出版社，2009.

[21] 黄佳庆，（加）李宗鹏. 网络编码原理. 北京：国防工业出版社，2012.

[22] Simon Haykin. Communication Systems (4th Edition). 北京：电子工业出版社，2012.

[23] Bernard Sklar. Digital Communications: Fundamentals and Applications (2nd Edition). 北京：电子工业出版社, 2006.

[24] Thomas M. Cover and Joy A. Thomas. Elements of Information Theory. Beijing: Tsinghua University Press, 2003.

[25] 汪荣鑫. 随机过程. 西安：西安交通大学出版社，1987.

[26] 盛骤，等. 概率论与数理统计（2 版）. 北京：高等教育出版社，1989.

反侵权盗版声明

举报电话：（010）88254396；（010）88258888
传　　真：（010）88254397
E-mail：　dbqq@phei.com.cn
通信地址：北京市海淀区万寿路 173 信箱
　　　　　电子工业出版社总编办公室
邮　　编：100036